大湾区超限高层建筑结构设计创新与实践丛书

深圳超限高层建筑结构设计创新技术及工程案例

主　编　魏　琏
副主编　王　森　张建军　谭　伟

中国建筑工业出版社

图书在版编目（CIP）数据

深圳超限高层建筑结构设计创新技术及工程案例/魏琏主编；王森，张建军，谭伟副主编．—北京：中国建筑工业出版社，2022.8（2023.12重印）
（大湾区超限高层建筑结构设计创新与实践丛书）
ISBN 978-7-112-27517-5

Ⅰ.①深… Ⅱ.①魏…②王…③张…④谭… Ⅲ.①超高层建筑-结构设计-案例 Ⅳ.①TU97

中国版本图书馆 CIP 数据核字（2022）第 099442 号

本书由广东省住房和城乡建设厅下设组织成立的广东省超限高层建筑工程抗震设防审查专家委员会组织编写。本书对工程设计和超限审查过程中遇到的一些重点、难点问题提出了较完整的计算分析和应用案例，包括连体高层建筑、超大高宽比高层建筑、复杂体型高层建筑、外框梁缺失框筒结构、底层较大层高的高层建筑、一向少墙高层建筑等的结构设计要点，以及楼盖振动控制、基础埋深、超长地下室、超高层建筑空心楼盖、复杂弱连接楼盖、剪力墙轴压比及框架倾覆力矩算法等专项技术问题。

本书作为超限高层建筑工程的设计经验总结，可供从事超限高层建筑工程结构设计、施工、咨询及科研人员应用参考。

责任编辑：刘婷婷
责任校对：张　颖

大湾区超限高层建筑结构设计创新与实践丛书
深圳超限高层建筑结构设计创新技术及工程案例
主　编　魏　琏
副主编　王　森　张建军　谭　伟
*
中国建筑工业出版社出版、发行（北京海淀三里河路 9 号）
各地新华书店、建筑书店经销
北京科地亚盟排版公司制版
北京盛通印刷股份有限公司印刷
*
开本：787 毫米×1092 毫米　1/16　印张：19　字数：473 千字
2022 年 8 月第一版　2023 年 12 月第三次印刷
定价：**96.00** 元
ISBN 978-7-112-27517-5
（39145）

本书编写委员会

主　编：魏　琏

副主编：王　森　张建军　谭　伟

编　委：陈　星　傅学怡　孙立德　黄用军　王国安
卫　文　王传甲　刘维亚　刘琼祥　张良平
黄　卓　王　磊　曾庆立

前　言

21世纪以来，随着广东社会经济发展，涌现出越来越多的结构复杂和大跨度等超限高层建筑。这些高度和规则性超出规范适用范围的建筑工程，一方面对结构工程师们提出了新的挑战和机遇；另一方面，对超限高层建筑工程的抗震设防管理提出了更高的要求，应严格执行《超限高层建筑工程抗震设防管理规定》（建设部令第111号）。超限高层建筑抗震设防专项审查对提高抗震设计质量、保证高层建筑抗震安全性、推进高层建筑设计创新和实践起到了巨大的推动作用。

广东省住房和城乡建设厅组织成立的广东省超限高层建筑工程抗震设防审查专家委员会（简称“广东省超限委”）负责广东省超限高层建筑工程抗震设防专项审查工作。为了更好地指导超限高层建筑工程设计，保证结构的安全性以及抗震设防专项审查工作的规范性，广东省超限委组织编写了本书，以总结近年来深圳地区超限高层建筑结构的工程实践经验，为结构工程师们提供一些借鉴和帮助。

本书收集的十九篇论文对工程设计和超限审查过程中遇到的一些重点及难点问题给出了较完整的计算分析和应用案例，主要包括连体高层建筑、超大高宽比高层建筑、复杂体型高层建筑、外框梁缺失框筒结构、底层较大层高的高层建筑、一向少墙高层建筑等的结构设计要点，以及楼盖振动控制、基础埋深、超长地下室、超高层建筑空心楼盖、复杂弱连接楼盖、剪力墙轴压比及框架倾覆力矩算法等专项技术问题。

本书作为超限高层建筑工程的设计经验总结，具有较强的技术性和实用性，可供从事结构设计、施工、咨询及科研人员参考借鉴。不足之处，欢迎广大读者批评指正。

本书编写过程中得到了各参编单位的大力支持和帮助，在此表示衷心的感谢！

目　录

01　连体高层建筑结构设计方法 …… 1
02　连体结构关键技术与案例分析 …… 59
03　外框梁缺失超限高层建筑框筒结构设计 …… 93
04　一向少墙剪力墙结构抗震设计计算方法 …… 103
05　超大高宽比高层建筑结构设计 …… 116
06　底层层高超高超限高层建筑结构设计 …… 130
07　复杂体型超限高层建筑结构设计 …… 143
08　高层建筑基础埋置深度研究 …… 154
09　超长地下室结构设计 …… 164
10　剪力墙轴压比限值研讨 …… 170
11　关于现行规范剪力墙轴压比限值的研究和探讨 …… 188
12　框架部分承担倾覆力矩的计算方法研究 …… 199
13　部分框支-剪力墙结构框支框架承担倾覆力矩的计算方法研究 …… 209
14　高层建筑结构在竖向荷载作用下楼板面内应力分析和工程实例 …… 218
15　平面凹凸不规则高层结构单肢结构受力与变形研究 …… 228
16　空心楼板楼盖超限高层建筑结构设计 …… 242
17　人致结构振动控制及结合建筑完美设计关键技术研究与应用 …… 256
18　某细腰平面超高层住宅地震作用下受力分析 …… 273
19　高层建筑结构在水平荷载作用下的楼板应力分析与设计 …… 287

01 连体高层建筑结构设计方法

魏琏，王森，罗嘉骏，王娜
（深圳市力鹏工程结构技术有限公司，深圳 518034）
屈涛，李伦，卫文，古静欣
（广东省建筑设计研究院有限公司深圳分公司，本篇 5.1 节内容提供单位）

【摘要】 因建筑使用功能和造型需要将 2 栋或 2 栋以上建筑物在上部部分楼层连接起来的连体建筑给结构设计带来挑战。本文论述了连体与塔楼的刚性连接和柔性连接两种连接方式的结构形式、传力模式、构造要求等，特别对柔性连接中的支座设计、连体与塔楼的缝宽控制进行了阐述，并详细分析了不同连接方式的 3 个工程案例。
【关键词】 连体；刚性连接；柔性连接；滑动支座

1 概述

1.1 引言

近年来，在深圳采用空中连体串联多栋塔楼的结构形式日益增多，相邻高层建筑物之间设置连体不仅带来了独特的视觉外观，又创造了人行空间。同时，连体结构中可以设置观光厅、花园、咖啡厅等商业场所，更好地满足了建筑的商用需求，也给建筑使用者带来了更好的体验。但是，连体高层建筑往往受力复杂，给结构设计带来众多难点。本文将介绍连体高层建筑的结构特点、连体与塔楼的连接形式、深圳市工程建设标准《高层建筑混凝土结构技术规程》STG 98—2021（于 2021 年 7 月实施）的相关规定。并通过实际工程案例介绍连体高层建筑的设计方法与过程，供设计人员参考。

1.2 连体与塔楼的连接方式

高层建筑连体与两侧塔楼的连接方式分为刚性连接和柔性连接。

1.2.1 刚性连接

刚性连接的连体由连体端部构件与塔楼相关构件相连，并将连体内力直接传递至塔楼，同时连体在连接处的位移与塔楼结构位移一致，可起到协调两侧塔楼受力和变形的作用。刚性连接分为刚接和铰接两种形式。

（1）刚接

连接节点采用刚接时，连体端部杆件直接刚接在主塔楼的墙柱中，形成整体传力。连接节点处杆件可以承受弯矩。

（2）铰接

连接节点采用铰接时，连接处的弯矩可被释放掉，但仍保持节点位移一致，起到协调两侧塔楼受力和变形的作用。

1.2.2 柔性连接

采用柔性连接，可明显减小或释放两侧塔楼之间的受力和相互影响。柔性连接分为纯滑动连接和减振滑动连接两种形式。

（1）纯滑动连接

采用纯滑动连接时，塔楼传至连体的作用力几乎完全被释放，连体本身不能协调两侧塔楼的变形。因此，连体在外力作用下将产生较大的位移。这种连接一般适用于两侧塔楼变形差较小、连体自身体量较小的情况。高层建筑空中连体的纯滑动连接一般采用平板滑动支座。

（2）减振滑动连接

减振滑动连接则是在纯滑动连接的基础上，在支座中加入一定刚度、阻尼、摩擦系数的材料，耗散来自塔楼的内力，可有效减小连体的位移和内力。这种连接方式泛用性更佳，适用于两侧塔楼变形差较大、连体自身体量较大、不对称支座、偏心支座等复杂情况。高层建筑空中连体的减振滑动连接一般采用铅芯橡胶支座、摩擦摆支座等。

1.3 高层连体建筑结构特性

高层连体建筑的连体通常采用钢梁或钢桁架等结构形式，其结构特性如下。

（1）连体受力复杂

在风荷载和地震作用下，在连体与塔楼的连接处产生复杂的应力和变形，同时，其他外力作用以及因协调两侧塔楼而产生的内力也导致其受力形式更为复杂。因此，设计时要对连体的跨度、刚度、布置形式、连体与塔楼的连接方式等进行详细分析。

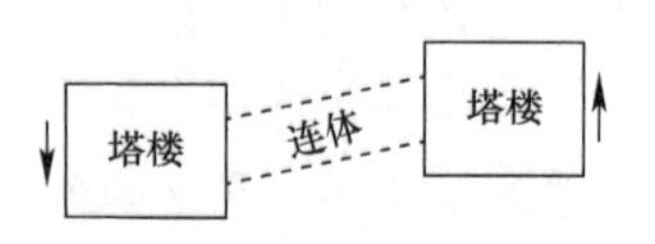

图 1-1　连体两侧塔楼发生垂直于连桥方向的错向平动

（2）扭转效应明显

当连体两侧的塔楼发生垂直于连桥方向的错向平动时（图 1-1），连体不但会随着塔楼发生平动，还会出现扭转角，造成平扭耦联振动，对结构造成不利影响。同时，两侧塔楼的刚度、质量不对称程度越高，扭转效应的不利影响越显著。

（3）支座类型选取

连体支座形式的不同对塔楼及连体自身的力学性能影响显著，应根据实际需求选取合理的支座形式。

（4）舒适度

连体倾向于采用轻质材料，整体质量越来越小，或会导致连体在风振或人行激励作用下出现振动，无法提供让人满意的舒适度，因此可能需要采取设置消能减震装置等减震措施。

1.4 连体结构常见的震害

连体常见破坏形式有整体坠落、部分坠落、可修复的一般性破坏。其中，坠落可能造成严重的次生灾害，在设计、施工时应重点关注。根据以往经验，连体结构的破坏呈现以下特点：

（1）地震作用导致连体在连接处滑出支座、连接处构件或预埋件破坏，造成连体塌落。

(2) 塔楼结构自身未出现倒塌等严重破坏，但与连体连接及相邻楼层出现相当程度的损坏。

由此可见，高层连体结构在设计时应注意以下几点：

(1) 塔楼与连体连接的楼层以及相邻楼层应采取加强措施。

(2) 塔楼结构自身抗震安全性。

(3) 连体与塔楼结构的连接采用柔性连接时，应控制罕遇地震作用下的支座位移，同时采取防坠落、减震措施。

以 1995 年日本阪神地震为例，部分因地震作用而损坏的连体如图 1-2～图 1-5 所示。

图 1-2　某搁置在牛腿上的大跨度钢结构连体在地震中脱出牛腿

图 1-3　采用一端滑动一端刚接的钢筋混凝土连体在地震中滑动端滑出支座

图 1-4　采用两端刚接的钢筋混凝土连体塌落并压坏下部连体

由工程经验可知，相对于塔楼，连体刚度较小，发生碰撞、坠落时一般不会导致主体结构严重损毁。因此，连接支座的设计是关键。连体两端支座应保证连体在罕遇地震作用下不发生脱落、侧翻、坠落、碰撞等严重损坏。

1.5 海内外工程案例简介

1.5.1 北京当代 MoMA

北京当代 MoMA（图 1-6）为多功能建筑综合体。其内部功能以集合住宅为主，集成了酒店、电影院、幼儿园、画廊、商店、健身馆、咖啡馆等多种功能，总面积 22.1 万 m^2。综合体包含 9 座高低不同的塔楼，这些塔楼在 14～19 层通过一个高低起伏的环形连廊连接在一起。连廊为箱形钢桁架，两端采用摩擦摆支座与塔楼连接，释放了连体对主体结构的不利内力。

图 1-5 偏心布置的连体结构塌落

1.5.2 重庆来福士广场

重庆来福士广场（图 1-7）是集大型购物中心、高端住宅、办公楼、服务公寓和酒店为一体的城市综合体项目，由 8 栋超高层塔楼，6 层商业裙房和 3 层地下室组成。其中，4 栋塔楼在屋顶（高度约为 250m）通过一座长达 300m 的空中连体彼此相连。连体为钢桁架，采用摩擦摆支座与塔楼减振滑动连接。由于连体的体量大、标高较高，塔楼在风荷载、小震作用下变形差明显，该连体还在支座处设置了阻尼器。

图 1-6 北京当代 MoMA

图 1-7 重庆来福士广场

1.5.3 北京保利未来大都汇

北京保利未来大都汇（图 1-8）上部建筑功能为总部办公、五星级酒店等，由 5 栋塔楼、4 层地下室组成。5 栋塔楼在 100m 高度处通过连体相互连接，形成一个完整的高位室外绿化平台。连体为钢桁架，与 A3 塔采用平板滑动支座连接，其余皆为刚接。

1.5.4 纽约铜大厦

纽约铜大厦（图 1-9）为精装公寓，两个塔楼立面在中间弯曲并在弯曲处设置了一个 3 层高的连体，呈一定角度连接，是近年来纽约最高、最复杂的空中连体。连体中设有泳池、酒吧、休息室等公共设施，为住户提供了优秀的观景休闲空间。连体两端与塔楼的连接采用刚性连接。

1.5.5 哥本哈根 L&M 海港门户

哥本哈根 L&M 海港门户（图 1-10）为办公楼及酒店综合体。其空中连廊采用悬索结构，结构形式新颖。连廊从两侧塔楼悬挑并在中间呈一定角度连接，高于水面 65m。采用该种设计后，两侧塔楼几乎为完全独立结构，不会产生相互作用。连廊中设有咖啡馆、画廊等公共设施。由于实用性以及航道通航问题，该项目暂时搁置，但是该项目给空中连体形式提供了全新思路。

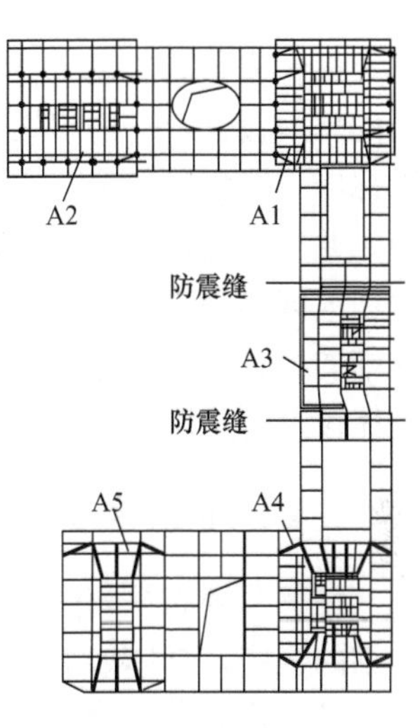

图 1-8　北京保利未来大都汇

图 1-9　纽约铜大厦

图 1-10　哥本哈根 L&M 海港门户

2　深圳市工程建设标准《高层建筑混凝土结构技术规程》SJG 98—2021 相关规定

2.1　标准编制背景

在行业标准《高层建筑混凝土结构技术规程》JGJ 3—2010（以下简称《高规》）中，对连体高层建筑结构设计的相关规定较少。相关规定中，连体的连接方式一般推荐采用刚性连接，原因是采用刚性连接的连体在分析和构造上更容易把握。采用刚性连接的连体既要承受较大的重力荷载和地震作用，又要在水平地震作用下协调两侧结构的受力与变形，因此连体中的主要结构构件至少深入主体结构一跨，必要时伸入内筒，同时连体中的结构构件尺寸、配筋等宜根据实际情况进行加强。

在广东省标准《高层建筑混凝土结构技术规程》DBJ 15—92—2013 中，进一步提出在进行 7 度、8 度抗震设计时，主塔楼在层数、刚度相差悬殊的情况下不宜采用刚性连接。

近年来，高层建筑空中连体采用柔性连接的案例越来越多。对于柔性连接连体高层建筑的抗震设计，已经积累了不少经验。在行业标准、广东省标准等基础上，深圳市工程建设标准《高层建筑混凝土结构技术规程》SJG 98—2021（以下简称《深圳高规》）编制完毕，并经过深圳市住房和建设局批准，于 2021 年 7 月 1 日起实施。该规程总结了近年来深圳地区高层建筑混凝土结构的工程设计与实践经验，对连体高层建筑结构设计提出更为详细的设计准则，包括计算分析方法、柔性连接的位移控制、柔性连接支座的构造措施、连体楼盖舒适度验算等内容。

2.2 《深圳高规》针对连体的相关规定

在《深圳高规》中，第 7 章“复杂高层建筑结构设计”针对连体高层建筑结构提出了详细的规定，具体如下：

（1）连体高层建筑由 2 幢或 2 幢以上塔楼通过连体连接组成，与连体连接的塔楼宜对称布置。

（2）当连体与塔楼间无相对位移可直接传递内力时，其连接方式为刚性连接；当连体与塔楼的连接允许相对滑动时，其连接方式为柔性连接。连体与塔楼可正向连接，也可斜向连接。

（3）连体多塔楼结构设计时，单塔楼宜分别满足《高规》对独立单塔楼的设计控制指标要求。当其中某塔楼不满足时，应采用刚性连接，并使连体多塔楼结构总体满足《高规》控制指标要求。

（4）连体宜采用钢结构（梁或桁架）或组合结构。

（5）设计时宜根据不同建筑功能和结构受力需要，经比较分析确定连体两端与塔楼的连接方式。一般可采用两端刚性连接；当连体与塔楼结构间需释放水平力传递时，可采用一端刚性连接另一端柔性连接或两端柔性连接。刚性连接时，连接杆件一般采用刚接（焊接）或铰接；柔性连接时，宜采用板式橡胶支座或仅克服一定摩擦力后可滑动钢支座。当滑动端变形较大时，可设置黏滞阻尼器减小变形。

（6）刚性连接端主要结构构件应伸入塔楼结构至少一跨并可靠连接；当连体为斜向与塔楼连接时，主要结构构件伸入塔楼区应形成水平桁架传力体系，并有可靠连接。柔性连接端宜置于塔楼可传递竖向荷载的适宜位置。刚性连接时，连体主要受力楼层楼板（如桁架上下层楼板、连体顶层和底层楼板）应与塔楼楼板标高相一致，确保楼板传力的可靠性和有效性。连体楼盖宜设水平支撑。

（7）连体与塔楼为斜向连接时，应考虑斜向风荷载和斜向及双向地震作用输入进行结构计算，连体宜考虑竖向地震作用和温度作用。

（8）连体为水平曲线形结构时，应考虑连体扭转对塔楼的影响。

（9）连体塔楼应采用两种不同的力学模型（或两个不同的程序），采用三维空间有限元分析软件进行整体计算，并对各单塔进行相关计算及复核。关键和复杂节点宜进行节点有限元分析。

（10）连体高层结构宜采用抗震性能设计方法，设定各相关构件的适宜性能目标，并对多遇地震、设防地震、罕遇地震作用下的性能目标进行验算，满足相关规范要求。

（11）抗震计算时，除按规范规定的振型分解反应谱法计算外，尚应补充进行弹性时程分析。采用振型分解反应谱法计算时，宜多采取振型数，并满足振型参与质量不小于总质量的90%的要求。

（12）罕遇地震作用宜采用弹塑性动力时程分析法进行整体分析，复核连体结构、连接节点及伸入塔楼部位的相应构件和塔楼竖向构件满足性能目标要求。当采用等效弹性法补充分析时，应复核剪力墙的受剪承载力满足性能目标要求。

（13）当施工顺序对连体结构内力影响较明显时，应进行施工模拟分析。

（14）连体的楼盖应按弹性楼盖进行分析；进行设防地震、罕遇地震分析时，尚宜补充考虑和不考虑楼板刚度或楼板刚度折减时结构计算分析对比，并采取相应的构造加强措施。

（15）计算柔性连接端时，应考虑连体支座处传给塔楼的竖向及由于摩擦等影响构成的水平荷载。抗震计算时，应根据支座滞回曲线计算连体对塔楼的影响。当连体采用阻尼器时，应考虑连体的阻尼器和塔楼结构的共同作用。

（16）连体楼盖应具有适宜的舒适度，楼盖结构的竖向振动频率不宜小于3Hz；人行引起的楼盖振动峰值加速度应满足本规程第3.7.6条的规定。

（17）大跨度连体宜输入风洞试验提供的风时程曲线进行舒适度验算，计算时应考虑连体两端塔楼结构和支座变形的影响；连体位置较高时，除进行顺风向和横风向舒适度计算外，尚应考虑连体顶部和底部风压差带来的竖向振动。

（18）对于纯滑动支座，变形量应满足两个方向和斜向（斜向连接时）的罕遇地震作用下塔楼在连体高度处的结构位移量，其值可根据弹塑性时程分析法结果按下式计算：

$$\Delta = \Delta_1 \sqrt{1 + \left(\frac{\Delta_2}{\Delta_1}\right)^2}$$

式中，当连体一端为刚性连接另一端为纯滑动连接时，Δ_1 为罕遇地震作用下刚性连接端塔楼的变形在连体高度处纯滑动连接端产生的最大弹塑性位移，Δ_2 为罕遇地震作用下纯滑动连接端塔楼在连体高度处的最大弹塑性位移；当连体两端均为纯滑动连接时，Δ_1 与 Δ_2 分别为罕遇地震作用下两侧塔楼在连体高度处的最大弹塑性位移。

（19）柔性连接采用板式橡胶支座时，计算变形应考虑其刚度及滞回性能的影响；当采用可滑动钢支座时，应根据设备制造方提供的相关参数进行相应计算。柔性连接支座应具有复位功能及一定的转动能力。可滑动钢支座不宜采用单向滑动支座。

（20）在罕遇地震作用下，连体的柔性连接端应采用限位防撞击及防坠落措施。

（21）在风荷载与地震作用下，连体支座处出现拉力时，应对支座进行抗拉设计。

（22）连体与连体相连的结构构件在连体高度范围及其上下相邻层应满足以下构造要求：

1）抗震等级应提高一级采用，已为特一级时可不再提高。

2）框架柱的箍筋应全高加密配置，轴压比限值应按其他楼层框架柱的数值减小0.05采用。

3）剪力墙应设置约束边缘构件。

4）楼板应双层双向配筋，配筋率一般不低于 0.2%；两端刚性连接时不宜低于 0.25%。楼板厚度不宜小于 150mm。

3 采用刚性连接的工程案例（深圳金地中心）

3.1.1 基本情况

金地中心项目（图 3-1）位于深圳市南山区高新园，由一栋超高层连体楼、一栋 9 层办公楼、3 层商业裙房和 3 层地下室组成。其中，高层连体楼由南塔楼（45 层，高 199.5m）、北塔楼（36 层，高 159m）和在顶部连接南北塔楼的两层钢结构连廊连成一体，两层钢结构连廊设置于南、北塔的 35 层、36 层间，即北塔楼的顶部两层。北塔楼地面以上各层层高：1 层为 6.0m，2 层为 5.1m，3 层为 6.0m，4～9 层均为 4.5m，10 层为 4.5m，11～21 层、23～33 层均为 4.2m，22 层、34 层及以上各层均为 4.5m。南塔楼各楼层层高均与北塔一致。

图 3-1 建筑效果图

3.1.2 结构形式

两栋塔楼均采用框架-核心筒结构，南、北塔标准层平面图如图 3-2、图 3-3 所示，图 3-4所示为塔楼连接连廊的平面位置关系。在北塔楼顶部设置的两层高连廊各从两个塔楼边悬挑伸出约 20m，悬挑端距另一塔楼的最远距离约 61m。由于连廊悬挑跨度大，连廊层数多，综合考虑选用两端刚接的刚性连接方案，连廊采用钢桁架方案。

设计时，由连廊两端的塔楼伸出较大刚度的两层高悬臂桁架，悬臂桁架外端采用两层高钢桁架与另一塔楼连接，形成整体性能及受力性能良好的封闭桁架，由塔楼外伸的悬臂桁架上下弦伸入核心筒墙体，保证轴力的可靠传递，如图 3-5 所示。

3.1.3 竖向荷载下的主要计算结果

悬臂桁架 HJ1 端点相对于塔楼框架柱的相对竖向变形约为 24mm，边桁架 HJ2 跨中相对塔楼框架柱的相对竖向变形约为 46mm。满足规范对构件挠度的要求。

3.1.4 水平荷载下的主要计算结果

连廊连接南、北两个高度不相同的塔楼，连廊除承受较大的竖向荷载外，还起着连接两个塔楼、协调两个塔楼水平变形的作用，且由于高塔与低塔结构刚度、振动特性不同，连廊受力复杂。在连廊顶层和底层楼盖内沿两个塔楼角部框架柱增设了框架梁，同时加强了楼盖平面的水平支撑，以增强连廊的水平刚度。

通过分析带连廊的整体结构的振型特点，前几阶主要振型并未出现两个塔楼反向运动的情况，说明连廊与两个塔楼在同向变形。考虑到连廊在水平风荷载（地震）作用下受力复杂，为了确保连廊在可能不利情况下的结构安全，对不同方向风荷载作用下的连廊楼盖结构进行进一步的补充分析论证。为了进一步分析连廊钢结构杆件的承载能力，还补充分析了不考虑楼盖的有利作用时的连廊受力和变形情况，确保连廊结构安全。

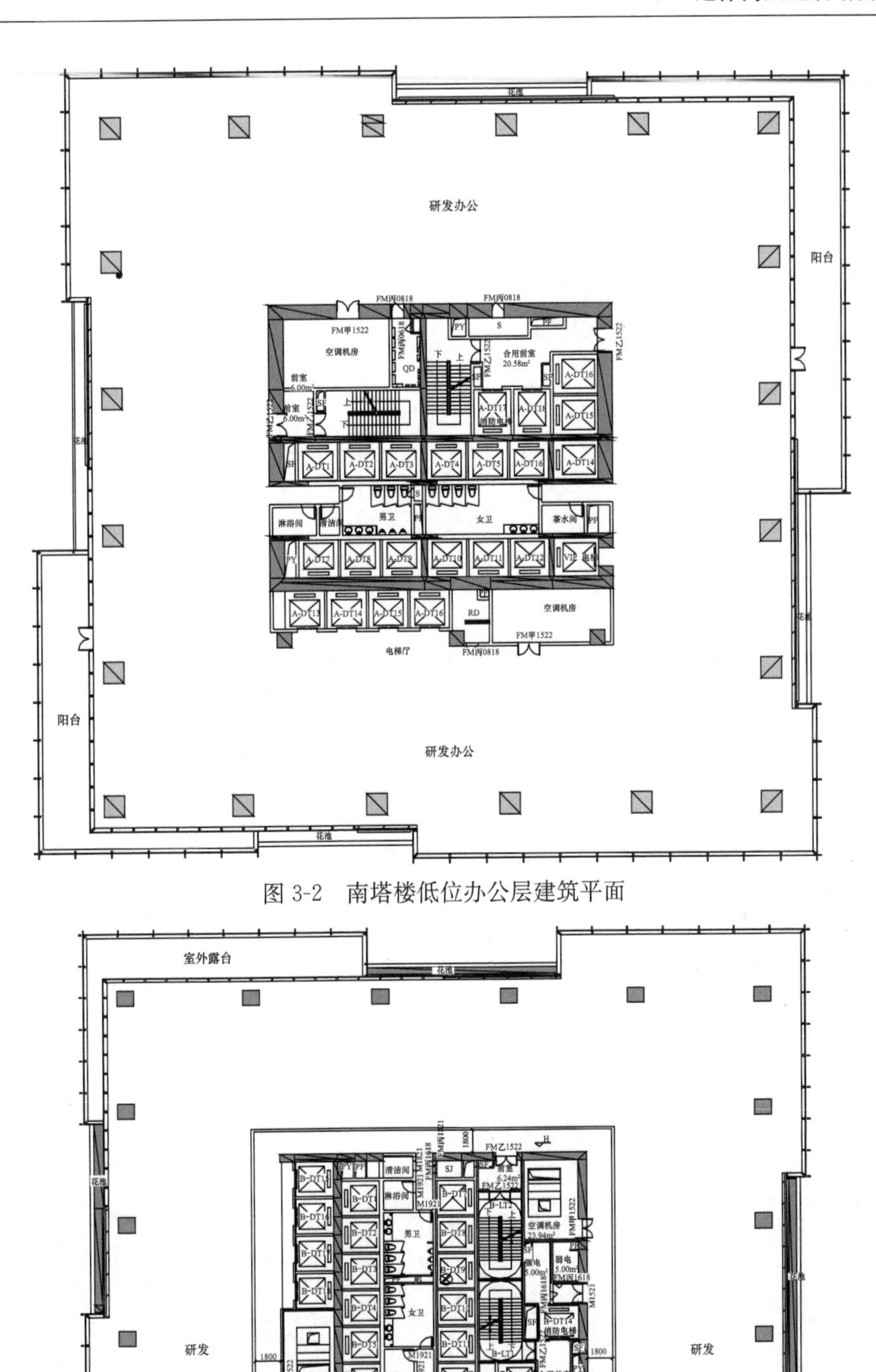

图 3-2　南塔楼低位办公层建筑平面

图 3-3　北塔楼低位办公层建筑平面

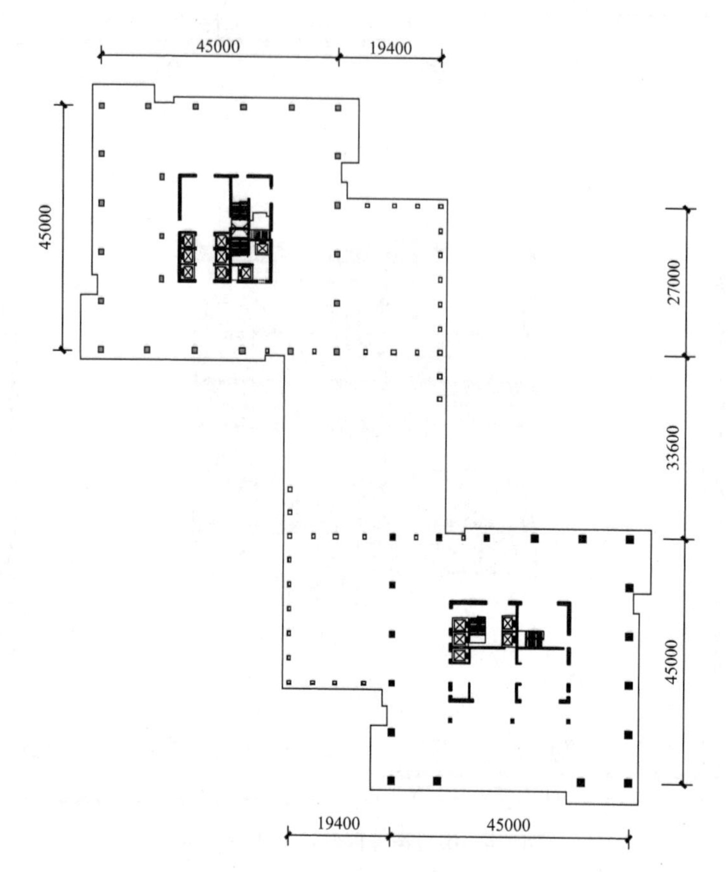

图 3-4　连体层建筑平面示意

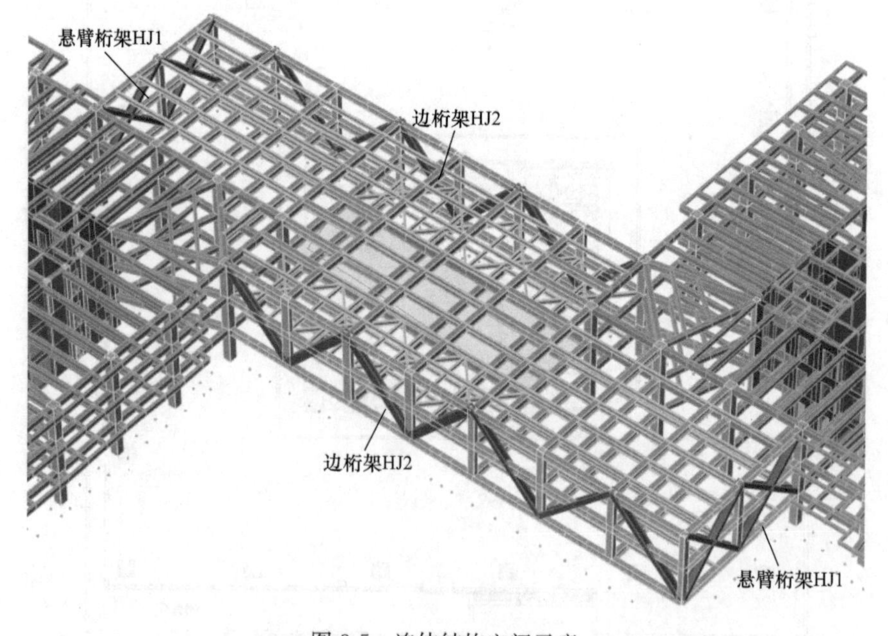

图 3-5　连体结构空间示意

3.1.5 连体层楼板应力分析

图 3-6～图 3-13 给出连廊底层、顶层楼盖在竖向荷载和水平地震作用下的楼盖正应力

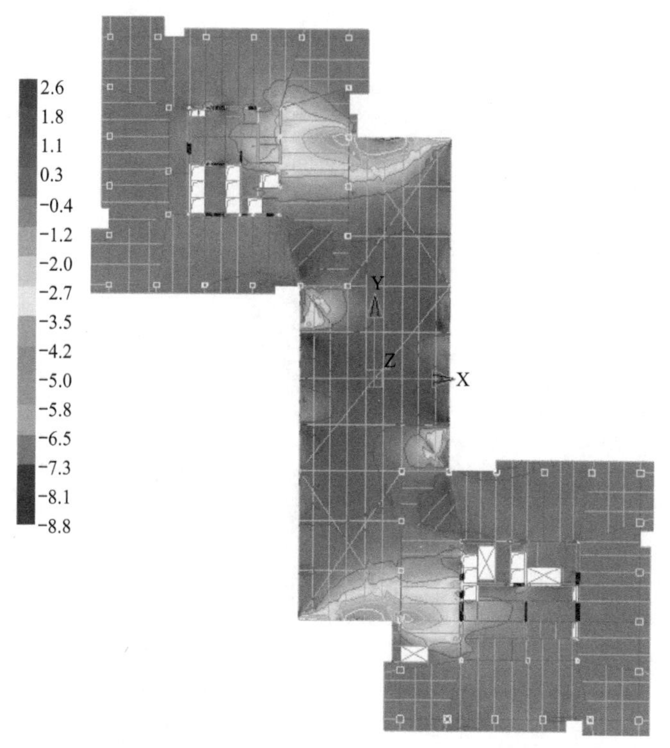

图 3-6 连廊底层楼盖在恒荷载作用下的 X 向正应力分布（MPa）

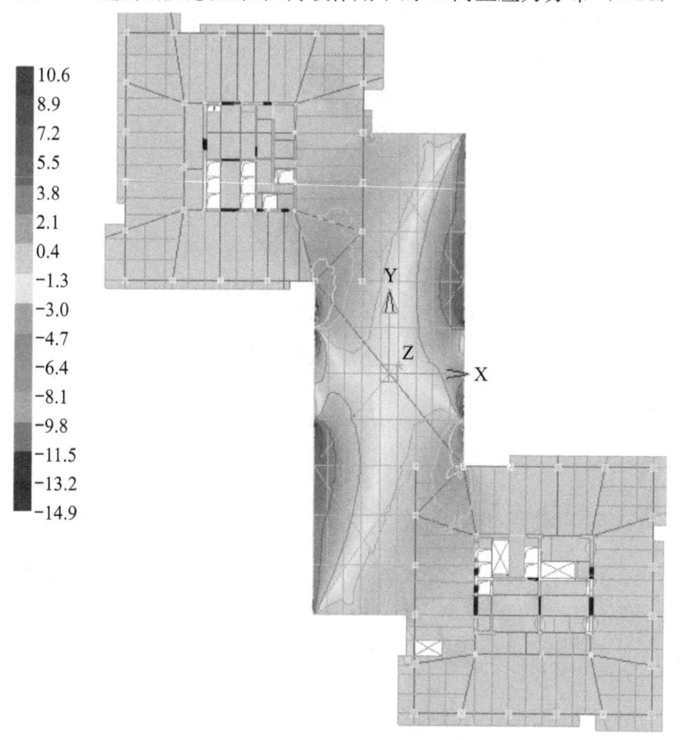

图 3-7 连廊底层楼盖在恒荷载作用下的 Y 向正应力分布（MPa）

分布结果。从计算结果可以看出，连廊楼板在恒荷载作用下局部应力较大，在地震作用下应力较小。宜采用局部楼板后浇的措施，以释放楼板在自重作用下的拉力。

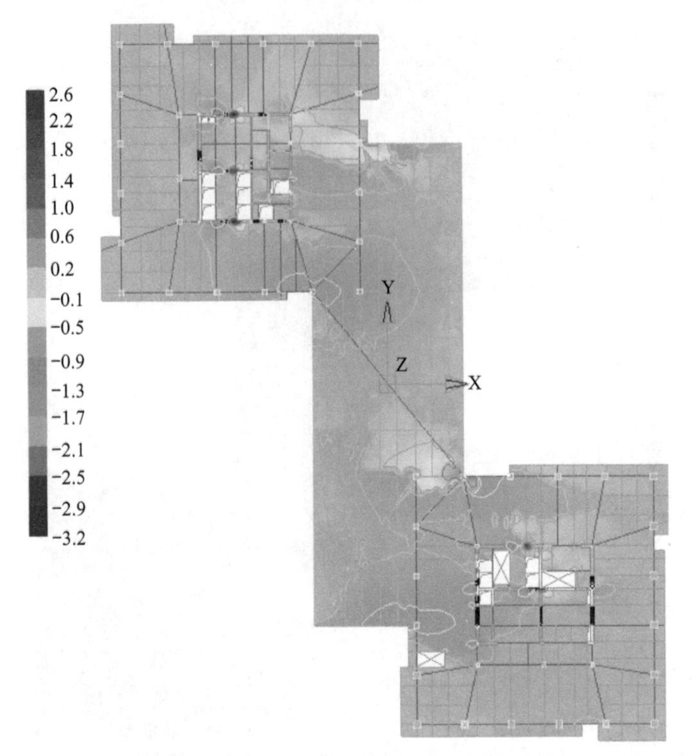

图 3-8　连廊底层楼盖在 X 向地震作用下的 X 向正应力分布（MPa）

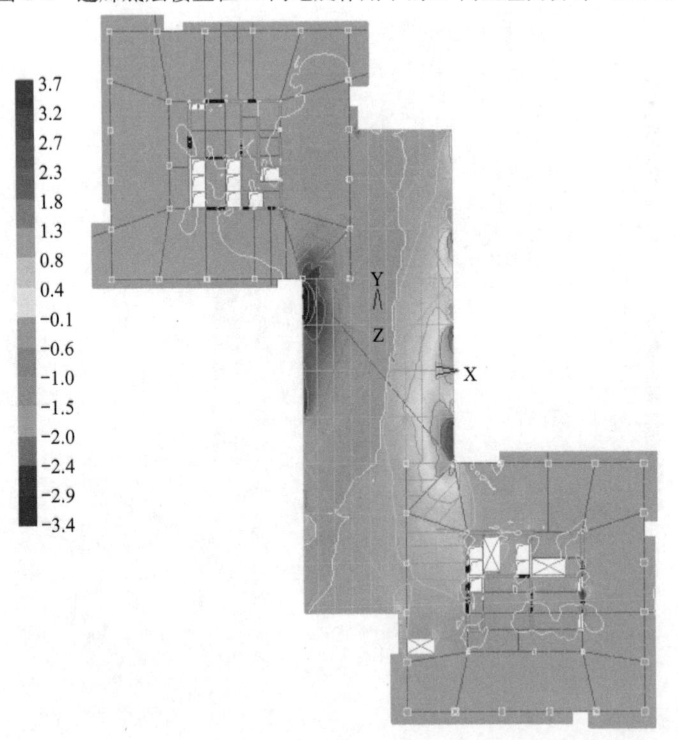

图 3-9　连廊底层楼盖在 Y 向地震作用下的 Y 向正应力分布（MPa）

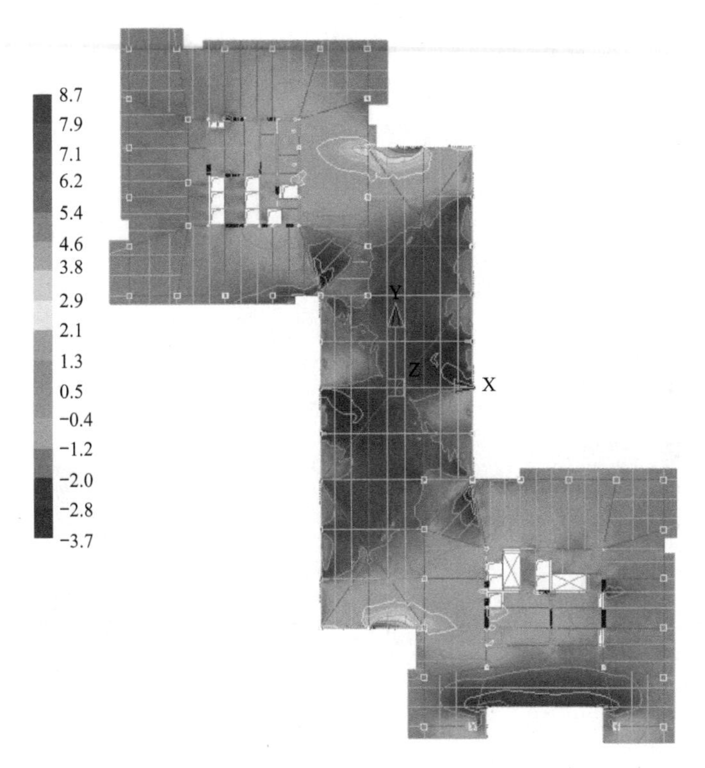

图 3-10 连廊顶层楼盖在恒荷载作用下的 X 向正应力分布（MPa）

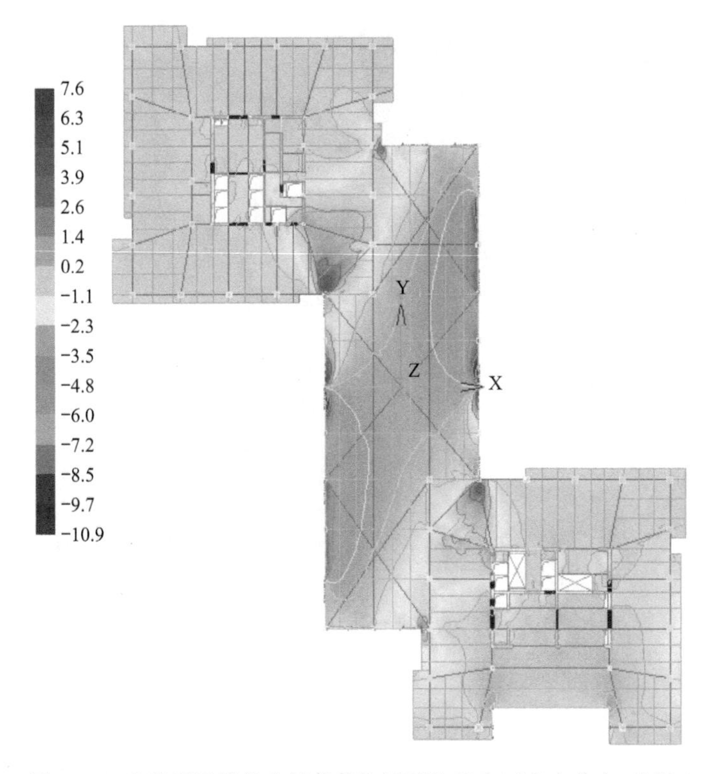

图 3-11 连廊顶层楼盖在恒荷载作用下的 Y 向正应力分布（MPa）

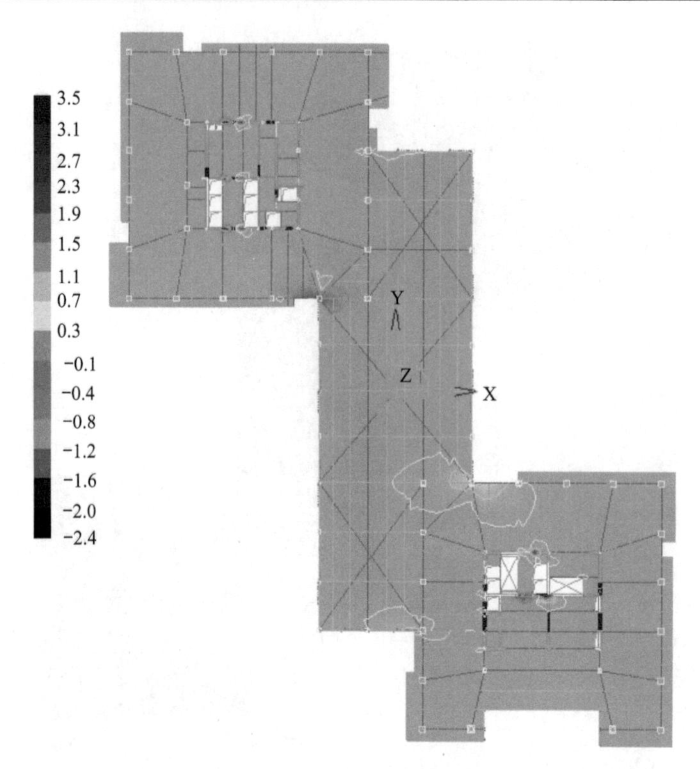

图 3-12 连廊顶层楼盖在 X 向地震作用下的 X 向正应力分布（MPa）

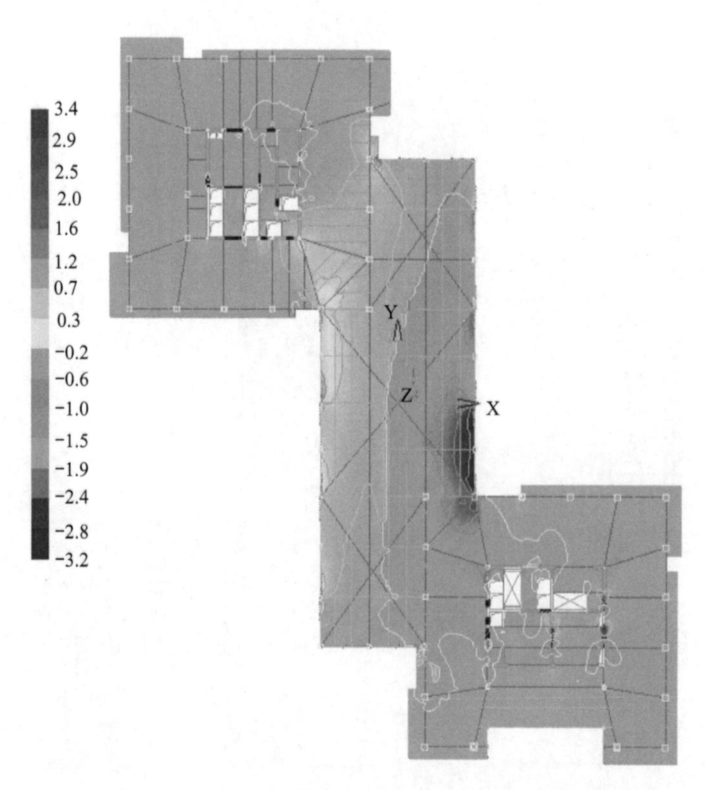

图 3-13 连廊顶层楼盖在 Y 向地震作用下的 Y 向正应力分布（MPa）

4 柔性连接形式及设计分析方法

对于高层建筑空中连体，常见的柔性支座形式为铅芯橡胶支座、摩擦摆支座、平板滑动支座等。采用该类型支座可削弱连体对两侧塔楼间水平传力的连接作用，同时减小连体自身的地震作用。根据以往工程经验，高层建筑空中连体常见的破坏形式为滑动端滑出支座，导致连体与塔楼碰撞甚至坠落。相对于塔楼，连体刚度较小，发生碰撞时一般不会导致主体结构严重损毁。因此，柔性支座的柔性位移量是设计的关键。柔性支座的柔性位移量应保证罕遇地震作用下不发生脱落、侧翻、坠落、碰撞等严重损坏，同时，还要保证在多遇地震、风荷载作用下可正常使用并保证一定舒适性。

在实际工程应用中，空中连体并不一定需要两端都设置柔性支座，而是一端柔性连接一端刚性连接。该连接方式可以在释放连体内力的同时保证连桥的可靠性，也更有利于柔性支座的复位。以下介绍几种在高层建筑空中连体设计中应用较多的柔性支座及其设计要点。

4.1 铅芯橡胶支座

4.1.1 简介

橡胶支座形式多样，应用广泛，技术也相对成熟。高层建筑空中连桥的支座通常采用铅芯橡胶支座，由穿插钢板的橡胶片以及铅芯组成，其结构形式如图 4-1 所示。

铅芯橡胶支座特点如下：

（1）橡胶在竖向荷载作用下变形量大，需要在橡胶片中穿插钢板约束其径向膨胀，提高竖向承载力。

（2）铅芯橡胶支座的水平刚度由橡胶的抗剪切能力提供，转动刚度由橡胶垫在平面上的不相等变形产生的转角提供。

（3）橡胶一旦屈服，将产生非常大的变形，因此需要插入塑性能力较强的铅芯。

（4）抗拉能力较强。

（5）需要针对橡胶做好防腐蚀措施。

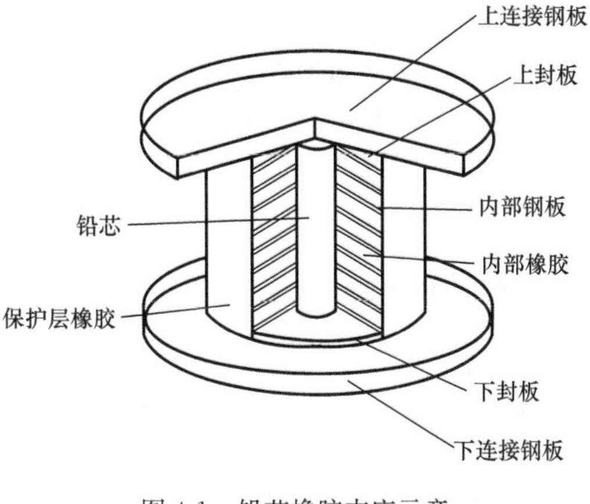

图 4-1 铅芯橡胶支座示意

4.1.2 铅芯橡胶支座的分析模型

铅芯橡胶支座性能可通过加载试验得出的荷载-位移曲线来确定。其水平向荷载-位移曲线如图 4-2 所示。

屈服后水平刚度 K_d 可按下式计算：

$$K_d = C_{Kd}(\tau)(K_r + K_p) \tag{4-1}$$

式中：K_r——铅芯橡胶支座嵌入铅芯前等效水平刚度；

K_p——铅芯等效水平刚度；

C_{Kd}（τ）——铅芯橡胶支座屈服后刚度修正系数，与剪切变形 τ 有关。

铅芯橡胶支座的初始水平刚度 K_i 可按下式计算：

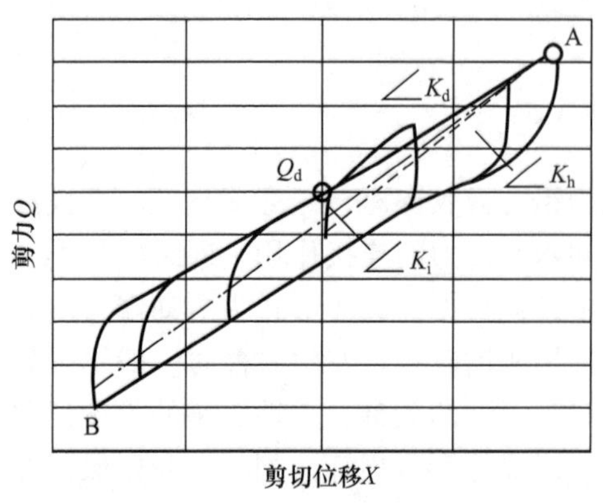

图 4-2 铅芯橡胶支座荷载-位移曲线

$$K_i = \alpha_0 K_d \tag{4-2}$$

式中：α_0——系数，可取 10～15。

等效水平刚度 K_h 可按下式计算：

$$K_h = \frac{Q_d}{\tau T_r} + K_d \tag{4-3}$$

式中：Q_d——水平屈服剪力；

T_r——支座内部橡胶总厚度。

对于铅芯橡胶支座的竖向压缩性能，其压缩刚度 K_v 可按下式计算：

$$K_v = \frac{AE_c}{nt_r} \tag{4-4}$$

式中：A——支座有效截面积；

n——支座内部橡胶层数；

t_r——单层橡胶的厚度；

E_c——修正压缩弹性模量。

4.1.3 铅芯橡胶支座的性能目标

对于铅芯橡胶支座的性能目标，其重点在于保证支座不发生不可恢复的屈服变形，平面尺寸与厚度是铅芯橡胶支座设计的关键。根据《建筑抗震设计规范》GB 50011—2010（以下简称《抗规》）中的相关规定，其性能目标见表 4-1。

铅芯橡胶支座性能目标 **表 4-1**

项次	重力荷载代表值	罕遇地震工况（水平+竖向）
压应力	符合《抗规》第 12.2.3 条规定	—
水平位移	—	符合《抗规》第 12.2.6 条规定
拉应力	—	小于 1MPa

4.2 摩擦摆支座

4.2.1 简介

摩擦摆支座是一种新兴的柔性支座，由滑块、滑动面及上下连接件组成，其结构形式如图 4-3 所示。

摩擦摆支座特点如下：

(1) 两个水平方向的恢复力与竖向压力正相关，并非由材料特性决定。

(2) 滑动面摩擦材料通常采用聚四氟乙烯，摩擦系数较小，可释放大部分水平力，减小塔楼间的相互作用。

(3) 位移能力强，最大允许水平位移量可达到约 1.5m，且不会发生侧倾。

(4) 耗能能力强，可通过不断大范围滑动消耗能量。

(5) 大部分部件由钢制成，耐久性好，竖向承载力强，拥有更强的抵抗竖向荷载、温差的能力。

(6) 抗拉能力较差。

由上述可知，相比铅芯橡胶支座，摩擦摆支座可用于塔楼间位移差更大、连接形式更复杂的空中连桥。

4.2.2　摩擦摆支座的分析模型

分析摩擦摆支座时，与橡胶支座最大的不同就是其两个水平方向的恢复力与竖向压力正相关。摩擦摆支座的基本原理如图 4-4 所示。

该支座的运动方式为类似于钟摆运动的滑摆运动。上部结构（如桥梁、建筑等）支撑于滑块上，而滑块在曲面半径为 r 的曲面上滑动，因此任何方向水平运动都将产生一个重力的竖向提升，产生势能，该体系的运动就是一质量块（M）做钟摆运动，摆动长度为球面曲线半径。根据《建筑摩擦摆隔震支座》GB/T 37358—2019，摩擦摆支座的荷载-位移滞回曲线如图 4-5 所示。

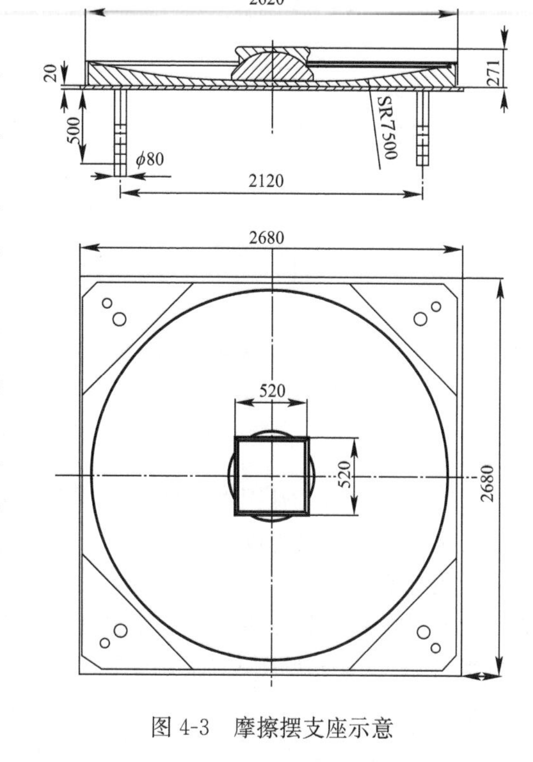

图 4-3　摩擦摆支座示意

对一受到竖向荷载 P，滑动面曲线半径为 r 的摩擦摆支座，摆锤处于滑动状态时其运动方程如下：

$$\frac{P}{g}\ddot{u} = -K_c u - \mu P \operatorname{sig}(\dot{u}) \tag{4-5}$$

式中：u——摆锤位移；

P——支座所受的竖向荷载；

K_c——支座屈服刚度，$K_c=\dfrac{P}{r}$；

μ——动摩擦系数。

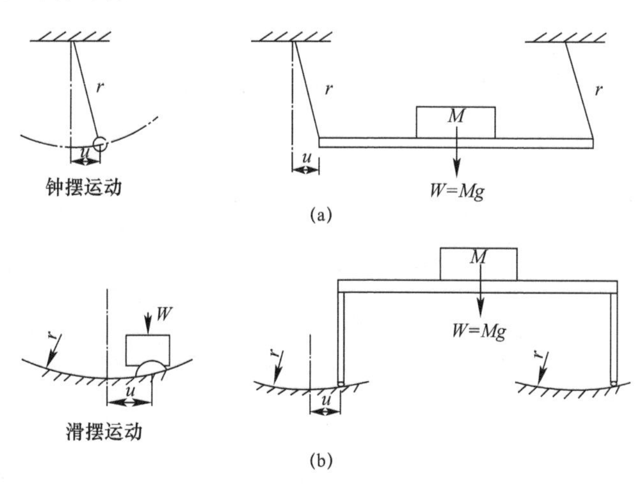

图 4-4　摩擦摆支座的基本原理

支座的初始刚度可按下式计算：

$$K_P = \frac{\mu P}{d_y} \tag{4-6}$$

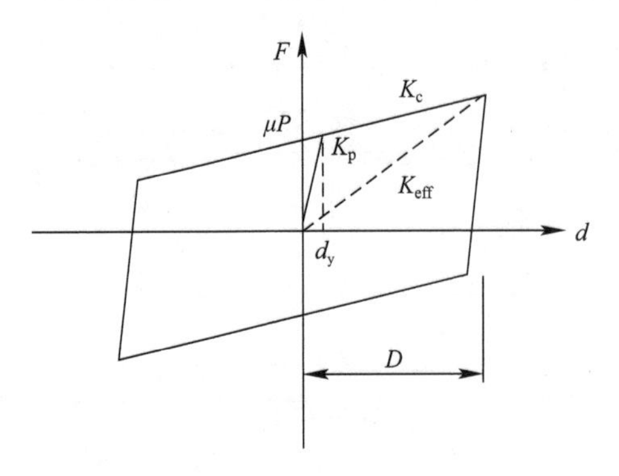

图 4-5 摩擦摆支座荷载-位移曲线

式中：K_P——支座初始刚度；

μ——动摩擦系数；

P——支座所受的竖向荷载；

d_y——屈服位移，取 2.5mm。

支座的等效刚度可按下式计算：

$$K_{eff}=\left(\frac{1}{r}+\frac{\mu}{D}\right)\times P \tag{4-7}$$

式中：K_{eff}——支座等效刚度；

D——支座水平最大容许位移。

支座的等效周期可按下式计算：

$$T=2\pi\sqrt{\frac{P}{K_{eff}\cdot g}} \tag{4-8}$$

由上述可见，其中 $K_c u$ 为自恢复力，方向始终指向体系的平衡点；μP 为摩擦耗散力，其方向始终与运动速度 $\dot{u}$ 方向相反，使体系的运动衰减；振动周期振动频率及刚度较为稳定且易于调节。

在非线性时程分析中，有效刚度 K_{eff} 可用于模态分析（$K_{eff}=0$ 即连接单元在模态计算时断开）；支座初始刚度 K_P 用于在非线性时程分析时模拟支座在弹性状态下的行为。在线性静力分析时，K_{eff}、K_P 可用于等效弹性计算。

4.2.3 摩擦摆支座的限位、防撞措施及性能目标

摩擦摆支座的限位、防撞措施可根据具体需求进行定制；摩擦摆支座的性能目标又与其限位、防脱落措施息息相关。具体性能目标需要根据实际情况制定，制定方法详见本文第 5.3.4 节。

4.3 平板滑动支座

4.3.1 简介

平板滑动支座结构形式如图 4-6 所示。由图可知，相比摩擦摆支座，平板滑动支座的滑动面是平面而非弧面。

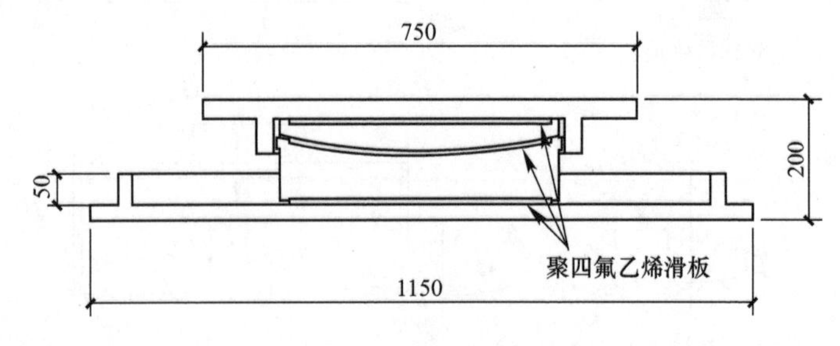

图 4-6 某型号平板滑动支座

平板滑动支座特点如下：

（1）滑动面不提供水平向恢复力，几乎释放所有水平力及弯矩。因此，连桥在使用该种支座时不宜两端滑动。

（2）位移能力低于摩擦摆支座，最大允许水平位移量约为 300mm。

（3）几乎无耗能能力，无减隔震功能。

（4）大部分部件由钢制成，耐久性好，竖向承载力强，拥有更强的抵抗竖向荷载、温差的能力。

（5）抗拉能力较差。

（6）体积小，结构简单可靠。

由上述可知，平板滑动支座可用于塔楼间位移差较小，无减隔震需求的空中连桥。

4.3.2 平板滑动支座的限位、防撞措施及性能目标

平板滑动支座可认为在外力作用下一定会发生滑动，无法如摩擦摆支座一般要求其在小震、风荷载作用下不发生滑动。因此，只需要求其在大震、风荷载作用下不发生碰撞、脱落，竖向承载力满足要求即可。

4.4 模态叠加法（FNA）与直接积分法

在进行非线性时程分析时，可采用模态叠加法或直接积分法。

模态叠加法有以下特点：

（1）计算速度快。

（2）只能考虑连接单元的非线性行为，其他构件只能用弹性方法分析。

（3）无法进行施工模拟，若连桥两侧塔楼位移差较大或连桥两侧支座不对称，其计算结果会有较大的失真。

直接积分法有以下特点：

（1）计算速度慢。

（2）可同时考虑连接单元及其他单元的非线性行为。

（3）可在时程分析之前进行施工模拟，模拟连桥后装的情况，结果更为精确。

对于复杂多塔超高层建筑，建议采用考虑施工模拟的直接积分法。消除塔楼间的变形差以及支座位置对计算结果的影响。一般而言，结构构件是否考虑弹塑性对结构位移的计算影响并不大。因此，设计摩擦摆支座时，墙、梁、柱等其他结构构件可按弹性构件考虑。

5 采用柔性连接的高层连体建筑案例

5.1 工程案例一（深圳岁宝国展中心）

5.1.1 工程概况

深圳岁宝国展中心项目地处罗湖与福田两大中心区的分界区域。该地区抗震设防烈度为7度（0.10g），场地类别Ⅱ类，基本风压值0.75kN/m^2，地面粗糙度类别为C类，项目由多栋超高层塔楼组成。其中，A塔楼结构高度约188.25m，地面以上54层；B塔楼结构高度约153.8m，地面以上42层；C塔楼结构高度约242.15m，地面以上52层。

A、B、C三栋塔楼在地面以上均为独立建筑，塔楼和裙房在地面以上通过结构缝分开。A、B、C三栋塔楼在标高约140m处由两座钢桁架连桥连接，连桥高度约为一层标准层层高，A、B塔楼之间的连桥一跨度约23m，B、C塔楼之间的连桥二跨度约34m，形成

高位连接的多塔连体。如图 5-1～图 5-3 所示。

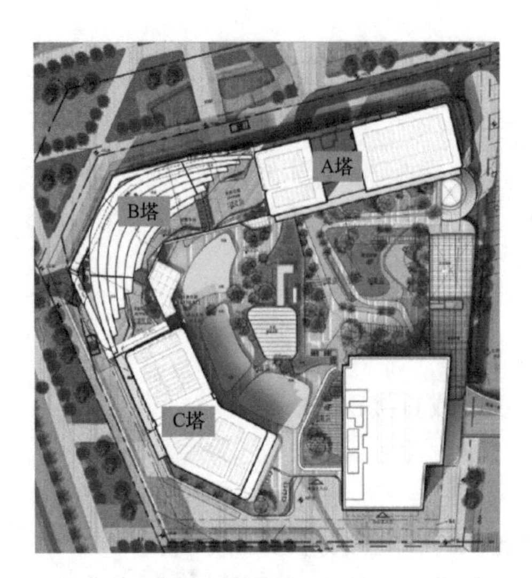

图 5-1　项目总平面图

图 5-2　建筑效果图

图 5-3　连桥效果图

5.1.2　连桥与塔楼连接方式

（1）连体结构连接方式的分类

连体结构的连接部分受力复杂，连接体部分的跨度较大，如何选取主体结构与连接体结构之间的连接方式，是连体结构设计的重点。对于连体结构，主体结构与连接体的连接方式一般有刚性连接、铰接连接、滑动连接等。

刚性连接适用于各独立塔楼有相同或相近的体型、刚度以及相似的结构动力特性，其优点是可以将两栋塔楼形成整体，提高刚度，但连体及主体结构受力复杂。滑动连接由于释放了两端的变形，连接体受力较小，适用于连接体的体量较小、刚度较小的情况，其优点是塔楼之间相互影响较小，连体结构受力简单，连接构造方便。铰接连接介于刚性连接和滑动连接之间，需要协调主体结构独立塔楼之间的平动变形，适用于两端主体结构变形较小的情况。

本项目三栋塔楼的建筑体型、整体刚度及平面布置均差异较大，且各塔楼的平面主轴之间有一定的角度，属于不对称多塔多向高位连体结构。且 A、B、C 三栋塔楼的第一周期分别为 4.24s、3.51s、5.62s，各塔楼振型的主方向均不相同，动力特性相差大。另外，连体高度在标高 140m 的高空，此处水平位移较大，采用铰接连接对主体结构影响仍较大。基于本项目的特点，本项目空中连体采用柔性连接（滑动连接）的连接方式。

结合规范对多塔连接体结构的表述，为统一名称，下文将本项目中的连桥一、连桥二称为连体一、连体二。

(2) 连接方式对主体塔楼的影响

为了定量分析各种连接方式的影响，对比刚性连接、铰接连接和单独塔楼模型在连体连接部位处剪力墙的内力，如图 5-4～图 5-6 所示。

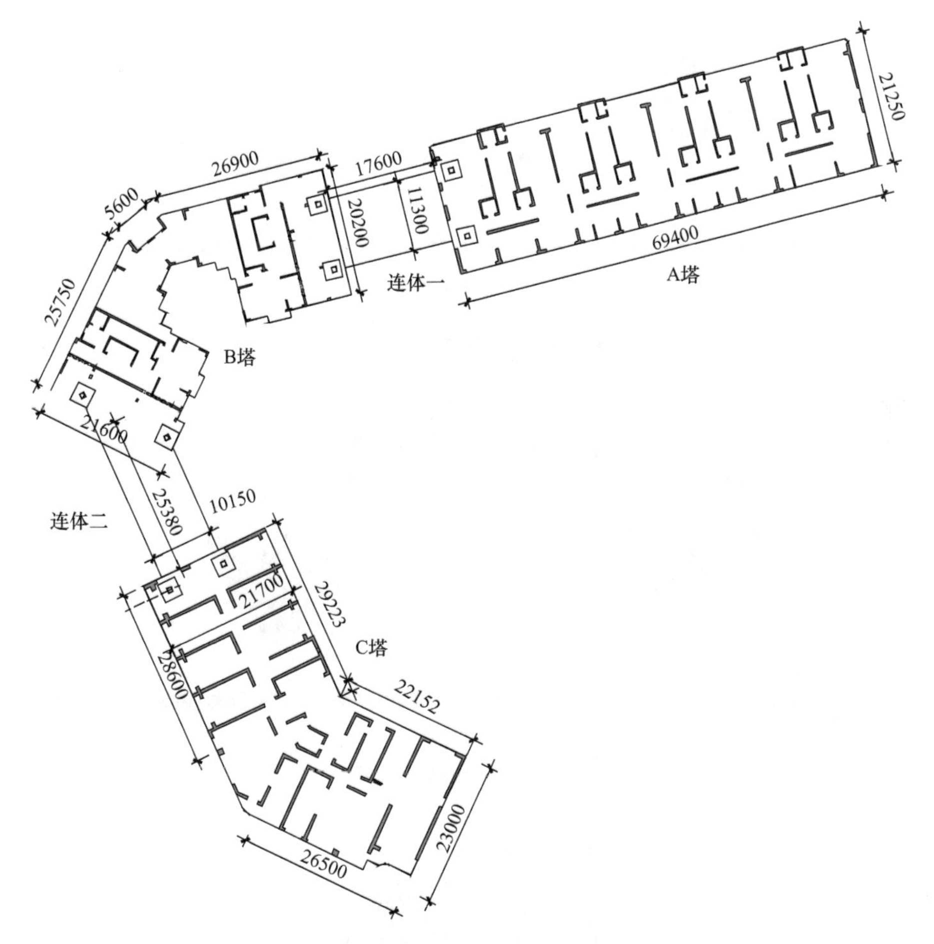

图 5-4　与连体相连的主体结构剪力墙位置示意图

由以上结果可知，刚接或铰接对主体结构内力影响较大，故本项目采用柔性连接。本项目由于三栋塔楼及连体结构不在一条直线上，支座需要满足多向滑动的要求，同时连体所处高度约为 140m，支座允许位移较大。若采用橡胶支座，在位移较大的情况下会产生较大的 $P\text{-}\Delta$ 效应，容易造成支座破坏；若采用平板滑动支座，由于刚度较小，导致位移过大，影响建筑功能。摩擦摆支座既有较高的刚度，又能利用摩擦阻尼耗能，提高连体结构的抗震性能，且摩擦摆支座耐久性能良好，可以做到与结构同寿命。本项目最终采用摩擦摆隔震支座。

柔性连接可采用一端刚接一端滑动，或者两端均滑动。本项目三栋塔楼均为高端公寓，若一端采用刚性连接，则刚性端连体结构的钢构件需深入主体塔楼，对公寓户型布置影响较大，且一端刚接一端滑动会造成连体受力复杂，影响连体的建筑效果，增加造价。本项目连体两端均采用摩擦摆支座，减小对两端塔楼的影响。

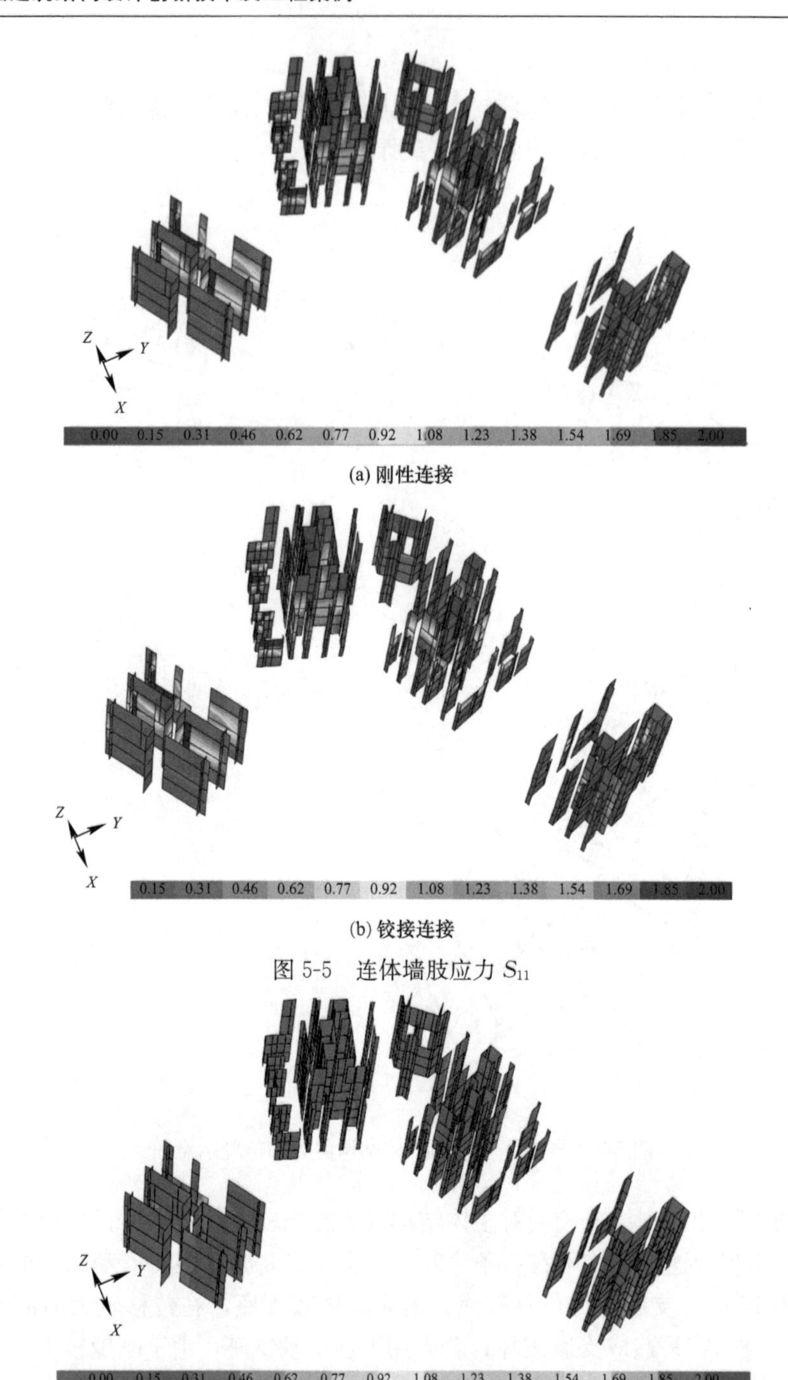

(a) 刚性连接

(b) 铰接连接

图 5-5 连体墙肢应力 S_{11}

图 5-6 单独塔楼墙肢应力 S_{11}

5.1.3 摩擦摆支座力学参数

(1) 摩擦摆支座设计原则

本项目地处深圳地区，风荷载较大，且连体在约 140m 的高空，为保证连体满足正常使用功能要求，同时保证柔性连接的效果，支座连接的设计原则如下：

1) 10 年一遇风荷载作用下不滑动。

2) 小震及 50 年一遇风荷载作用下滑动，实现柔性连接。

3）支座的允许变形满足中震、大震的要求。

根据风洞试验单位 RWDI 提供的连体整体验算风荷载进行复核，同时考虑作用在连体结构上表面向上的风吸作用，并偏于保守地不考虑作用在下表面的风吸作用。连体的竖向力仅考虑恒荷载，不计入活荷载。摩擦力的复核计算如表 5-1 所示（均按标准值计算）。

最小静摩擦系数计算 **表 5-1**

项次	连体一	连体二
水平风荷载（kN）	310	460
竖向风荷载（kN）	＋1075	＋1300
竖向力（kN）	－12700	－16800
最小静摩擦系数	0.027	0.03

注："－"表示向下，"＋"表示向上。

由表 5-1 可知，要满足 10 年一遇风荷载作用下不滑动的设计要求，摩擦摆支座的最小摩擦系数为 0.03。结构分析中所用的支座摩擦系数为动摩擦系数，实际支座的初始静摩擦系数比动摩擦系数大，所以支座摩擦系数最小取 0.03，可以满足 10 年一遇风荷载作用下不滑动的要求。

（2）摩擦摆支座特性

摩擦摆支座除了具有平面滑移隔震装置对地震激励频率范围的低敏感性和高稳定性外，特有的圆弧滑动面使其具有自复位功能。同时，摩擦摆隔震支座的周期仅与曲率半径有关，与上部结构无关。摩擦摆支座性能优良，构造简单，近期在建筑减隔震领域有了越来越多的应用（图 5-7）。

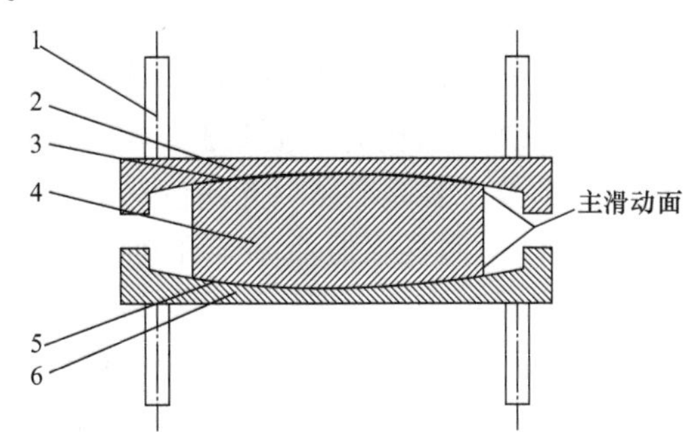

1—上下锚固装置；2—上座板；3—上滑动摩擦面；4—球冠体；
5—下滑动摩擦面；6—下座板

图 5-7 双摆式摩擦摆支座构造示意

（3）摩擦摆支座力学参数的选取

摩擦系数和曲率半径是摩擦摆支座最主要的力学性能参数，关于支座参数的选取，做了如表 5-2 所示的对比分析。如上文所述，本项目选取滑动支座的主要原因是减小主体塔楼之间的相互影响，便于塔楼和连体自身的设计。

不同支座参数模型示意 **表 5-2**

模型编号	摩擦系数（%）	曲率半径（m）
模型 1	3	4
模型 2	3	5.5
模型 3	3	7.5
模型 4	3	9

续表

模型编号	摩擦系数（%）	曲率半径（m）
模型 5	5	4
模型 6	5	5.5
模型 7	5	7.5
模型 8	5	9

通过考察各模型最大位移和支座剪力的结果，可知摩擦系数越大，支座的剪力越大。说明本项目连体的剪力主要由塔楼之间的相对变形引起。同时，摩擦系数越大，支座的最大位移越小，摩擦系数从 3%增加到 5%，支座位移减小约 30%。取 7.5m 曲率半径，支座在人工波下的剪力及位移对比结果如图 5-8 所示。

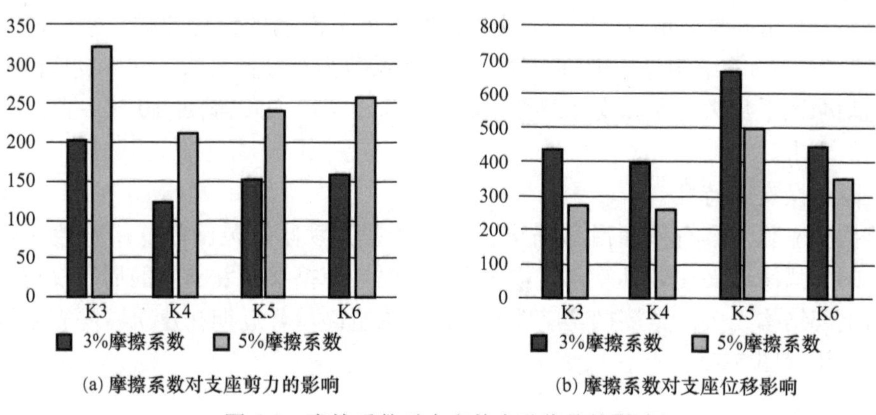

图 5-8　摩擦系数对支座剪力及位移的影响

本项目连体结构主要的设计原则是避免对塔楼造成影响，应尽量使支座剪力减小，所以取 3%的摩擦系数。相比摩擦系数，曲率半径对支座位移的影响相对较小，这种影响在不同的支座有不同的表现，规律性不明显。但曲率半径对大震作用下支座剪力的影响较大，如图 5-9 所示，基本上曲率半径越小，大震作用下支座剪力越大。摩擦摆支座的残余变形为曲率半径乘以摩擦系数，曲率半径过大会造成支座的残余变形较大。

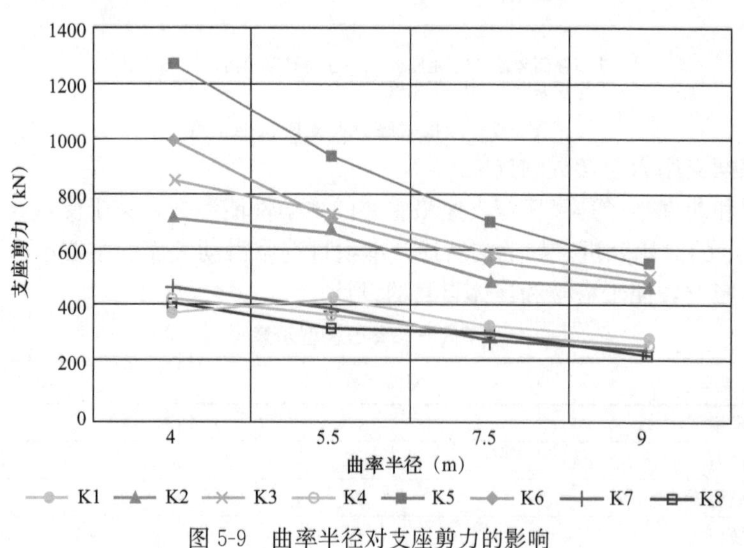

图 5-9　曲率半径对支座剪力的影响

综合考虑剪力和最大位移这两方面的影响，最终选择 3%的摩擦系数，7.5m 的曲率半径，以减小各栋塔楼之间的影响，同时最大位移也在可控范围内。

连体高度在约 140m 处，剪力墙结构大震作用下弹塑性位移角的限值为 1/150，假设在此高度处塔楼达到限值位移，则支座的允许位移为 $140\times10^3/150=933$mm。概念上取支座的允许位移为±1000mm。后文会根据大震作用分析，复核支座位移是否满足设计要求。最终支座的参数取值如表 5-3 所示。

摩擦摆支座参数取值 **表 5-3**

连体	竖向承载力（kN）	摩擦系数（%）	曲率半径（m）	允许位移（mm）
连体一	10000	3	7.5	1000
连体二	15000	3	7.5	1000

5.1.4 连体结构设计

本项目支座设计的原则是小震作用下发生滑动。计算分析也表明，在小震、50 年一遇风荷载作用下，支座位移均会超过 2.5mm 的屈服位移。所以在进行连体设计时，需考虑支座的非线性特性。本文采用 ETABS 软件中快速非线性分析（FNA）方法，用非线性连接单位模拟摩擦摆支座，考察支座在地震作用下的响应，并根据整体模型的计算结果来指导连体结构的设计。

（1）计算模型

整体模型分析采用 ETABS 软件（Ver. 2017），连体结构模型采用 SAP2000 软件（Ver. 21）。如图 5-10～图 5-13 所示。

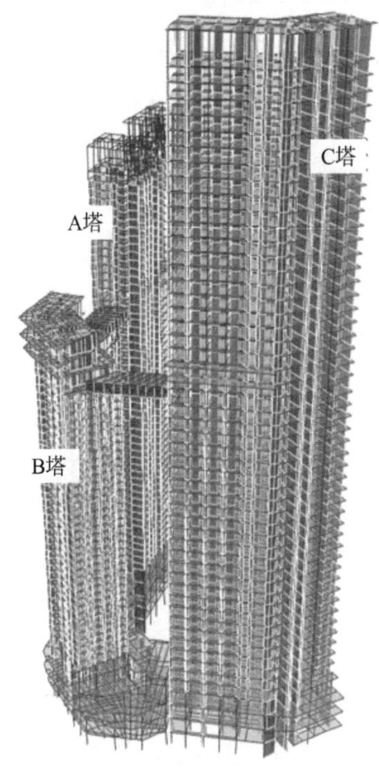

图 5-10 整体模型示意图（ETABS）

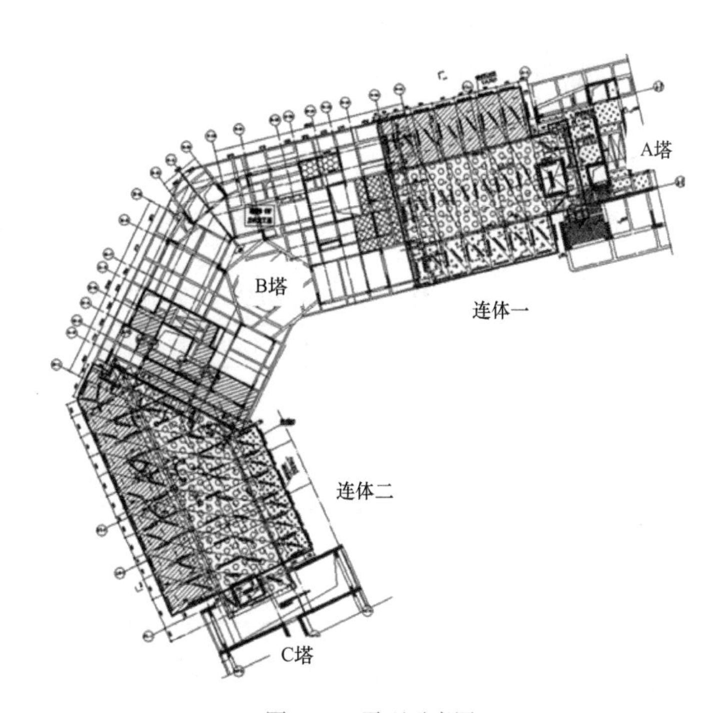

图 5-11 平面示意图

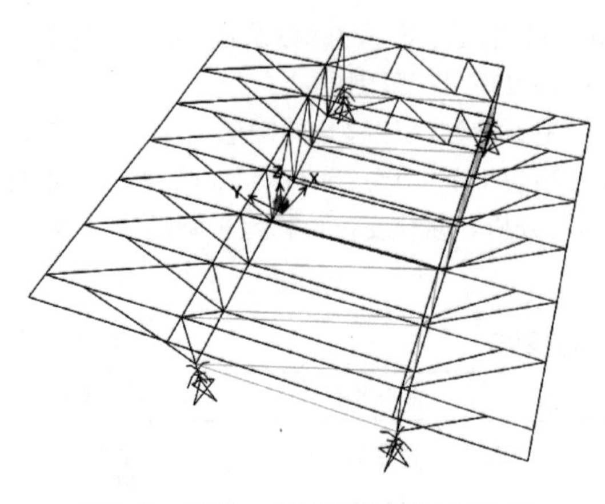

图 5-12 连体一模型示意图（SAP2000）

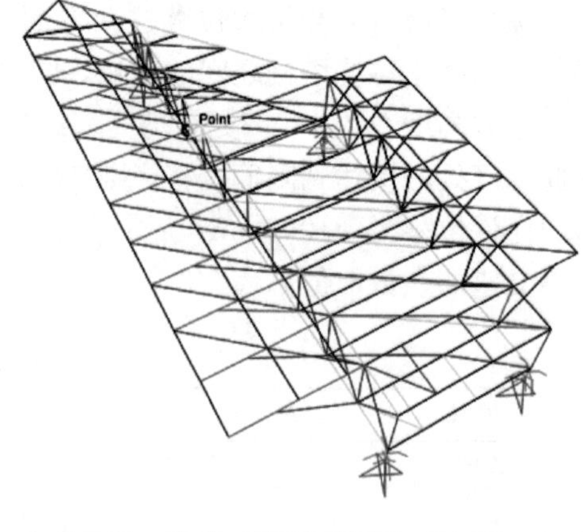

图 5-13 连体二模型示意图（SAP2000）

参考隔震结构的设计方法，在整体模型中，考虑支座的非线性属性，得出减震系数；采用单独连体结构的模型进行构件设计。

（2）竖向力分析

本项目连体结构两端各两个支座，属于单跨连体结构。支座的水平刚度对竖向荷载作用下的受力影响较大。所以本项目连体结构模型分析中，支座不能简单地按铰接考虑。以连体二为例，对支座的刚度做了敏感性分析（图 5-14）。

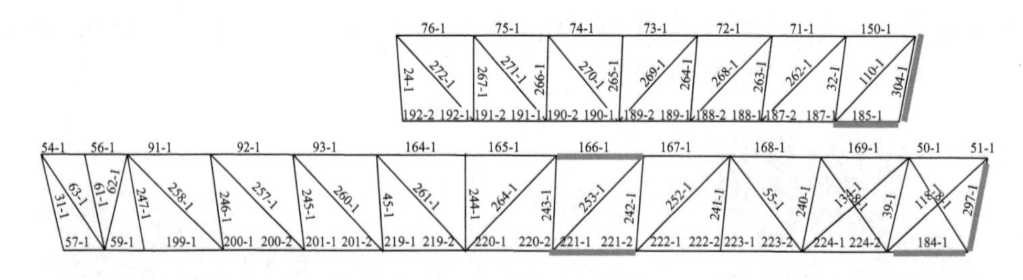

图 5-14 连体二主桁架杆件编号示意图

考察在不同支座水平刚度下，主桁架典型构件在恒载下的轴力，结果如表 5-4 所示。

对应不同支座刚度恒载下的构件轴力（单位：kN） **表 5-4**

杆件编号	等效刚度	10 倍等效刚度	50 倍等效刚度	初始刚度	铰接
221	12119	11978	11399	11093	3485
166	−12359	−12337	−12247	−12199	−12600
184	2476	2333	1748	1439	−6542
297	−2832	−2808	−2708	−2655	−2455
185	445	434	389	363	−880
304	−1752	−1750	−1742	−1738	−1697

以上结果表明，采用铰接和有限水平刚度的支座约束条件，对竖向荷载作用下的构件受力影响较大。但是在等效刚度和初始刚度之间的刚度变化范围内，构件内力差别较小。单独连体模型中，支座采用弹性支座，支座刚度取等效刚度和初始刚度两个模型进行包络

设计。

（3）地震力分析

整体模型分析中，采用图 5-15～图 5-17 所示三条地震波。得出整体模型中时程分析的地震剪力如表 5-5 所示。

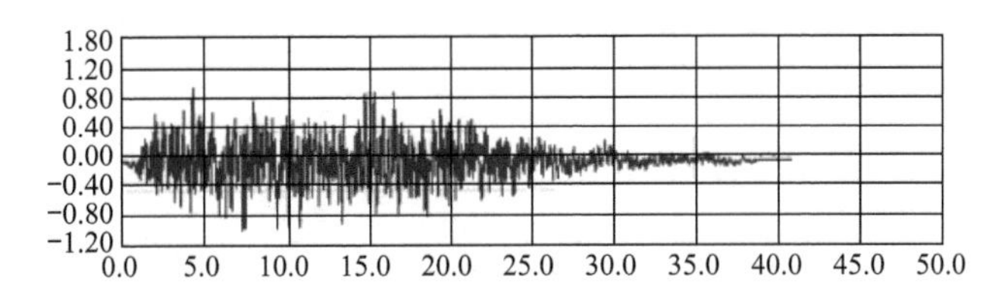

图 5-15　人工波时程曲线（REN）

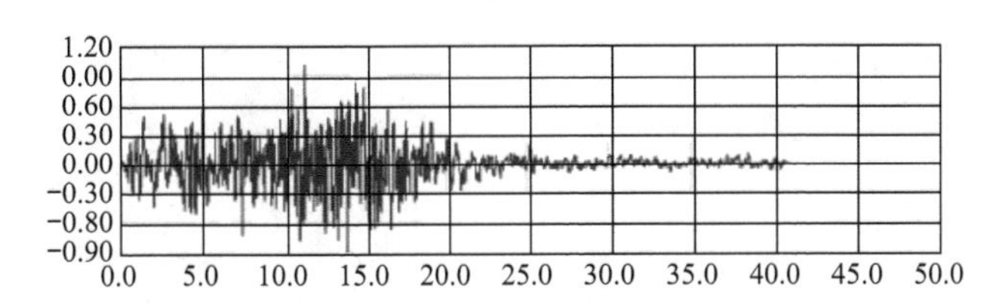

图 5-16　天然波 1 时程曲线（TR1）

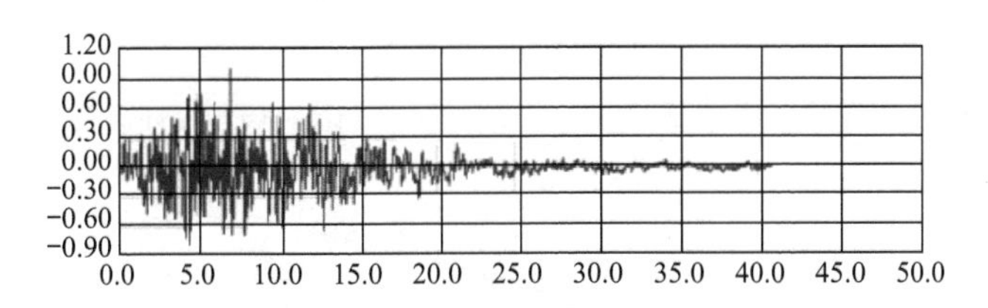

图 5-17　天然波 2 时程曲线（TR2）

整体模型中时程分析的地震剪力（kN）　　**表 5-5**

项次	连体一		连体二	
	X 向剪力	Y 向剪力	X 向剪力	Y 向剪力
人工波	606	541	583	751
天然波 1	595	544	589	736
天然波 2	596	540	583	726
包络	606	544	589	751

对比整体模型中支座剪力的大小和单独连体结构模型在反应谱下支座剪力的大小，并考虑 0.8 的支座参数的调整系数，得出表 5-6 所示减震系数。

减震系数计算　　**表 5-6**

项次	连体一		连体二	
	X 向	Y 向	X 向	Y 向
单独连体结构模型反应谱分析剪力（kN）	776	549	728	936
整体模型/连体模型	0.79	0.99	0.81	0.8
减震系数	1	1.24	1.01	1.00

从以上结果看出，减震系数大于 1，这是由于下方塔楼对连体结构的地震作用有一个放大作用，支座的隔震效应和塔楼的放大效应叠加后，按此方法计算的减震系数略大于 1。

（4）设计结果

按前述方法确定支座的刚度及地震作用取值后，进行连体结构的设计。设计工况考虑风荷载和温度荷载。最终两个连体的构件应力比如图 5-18、图 5-19 所示，顶面构件布置如图 5-20、图 5-21 所示。

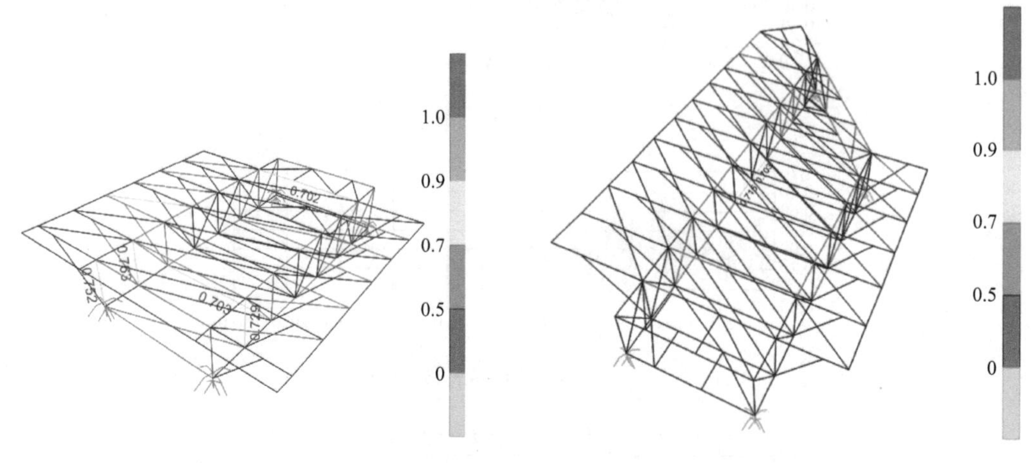

图 5-18　连体一构件应力比示意　　　　图 5-19　连体二构件应力比示意

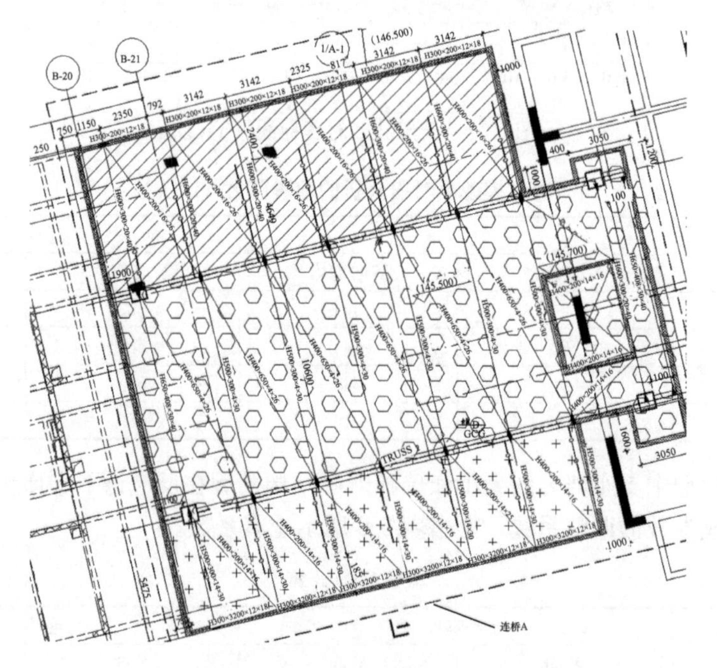

图 5-20　连体一顶面构件布置

两个连体主桁架剖面如图 5-22、图 5-23 所示。

（5）抗倾覆验算

本项目连体结构两侧均有悬挑，悬挑跨度较大且悬挑长度不等，需对连体结构做抗倾覆验算。荷载条件考虑活荷载的不利分布及最不利风荷载的布置；考虑一端悬挑有覆土，另一端没有覆土；风荷载考虑横向风和向上的风同时作用。通过要求中间非悬挑区域的覆土最小厚度，保证足够的抗倾覆弯矩。如图 5-24 所示。

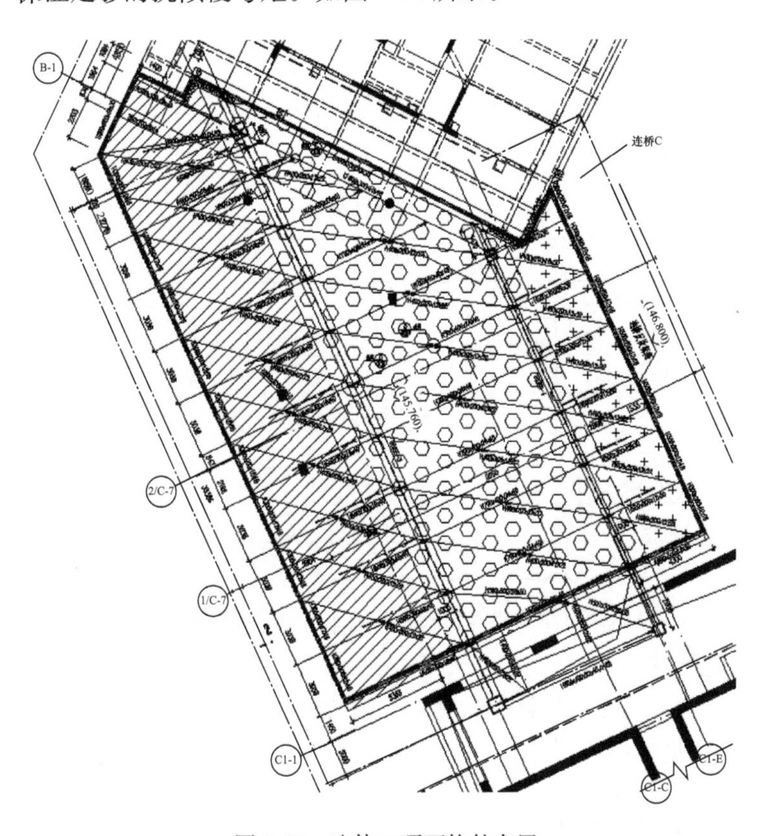

图 5-21　连体二顶面构件布置

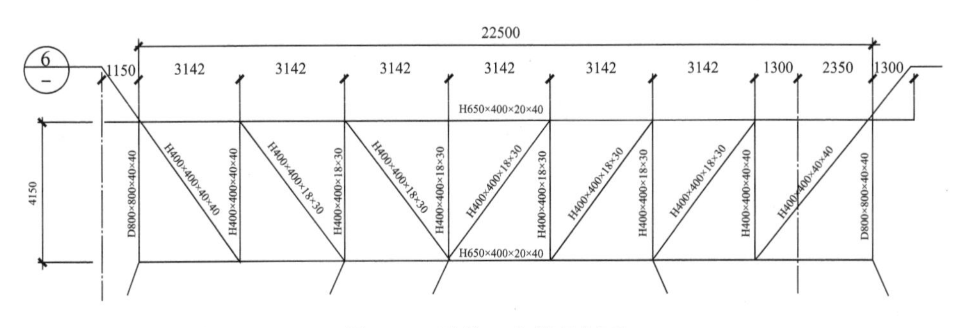

图 5-22　连体一主桁架剖面

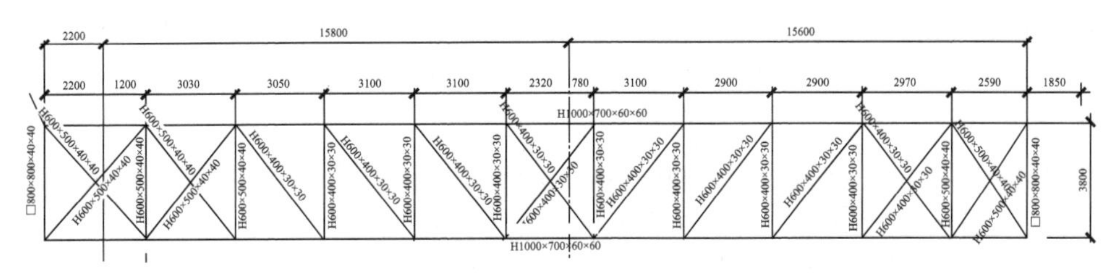

图 5-23　连体二主桁架剖面

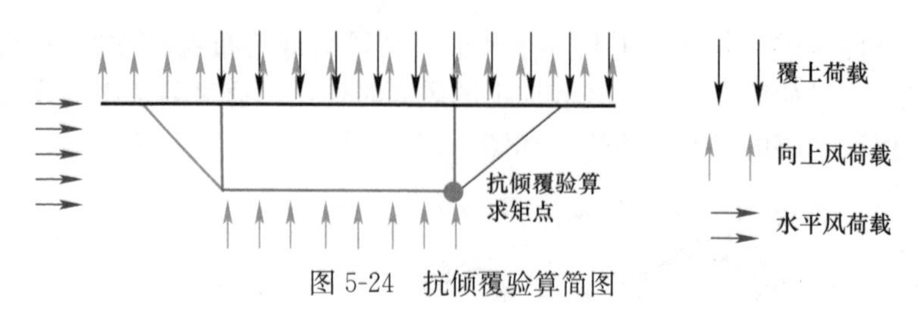

图 5-24 抗倾覆验算简图

验算结果如表 5-7 所示。

连体抗倾覆验算 表 5-7

项次	连体一	连体二
悬挑端覆土弯矩（kN·m）	8260	14570
水平风荷载弯矩（kN·m）	1640	2710
竖向风荷载弯矩（kN·m）	12000	10200
倾覆力矩之和（kN·m）	21900	27480
中间段覆土弯矩（kN·m）	16250	16450
楼板及钢结构自重弯矩（kN·m）	30900	26400
抗倾覆力矩（kN·m）	47150	42850
安全系数	2.15	1.56

以上结果表明，连体结构在最不利荷载作用下抗倾覆满足设计要求。

（6）施工注意事项

为保证设计的计算假定与实际情况相符，对连体结构的施工提出以下要求：

1）连体结构应进行施工组织设计，施工方案对结构受力的影响需提供给设计单位进行复核。

2）连体支座的安装需预留调平空间及措施，待两端塔楼结构封顶，支座完成调平后，方可进行连体结构的安装。

3）连体的覆土厚度设置了最小厚度要求，确保连体有一定配重，保证 10 年一遇风荷载作用下不滑动及支座不受拉的设计要求。

4）覆土施工时，应先施工中间跨，完成后再施工悬挑跨。覆土施工应分层逐步施工，避免一次加载量过大。

5.1.5 主体塔楼设计

（1）连体结构对主体塔楼的影响

如前所述，基于本项目塔楼及连体结构布置的特点，采用柔性连接，主要目的是减小塔楼之间的相互影响。本节对塔楼之间的影响进行分析。采用考虑摩擦摆支座非线性特性的整体模型与各塔楼单独模型的比较，考察相关的影响。计算软件采用 ETABS。

整体模型（图 5-25）：支座采用摩擦摆（Friction Isolator）连接单元，进行非线性时程分析。

单塔模型（图 5-26）：将连体的恒荷载、活荷载按点荷载施加在塔楼上，单塔模型的布置角度与整体模型一致，这是进行时程分析剪力对比的基础。

整体模型中，前 6 阶振型如图 5-27 所示。

将整体模型中塔楼的振型和单塔模型中的振型进行对比，如表 5-8 所示。

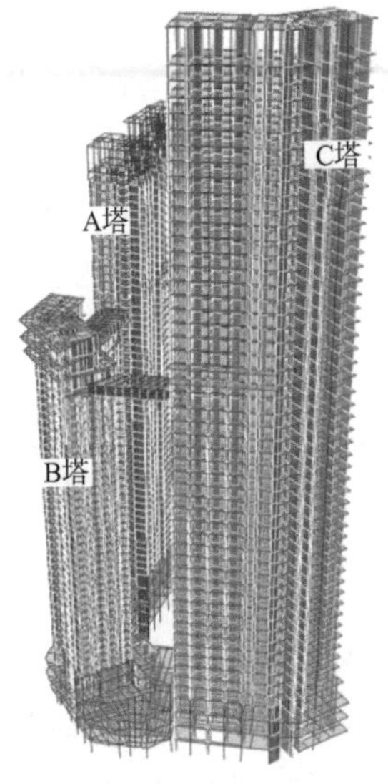

图 5-25 整体模型

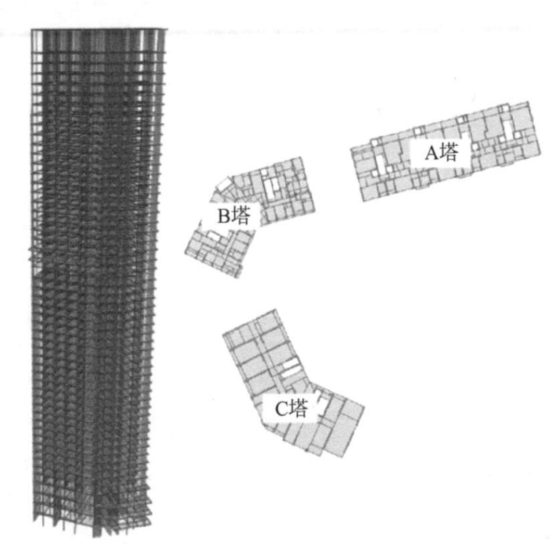

图 5-26 单塔模型

(a) T_1=5.62s，C塔 Y向+连体二Y向

(b) T_2=5.16s，连体一Y向

(c) T_3=5.07s，C塔X向+连体二Y向

(d) T_4=4.99s，连体一X向

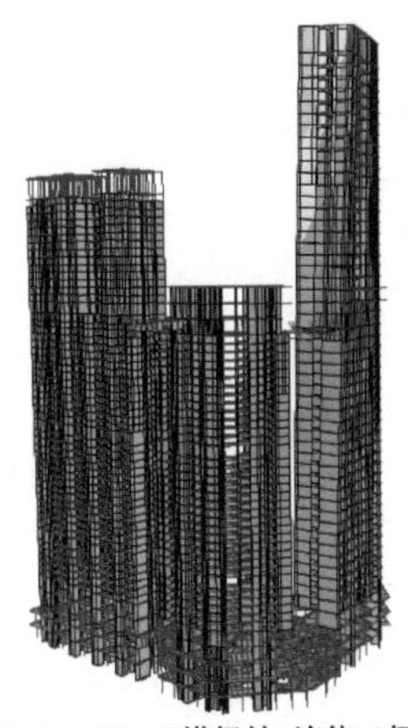
(e) T_5=4.59，C塔扭转+连体二扭转

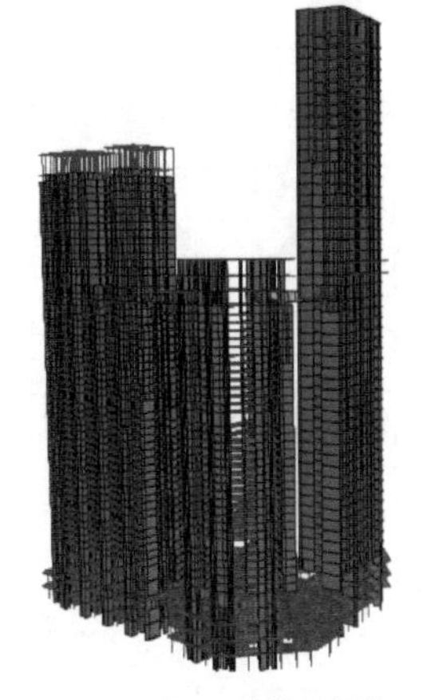
(f) T_6=4.31s，连体二扭转

图 5-27 整体模型模态示意

整体模型与单塔模型模态对比 表 5-8

塔楼	振型编号	整体模型周期（s）	单塔模型周期（s）
A	1	4.23	4.24
A	2	4.0	3.99
A	3	3.55	3.66
B	1	3.45	3.51
B	2	3.17	3.24
B	3	2.45	2.77
C	1	5.62	5.62
C	2	5.07	5.07
C	3	4.59	4.54

模态分析的结果表明，连体对塔楼的影响较小，单塔计算各塔楼的周期与整体模型基本相同。B塔楼的周期差别相对较大，两座连体均支撑在B塔楼顶部，对B塔楼顶部的变形有一定约束作用，整体模型中B塔楼的周期略小于单塔模型，但差别不大，仅相差2%～3%。对楼层的剪力也进行了比较，以人工波为例，对比结果如图5-28和表5-9所示。

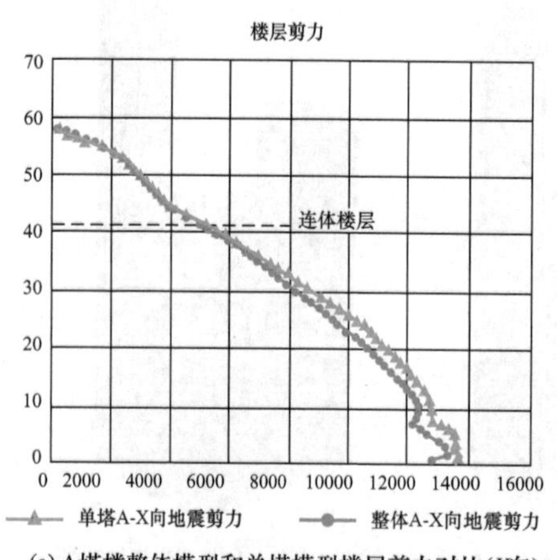

(a) A塔楼整体模型和单塔模型楼层剪力对比(X向)

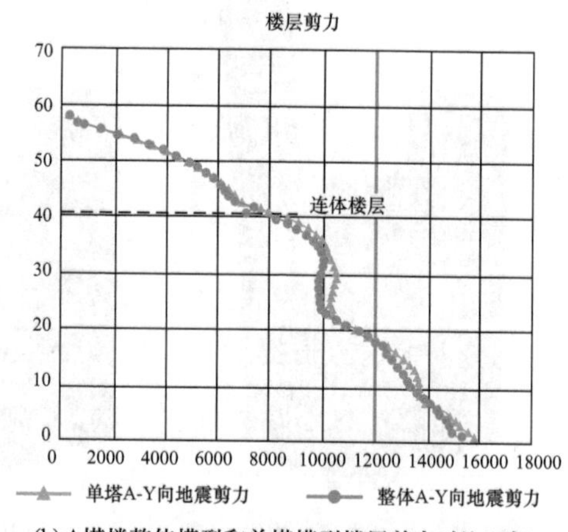

(b) A塔楼整体模型和单塔模型楼层剪力对比(Y向)

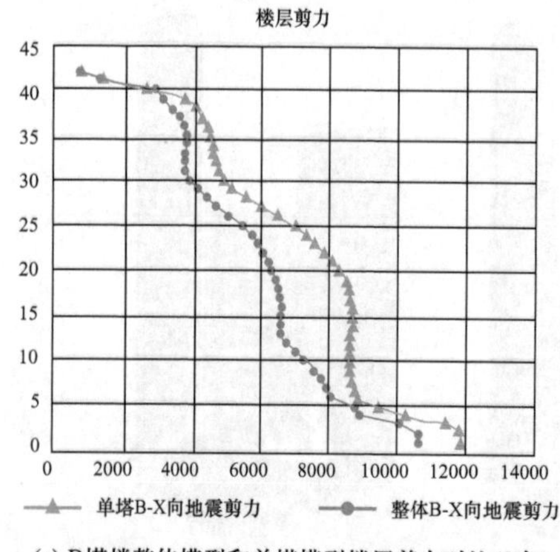

(c) B塔楼整体模型和单塔模型楼层剪力对比(X向)

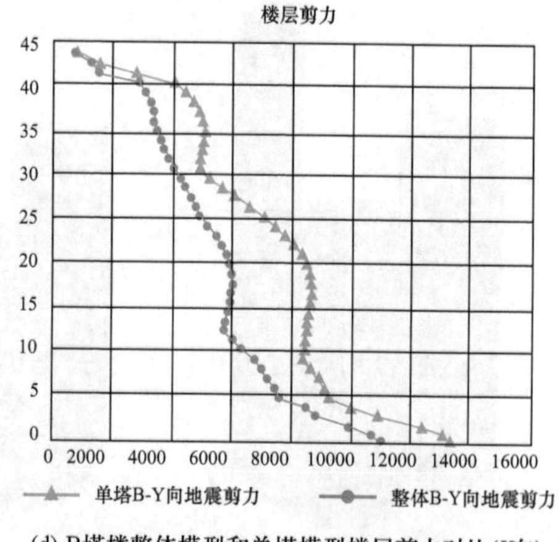

(d) B塔楼整体模型和单塔模型楼层剪力对比(Y向)

图5-28 整体模型与单塔模型楼层剪力对比（一）

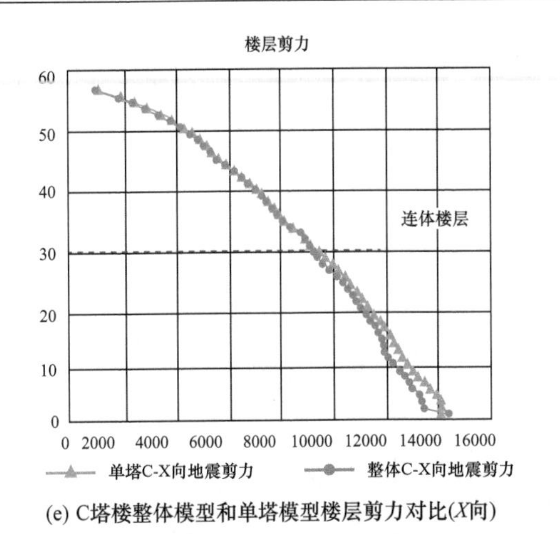

(e) C塔楼整体模型和单塔模型楼层剪力对比(X向)

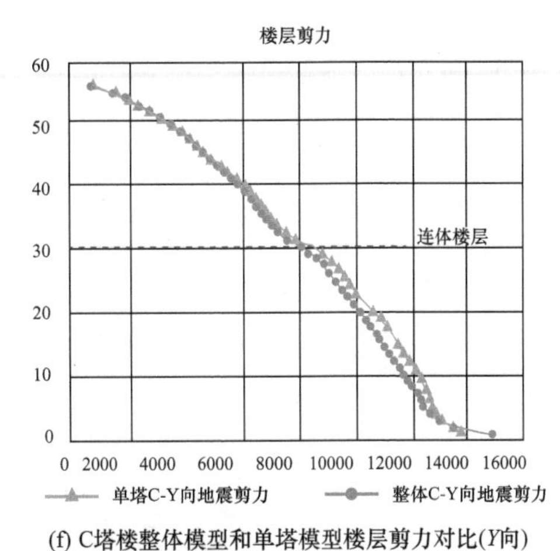

(f) C塔楼整体模型和单塔模型楼层剪力对比(Y向)

图 5-28 整体模型与单塔模型楼层剪力对比（二）

整体模型与单塔模型基底剪力对比 **表 5-9**

项目	整体模型（kN）	单塔模型（kN）	整体/单塔
小震作用下 A 塔楼基底剪力	12820（*X*）	13591（*X*）	94.3%
	15404（*Y*）	15845（*Y*）	97.2%
小震作用下 B 塔楼基底剪力	10597（*X*）	11867（*X*）	89.3%
	11166（*Y*）	13373（*Y*）	83.5%
小震作用下 C 塔楼基底剪力	14340（*X*）	14029（*X*）	102%
	15103（*Y*）	14048（*Y*）	108%

以上模态分析及楼层剪力的对比结果表明，本项目采用摩擦摆支座能明显减小塔楼之间的互相影响，周期和基底剪力与单塔模型基本一致。主体塔楼的设计可以按照单塔结构考虑。

（2）主体塔楼分析模型

如前述分析，采用摩擦摆支座后整体模型和单塔模型的整体指标基本一致，所以主体塔楼按单塔楼进行设计，并考虑时程分析的地震作用分析结果对反应谱法的地震作用进行放大。

摩擦摆支座并不是普通的滑动支座，其具有一定的水平刚度，能传递水平力。所以对于主体结构与连体结构连接的相邻上下两层，需考虑支座传来的水平力。设计上采用两个模型进行受力分析，计算参数如表 5-10 所示。

不同的主体塔楼分析模型 **表 5-10**

项次	支座力的施加	计算参数	验算范围
模型 1	将连体在恒荷载、活荷载作用下的支座竖向和水平反力按点荷载输入	按照连体结构设计的要求，将与连体相连上下两层的地震作用按薄弱层放大，同时提高竖向构件抗震等级	所有构件
模型 2	将恒荷载＋活荷载＋地震作用下连体的支座反力（考虑小震及中震）按点荷载输入，并考虑支座残余变形对水平反力进行放大	无特殊处理	与连体结构连接的相邻上下各两层内的所有构件，并与模型 1 进行包络

关于风荷载，由于风洞试验中所给的各塔楼风荷载已经包含了连体传来的风荷载，本项目取风洞试验的荷载数据进行设计。

5.1.6 支座性能验算

(1) 防坠落设计

连体结构的防脱落设计，主要依靠支座自身的防脱落装置，即支座上、下座板边凸出的挡板，如图 5-29 所示。防脱落力一般取支座竖向承载力的 20%，本项目连体一取 2000kN，连体二取 3000kN。根据整体模型的计算结果，大震作用下连体一最大支座水平力为 709kN，连体二最大支座水平力为 667kN，均小于设计的防脱落力。

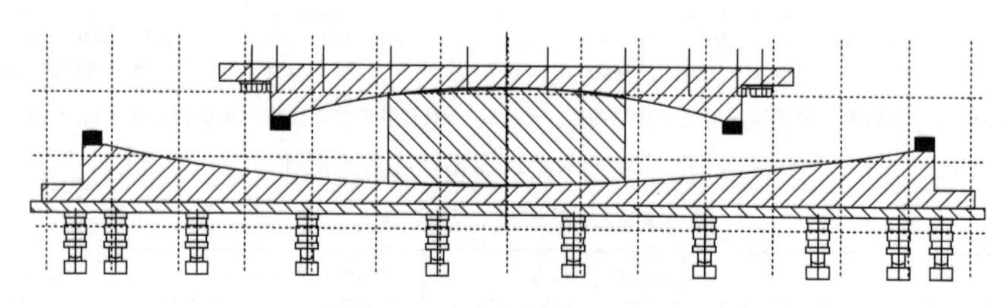

图 5-29 支座防脱落装置示意

根据支座厂家提供的防脱落装置的计算书，计算过程如下。

上、下座板拉应力：

$$f_{\mathrm{t}}=\frac{H}{A_{\mathrm{B}}} \tag{5-1}$$

式中：H——挤压力；

A_{B}——上、下座板的有效截面积。

上、下座板盆环剪应力：

$$f_{\mathrm{q}}=\frac{1.3\times H}{D\cdot T}\leqslant[\tau] \tag{5-2}$$

式中：H——水平剪力；

D——盆环外径；

T——盆环厚度。

上、下座板弯曲应力：

$$\sigma_{l}=\frac{1.3\times H\times h}{\frac{1}{6}\times D\times a^{2}}\leqslant[\sigma_{\mathrm{w}}] \tag{5-3}$$

式中：a——盆环截面宽度；

h——横向力作用点力臂。

组合应力：

$$\sqrt{f_{\mathrm{t}}^{2}+\sigma_{l}^{2}+3f_{\mathrm{q}}^{2}}\leqslant[\sigma_{\mathrm{w}}] \tag{5-4}$$

组合应力 $[\sigma_{\mathrm{w}}]$ 取值是依据材料的屈服强度 280MPa，除以 1.7～1.8 安全系数后计算得到组合应力容许值 155MPa。

支座的防脱落装置验算的参数取值如表 5-11 所示。

应力复核结果如表 5-12 所示，结果表明支座防脱落装置满足受力要求。

支座防脱落装置各参数取值 表 5-11

支座规格型号	H（kN）	A_B（mm^2）	D（mm）	T（mm）	a（mm）	h（mm）
连体一支座上座板	2000	152000	1250	40	40	25
连体一支座下座板	2000	279000	2260	40	40	25
连体二支座上座板	3000	190150	1390	45	45	25
连体二支座下座板	3000	331200	2388	45	45	25

支座防脱落装置验算结果 表 5-12

支座规格型号	拉应力 f_t（MPa）	弯曲应力 σ（MPa）	剪应力 τ（MPa）	组合应力（MPa）
连体一支座上座板	19.7	113	60	153
连体一支座下座板	10.8	62	33	85
连体二支座上座板	10.5	53	32	77
连体二支座下座板	6.1	31	19	45

（2）最大位移复核

支座编号如图 5-30 所示，大震作用下各支座位移如表 5-13 所示。

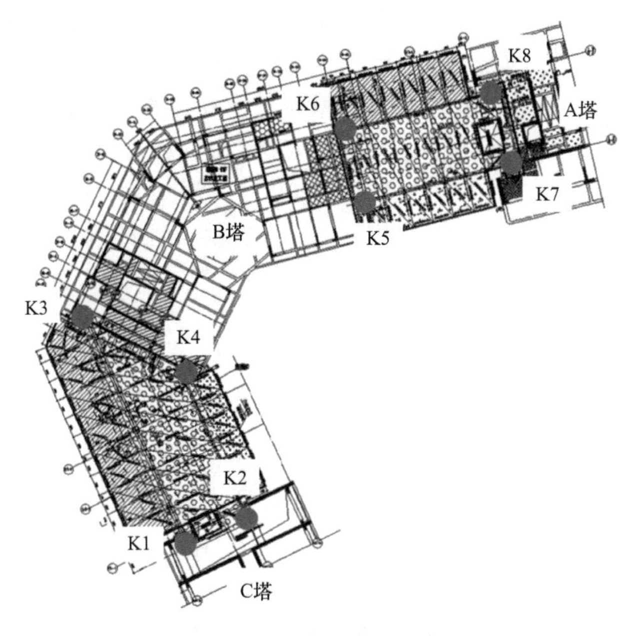

图 5-30 支座编号示意

大震作用下支座位移（mm） 表 5-13

项次	支座编号	天然波		人工波 1		人工波 2	
		X 向位移	Y 向位移	X 向位移	Y 向位移	X 向位移	Y 向位移
连体二	K1	194	183	212	108	233	115
	K2	196	178	210	112	221	118
	K3	278	385	254	422	281	416
	K4	293	393	266	419	296	431

续表

项次	支座编号	天然波		人工波 1		人工波 2	
		X 向位移	Y 向位移	X 向位移	Y 向位移	X 向位移	Y 向位移
连体一	K5	522	384	628	510	590	489
	K6	431	366	597	487	581	473
	K7	447	686	456	610	474	618
	K8	372	648	369	571	393	577

由表 5-13 可知，支座最大位移为 686mm，小于支座允许位移 1000mm。

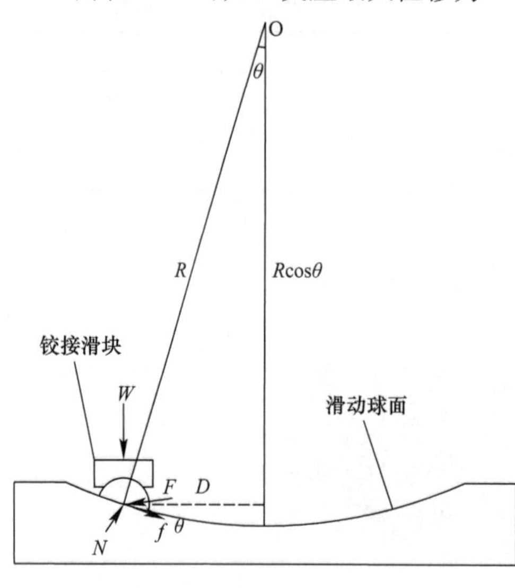

图 5-31 摩擦摆系统模型示意

(3) 残余位移估算

摩擦摆支座可简化为一个沿圆弧面滑道运动的滑块，其中滑道半径及滑块底部圆弧面半径均为 R，滑块重量为 W，θ 表示滑块相对于滑道竖向对称轴运动的转角，以逆时针为正，如图 5-31 所示。

支座中滑块的水平位移 $D=R\sin\theta$；滑块水平外力为 F；滑块对滑动面的正压力 $N=W\cos\theta$；摩擦力 $f=\mu N$，其中，μ 为滑块动摩擦系数。支座静止时，由滑块的受力平衡可知，对 O 点取矩，$\sum M_O=0$，即：

$$FR\cos\theta-WD-fR=0 \tag{5-5}$$

摩擦摆支座的水平外力 F 可表示成“回复力”和“摩擦力”之和，即：

$$F=\frac{WD}{R\cos\theta}+\frac{f}{\cos\theta} \tag{5-6}$$

若摩擦摆隔震支座能依靠其承载的重量自动回复，“回复力”需克服“摩擦力”使之下滑，则有：

$$\frac{WD}{R\cos\theta}\geqslant\frac{f}{\cos\theta}\Rightarrow$$

$$WD\geqslant fR=\mu NR=\mu RW\cos\theta$$

当 θ 很小时，上式可简化为：

$$WD\geqslant\mu RW\Rightarrow D\geqslant\mu R \tag{5-7}$$

式 (5-7) 说明：在 $D>\mu R$ 时，摩擦摆支座可由于受到的竖向荷载自动回复；而当 $D=\mu R$ 时恰可达到力平衡，不会再往原始中心位置自动回复，即该支座的最大残余位移为 $D_r=\mu R$。

由前述分析可知，罕遇地震作用下支座位移为 686mm，若考虑最大残余变形 $D_r=\mu R=0.03\times7500=225$mm，则总变形为 911mm，依然小于支座允许位移 1000mm。由此可见，摩擦摆支座即使在较为极端的情况下依旧可以保证连接的安全性。

(4) 支座受拉复核

考察大震作用下三条时程波的支座竖向轴力可知（表 5-14），所有支座均未出现受拉情况。

大震作用下支座竖向轴力（kN） 表 5-14

连体编号	支座编号	天然波	人工波 1	人工波 2
连体二	K1	−3670	−3190	−3070
	K2	−1810	−1812	−2001
	K3	−3719	−3546	−3699
	K4	−2310	−2510	−2898
连体一	K5	−2655	−2318	−2710
	K6	−2780	−2710	−2659
	K7	−1342	−1420	−1324
	K8	−2295	−2036	−1961

5.1.7 支座连接设计及制作

(1) 支座连接节点

支座连接节点如图 5-32、图 5-33 所示。

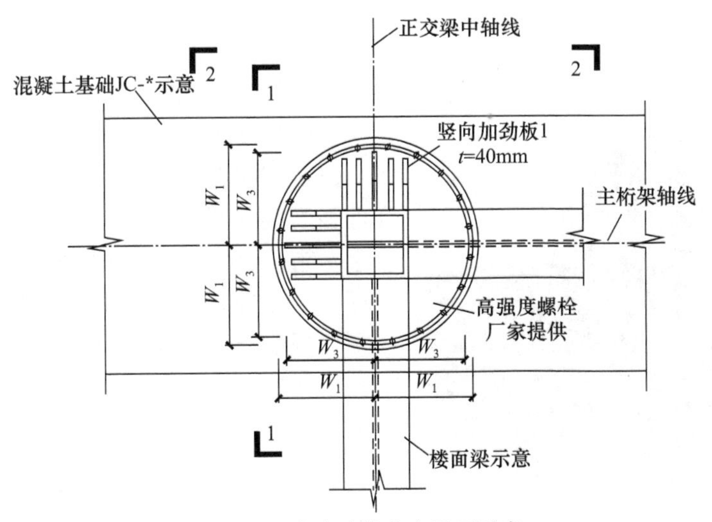

图 5-32 支座连接节点平面示意

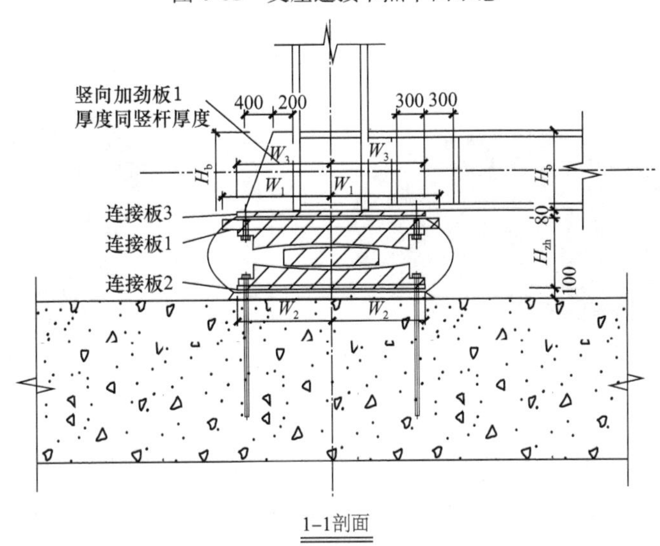

图 5-33 支座连接节点剖面示意（一）

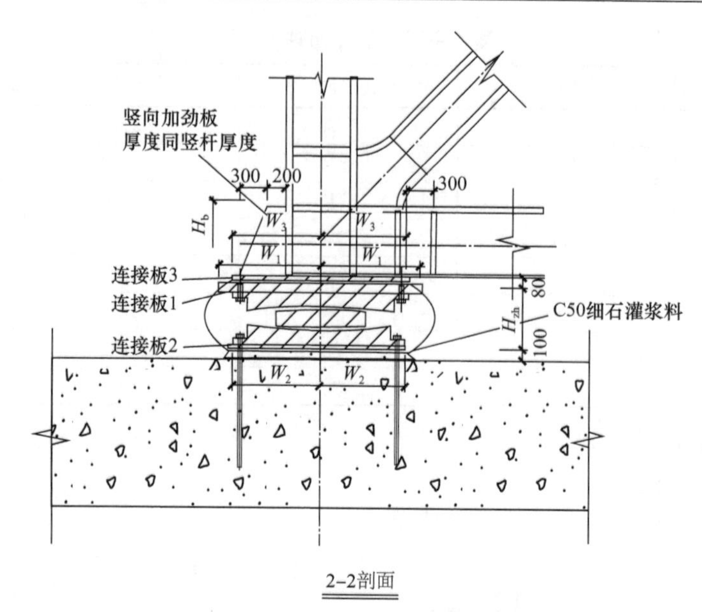

图 5-33　支座连接节点剖面示意（二）

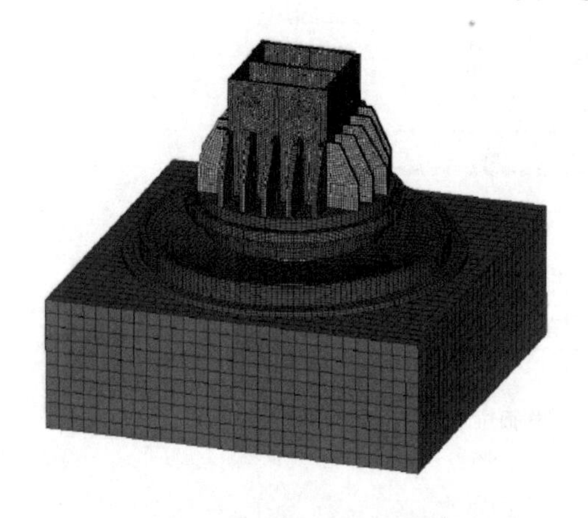

图 5-34　支座有限元模型

（2）支座设计

对支座进行有限元分析，以校核支座结构的强度是否满足要求。支座模型主要包含桁架、桁架连接钢板、支座连接钢板、支座上座板、上地脚螺栓、上四氟、中座板、下四氟、下座板和垫石。有限元模型如图 5-34 所示，除桁架外，整体采用六面体网格，以保证计算的精度。

以连体二支座为例，在桁架顶面施加 15000kN 竖向荷载，验算支座在极限位移下的各部件受力。主要部件的应力云图如图 5-35～图 5-38 所示。

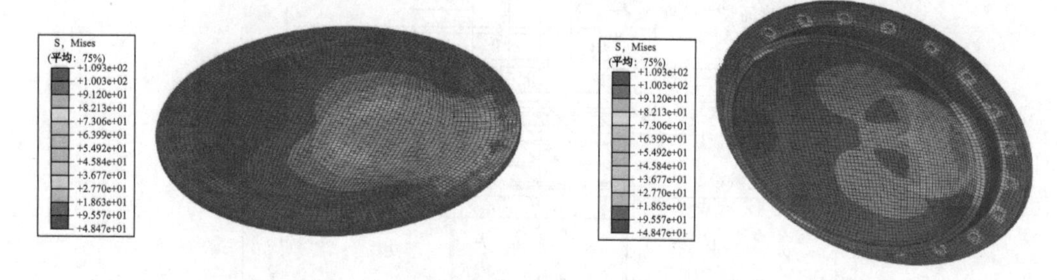

图 5-35　达到支座极限位移时上座板应力云图

以上结果表明，支座各构件及螺栓均满足设计要求。支座制作需满足以下要求：

1）支座的材料、力学性能、试验方法、检验规则等技术要求需符合《建筑摩擦摆隔震支座》GB/T 37358—2019 的要求。

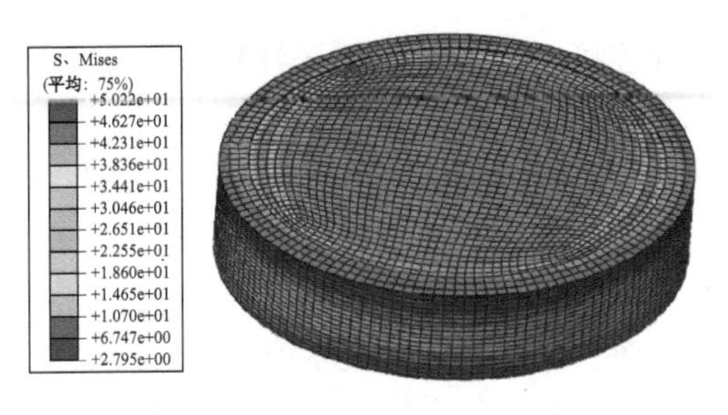

图 5-36　达到支座极限位移时中座板应力云图

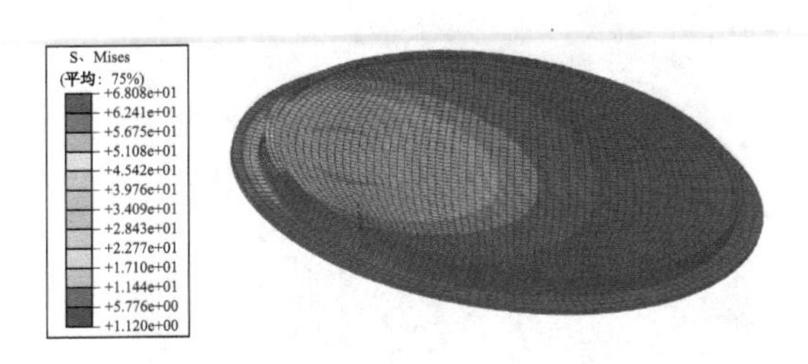

图 5-37　达到支座极限位移时下座板应力云图

2）摩擦材料宜采用聚四氟乙烯、改性聚四氟乙烯及改性超高分子量聚乙烯，不得采用再生料。

3）支座不锈钢板采用具有优良耐蚀性能的 316L，不锈钢板表面为镜面。不锈钢滑板与基体应密贴，不得存在褶皱等影响滑移性能的缺陷。

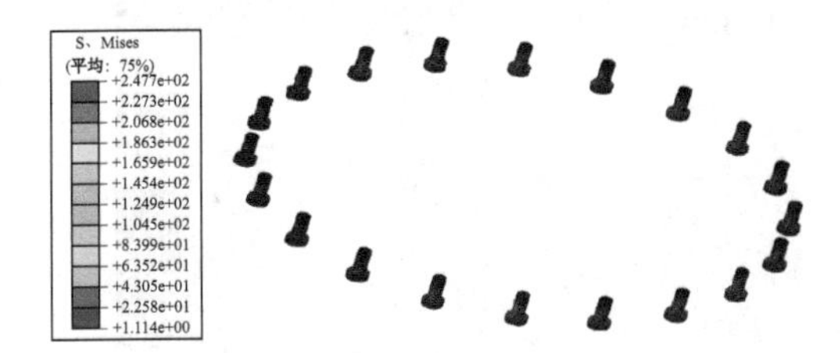

图 5-38　达到支座极限位移时下螺栓应力云图

4）支座滑面应具有良好的耐磨性，在使用期间和设计震级作用下滑移平面的磨损应能满足相应的规范要求。

5.2　工程案例二（深圳卓越前海金融中心二期项目）

5.2.1　基本情况

深圳卓越前海金融中心二期项目地面以上由 4 栋高层建筑及两层配套商业裙楼组成，其中 2 号塔楼地面以上 52 层，屋顶结构高度为 193.20m；4 号塔楼地面以上 27 层，屋顶结构高度为 96.050m；建筑在 4 号塔楼屋顶设置云会所，与 2 号塔楼 27 层空中花园相连形成复杂的连体结构。建筑效果图见图 5-39。

2 号塔楼地面以上首层层高为 7.15m，2 层层高 5.95m，3 层层高 3.65m，避难层（15 层，40 层）层高为 5.10m，27 层层高 6.30m，28 层层高 4.75m，29 层层高 3.95m，100m 以下其余各标准层层高均为 3.30m，100m 以上其余各标准层及顶层复式层高均为 3.60m。4 号塔楼地面以上首层层高为 7.15m，2 层层高 5.95m，3 层层高 3.65m，避难层（15 层）层高为 5.10m，各标准层层高均为 3.30m。

5.2.2　连体与塔楼连接方案的考虑

本工程两栋塔楼在低塔楼屋顶设置了造型复杂的空中连廊，形成一座两栋塔楼高度差别很大的连体结构。连廊与主塔楼的连接端，可以采用刚接或铰接连接；与副塔楼连接端，没有刚性连接的条件（搁置在约 96m 标高的屋面上）。

调查过往的连体结构案例，对双塔对称的连体结构，采用刚性连接的比较多；非对称双塔，可采用刚性连接，也可采用柔性连接；多塔连体结构，一般采用柔性连接，以降低各塔楼之间的影响。

多数连接体采用钢结构，尽量减轻自重，从而减小地震作用。连接体的主要结构形式有普通桁架式、托梁式、吊梁式、空腹桁架式和悬臂式等。

一些中低层连体结构的震害结果表明：①主要是连接体先破坏，塔楼破坏小，连接体

图 5-39 建筑效果图

与塔楼刚性连接时，连接体破坏导致塔楼在连接处破坏。②连接体坠落比较多，主要原因在于连接处处理不善、滑动支座宽度不够等。③跨度大的架空连廊容易发生严重破坏。④位置较高的架空连廊容易发生破坏。位于建筑物上部的连廊破坏，但在建筑物下部的连廊破坏较少。⑤跨度小、高度低的架空连廊，其震害较轻或基本没有损坏。⑥两栋建筑物高度不同时，连接两个建筑物的连廊容易严重破坏。⑦架空连廊偏心设置在建筑物的端部，容易发生严重破坏。⑧架空连廊与两边主体结构的连接形式可以采用刚性连接或滑动连接，刚接的连廊在地震中塌落较少，但一旦拉断塌落，则主体结构破坏严重；滑动连接的连廊在地震中容易塌落，尤其是连廊搁置在主体结构牛腿上更易塌落，但滑动连接的连廊破坏对主体结构影响较小。

现在发展起来的高层建筑连体结构具有连接体位置高、跨度大的特点，其结构的抗震性能如何，能不能在地震中经受住考验，还是一个未知数。因此还需要做更多、更进一步的研究工作。

连接体与塔楼的连接方式分类，可分为刚性连接和柔性连接。

(1) 刚性连接。当连接体由多层楼层组成，并且连接体具有足够的刚度，有能力协调两边塔楼的受力和变形，可选取刚性连接方式。

(2) 柔性连接：当仅作为架空的连廊设在两个塔楼之间时，由于连接体刚度相对较弱，无法协调两侧塔楼共同变形，则可使用柔性连接方式。

刚性连接与柔性连接有各自的优缺点。

刚性连接优点：①刚接节点比较容易做到。②处理得好，连接体可以有效地协调两栋塔楼共同承担侧向荷载。

刚性连接缺点：①扭转效应明显。连接体要协调两个塔楼的变形，使得它们的响应相互影响。②连体结构的振型复杂，且平动与扭转振型多耦合在一起。③连接体受力复杂。连接体除了要承受自身的荷载外，还要协调连接体两端塔楼的变形及振动所产生的作用效应。④连接体与塔楼的连接处受力很大，构造的处理比较复杂。⑤连接体楼层处竖向刚度突变，地震作用显著增加。

柔性连接优点：①各塔楼可以独立计算，相互影响比较小。②连接体受力小，可按构造处理。

柔性连接缺点：①应避免在地震作用下连接体的滑落或与塔楼产生碰撞。②采用滑动支座，在地震作用下会破坏玻璃幕墙的连贯性，影响建筑的立面效果。③采用橡胶支座时，橡胶支座的老化、更换等问题需要解决。

根据本工程特点，连接体本身采用钢结构，如果建筑允许连廊伸入高塔楼一跨，则与高塔楼宜采用刚性连接，与低塔楼采用滑动连接。刚性连接应进行小、中、大震作用下深入的受力分析，以反映连体端部的受力特点及对主塔楼结构带来的不利影响。构造上应满足规范要求，采取必要的加强措施。滑动支座可以采用橡胶隔震支座加阻尼器，或其他机械式滑动支座。滑动端要留有足够的支座宽度，充分考虑支承两端在地震作用下可能的位移差，防止在大震作用下连廊滑落或与塔楼产生碰撞。

如果与主塔楼采用铰接连接，应明确铰接构造做法，确保铰接连接的可靠性，防止大震作用下连接体坠落或与主体结构碰撞。无论刚接还是铰接，都应考虑连接体水平扭转的影响。如仅按简支考虑竖向反力作用，应补充考虑连体水平扭转的影响，并进行与主塔楼刚接、铰接不同方案的比较计算与分析。

5.2.3 结构形式

（1）塔楼结构形式

2 号、4 号塔楼采用钢筋混凝土部分框支剪力墙结构体系，其标准层结构布置如图 5-40、图 5-41 所示。两栋之间的连廊用采用空间钢桁架，一端铰接于 2 栋，另一端采用滑动支座搁于 4 栋屋面。

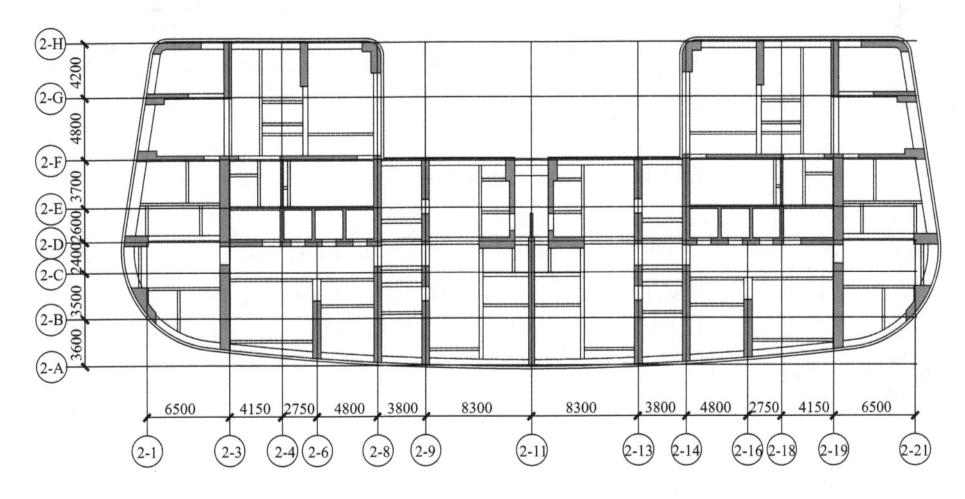

图 5-40　2 号塔楼标准层结构平面布置

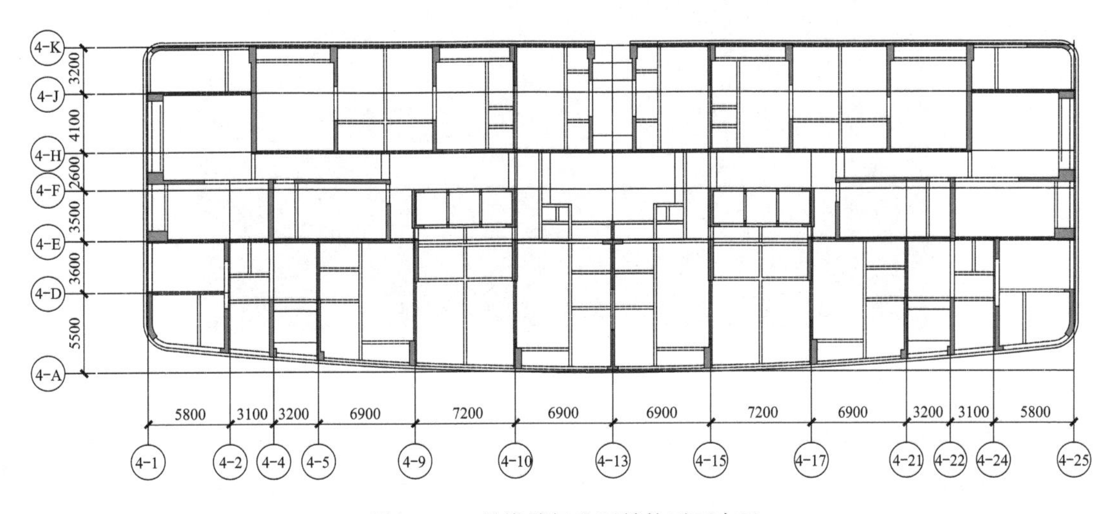

图 5-41　4 号塔楼标准层结构平面布置

(2) 连廊结构形式

2 号塔楼与 4 号塔楼水平夹角约 23°，在 27 层楼面设置空中连廊相接，空中连廊楼面标高为 96.050m，连廊跨度约为 20.6m，宽度为 7.8～17.0m。连廊与两栋塔楼的平面位置关系如图 5-42 所示。空中连廊为两层高，底层与设备夹层相连，层高为 2.15m，采用空间钢桁架结构，楼面为 70mm 厚压型钢板上浇 80mm 厚混凝土面层；上层为建筑云会所，层高为 8.9m，屋顶为复杂空间曲面，采用空间钢架结构。

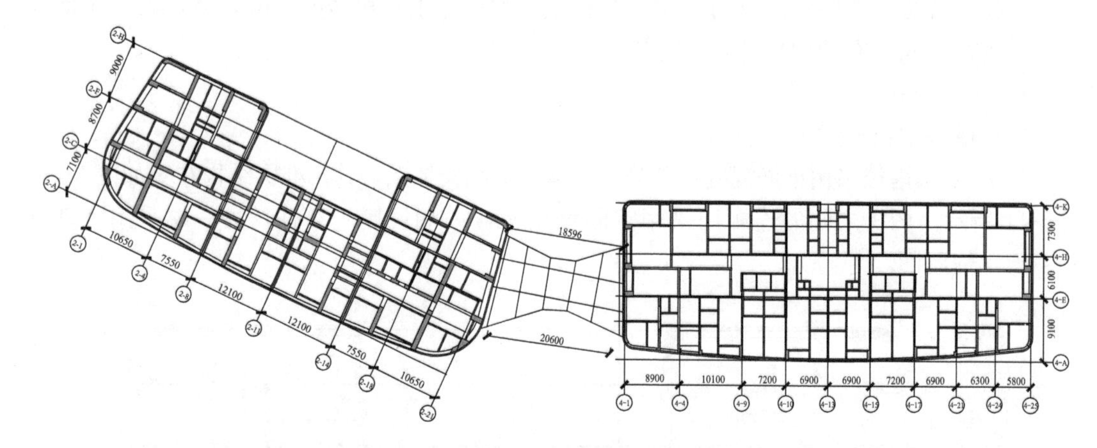

图 5-42　27 层空中连廊结构平面布置示意

连廊空间楼面钢桁架由 4 榀纵向主桁架和 6 榀横向次桁架构成，其空间模型如图 5-43 所示。主次桁架及主桁架与次桁架之间均采用刚性连接，形成稳定的空间桁架，与楼面受力体系一起支撑其上的空间屋顶钢架。桁架上弦铺压型钢板，并在其上浇筑混凝土楼面，承受楼面荷载并传递水平力。

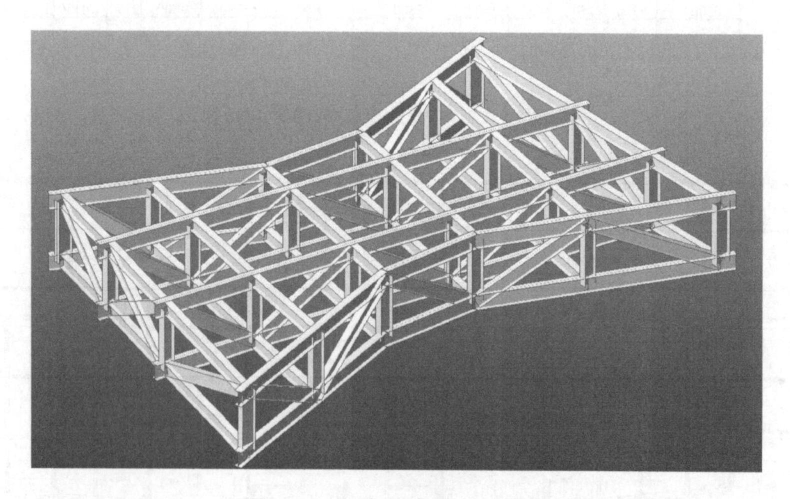

图 5-43　空中连廊楼面钢桁架

连廊屋顶采用空间钢结构，由 6 榀横向折线形门式钢架、纵向钢梁及交叉支撑构成，其空间模型如图 5-44 所示。门式钢架支撑在主次桁架交接端部，形成屋顶主要纵向抗侧力体系，门式钢架由纵向钢梁及交叉支撑体系保证其稳定性。

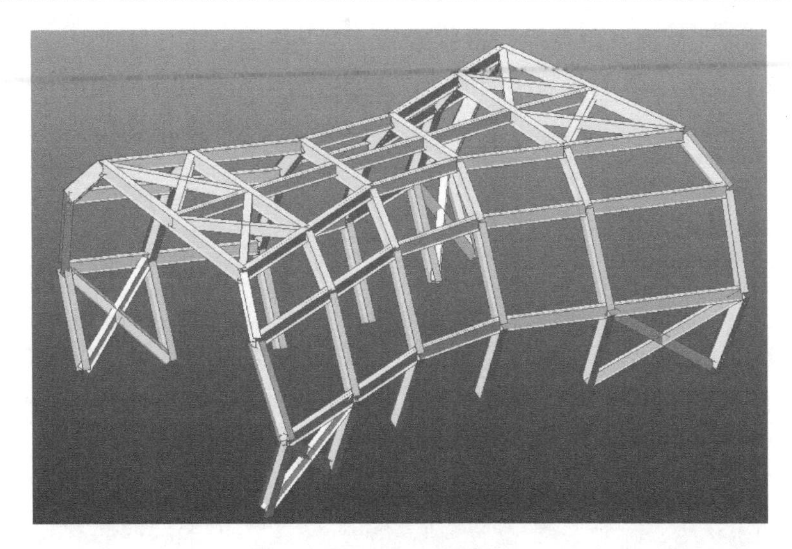

图 5-44 空中连廊屋顶钢架

(3) 支座形式

连廊所承受的荷载不仅有恒荷载、活荷载，更主要的是为调整连廊两端的变形和振动所产生的反力，所以，塔楼与连廊的连接形式是继连廊自身结构特性后最为关键的问题。

比较连廊和结构的两种连接形式：刚性连接形式和柔性连接形式。

两端刚接或两端铰接的连接形式属于刚性连接形式。刚性连接结构设计时一般将连廊结构直接伸入塔楼中并可靠连接，做到真正使其连为整体，完全协调受力，此时连廊除承受重力荷载外，更主要的是协调连接体两端的变形及振动所产生的作用效应。一般情况下，连廊同塔楼的连接处受力较大，构造处理复杂，选择合适的连廊刚度、结构形式及支座处的构造处理非常重要。

当连廊结构本身跨度很大，刚度较弱，无法协调两侧塔楼结构共同工作时，一般采用柔性连接形式，即连廊一端与结构铰接，一端为滑动支座。这种连接形式，减小了塔楼和连廊的相互作用，避免了由于塔楼或者连廊局部破坏导致的结构倒塌。若连接形式通过牺牲连廊与塔楼的相对位移来减小连廊与塔楼间的相互作用，且大跨度连廊一般采用较轻的钢结构形式，其水平刚度与同一层的塔楼水平刚度不在一个数量级上，对塔楼的整体受力不会造成太大影响，所以此形式的连接可以保证采用塔楼和连廊单独建模分别计算的有效性，从而大大减小了工程的复杂程度。

由于本工程连廊位于低塔顶部和高塔结构约 1/2 高度的薄弱层位置，两栋超高层在强风或地震作用下的振动形式互不相关。对于此非对称多塔连廊连体结构，当荷载沿纵向作用时，结构只会在纵向平面内发生侧移，而不会发生扭转；当荷载沿横向作用时，结构不仅会沿横向发生侧移，还会使结构产生扭转，并且当连廊连接作用越强，塔楼越不对称，那么扭转就会越严重。再加上地震作用在不同塔楼间的振动差异的存在，塔楼的相向运动会使连廊结构产生很大的变形，此时对连廊结构受力很不利。

综合分析后，本连廊采用与高塔铰接、与低塔滑动连接的柔性连接方式，通过牺牲连廊与塔楼的相对位移来减小连廊与塔楼间的相互作用，采用塔楼和连廊结构单独建模的方式进行计算，保证连廊本身的安全度，并通过预留一定的滑动支座滑移距离，避免连廊滑落及连廊与塔楼发生碰撞对主体塔楼造成破坏。空中连廊支座布置如图 5-45 所示。图中 Z1 为固定抗震铰支座，Z2 为抗震单向滑动铰支座（允许 X 方向自由变形）。

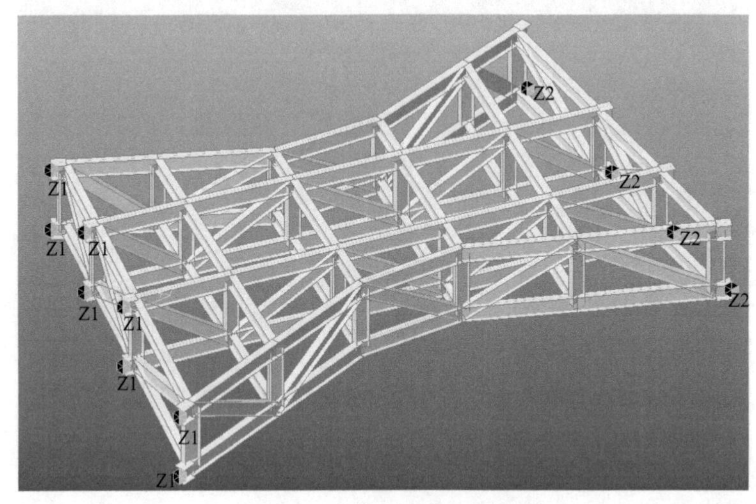

图 5-45　空中连廊支座布置图

连廊主桁架支座一端支承在 2 号塔楼框架柱的悬挑牛腿（图 5-46），另一端支承在 4 号塔楼屋面（图 5-47）。需采取有效措施避免各支座在温度变化、风荷载及地震作用下出现不同方向水平位移对连廊结构及主体结构产生不利影响，本工程选用抗震球形铰支座，该支座具有如下特点：①可承受较大的压力、拉力，抗震性能较好；②对于滑动支座，可同时具有转动和平动能力，支座的运动学特征和结构计算模型基本一致；③摩阻力较小，确保支座灵活转动；④支座构件均采用钢材，满足建筑使用设计年限。抗震球形铰支座如图 5-48 所示。

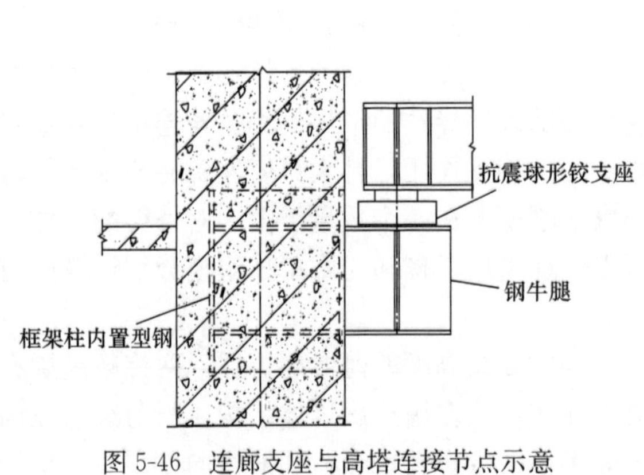

图 5-46　连廊支座与高塔连接节点示意

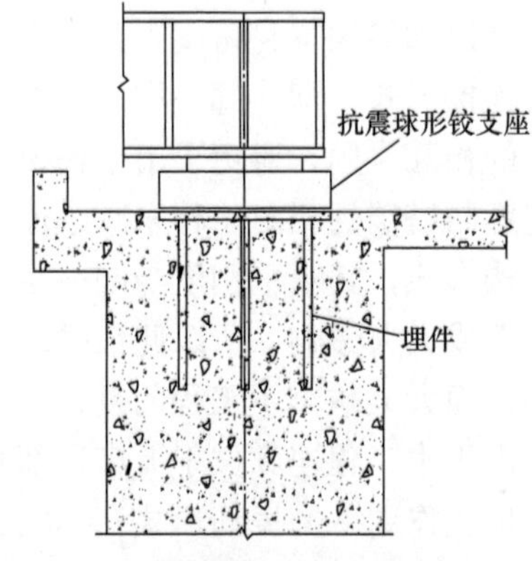

图 5-47　连廊支座与低塔连接节点示意

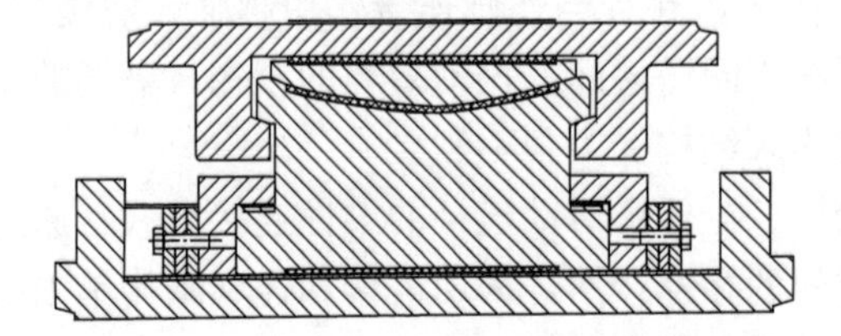

图 5-48　抗震球形铰支座示意

5.2.4 主要分析结果

(1) 连廊的承载力及挠度验算

根据设计要求，对不同地震水准下的连廊抗震性能目标要求进行杆件承载力验算，同时考虑竖向地震作用影响，确保钢杆件应力比小于 1.0，并留有一定裕度。在使用阶段，连廊桁架的竖向最大挠度满足规范对挠度限值的要求。

(2) 连廊的舒适度分析

人对楼盖振动的反应与楼盖振动的幅值、人所处的环境、人自身的活动状态及人的心理状态都有关系。对人员行走引起的楼盖结构舒适度评价，主要分为结构的最小自振频率和楼盖的振动加速度两种。通过对空中连廊进行特征值分析可知，其竖向第 1 阶振型自振周期为 0.2s，自振频率为 5Hz，结果如图 5-49 所示，连廊的竖向振动频率大于 3Hz，满足要求。对连廊楼面施加人行作用，结果显示楼面的振动加速度满足规范要求。

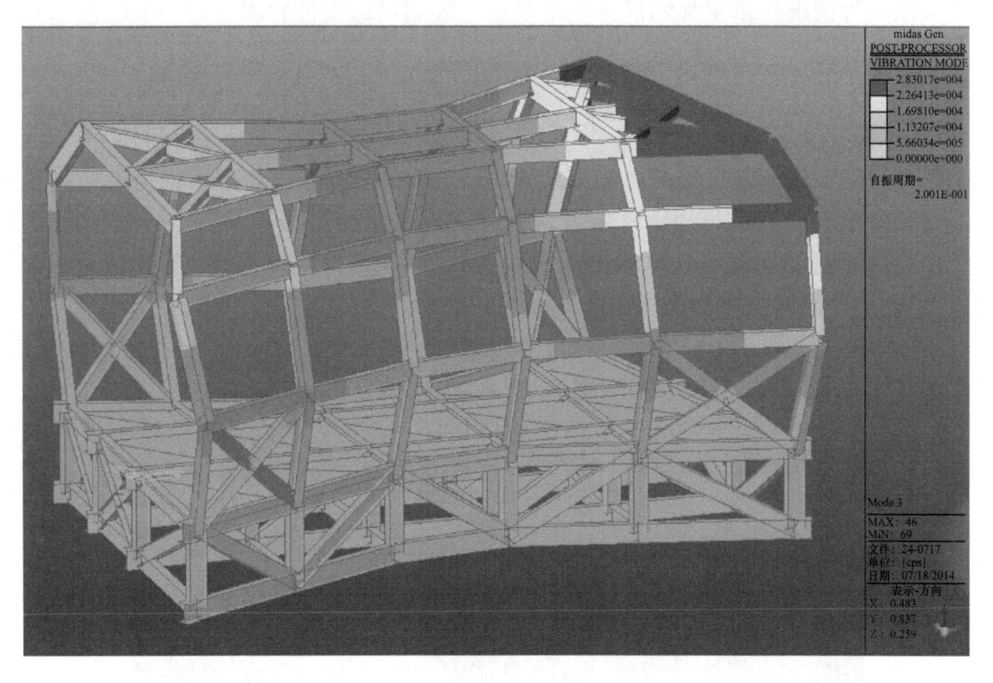

图 5-49 空中连廊竖向振动第 1 阶振型

(3) 滑动端支座的变形计算

为防止罕遇地震作用下连廊与塔楼相碰或出现脱落现象，连廊支座应满足连廊两侧塔楼在罕遇地震作用下的弹塑性水平变形要求。根据两个塔楼在罕遇地震作用下的变形结果可知，2 号塔楼在 X 方向支座处最大水平位移为 350mm，在 Y 方向支座处最大水平位移为 397mm；4 号塔楼在 X 方向支座处最大水平位移为 299mm，在 Y 方向支座处最大水平位移为 332mm。

可根据弹塑性时程分析法结果按下式计算：

$$\Delta = \Delta_1 \sqrt{1 + \left(\frac{\Delta_2}{\Delta_1}\right)^2}$$

式中，当连体一端为刚性连接另一端为柔性连接时，Δ_1 为罕遇地震作用下刚性连接端塔楼的变形在连体高度处柔性连接端产生的最大弹塑性位移，Δ_2 为罕遇地震作用下柔性连接端塔楼在连体高度处的最大弹塑性位移；当连体两端均为柔性连接时，Δ_1 与 Δ_2 分别为罕遇地震作用下两侧塔楼在连体高度处的最大弹塑性位移。同时，考虑罕遇地震时程分析的不确定性，取安全性系数 1.25，防震缝宽度取大于 550mm。

在垂直连廊跨度方向，连廊与两侧塔楼结构相对转角较小，由于两塔楼在地震作用下的最大相对位移不一定同时到达，考虑到罕遇地震时程分析的不确定性，设计相对转角取为 0.05rad。本工程选用的抗震球形铰支座设计转角为 0.01～0.05rad，滑动支座水平位移量为±10～±650mm。

（4）抗连续倒塌分析

空中连廊钢结构安全的可靠性，影响着两侧建筑的使用功能和安全，一旦连廊出现问题，将导致严重的后果。设计对连廊进行抗连续倒塌分析，分析时主要考虑支座失效和关键构件失效两种情况，结果显示满足规范对抗连续倒塌的设计要求。

5.3 工程案例三（东莞市星河传说商住区帕萨迪纳商业Ⅳ区 1～3 号楼）

5.3.1 基本情况

东莞市星河传说商住区帕萨迪纳商业Ⅳ区 1～3 号楼位于东莞市东城街道东城东路与东升路交汇处东南侧。项目地下 3 层，地上有三栋超高层塔楼，其中 1 号楼地面以上 63 层，结构主屋面高度 241.5m；2 号楼地面以上 38 层，结构主屋面高度 139.05m；3 号楼地面以上 40 层，结构主屋面高度 136.80m。

1 号塔楼首层层高 4.2m，2 层 6.0m，标准层层高 3.6m；2 号塔楼首层层高 7.35m，标准层层高 3.40m；3 号塔楼首层层高 7.35m，标准层层高 3.15m。

3 栋塔楼在百米高架空层处通过两个连桥相连，连桥建筑功能有泳池、天空休闲吧等。建筑效果图见图 5-50。

图 5-50　建筑效果图

5.3.2 结构体系

1 号塔楼标准层平面长为 59.70m、宽为 32.45m，最大高宽比约 7.78。塔楼大部分竖向构件通高连续布置，因建筑功能限值，X 向框架与中间剪力墙抗侧未形成有效框筒，对照规范及相关资料对不同结构的定义及受力特点，定义为框架剪力墙结构体系。结构主要由竖向混凝土剪力墙、型钢混凝土外框柱、外框梁及内框梁连接构成。第 4 层有个别外框柱因建筑功能不能落地，结构采用局部转换进行处理。楼盖采用现浇钢筋混凝土梁板楼盖体系。

2 号塔楼标准层平面长为 39.80m、宽为 20.35m，最大高宽比约 7.50；3 号塔楼标准层平面长为 56.60m、宽为 17.90m，最大高宽比约 7.64。2 号、3 号楼采用剪力墙结构体系，底部仅少数剪力墙墙肢需要进行结构转换，被转换墙体的面积百分比小于 10%。楼盖采用钢筋混凝土梁板体系，局部采用叠合板。

3 栋塔楼间的 2 个连桥采用钢结构为组合楼盖。

1 号、2 号、3 号塔楼的标准层结构平面如图 5-51～图 5-53 所示。

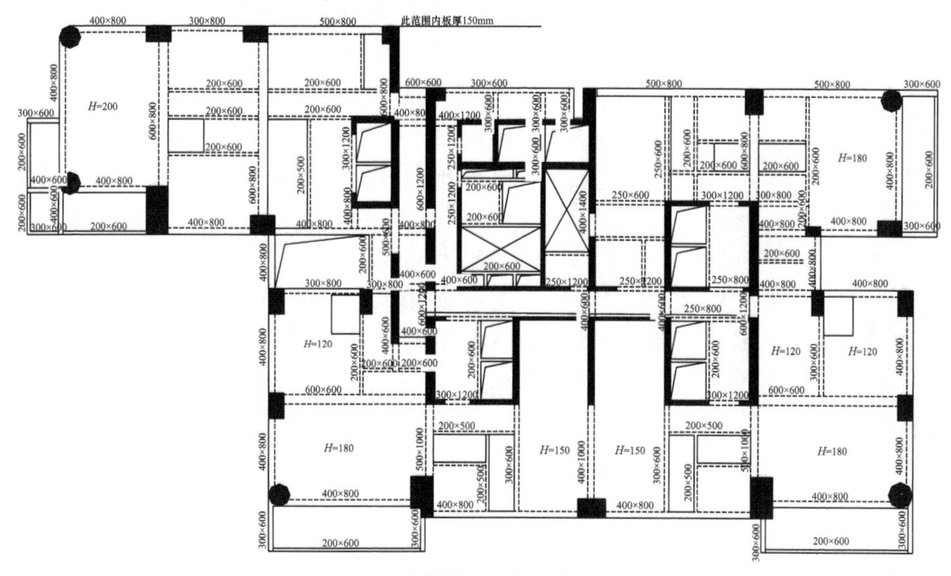

图 5-51　1 号塔楼标准层结构平面示意

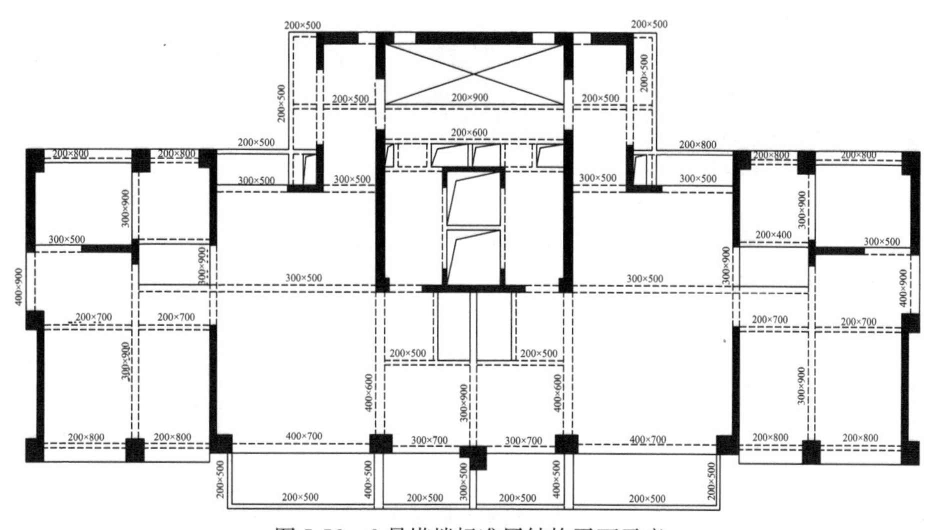

图 5-52　2 号塔楼标准层结构平面示意

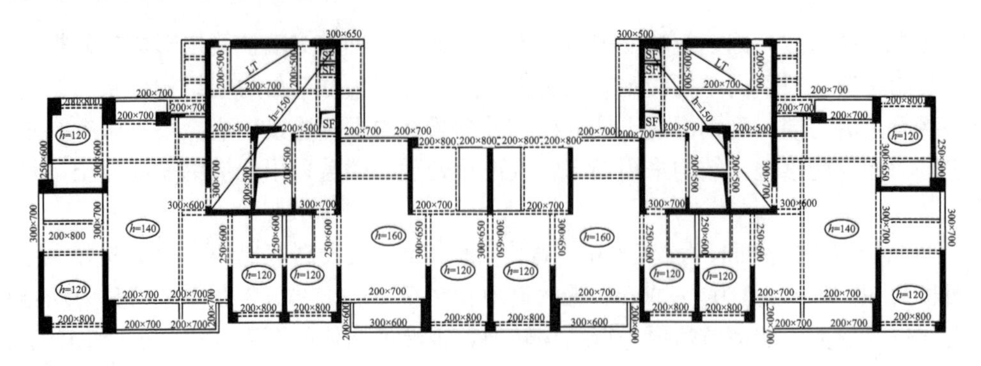

图 5-53　3 号塔楼标准层结构平面示意

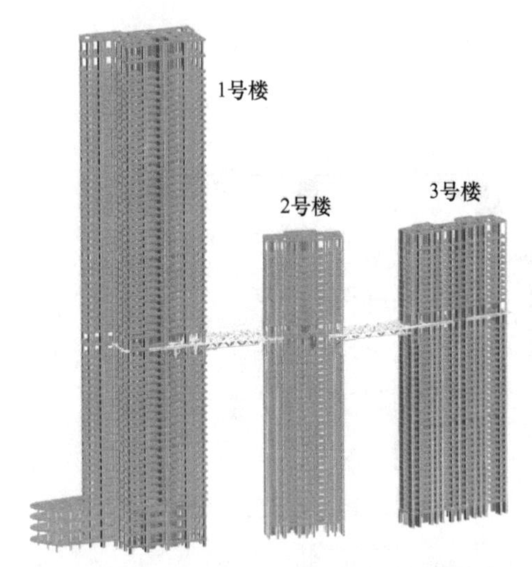

图 5-54　塔楼结构及空中连桥的整体模型

5.3.3　连桥的结构方案

3 栋塔楼在百米高空处设置的两个连桥，跨度为 34～40m，宽 19m，高 3.5m。1 号、2 号楼之间的连桥建筑功能为无边泳池及局部绿化；2 号、3 号楼之间为普通公共休闲区域。建筑在 1 号楼 27 层与 2 号楼 29 层设置连桥 A，在 2 号楼 29 层与 3 号楼 29 层设置连桥 B，考虑建筑功能需要及结构受力特点，两个连桥采用钢结构桁架形式。3 个塔楼及空中连桥的空间模型如图 5-54 所示，局部模型如图 5-55 所示。连桥 A、B 与 3 个塔楼的平面位置关系如图 5-56 所示。连桥 A、B 的结构平面及剖面如图 5-57～图 5-62 所示。

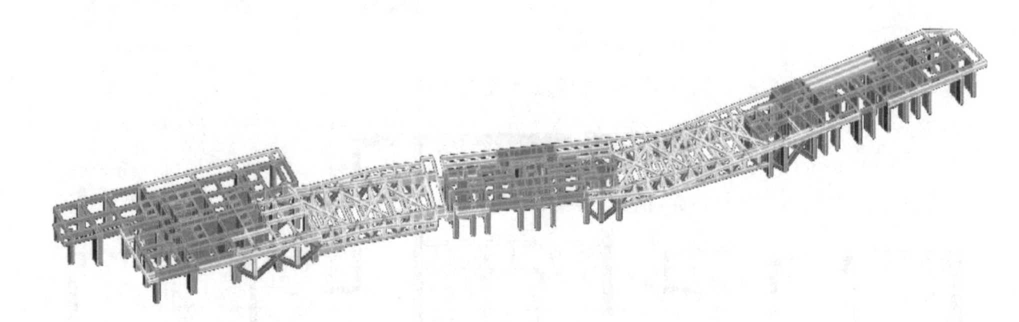

图 5-55　塔楼结构及空中连桥的局部模型

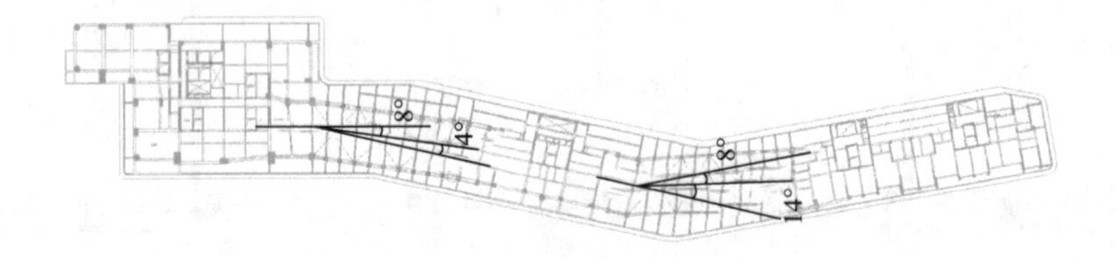

图 5-56　两个连桥与塔楼连接角度示意

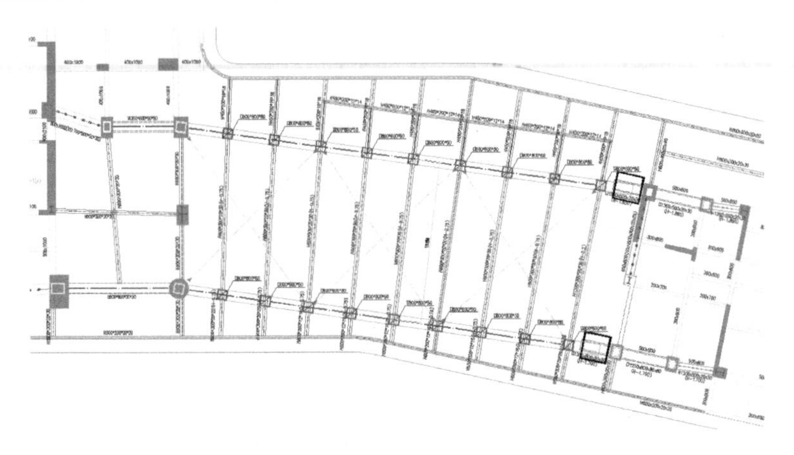

图 5-57 连桥 A 桁架上弦平面

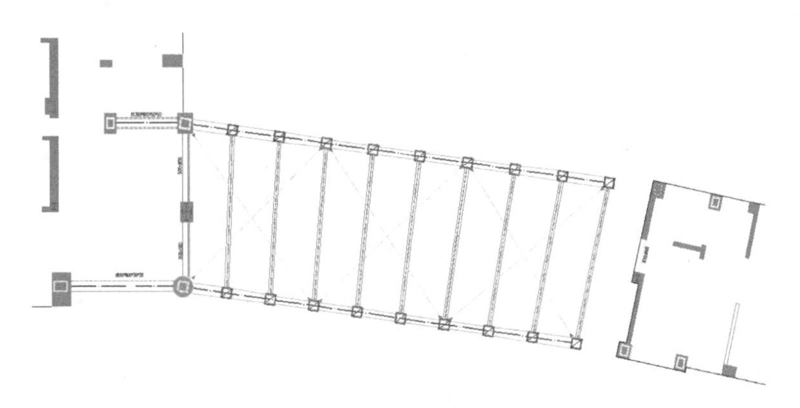

图 5-58 连桥 A 桁架下弦平面

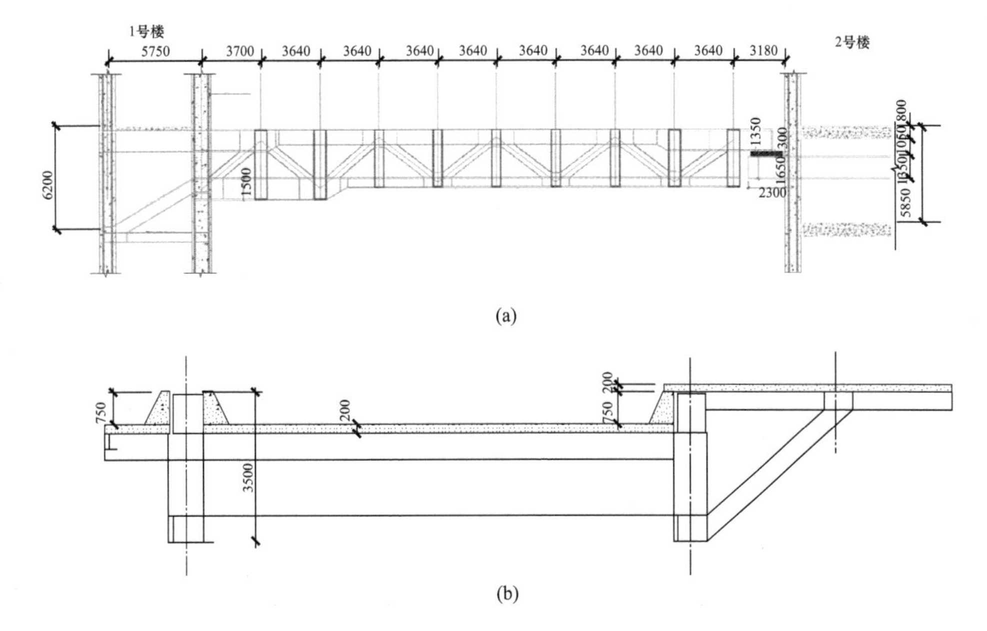

(a)

(b)

图 5-59 连桥 A 桁架立面、剖面

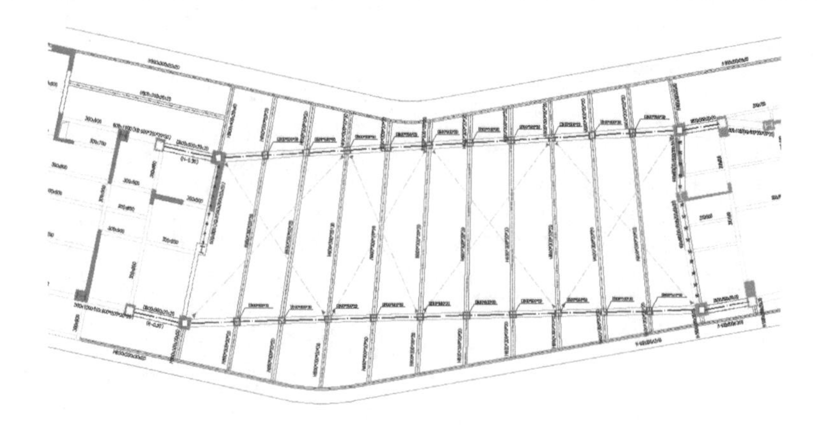

图 5-60　连桥 B 桁架上弦平面

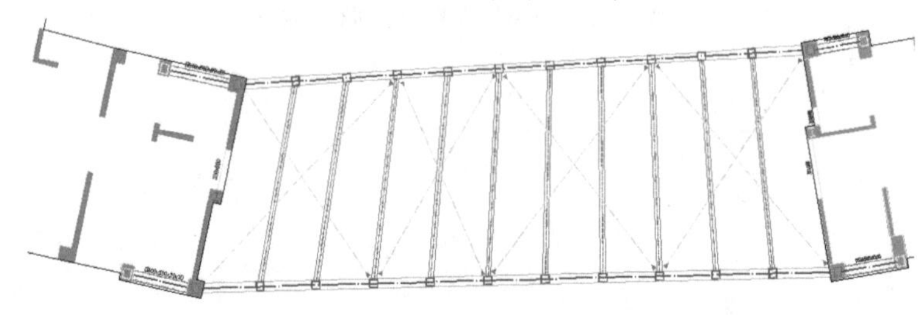

图 5-61　连桥 B 桁架下弦平面

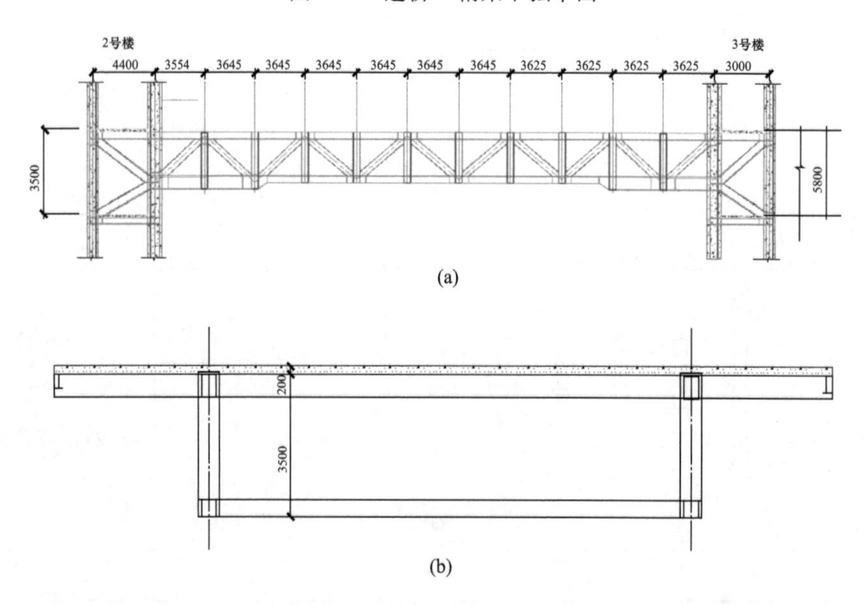

图 5-62　连桥 B 桁架立面、剖面

5.3.4　连桥与塔楼连接方案

（1）连桥 A 与塔楼的连接方案分析

连桥 A 一端支承在 1 号楼，另一端支承在 2 号楼，其特点如下：

1）1 号楼和 2 号楼高度相差较大，1 号楼结构高度 257.5m，2 号楼结构高度 151.5m，两栋塔楼高度相差约 100m。

2）1 号楼和 2 号楼平面尺寸和布置完全不一样。

3）1号楼和2号楼动力特性差别较大，如表5-15所示1号、2号两个塔楼前4阶振型的周期值。

各塔楼前4阶振型的周期值（s） **表5-15**

塔楼	周期			
	T_1	T_2	T_3	T_4
1号楼	6.564	4.704	4.294	1.529
2号楼	3.570	3.381	2.072	1.012

4）相比柔性连接支座，刚性连接支座对相连框架柱的受力影响较大。分析刚性连接支座和柔性连接支座模型下连桥A两端连接的框架柱在小震及等效大震作用下的剪力，结果见表5-16和表5-17，表中的框架柱位置如图5-63、图5-64所示。

小震作用下框架柱 *X* 方向剪力值对比 **表5-16**

项次		框架柱沿连体方向剪力值（kN）							
		连体滑动计算模型				连体刚接计算模型			
		E_X	E_Y	W_X	W_Y	E_X	E_Y	W_X	W_Y
1号楼28层	KZ1	230.7	355.2	576.8	373.3	522.5	575.8	732.0	656.2
	KZ2	164.3	54.9	103.6	10.4	324.1	116.3	127.2	89.7
	KZ3	296.6	300.7	570.7	281.4	469.4	391.2	689.4	314.6
2号楼30层	KZ4	330.3	86.7	218.7	124.4	396.0	281.8	463.6	236.2
	KZ5	4.0	1.4	8.1	3.6	5.2	3.1	5.6	2.4
	KZ6	199.1	71.5	196.7	120.5	311.9	212.9	338.9	203.2

等效大震作用下框架柱 *X* 方向剪力值对比 **表5-17**

项次		框架柱沿连体方向大震作用下最大剪力值（kN）	
		连体滑动计算模型	连体刚接计算模型
1号楼28层	KZ1	7300	8755
	KZ3	6156	8049
2号楼30层	KZ4	4900	7150
	KZ6	2778	5096

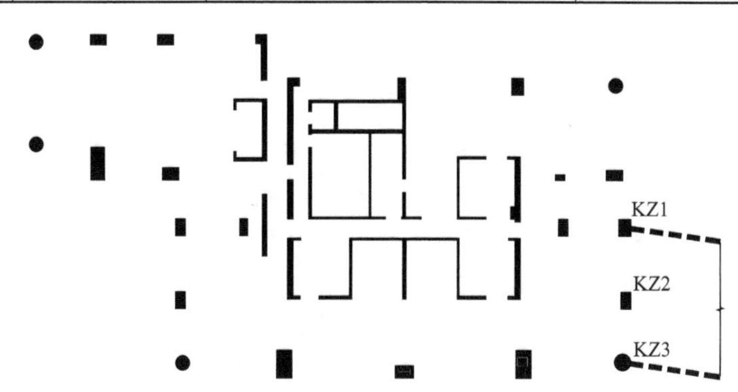

图5-63 连体层1号楼框架柱编号

由以上结果可以看出，连桥两端刚接方案中，与连桥相连的框架柱剪力显著增大。经过计算对比，1号楼支座连接相关范围框架柱的截面尺寸可以满足连桥支座刚接的设计要求；2号楼支座连接相关范围框架柱单塔设计时的尺寸为800mm×600mm，当采用滑动支座时柱截面为900mm×1100mm，采用刚性连接时框架柱截面需增大至1200mm×1200mm，对建筑功能影响较大。

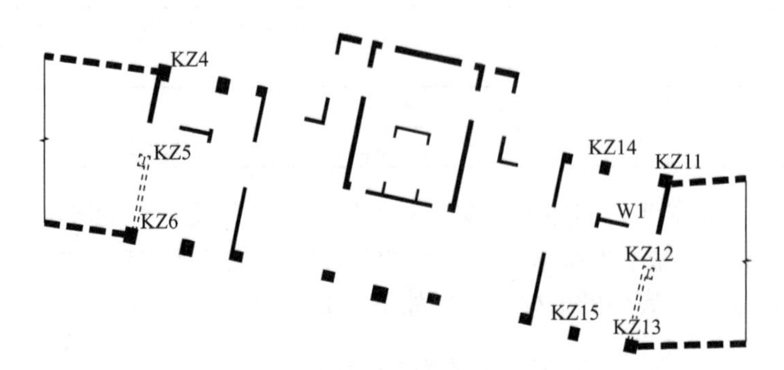

图5-64　连体层2号楼框架柱编号

5）三栋塔楼连体层结构平面总长度达230m，若连桥全部刚性连接，显然对结构抗震及抵抗温度作用不利，在连桥A右端设置滑动支座形成结构缝的方案更合理。

综上所述，连桥A选择1号塔楼刚接、2号塔楼滑动的柔性连接方案。

（2）连桥B与塔楼的连接方案分析

连桥B一端支承在2号楼，另一端支承在3号楼，其特点如下：

1）2号楼和3号楼高度一样，平面布置较为类似。

2）连桥连接方向为两栋塔楼的强轴方向。

3）两栋塔楼动力特性较为相近，如表5-18所示2号、3号两栋塔楼前4阶振型的周期值，且与将两塔刚性连接为整体模型的动力特性也接近。

2号、3号塔楼及两塔刚性连接的整体模型前4阶振型的周期值（s）　　表5-18

塔楼	周期			
	T_1	T_2	T_3	T_4
2号楼	3.570	3.381	2.072	1.012
3号楼	3.528	3.386	2.388	0.960
连体模型	3.567	3.398	3.240	1.071

4）连桥B与2号、3号楼间采用刚性连接或柔性连接对塔楼的整体受力影响很小。表5-19给出单塔模型与两塔刚性连接的整体模型在小震及风荷载作用下的首层剪力结果，可以看出：在小震荷载和50年一遇规范风荷载作用下，连体两端全刚接模型的基底剪力和无连体单塔模型的基底剪力基本一样，变化范围在3%以内，连体对于各塔楼基底剪力影响非常小。从层间位移角的计算结果也可以看出，在X向50年一遇规范风荷载作用下，2号楼X向位移和位移角均有一定程度的改善，3号楼两模型中X向位移和位移角曲线基本一致。在Y向50年一遇规范风荷载作用下，2号/3号楼Y向位移和位移角曲线基本一致，无明显变化。

各塔楼首层剪力（kN） 表 5-19

工况	剪力	无连体计算模型		连体计算模型（两端刚接）	
		T_2	T_3	T_2	T_3
小震作用	X 向	2939	3696	2990	3677
	Y 向	3171	3941	3181	3910
50 年一遇规范风荷载作用	X 向	5437	5475	5449	5490
	Y 向	9226	12418	9249	12445

5）单塔楼及两塔刚性连接整体模型对相连位置框架柱的剪力变化有一定影响。表 5-20 给出 2 号、3 号楼及连体整体模型中相应框架柱、墙在小震及风荷载作用下沿连体方向的水平剪力值。表中的框架柱、墙位置见图 5-64 及图 5-65。从表中结果可以看出，连体两端刚接方案中，与连体相连的框架柱剪力显著增大，如对框架柱采用增设型钢的措施，可以不增加柱截面尺寸满足其承载力要求。

框架柱沿连体方向剪力值对比 表 5-20

项次		框架柱沿连体方向剪力值（kN）							
		无连体计算模型				连体计算模型（两端刚接）			
		EX	EY	WX	WY	EX	EY	WX	WY
2 号楼 28 层	KZ11	23.9	13.8	41.3	42.8	483.1	39	774	92.4
	KZ12	15	6.0	22.3	6.2	9.9	5.5	16	15.8
	KZ13	33.8	8.8	51.9	26.3	411.8	33.6	643.1	17.5
	KZ14	35.7	18.8	64.5	57.3	35.5	22.8	59.2	68.1
	KZ15	54.2	14.1	83.2	49.9	31.2	11.8	47	36.7
	W1	10.3	2.1	18.7	6.4	24.2	8	33.9	0.6
3 号楼 30 层	KZ16	29.5	16.1	46.8	56.7	609.2	113.6	973.2	318.4
	KZ17	0.9	3.2	1.2	10.7	1.3	6.0	2.2	18.7
	KZ18	18	3.5	17	1.1	434.1	25.3	678.0	46.8
	KZ19	72.1	28.4	111.7	103.1	71.8	33.7	115.3	109.3
	KZ20	42.2	14.8	53.4	52.4	30	13.5	43.8	48.7
	W2	44.1	18.4	57.4	19.6	16.7	20.9	8.4	47.7

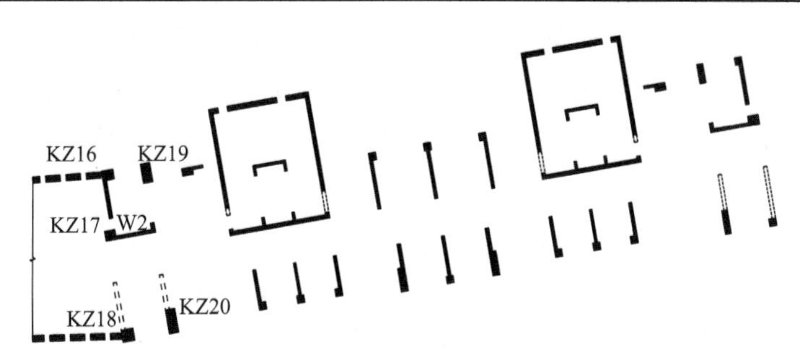

图 5-65 连体层 3 号楼框架柱、墙编号

综上所述，连桥 B 选择与 2 号、3 号楼两端均为刚接的刚性连接方案。

（3）柔性连接支座选型

由于塔楼间的相对位移较大且连接形式较为复杂，滑动支座应具有足够的变形协调能力，根据工程经验，传统的铅芯橡胶隔震支座无法适用，因为铅芯橡胶支座的水平刚度由橡胶的抗剪切能力提供，转动刚度由橡胶垫在平面上的不相等变形产生的转角提供。塔楼发生较大的相对位移时，橡胶有可能屈服产生非常大的变形，同时发生侧倾。因此高层结构中的空中连桥柔性连接支座，通常采用位移能力更强的摩擦摆支座（参见图 4-3）或平板滑动支座（参见图 4-6）。两种支座的结构形式及特点详见本文第 4.2 节和第 4.3 节。

（4）摩擦摆支座分析模型

可多向滑动和复位的摩擦摆式球形支座，其基本原理及构件模型详见本文第 4.2 节和第 4.3 节。由式（4-5）～式（4-8）可求得支座初始刚度 K_P 如表 5-21 所示。

支座初始刚度 K_P 　　表 5-21

项次	重力荷载代表值（kN）	初始刚度（kN/m）
支座 1	5012	60144
支座 2	3228	38736

（5）摩擦摆支座性能参数、限位、防撞措施及性能目标

摩擦摆支座的限位及防脱落措施可根据具体需求进行定制。根据以往项目经验，暂定摩擦摆支座的限位及防脱落设计拥有以下特征：

1）对于上底座小半径滑动面，上底座和滑块最大转动角度为 30°，也就是当水平力大于竖向承载力的 50%时，上底座才能够从滑块中滑出。

2）对于下底座大半径滑动面，常规设计时可承受 20%竖向承载力大小的水平力。

如防脱落需承受更大的水平力，可根据所需承受的水平力大小设计限位装置。例如，在支座处两侧增设挡板或安全拉索，以加强连桥的防跌落安全储备。如图 5-66 所示。

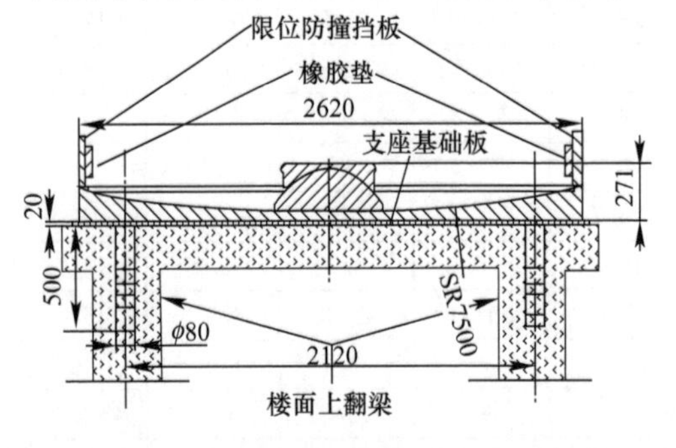

图 5-66　摩擦摆支座防脱落构造示意

由上述可知，在设计支座时，支座本身的允许水平位移量、限位及防撞措施非常关键。基本设计思路为在罕遇地震作用下连桥与塔楼之间动态连接，减小连桥动力响应对塔楼的影响和连桥自身的地震作用影响。根据支座本身参数以及《建筑摩擦摆隔震支座》GB/T 37358—2019，暂定此摩擦摆支座性能目标如表 5-22 所示。根据暂定的性能目标及计算结果，可反推出所需的摩擦摆支座性能参数。

暂定摩擦摆支座性能目标 　　表 5-22

项次	罕遇地震工况（水平＋竖向）
水平位移	与厂家深化设计
竖向受力	不出现拉力
水平受力	小于支座最大竖向承载力的 20%

（6）摩擦摆支座性能参数

根据以往项目经验，暂定摩擦摆支座性能参数如表 5-23 所示。

暂定摩擦摆支座性能参数 表 5-23

摩擦系数	0.03
比率参数（s/mm）	0.02
水平向最大容许位移（mm）	待定
最大竖向承载力（kN）	与厂家深化设计
自重（kg）	5000
曲面半径 R（mm）	7500
屈服位移（mm）	2.5

（7）多遇地震及风荷载作用下的支座性能分析

采用 MIDAS/Gen 软件进行多遇地震/风荷载作用的分析，三维模型如图 5-67 所示。

(a) 三维模型

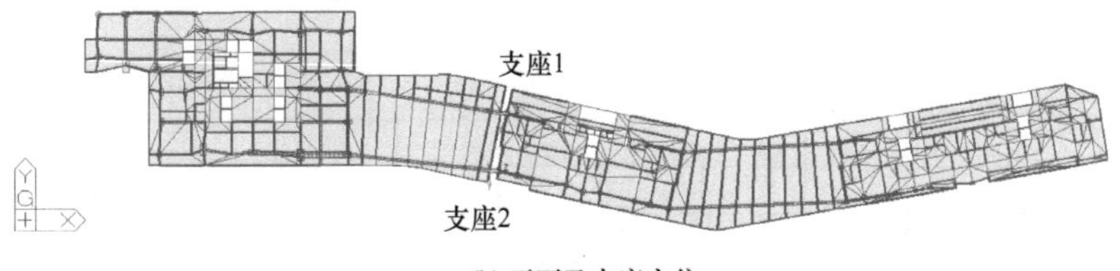

(b) 平面及支座定位

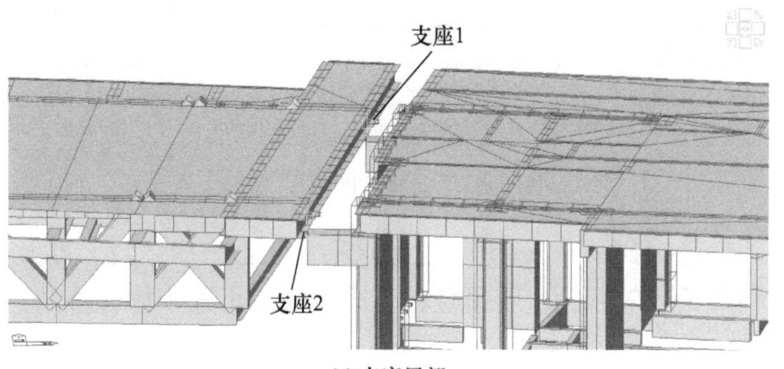

(c) 支座局部

图 5-67 MIDAS/Gen 三维模型

分析多遇地震（反应谱）及风荷载作用下的支座性能时，通常采用线性静力工况。选用弹性连接单元，在其 X 方向（竖向）输入一个较大的受压线刚度即可，也可按 $K=AE/L$ 估算其竖向受压线刚度。对于 Y、Z 方向（水平向），在不考虑非线性的情况下无法得出准确结果，因此，静力工况仅用于考察支座在静力工况作用下是否发生位移。将支座的初始刚度 K_P（参见表 5-21）输入程序进行分析。若计算完成后其支座上、下节点的相对位移小于屈服位移 $d_y=2.5$mm，则可认为支座依旧处于静摩擦状态，未发生位移。程序分析结果如表 5-24 所示。

多遇地震及风荷载单工况作用下摩擦摆支座的最大水平位移（mm） **表 5-24**

荷载工况	支座 1	支座 2
X 向风荷载	5.15	7.05
Y 向风荷载	10.27	6.40
X 向小震作用	2.76	1.25
Y 向小震作用	4.30	3.49

由表 5-24 可知，在多遇地震/风荷载单工况作用下，除了 X 向小震工况的支座 2 以外，支座水平位移皆超过支座屈服位移 2.5mm。这意味着支座在多遇地震/风荷载单工况作用下已发生位移。Y 向风荷载工况下出现最大位移 10.27mm，若要求支座在该工况下不发生滑动，则摩擦系数至少需要达到 0.03×(10.27/2.5)=0.12，显然是不现实的。

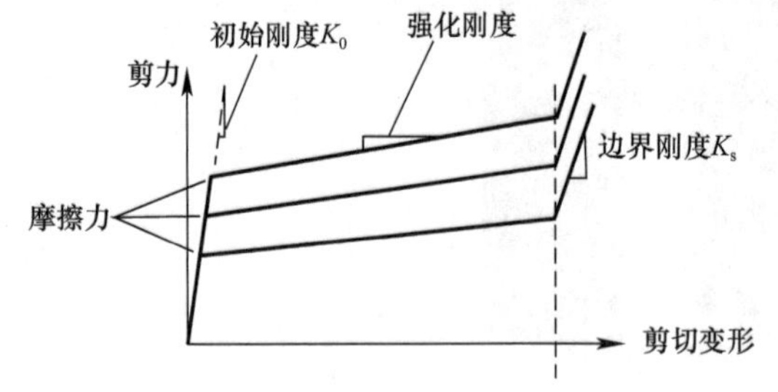

图 5-68 Friction Pendulum Isolator Element 的 F-D 曲线

(8) 罕遇地震作用下的支座性能分析

在软件 Perform-3D 中，采用 Friction Pendulum Isolator Element 对摩擦摆支座进行模拟，其非线性 F-D 曲线如图 5-68 所示。

支座 1 的 F-D 曲线如图 5-69 所示。

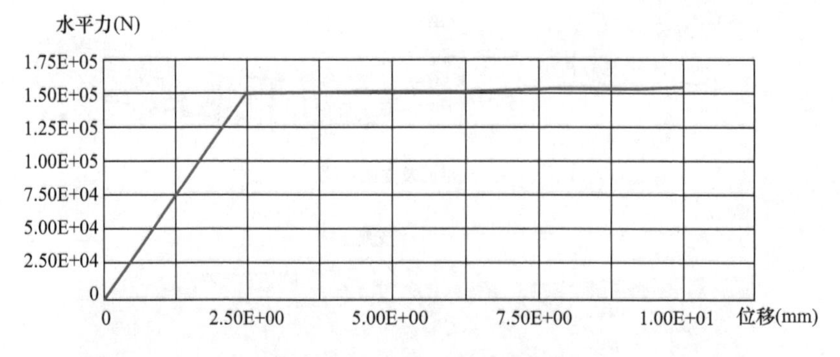

图 5-69 支座 1 的 F-D 曲线

由上述可知，位移达到 2.5mm 时（此时水平力为：摩擦系数×重力荷载代表值），摩擦摆水平刚度大幅降低，随后发生明显位移，摩擦摆不再处于静摩擦状态，与我国规范的要求一致。

同时需要注意的是，在 Perform-3D 中，Friction Pendulum Isolator Element 在重力加

载完成后，几乎不会产生水平内力及水平位移，这意味着在地震作用之前，摩擦摆支座都是静止的。由于连桥和摩擦摆支座一般晚于塔楼施工，因此 Friction Pendulum Isolator Element 可以有效排除由塔楼间不均匀变形造成的不真实初始内力及初始变形。

罕遇地震作用下，摩擦摆支座的滞回曲线稳定、饱满，表现出较好的耗能能力。各工况作用下的水平方向最大位移、最大内力值分别见表 5-25、表 5-26。

罕遇地震作用下支座的水平位移绝对最大值（mm） **表 5-25**

支座编号	工况						
	RGB（*X*）	RGB（*Y*）	TRB1（*X*）	TRB1（*Y*）	TRB2（*X*）	TRB2（*Y*）	最大值
支座 1	199	253	221	170	199	229	253
支座 2	196	254	209	171	182	229	254

罕遇地震作用下支座的水平内力绝对最大值（kN） **表 5-26**

支座编号	工况						
	RGB（*X*）	RGB（*Y*）	TRB1（*X*）	TRB1（*Y*）	TRB2（*X*）	TRB2（*Y*）	最大值
支座 1	287	314	253	274	305	268	314
支座 2	173	194	155	185	186	186	194

由上述可知，支座最大水平位移、水平内力皆出现在 RGB（*Y*）工况。为了考虑最不利情况，将 RGB（*Y*）工况作用下支座上、下节点的最大位移绝对值相加，得出最大相对位移，以估算 1 号、2 号楼在地震作用下相向位移的情况。结果见表 5-27。

罕遇地震 RGB（*Y*）工况下支座上、下节点最大相对位移（mm） **表 5-27**

项次		绝对最大位移	上、下节点最大相对位移
支座 1	上节点	187	379
	下节点	191	
支座 2	上节点	185	370
	下节点	192	

综上，通过三种方法对摩擦摆支座的水平位移进行了估算，整理结果如表 5-28 所示。

三种方式得出的摩擦摆支座水平位移（mm） **表 5-28**

项次		最大位移	
		支座 1	支座 2
1	《高规》防震缝计算方法	315	315
2	非线性时程分析—摩擦摆单元位移	253	254
3	非线性时程分析—摩擦摆支座上、下节点最大相对位移	379	370

通过以上分析结果可知，支座 1、支座 2 的摩擦摆支座需符合表 5-29 所示条件，以满足表 5-22 暂定的性能目标要求。

摩擦摆支座初步选型 **表 5-29**

项次	支座 1	支座 2
摩擦系数	0.03	0.03
曲面半径 *R*（mm）	7500	7500

续表

项次	支座 1	支座 2
水平向—最大容许位移（mm）	>379	>370

按表 5-29 最大容许位移估算，支座边长约 1.5m 可满足要求。另外，罕遇地震（竖向）作用下，支座竖向受力皆为负值，未出现拉力，满足相应性能目标。

参考文献

[1] 住房和城乡建设部．高层建筑混凝土结构技术规程：JGJ 3—2010 [S]．北京：中国建筑工业出版社，2010.

[2] American society of civil engineers. Minimum design loads for buildings and other structures：ASCE 7-10 [S]．Reston：ASCE，2010.

[3] 住房和城乡建设部．建筑抗震设计规范：GB 50011—2010（2016 年版）[S]．北京：中国建筑工业出版社，2016.

[4] 国家市场监督管理总局，国家标准化管理委员会．建筑摩擦摆隔震支座：GB/T 37358—2019 [S]．北京：中国标准出版社，2019.

[5] 国家质量监督检验检疫总局，国家标准化管理委员会．橡胶支座 第 3 部分：建筑隔震橡胶支座：GB 20688.3—2006 [S]．北京：中国标准出版社，2006.

[6] 龚健，邓雪松，周云．摩擦摆隔震支座理论分析与数值模拟研究 [J]．防灾减灾工程学报，2011(01)：56-62.

[7] 宋腾添玛沙帝建筑工程设计咨询（上海）有限公司．岁宝国展中心项目（连桥与塔楼连接专题研究及连桥设计）超限高层建筑工程抗震设防咨询会报告 [R]．2019.

[8] 洛阳双瑞特种装备有限公司．深圳岁宝国展中心项目一期连桥支座设计计算书 [R]．2020.

02　连体结构关键技术与案例分析

黄卓，王传甲，何助节

（奥意建筑工程设计有限公司，深圳　518031）

【摘要】 梳理连体结构的组成、分类与主要设计关注问题，对强连接与弱连接两种连接形式、四种连接体结构形式的受力特点与适用范围进行详细论述，总结连体高层结构的受力特点，提出连体高层结构的设计原则与分析要点。以两个实际工程为例，简要介绍连体高层结构的设计与分析内容，可为类似工程提供参考。

【关键词】 连体结构；强连接与弱连接；受力特点；设计原则与方法；案例分析

1　连体结构的组成与分类

两个或两个以上的塔楼在离地面一定高度上用架空连接体相连而成的结构，称为连体结构。连体高层结构的主要组成部分为塔楼与连接体。当连接体与塔楼的连接方式为两端均采用刚接或铰接时，其连接方式称为强连接；当连接体与塔楼的连接方式为一端采用滑动支座（含水平刚度较小的弹性支座）或两端均采用滑动支座时，其连接方式称为弱连接。

根据项目情况，按塔楼的数量可分为双塔、三塔甚至多塔连体高层结构，以双塔连体高层结构最为普遍；按塔楼的结构布置可分为双轴对称、单轴对称与非对称连体高层结构；按连接体与塔楼的连接方式可分为强连接与弱连接连体高层结构，以两端与塔楼刚性连接的强连接较为常见；按是否有底盘可分为无底盘与有底盘连体高层结构；按连接体本身的结构形式可分为桁架式连接体、空腹桁架式连接体、悬臂式连接体及梁式连接体等形式，以普通桁架式连体高层结构居多。

2　连体高层结构设计重点

连体高层结构由两个或两个以上的塔楼及之间的连接体组成，体型较复杂，是一种比一般单塔或多塔结构更为复杂的高层结构，一般在连体高层结构的设计中须重点关注以下问题。

2.1　扭转效应问题

与一般结构相比，连体结构扭转变形较大，扭转效应明显。在风荷载或地震作用下，结构除产生平动变形外，还会产生扭转变形，扭转效应随塔楼不对称性的增加而加剧。即使对于对称的双塔连体结构，两塔楼除有同向的平动外，还可能产生相向运动，且该振动形态是与整体结构的扭转振型耦合在一起的。实际工程中，由于地震作用在不同塔楼之间的振动差异是存在的，两塔楼的相向运动的振动形态极有可能发生响应，此时对连接体的受力非常不利。对于多塔连体结构，因体型更为复杂，振动形态也更复杂，扭转效应可能更加明显。

2.2 连接体受力问题

连接体是连体高层结构的关键部位。除了要承担连接体本身的重量，连接体还需要协调两侧塔楼结构的变形，在地震、风等水平荷载作用下产生较大的内力；当连接体本身跨度较大时，竖向地震作用影响也较为明显。

2.3 连接体与塔楼的连接方式问题

连接体与两侧塔楼的支座连接是连体高层结构的关键问题，如处理不当，则结构安全将难以保证或成本代价很高。连接处理方式一般根据建筑方案与布置来确定，可以有刚性连接、铰接连接、滑动连接，通常采用刚性连接或滑动连接较多。不同的连接方式对连接体端部的约束程度不同，且塔楼间协同工作的程度也不同，从而对整个结构的静力和动力性能产生较大影响。因此，连接体与两侧塔楼之间究竟采用何种连接方式对抗震有利，是值得探讨的一个问题。

3 强连接与弱连接

连接体与塔楼的连接应牢固可靠，否则在地震发生过程中，连接体将有高空坠落风险。在各种连接方式中，刚性连接是最常用的一种连接方式，它对两塔楼的变形协调能力最强，使整个结构具有较强的整体性，适用于连接体刚度较大、跨度较大的情况。铰接连接也属于一种强连接方式，适用于连体跨度较大的情况。滑动连接则完全不能协调塔楼间的变形，一般适用于连接体位置较低、跨度较小的情况。弹性连接则是介于刚性连接和滑动连接之间的一种连接方式，通过选取合适的连接刚度，使连接体自身的受力有利，同时对整体结构的受力有利。

3.1 强连接

强连接包括两端刚性连接与铰接连接，其中刚性连接是连接作用最强的一种，也是目前连体高层结构中采用最多的一种连接方式，其加强了连接体与塔楼之间的联系，增强了结构的整体性，因此，《高层建筑混凝土结构技术规程》JGJ 3—2010 第 10.5.4 条规定："连体结构与主体结构宜采用刚性连接"。

采用刚性连接的连接体不仅要承受自身的竖向荷载，更主要的是协调各塔楼在水平和竖向荷载作用下的变形。连接体与塔楼连接处的节点受力复杂，产生较大的内力，并且上、下弦杆的轴力还会构成很大的整体弯矩和剪力，这就要求连接体本身具有较大的刚度和承载力。刚性连接的支座处理一定要保证连接体能够协调塔楼间的变形，因此，刚性连接节点的设计是强连接连体高层结构设计的重点之一，应该特别注意加强连接体与主体结构的连接，必要时连接体可延伸至主体结构内筒并与内筒可靠连接；如无法伸至内筒，也可在主体结构内沿连接体方向设置型钢混凝土梁与主体结构可靠锚固。连接体的楼板应与主体结构的楼板可靠连接并加强配筋构造。当与连接体相连的主体结构为钢筋混凝土结构时，竖向构件内宜设置型钢，型钢宜可靠锚入下部主体结构。

铰接连接与刚性连接一样，也属于强连接方式的一种。它放松了端部上、下弦杆的局部弯矩约束，减小了端部杆件的内力，使连接处的构造设计变得方便。但是，由于没有了端部的负弯矩，连接体在跨中的正弯矩会有所增大，同时，削弱了连接体对两个塔楼共同工作的协调作用。将连接体简化为一根梁时，在纵向荷载作用下，相比于刚性连接，铰接连接对两塔楼的连接作用并未明显减弱，梁轴力无变化，但由于放松了弯矩约束，使最大应力减小较多。

3.2 弱连接

当连接体本身的刚度较弱时，即使与主体结构刚性连接也不能起到协调两塔楼变形的作用，或者塔楼与连接体连接处节点难以满足刚性连接安全性要求，这种情况下应当考虑采用滑动连接或弹性连接的形式。滑动连接属于一种弱连接方式，可以是连接体一端与塔楼刚（铰）接，另外一端滑动连接；也可以两端均为滑动连接。采用这种连接方式，连接体的受力较小，但此时连接体不能有效协调塔楼间的共同工作，塔楼单独受力，整体结构仅是形式上的连体结构，因此，滑动连接设计的重点在于支座的设计与选取，支座的专项设计与选取一般需专业支座厂家配合深化设计，结构设计师需提供滑动支座相关参数，如支座内力、顺连接体方向的最大滑移量、垂直连接体方向允许的最大变形量、允许转动量、支座复位功能、限位及防坠落措施等，以及当连接体的抗倾覆不能满足要求时支座的抗拉要求等。滑动支座在设计时需要预留足够滑移量并设置限位装置，有时还需要考虑复位装置，防止连接体的滑落或与塔楼发生碰撞而造成结构的破坏，因此，滑动连接一般适用于连接体位置较低且跨度较小的情况。

弹性连接是介于刚性连接与滑动连接之间的一种连接方式。弹性支座采用橡胶支座较为普遍。橡胶支座对梁端基本没有弯矩约束，水平刚度相对也较小，整体结构更接近于采用滑动支座情况。通过支座合理设计既能保证在大震作用下连接体与塔楼防碰撞位移要求，也能适当控制支座牛腿等连接部位的内力，对降低整体结构最大层间位移有一定帮助，从而使结构的整体性得到改善。

综上所述，连接方式的不同不仅对结构的整体受力影响较大，对连接体支座附近的楼层与构件也会有较大影响。当连接体采用刚性连接时，连接体结构本身需具备足够的强度与刚度以协调各塔楼之间的变形并抵抗由此产生的内力，否则容易引起连接体的破坏。采用弱连接时，可以释放连接体部分内力，但要比较准确地计算结构在罕遇地震作用下连接体的位移，确保连接体在地震作用下不会脱落。在设计高位连体结构时，宜优先采用刚性连接，且保证连接体结构具有较大的刚度与承载力以协调各塔楼的变形。

4 连接体

连接体是连体高层结构的重要组成部分，连接体不但自身受力较复杂，而且对结构整体的受力性能有较大影响。连接体的常见结构形式主要有以下四种。

4.1 普通桁架式连接体

桁架结构是由轴向受力为主的杆件组成的一种结构形式，相邻杆件之间形成三角形，这些三角形相连共同组成几何不变体系。带斜腹杆的桁架结构依靠几何构成来抵抗外力与变形，以各杆件的轴向力来承受整体弯矩和剪力，是一种比较高效的结构形式。由于各杆件均以轴向变形为主，所以桁架结构的刚度比较大，在荷载作用下的位移相对较小，为最常见的连接体结构形式。

4.2 空腹桁架式连接体

相比带斜腹杆的普通桁架，空腹桁架因其不带斜腹杆而给建筑空间使用以很大的灵活性。空腹桁架的节点为刚性节点，是依靠各杆件间的刚接来构成几何不变体系，其超静定次数远大于一般的桁架。在荷载作用下，空腹桁架的各个杆件更多地表现出梁、柱的受力特性，即杆件以弯曲变形为主，承受较大的弯矩和剪力。因此，空腹桁架的计算模型中，上、下弦杆和竖腹杆必须采用梁单元来模拟。正是由于杆件节点为刚性连接，杆件节点处要承受较大的弯矩和剪力，因此节点的抗剪设计就非常重要。

4.3 悬臂式连接体

采用两塔楼各自伸出一段悬臂作为连接体的一部分，两端悬臂中间的缝隙作为抗震缝使用的一种连体结构形式，实际是一种假连体，两个塔楼并未真正连接起来，两个塔楼独立工作。采用这种连体时要求塔楼具有更强的抗侧刚度，并且悬挑的尺寸不能过大，对悬臂与塔楼连接处支座的要求也将更高。因为悬挑部分结构的冗余度很低，没有多道防线，一旦支座破坏，悬挑部分就会发生倒塌。且塔楼悬臂造成上部的质量大，扭转惯性矩大，从而使结构扭转效应显著，在设计时应注意提高结构抗扭刚度。

4.4 梁式（托梁、吊梁）连接体

当连接体跨度不大时，可以采用梁式结构。梁式连接体可以各层结构独立，也可以与梁式转换层类似，利用一根大梁来承担外荷载以及其余框架质量的结构形式。当梁位于连接体的最下部时，称为托梁式连接体；当梁位于连接体的最顶部时，称为吊梁式连接体。

梁式连接体的结构形式简单，受力明确，没有斜腹杆，施工方便。但是在连接体中，梁（特别是托梁和吊梁）要承受很大的弯矩和剪力，将造成梁截面过大，设计困难，不适合跨度过大的情况。另一方面，大梁自重、刚度大，连接体附近竖向刚度突变较大，特别是当连体位置较高时，对抗震尤为不利。

各连接体形式的比较如表 4-1 所示。

连接体形式比较 **表 4-1**

连接体形式	普通桁架式	空腹桁架式	悬臂式	梁式（托梁、吊梁）
建筑空间利用率	高	高	高	高
竖向刚度突变	较大	较小	小	小
连接体受力	较明确	较明确	较明确	明确
塔楼处应力集中	较小	较小	较小	大
适用跨度	大	大	小	较小

5 双塔连体高层结构受力特点

（1）总体来看，塔楼受力由单塔楼悬臂式变成双塔楼门式受力特征。

（2）在纵向水平荷载作用下，当两个塔楼对称布置且水平荷载大小相等、方向相同时，连接体内的轴力为零，反弯点在连接体的中点；当塔楼非对称布置时，连接体内不但有竖向弯矩和剪力，而且有轴力。

（3）在纵向水平荷载作用下，连接体与塔楼的刚度比越大，连体结构的纵向整体性越强，顶点位移越小，连接体的竖向剪力和弯矩越大，各塔楼的基底弯矩越小。

（4）连体高度位置不同，对两个塔楼的协调作用也不同，连体位置越低，与单塔楼相比，塔楼周期和地震剪力差别也越小。当塔楼高差越大、刚度差异越大时，连体协调的作用越明显，其地震作用分配差异越大。

（5）连体对塔楼在连体纵向方向的刚度影响相对更大，对各自塔楼横方向第一平动周期相对连体纵方向第一平动周期影响更小，总体稍有减小，刚度稍有加大，对第三周期之后的影响相对较大，说明对扭转周期和高阶周期影响更为明显。

（6）刚性连接的连接体采用桁架时，斜向支撑不但起着提供约束弯矩的作用，同时承受较大的层间剪力，起着约束相连楼层的层间剪切变形的作用，在水平荷载作用下轴力一般很大。当连体桁架刚度较大时，塔楼的主要抗侧力构件（如核心筒剪力墙）地震剪力可能会出现反号，故在进行强连接连体结构的设计时，应对连接体和相应楼层塔楼主要抗侧力构件进行详细分析。

（7）当塔楼承受横向水平荷载变形有差异时，连接体结构内不但有弯矩和剪力，还有可能有扭矩。连接体主要靠水平面内的弯矩和剪力传递内力。

6 连体高层结构设计原则与方法

6.1 结构布置原则

连体高层结构在方案与初步设计阶段，宜遵循以下原则进行结构初步选型：

（1）连接体两侧塔楼宜对称布置，避免出现过大扭转效应和位移差。

（2）应根据连接体的所在高度、跨度、连接体及其所连接塔楼的结构特性选择连接方式。

（3）连接体宜采用钢结构或组合结构，减轻重量。

（4）采用强连接时，连体端应在塔楼内组成可靠的水平构件传力体系，连接体结构的主要构件应至少伸入主体结构一跨并可靠连接，确保连接体传来的内力通过楼盖传至主体结构主要抗侧力构件上，必要时其楼盖可设置水平支撑。

（5）强连接连体结构采用钢结构时，混凝土楼板与钢梁应有良好连接，确保传递竖向荷载和水平荷载时的协调性。

（6）强连接体主要受力楼层楼板（如桁架上下层楼板、连接体顶层和底层楼板）应与塔楼楼板标高相对应，确保楼板连接的有效性。

(7) 连接体宜设置在建筑物的中、上部分。对于对称连体结构，连接体位于结构的中、上部时对塔楼的约束作用最强。

6.2 结构整体分析

连体高层结构需根据各分塔情况输入设计参数（如抗震等级、材料、结构体系、周期折减系数等），采用两种不同力学模型的三维空间有限元分析软件进行整体分析并对比。采用振型分解反应谱法进行抗震计算时，应采用考虑平扭耦联方法计算结构的扭转效应，同时应考虑偶然偏心的影响，振型数量至少应按多塔结构的振型数量选取，并满足振型参与质量不小于总质量的90%。除考虑双向地震作用外，当连接体与塔楼为斜向连接时，应考虑斜向地震输入作用，且连体结构的连接体宜考虑竖向地震作用，7度及以上抗震设计时，尚宜考虑以竖向地震作用为主的地震作用效应组合。

除应按规范规定的振型分解反应谱法计算外，尚需补充弹性时程分析。进行结构时程分析时，地震波的选取、持时等要素及地震作用效应的取值应满足《高层建筑混凝土结构技术规程》JGJ 3—2010第4.3.5条的要求。

在进行连体高层结构的风荷载作用计算时，由于连接体结构体型复杂，宜通过风洞试验判断确定建筑物的风荷载，且应考虑各塔楼之间的狭缝效应对结构带来的影响。

对于强连接连体高层结构，连接体在地震作用下需要协调两侧塔楼的变形。当连体部分楼板较弱时，在强烈地震作用下可能发生破坏，因此需补充分塔结构的计算分析，确保连接体失效后各塔楼可以独立承担地震作用而不致发生严重破坏或倒塌。

采用弱连接的连接体结构应进行地震及风荷载作用下的抗倾覆验算，如不满足时支座应能承担相应拉力并满足抗倾覆要求。

对于弱连接连体高层结构，当采用分栋计算时，应考虑支座处由连接体传来的竖向和水平荷载，地震计算时应根据支座刚度考虑连接体对各塔楼的影响。当采用阻尼器时，尚应考虑连接体—阻尼器—塔楼结构的共同作用。

6.3 竖向地震作用分析

地震时地面运动是复杂的三维空间振动，地面运动加速度既有水平方向分量，也有竖直方向分量。当地震烈度在8度及以上时，竖向地震对连体高层结构的影响不可忽视，竖向地震在某些情况下的破坏效果有可能超过水平地震作用。连体高层结构的竖向地震作用可采用重力系数法、振型分解反应谱法或时程分析法等方法进行分析。综合已有实际工程案例和理论分析，连体高层结构在竖向地震作用下的受力有如下特点：

(1) 对称连体高层结构在竖向地震作用下，振动曲线具有对称性，弯扭耦合少，扭转振型少；不对称连体高层结构在竖向地震作用下，扭转振型多，出现早，并有平扭耦合现象。

(2) 连体高层结构在竖向地震作用下，连接体跨中的竖向位移比同高度塔楼节点的竖向位移大很多，第一振型往往为连体的振动，连体的竖向振动与水平振动之间存在耦合，意味着结构在水平地震作用下会产生竖向动力效应。

(3) 连接体的位置越高，塔楼越不对称，竖向地震作用下连接体的位移响应越大，连接体的弯矩、剪力越大，对塔楼的连接作用越强。

(4) 连接体刚度的增加会使与连接体相连处塔楼节点的内力增大，对其他层的影响较小。连接体与塔楼的连接方式对连接体与塔楼的内力与变形，特别是连接节点附近连接体和塔楼杆件的内力与变形有一定的影响，连接节点刚性越大，影响越大。

6.4 抗震性能化设计

连体高层建筑宜采用抗震性能化设计，典型构件预期震后性能目标可参考表 6-1。

典型构件预期震后性能目标 **表 6-1**

构件		地震水准		
		多遇地震	设防地震	罕遇地震
关键构件	连体钢桁架	弹性	弹性	不屈服
	与连体桁架相连框架柱	弹性	弹性	不屈服
	连体及上、下层核心筒剪力墙	弹性	弹性	受剪不屈服，部分受弯屈服
连体桁架上、下弦楼板		弹性	受剪弹性，板面内钢筋受拉不屈服	受剪不屈服，板面内钢筋受拉部分屈服

6.5 连接体受力分析

强连接连体高层结构的连接体本身受力比较复杂，一方面要协调两侧塔楼结构的变形，在水平荷载作用下承受着较大的内力；另一方面，由于其本身跨度大，在竖向荷载作用下也承受着较大的内力。当连接体采用刚性连接时，连接体结构本身需具备足够的强度与刚度以协调各塔楼之间的变形并抵抗由此产生的内力，否则容易引起连接体本身的破坏。连接体的楼盖应采用弹性楼盖进行分析，中震分析宜考虑楼板开裂刚度退化的影响，且进行不考虑楼板作用的结构计算分析对比，大震分析应考虑楼板非线性特性并真实反映楼板损伤及刚度退化。

6.6 与连接体相连主体结构构件的分析

连接方式的不同对连接体支座附近的楼层与构件会有较大影响。对于刚性连接的连体高层结构，连体应参与整体模型计算，与连接体相连的塔楼构件中会有较大的内力，且主要抗侧力构件连接节点处产生应力集中，需结合节点有限元分析结果对塔楼构件进行设计，且需保证连接体构件内力有效传递至塔楼主要抗侧力构件中。对于弱连接的连体高层结构，连接体及支座宜参与整体模型计算，单独塔楼计算时的计算模型应考虑支座内力的影响。

6.7 弱连接支座设计

计算连接体与塔楼之间的相对位移时，除满足塔楼在水平荷载作用下相对变形时的滑动位移量外，尚应考虑塔楼不同步变形时带来的扭转效应。支座需要满足可滑动并有一定转动能力的要求，宜采用滑动钢支座或板式橡胶支座。当支座超过 4 个时，应考虑连体扭转带来支座变形差异，不宜全部采用单向滑动支座。

支座变形量应满足两个方向大震作用下塔楼在连体高度处的结构位移量，应采用时程分析方法进行大震作用下的位移复核。最小位移量按如下公式取值：

$$W=\sqrt{\Delta_1^2+\Delta_2^2}$$

式中，Δ_1、Δ_2 分别为两侧塔楼连体高度处在大震作用下的最大弹塑性位移值。

当连接体与塔楼间预留的位移量较大时，连接体宜有复位功能；连接体宜考虑限位及防坠落措施。应进行连接体的抗倾覆验算，当不满足要求时，其支座应进行抗拉设计。同时，应对支座性能可靠性进行验证。

6.8 大震动力弹塑性分析

大震宜采用动力时程分析方法进行整体分析，并重点验算连体层和薄弱层。综合已有实际工程案例和理论分析，连体高层结构在大震动力弹塑性分析时的受力有如下特点：

(1) 对于弱连接连体结构，连体一般仅对塔楼支座部位的梁和柱的塑性铰的发展有一定影响，对其他部位塑性铰的分布和发展以及塔楼的整体弹塑性变形性能影响相对较小，要重点关注塔楼在连体部位的位移和连接部位构件的内力应力情况。

(2) 对于刚性连接连体结构，在顺连接体方向（X 向）大震作用下，塔楼的塑性铰分布和整体结构的弹塑性性能产生了较大的改变。连体位于顶部时，相比单塔，由于较大的竖向约束弯矩作用，在减小结构顶点位移的同时也使反弯点上移，会加重塔楼上部楼层的塑性铰发展和弹塑性层间变形，中下部楼层可能反而降低；中部强连接可能会促使连接体以下楼层的塑性铰发展和层间弹塑性变形。在垂直连接体方向（Y 向）大震作用下，由于结构的扭转，使得塔楼外侧的塑形变形较内侧严重很多。

(3) 对于刚性连接连接体，除了重点关注连接体结构应力水平和塑性发展情况，还应重点关注相应楼层塔楼的主要抗侧力构件（如核心筒剪力墙），其地震剪力很大且可能会出现反号，墙体容易出现损伤。

(4) 不对称塔楼强连接连体结构，连体对高塔楼的抗扭刚度影响较大。由于高塔在连接体位置处的抗扭刚度产生了较大的突变，在 Y 向地震作用下，还会加大高塔上部楼层的层间扭转变形，进而加剧其塑性铰的发展。因而在研究不对称连接结构在 Y 向地震作用下塑形性能时，应综合层间相对位移和层间相对转角两个指标进行评价。

(5) 对于强连接连体高层结构，由于刚度很大的连接体的存在，改变了整体结构沿竖向的刚度分布，在连接体相关楼层形成较大的刚度突变，加剧了超高层塔楼本身就存在的鞭梢效应，在结构设计时，一般需根据分析结果对连体以上楼层主要抗侧力构件进行针对性加强，以防刚度突变严重。

6.9 混凝土徐变与收缩分析

混凝土徐变是指在持续荷载作用下，混凝土结构变形将随着时间增长而不断增加的现象。混凝土结构在受拉、受压与受弯时都会产生徐变，并且最终趋于恒定。根据加荷时混凝土的性质，最终徐变变形可以达到弹性变形的 1～6 倍，一般情况下徐变变形是弹性变形的 2～3 倍。因此，在超高层复杂连接高层混凝土结构中，徐变是一个不可忽略的重要问题，当连接高层结构的塔楼高度超过 250m 时宜进行混凝土徐变与收缩分析。

混凝土徐变与收缩分析可参考《公路钢筋混凝土及预应力混凝土桥涵设计规范》

JTG 3362—2018 中的计算方法，通常可采用 MIDAS/Gen、SAP2000 等软件，选取合适的徐变收缩混凝土本构模型进行分析。

6.10 温度应力分析

对于平面尺寸较大的连体结构，众多的竖向构件不可避免地对混凝土楼层沿水平方向的变形产生较大约束。当楼层出现负温差时，梁板因收缩而受拉，同时周围的竖向构件受到相应的水平剪力作用，产生水平方向的剪切变形。因此，超长连体结构中温度效应不可忽视。当连接体跨度较大时，需进行温度作用分析，得到结构在温度作用下的变形及内力情况，对薄弱位置进行加强。

强连接连体结构，连接体高度越低，两侧塔楼刚度约束越大，温度应力影响越大。温度应力分析除了楼盖温度应力分析，还应复核竖向抗侧力构件内力影响。

钢筋混凝土结构徐变应力松弛系数可根据温差变化过程的缓慢程度取 0.3～0.5，温差变化过程快时应力松弛系数大，反之则小，一般建议取 0.3。利用 MIDAS/Gen 等有限元软件计算时，可将计算温差乘以徐变应力松弛系数作为输入温差。

6.11 节点有限元分析

考虑到连接体与塔楼构件的连接节点是连体高层结构的关键部位，是保证整个连体结构安全可靠的前提，复杂关键节点应进行节点有限元分析，以真实、细致地反映节点在竖向荷载与水平荷载作用下的应力和变形发展情况、应力集中及薄弱部位，并根据分析结果进行加强或优化设计。节点承载力的有限元分析通常将混凝土用实体单元模拟，型钢和钢构件用壳单元模拟，钢筋用杆单元模拟，并为单元定义合适的材料属性，以较真实地反映复杂节点各杆件协同受力的情况。其中，定义反映实际情况的约束条件，对节点施加不同工况组合的荷载，是复杂节点有限元分析的关键。复杂节点一般为整体结构的一个局部，在竖向荷载和地震、风等水平荷载作用下，节点处于整体建筑的变形协调中，如约束过强或过弱都会加大计算结果的误差，需根据具体情况选择近似真实的约束。对于特别复杂关键的节点，建议根据节点有限元分析的结果设计节点试验，并将试验结果与有限元分析结果比较，互相校验。

6.12 舒适度验算

大跨度连接体宜进行舒适度验算。楼盖振动对人的影响一般可以用振动的峰值加速度来评价，加速度的评价标准可参考《高层建筑混凝土结构技术规程》JGJ 3—2010 第 3.7.7 条及附录 A。目前常用的楼盖舒适度分析方法有自振频率分析、规范公式计算与时程分析等方法。频率分析中，当采用 MIDAS/Gen 计算时，模态类型可选择多重 Ritz 向量，当采用 SAP2000 计算时，可采用 Ritz 向量并设置 Z 向的目标参与系数。激励荷载的频率对时程分析中的时程函数的影响较大。

6.13 风荷载计算

连体高层结构宜进行风洞试验确定风荷载设计参数。对于高位连接体，除进行顺风向和横风向舒适度计算外，尚宜考虑连接体顶部和底部风压差带来的连接体竖向振动。

7 强连接连体结构设计实例

以深圳地铁前海时代广场5号地大底盘双塔高位连体高层结构为例，简要介绍强连接连体高层结构的设计与分析内容，可作为类似工程参考。

7.1 工程概况

工程地处深圳市前海开发区，为两栋超高层建筑（北塔、南塔）组成的大底盘双塔高位连体结构。由于建筑造型与功能要求，在距地面高度约130m（北塔第32～33层、南塔第36～37层）处南、北塔连接为整体，形成空中大堂，连接体跨越两层共8.4m高，跨度约为50m。如图7-1所示。

7.2 结构体系

整体结构模型如图7-2所示。

图7-1 建筑整体效果图

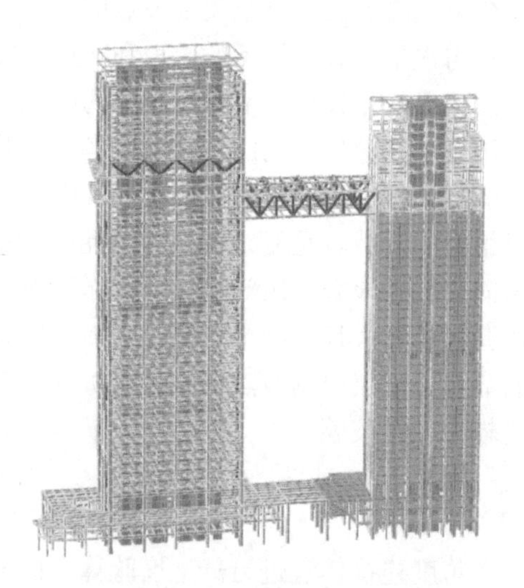

图7-2 结构模型示意图

7.2.1 塔楼结构体系

北塔采用带加强层的矩形钢管混凝土柱＋钢梁＋巨型斜撑＋钢筋混凝土核心筒结构体系，楼面钢梁与核心筒剪力墙铰接连接。南塔下部（第1～34层）采用剪力墙结构体系，为实现南塔（第36、37层）与连体钢桁架的有效连接，第36、37层除核心筒外的竖向构件变换为钢管混凝土柱，并下伸至35层，且在第34层剪力墙内埋设型钢，作为下部剪力墙与上部钢管混凝土柱之间的过渡层；第39～43层建筑功能为空中别墅，与住宅层平面完全不同，除核心筒外所有框架柱均需要转换，核心筒外结构采用钢框架结构。典型结构平面布置如图7-3和图7-4所示。

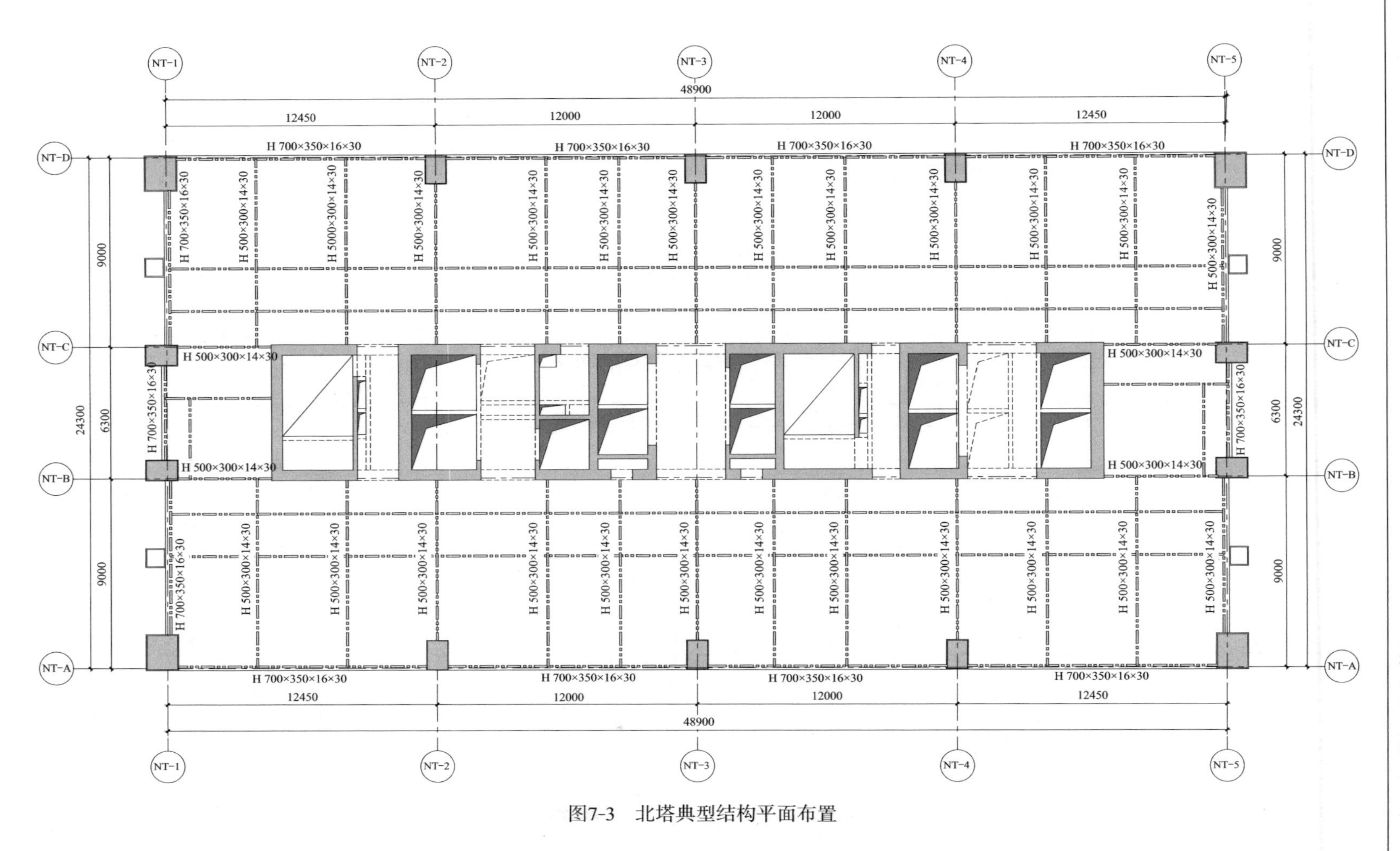

图7-3　北塔典型结构平面布置

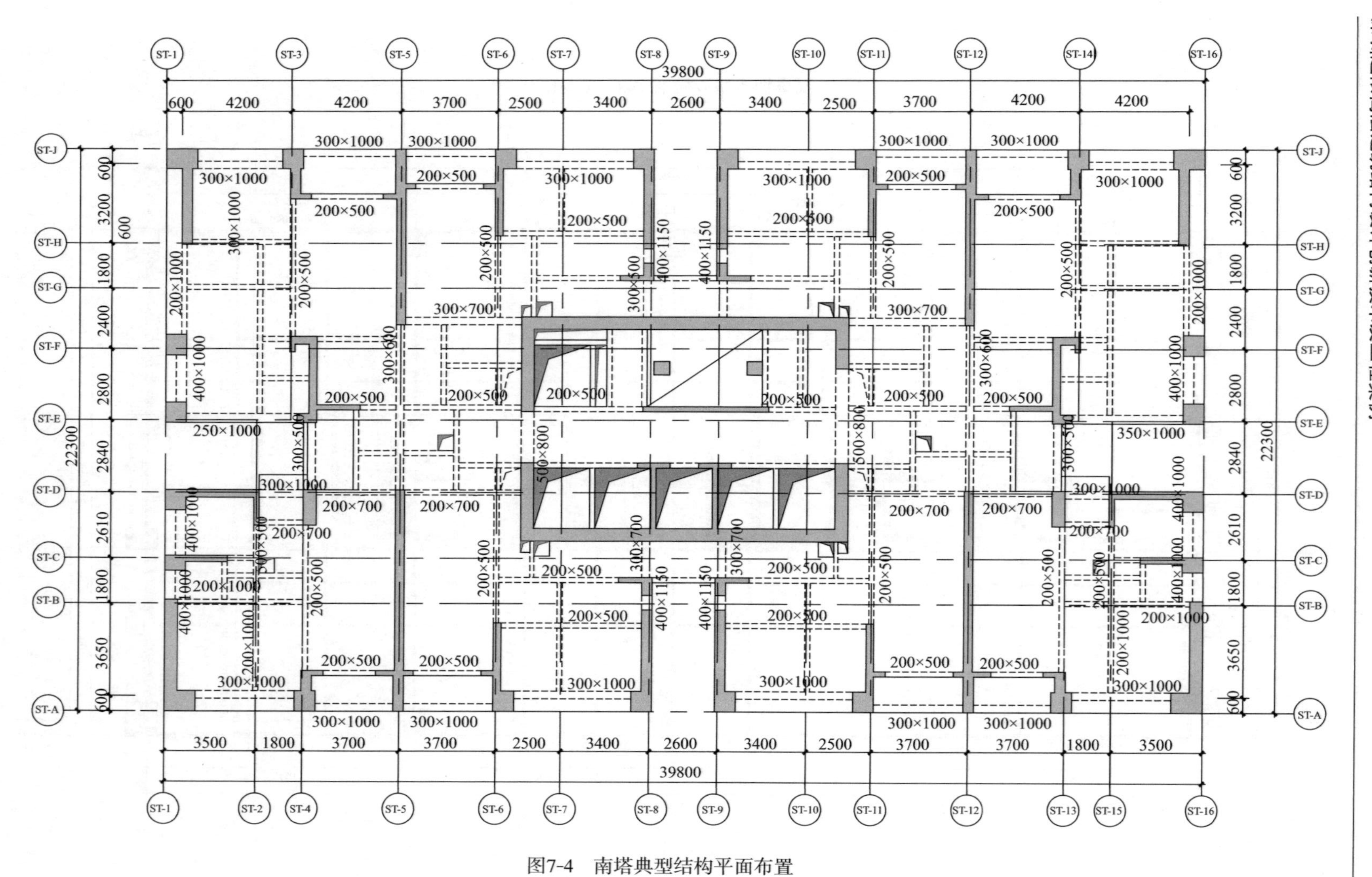

图7-4 南塔典型结构平面布置

7.2.2 连接体结构体系

北塔与南塔采用强连接形式形成整体。沿南北向布置三道钢桁架连接南、北塔，桁架端部与两侧塔楼外框钢管混凝土柱刚性连接，且桁架上、下弦杆延伸进两侧塔楼并贯通，再沿桁架宽度方向相应布置楼层次梁。连接体位于北塔的 32～33 层、南塔的 36～37 层，连体底面距地面约 120m，连体结构高为 8.4m，跨越两层，平面宽度约为 23.5m，跨度为 47.7～49.7m，桁架跨高比约为 5.9。楼板采用钢筋桁架楼承板组合楼板，连体桁架上、下弦楼层板厚 200mm，并延伸至两侧塔楼。连体结构形式与立面示意如图 7-5 所示。

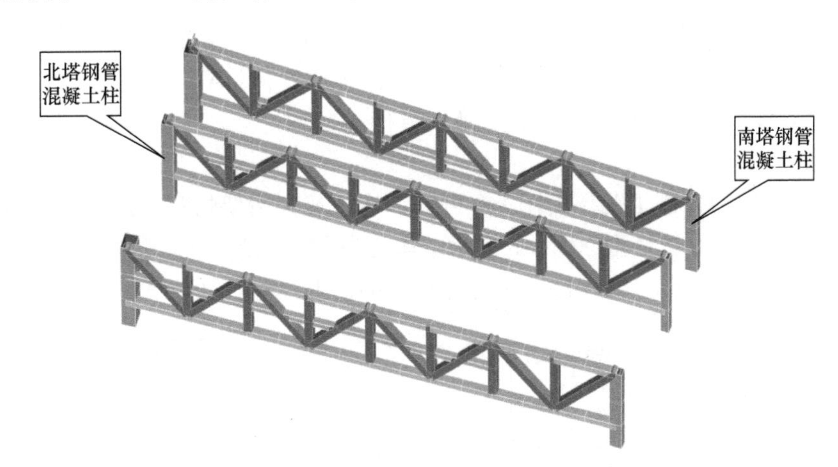

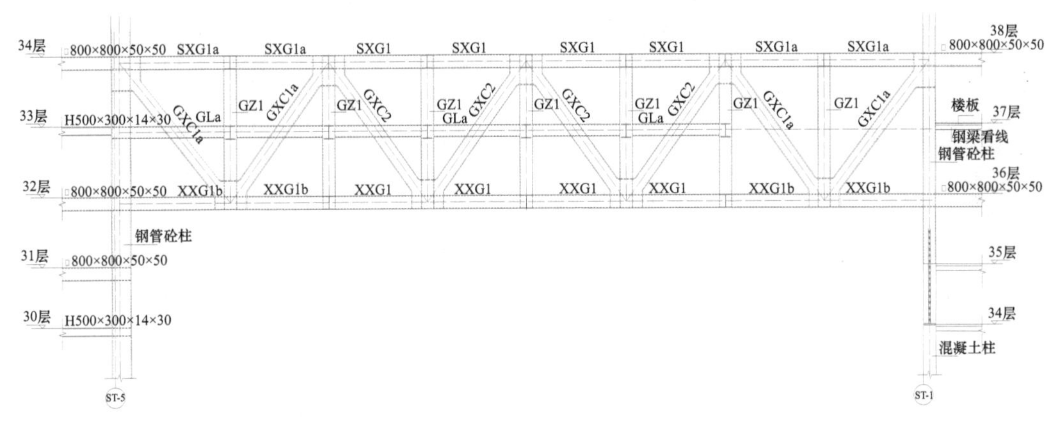

图 7-5 连体结构形式与立面示意

7.3 连接体抗震性能目标

结合工程特点，选定构件性能目标如表 7-1 所示。

预期震后性能目标 **表 7-1**

构件		地震水准		
		多遇地震	设防地震	罕遇地震
关键构件	连体钢桁架	弹性	弹性	不屈服
	与连体桁架相连框架柱	弹性	弹性	不屈服
	连体及上、下层核心筒剪力墙	弹性	弹性	受剪不屈服（允许部分受弯屈服）
	北塔巨型斜撑	弹性	弹性	不屈服

续表

构件	地震水准		
	多遇地震	设防地震	罕遇地震
连体桁架上、下弦楼板	弹性	受剪弹性，板面内钢筋受拉不屈服	受剪不屈服，板面内钢筋受拉部分屈服

7.4 结构弹性分析

按上部结构的嵌固部位在地下室顶板，考虑三向地震作用、偶然偏心、P-Δ 效应、刚（弹）性楼板假定、梁柱刚域作用、顶部幕墙钢构件参与整体计算等因素，采用 MIDAS/Gen 与 YJK 计算程序对双塔整体结构进行弹性分析。

7.4.1 楼层层间位移角

风荷载为本工程的控制工况。由图 7-6 可知，连体及腰桁架的存在影响了位移角曲线沿高度上的分布。由于结构体型原因，Y 向为结构弱轴方向，南、北塔在 Y 向风荷载作用下最大层间位移角分别为 1/618、1/744，分别满足规范层间位移角限值要求 1/613、1/700。

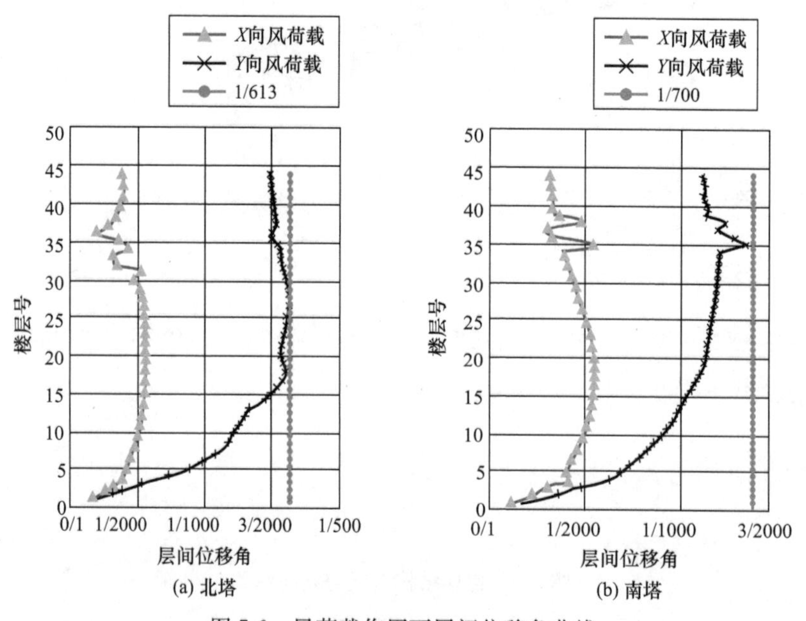

图 7-6 风荷载作用下层间位移角曲线

7.4.2 楼层剪力与倾覆力矩分配

地震作用下，南、北塔结构层剪力分配及倾覆力矩分配如图 7-7～图 7-10 所示。

7.5 罕遇地震作用下的动力弹塑性时程分析

为了解结构在地震波作用下的全过程响应与整体损伤情况，根据规范要求，选取满足规范要求的两条天然波和一条人工波，采用 ABAQUS 程序对结构进行了大震弹塑性时程分析。如图 7-11～图 7-13 所示。

由图 7-11～图 7-13 可知，在三条大震波作用下，剪力墙的受压损伤主要集中连体范围及南塔连体以上两层区域局部墙肢，北塔剪力墙墙肢较完整，破坏较轻微，主要为与连体相接区域墙肢及 24 层核心筒收墙处。南塔剪力墙墙肢除核心筒外均比较完整，核心筒底部和连体层及连体下层出现轻度或中度受压损伤，连体层以上两层墙肢受压损伤比较明显。

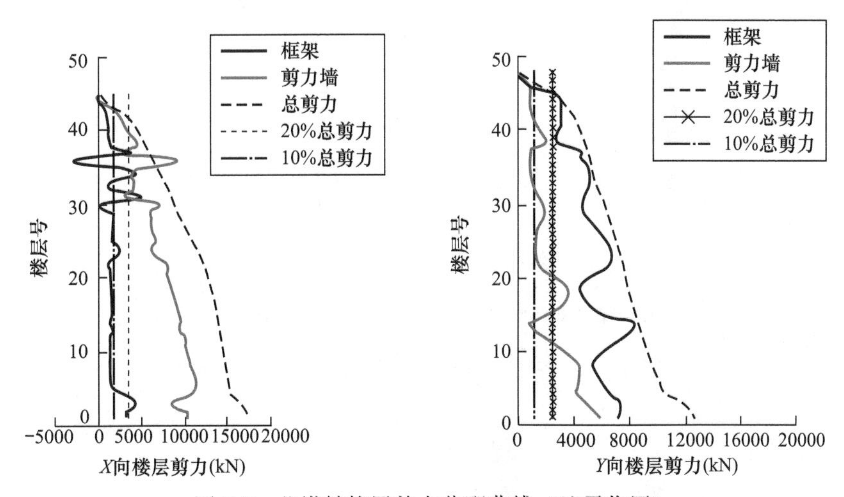

图 7-7 北塔结构层剪力分配曲线（地震作用）

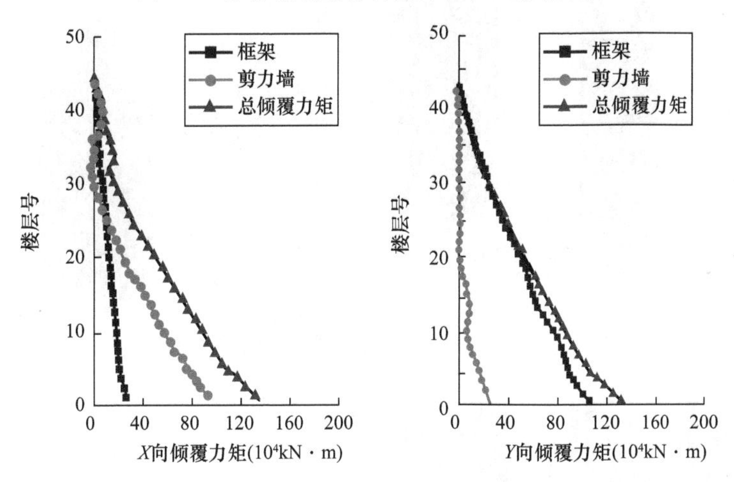

图 7-8 北塔结构倾覆力矩分配曲线（地震作用）

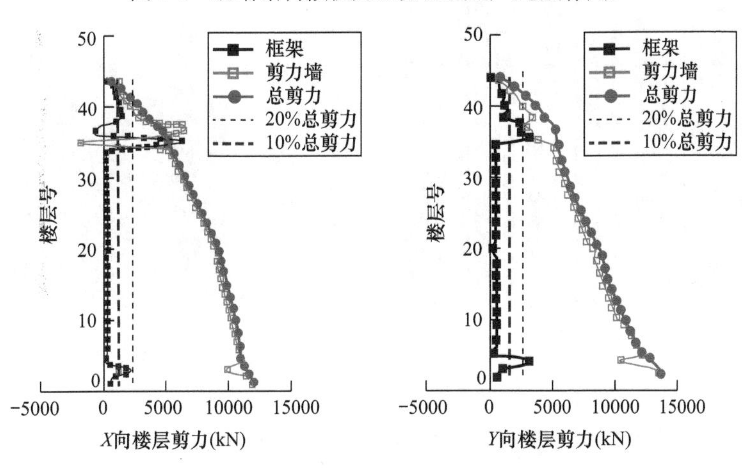

图 7-9 南塔结构层剪力分配曲线（地震作用）

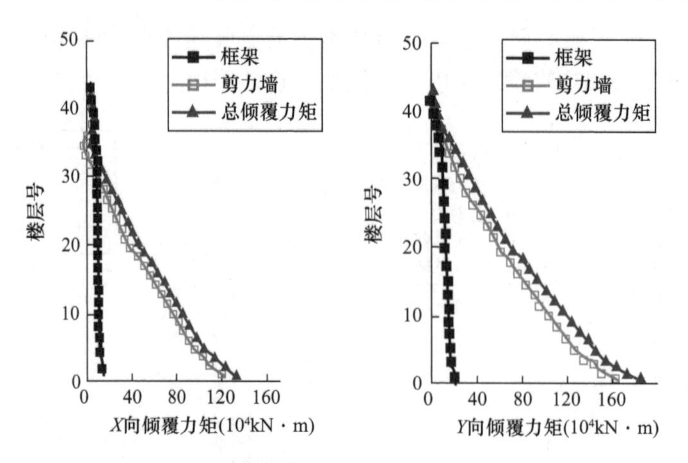

图 7-10　南塔结构倾覆力矩分配曲线（地震作用）

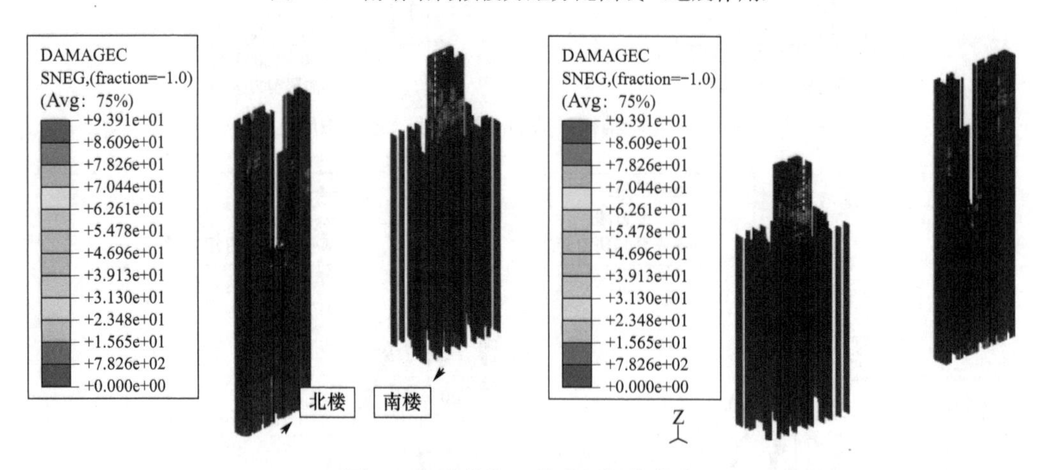

图 7-11　整体核心筒受压损伤状态

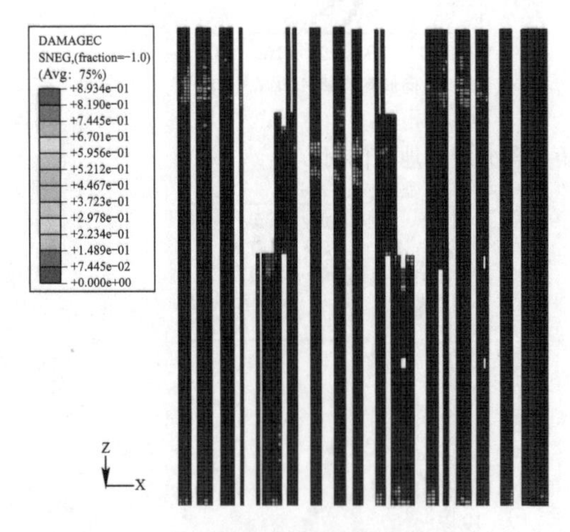

图 7-12　北塔核心筒受压损伤状态

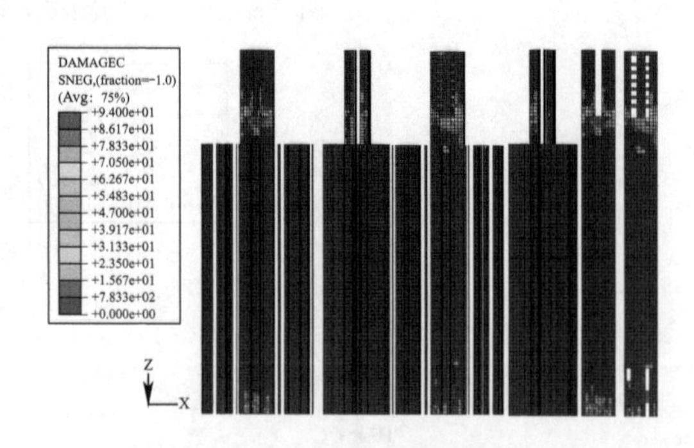

图 7-13　南塔剪力墙受压损伤状态

针对结构在大震作用下的损伤状态，在北塔连体及连体上、下层核心筒右侧接连体的两组剪力墙内设置型钢梁柱和钢斜撑，连体层核心筒连梁内设置型钢组成闭合传力体系，同时，提高剪力墙水平及竖向配筋率不低于 0.6%。将南塔核心筒连体下层至连体以上两层剪力墙设为加强区，外圈剪力墙内设置型钢梁柱和钢斜撑抵抗水平力，同时，提高剪力墙水平和竖向配筋率不低于0.6%。

7.6　连接体分析

采用MIDAS/Gen建立全楼楼板弹性膜模型，对连体钢桁架进行小震弹性与中震弹性/不屈服设计，比较各杆件在重力荷载、风荷载、地震作用下的轴力与在小震弹性设计、中震弹性（考虑楼板作用）/不屈服（不考虑楼板作用）设计时的应力比，如图7-14所示。

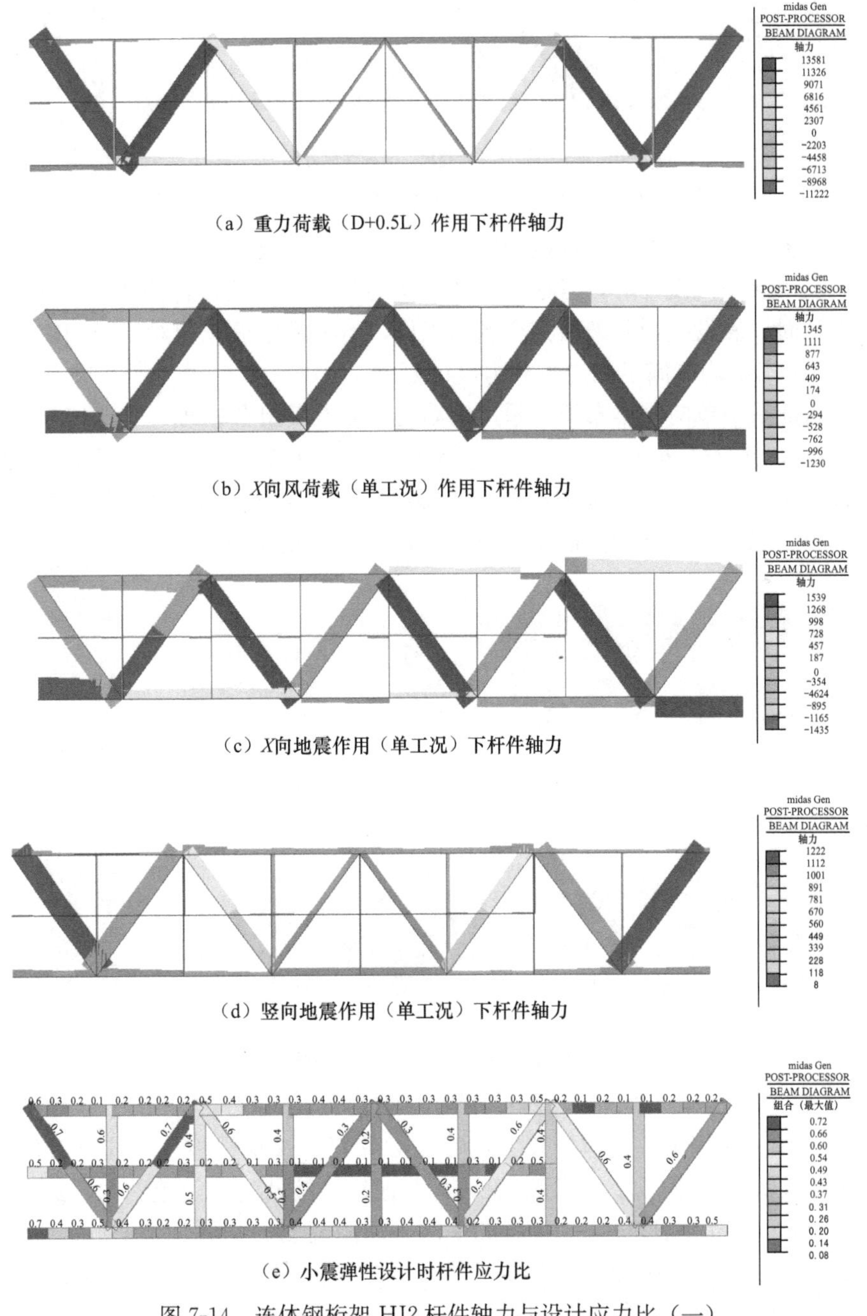

（a）重力荷载（D+0.5L）作用下杆件轴力

（b）X向风荷载（单工况）作用下杆件轴力

（c）X向地震作用（单工况）下杆件轴力

（d）竖向地震作用（单工况）下杆件轴力

（e）小震弹性设计时杆件应力比

图7-14　连体钢桁架HJ2杆件轴力与设计应力比（一）

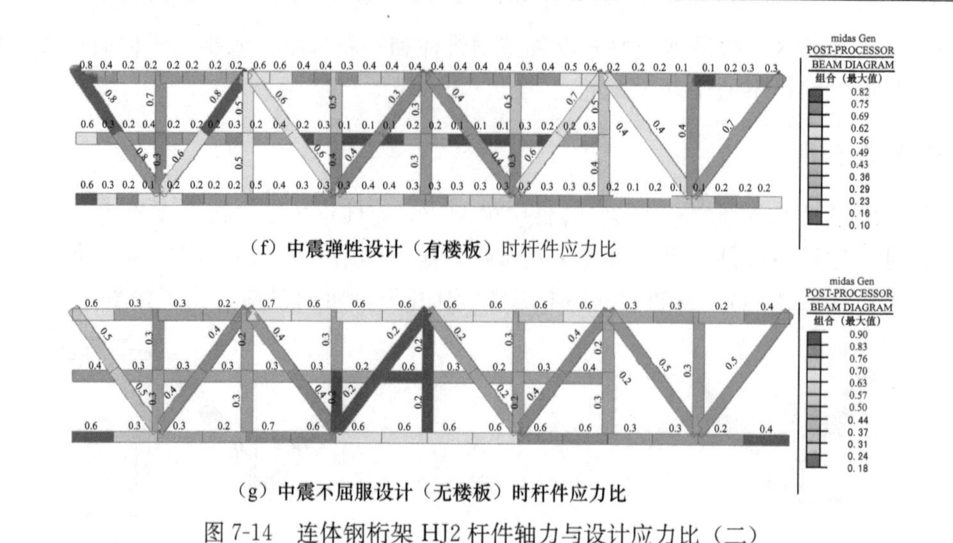

（f）中震弹性设计（有楼板）时杆件应力比

（g）中震不屈服设计（无楼板）时杆件应力比

图 7-14　连体钢桁架 HJ2 杆件轴力与设计应力比（二）

是否考虑楼板作用对桁架杆件内力影响较大，考虑楼板作用后，弦杆轴力减小，腹杆轴力增大。在中震弹性设计时，考虑连体楼板参与工作，桁架杆件最大应力为 0.8。按中震不屈服设计时，假设楼板开裂后完全退出工作，不考虑楼板作用对桁架的影响，桁架杆件最大应力为 0.9，均能满足相应承载力设计要求。

连接体楼面采用单向次梁布置，采用钢筋桁架楼承板组合楼板，连体桁架上、下弦楼层板厚 200mm，并延伸至两侧塔楼内，连体中间楼层板厚 120mm。采用 MIDAS/Gen 建立全楼弹性模型，对连体及塔楼与连体相连楼层（北塔第 32～34 层、南塔第 36～38 层）进行中震（单工况）作用下的楼板应力分析，如图 7-15 所示。

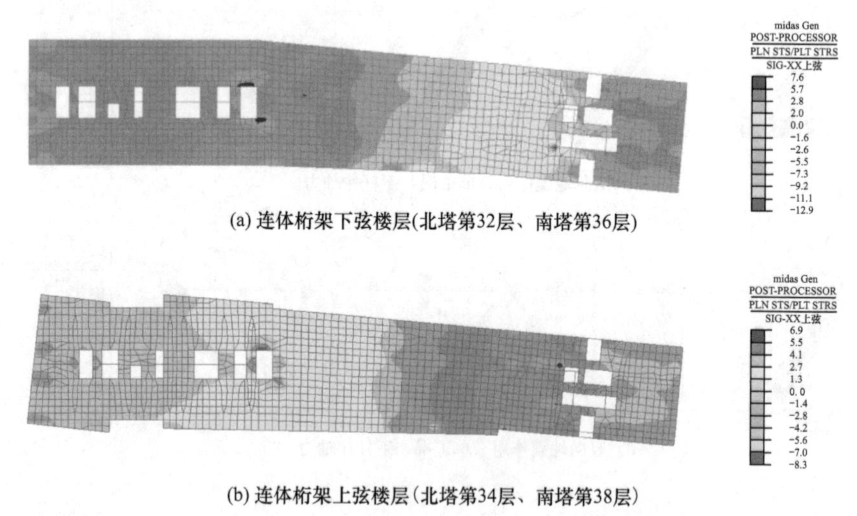

(a) 连体桁架下弦楼层(北塔第32层、南塔第36层)

(b) 连体桁架上弦楼层(北塔第34层、南塔第38层)

图 7-15　X 方向中震作用下楼板应力分析

在 X 方向中震作用下，连体桁架下弦楼板及北塔第 32 层楼板、上弦楼板和南塔第 38 层楼板承受较大范围的拉应力，特别是在连体与南塔连接处的一定范围内，最大拉应力约为 3.8～4.0MPa，按最大楼板应力计算的中震不屈服配筋面积约为 2000mm^2/m。施工图设计时，加强连体上、下弦及相应塔楼楼层的板配筋为 ϕ14@150（单层单向配筋面积为 1026mm^2/m），双层双向拉通设置。

7.7 节点有限元分析

南塔第 1～34 层剪力墙在第 35 层变换为钢管混凝土柱，且在 34 层剪力墙端柱及 35 层钢管混凝土柱内部加设钢骨，作为竖向构件变换的过渡层。此竖向构件变换处（图 7-16）受力复杂，有必要采用有限元软件 MIDAS/FEA 建立实体单元模型节点并详细分析，以了解节点区应力情况，保证强节点、弱构件。

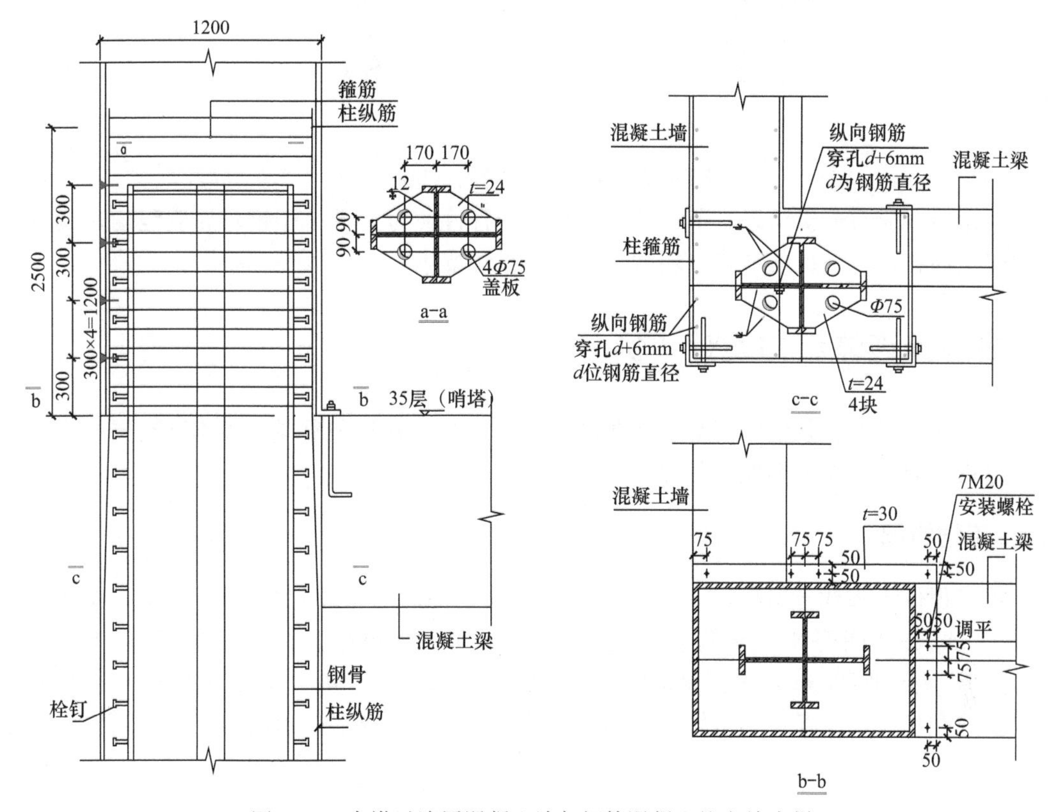

图 7-16 南塔过渡层混凝土墙与钢管混凝土柱交接大样

材料的本构模型采用理想弹性模型，不考虑钢与混凝土之间的粘结滑移，采用 Mises 应力准则判别应力分析结果。各杆件中最大内力均取自 MIDAS/Gen 输出的最不利内力，未施加荷载的杆件端部均按铰接处理。如图 7-17 所示。

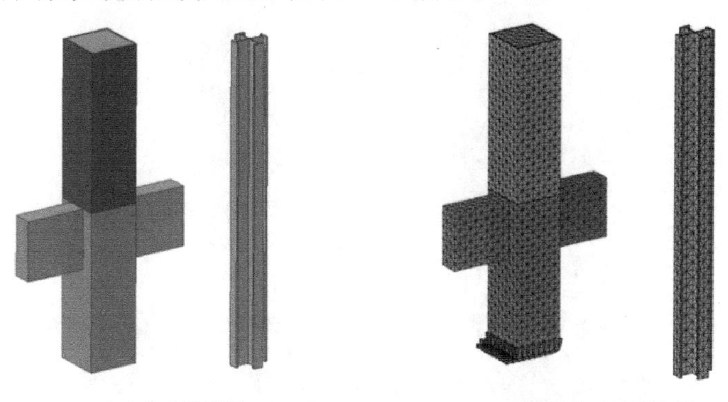

(a) 节点构造图　　(b) 网格及边界条件

图 7-17 节点模型与分析结果（一）

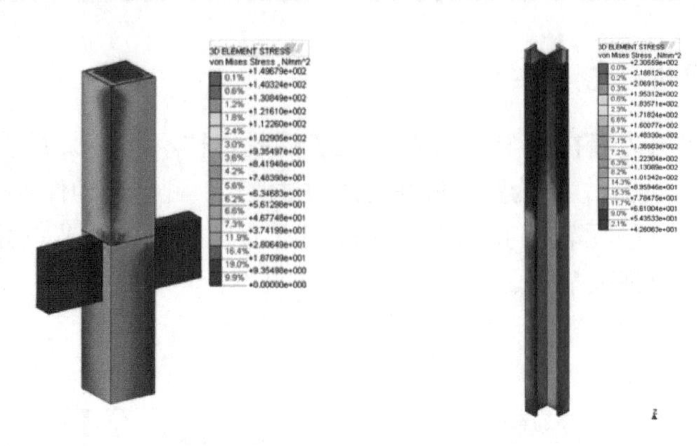

(c) Mises 应力

图 7-17　节点模型与分析结果（二）

根据节点应力分析结果，节点区应力均小于杆件应力，且小于钢材屈服强度，具有较大的安全储备，可满足强节点、弱构件的抗震设计要求。

8　弱连接连体结构设计实例

以福建厦门中航紫金广场双塔连体高层结构为例，简要介绍弱连接连体高层结构的设计与分析内容，可作为类似工程参考。

8.1　工程概况

本工程位于福建省厦门市，办公塔楼 B 为写字楼，地面以上总层数 41 层，屋面高度为 181.2m，采用钢管混凝土框架-钢筋混凝土核心筒结构体系。酒店塔楼地面以上总层数 21 层，屋面高度 78.9m，采用钢筋混凝土框架-剪力墙体系。办公塔楼 B 与酒店在 16～18 层设置连廊相连，连廊采用可转动可滑动式支座。建筑效果图见图 8-1，建筑剖面及功能分区如图 8-2 所示。

图 8-1　建筑效果图

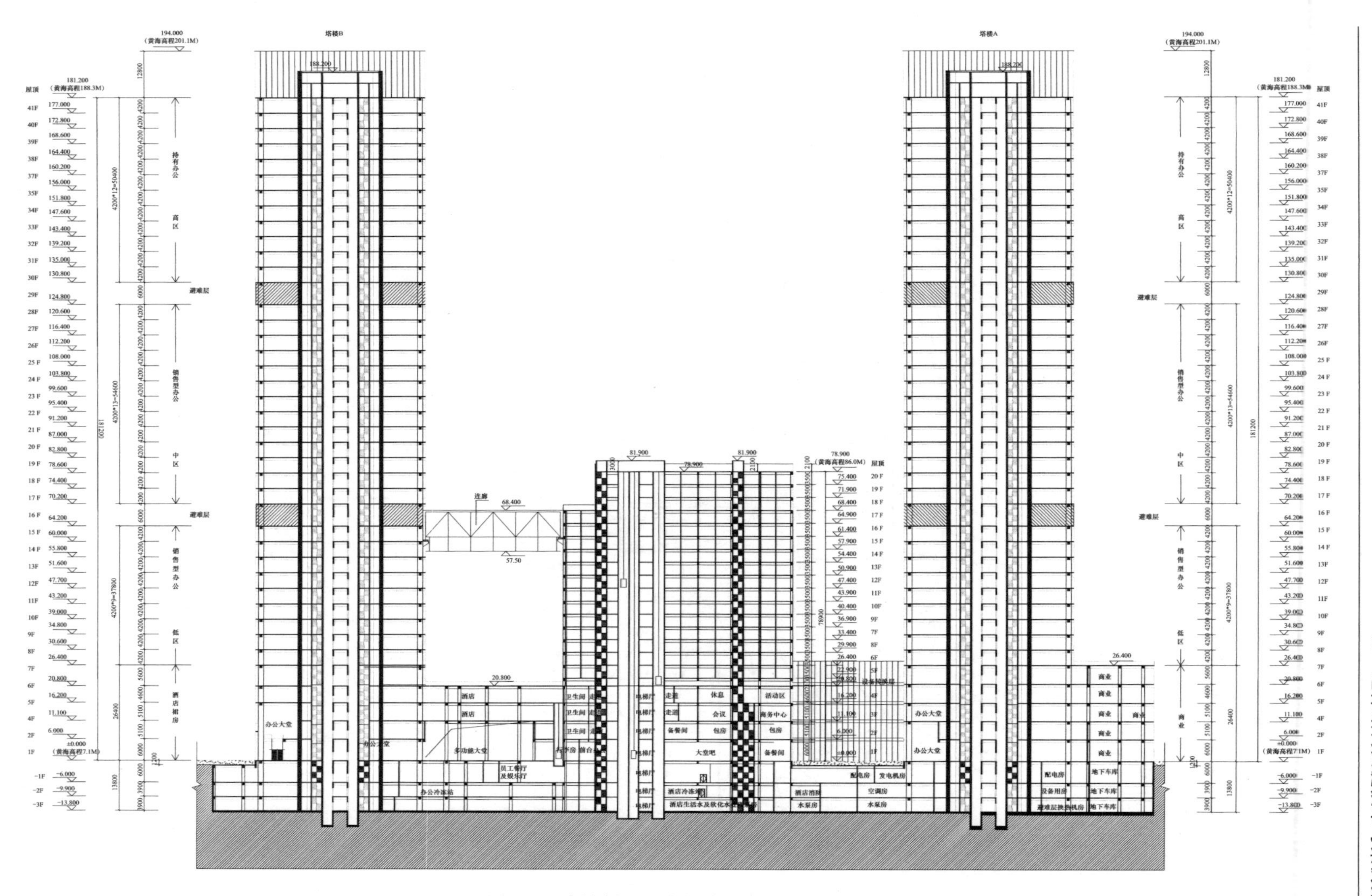

图 8-2 建筑剖面及功能分区示意

8.2 结构体系

8.2.1 塔楼结构体系

塔楼B结构采用钢管混凝土框架-钢筋混凝土核心筒混合结构体系，平面均为周边弧形的三棱柱形，外圈框架柱采用钢管混凝土柱，核心筒部分为钢筋混凝土剪力墙。酒店结构采用钢筋混凝土框架-剪力墙结构体系，平面均为周边弧形的四边形。塔楼标准层结构布置如图8-3、图8-4所示。

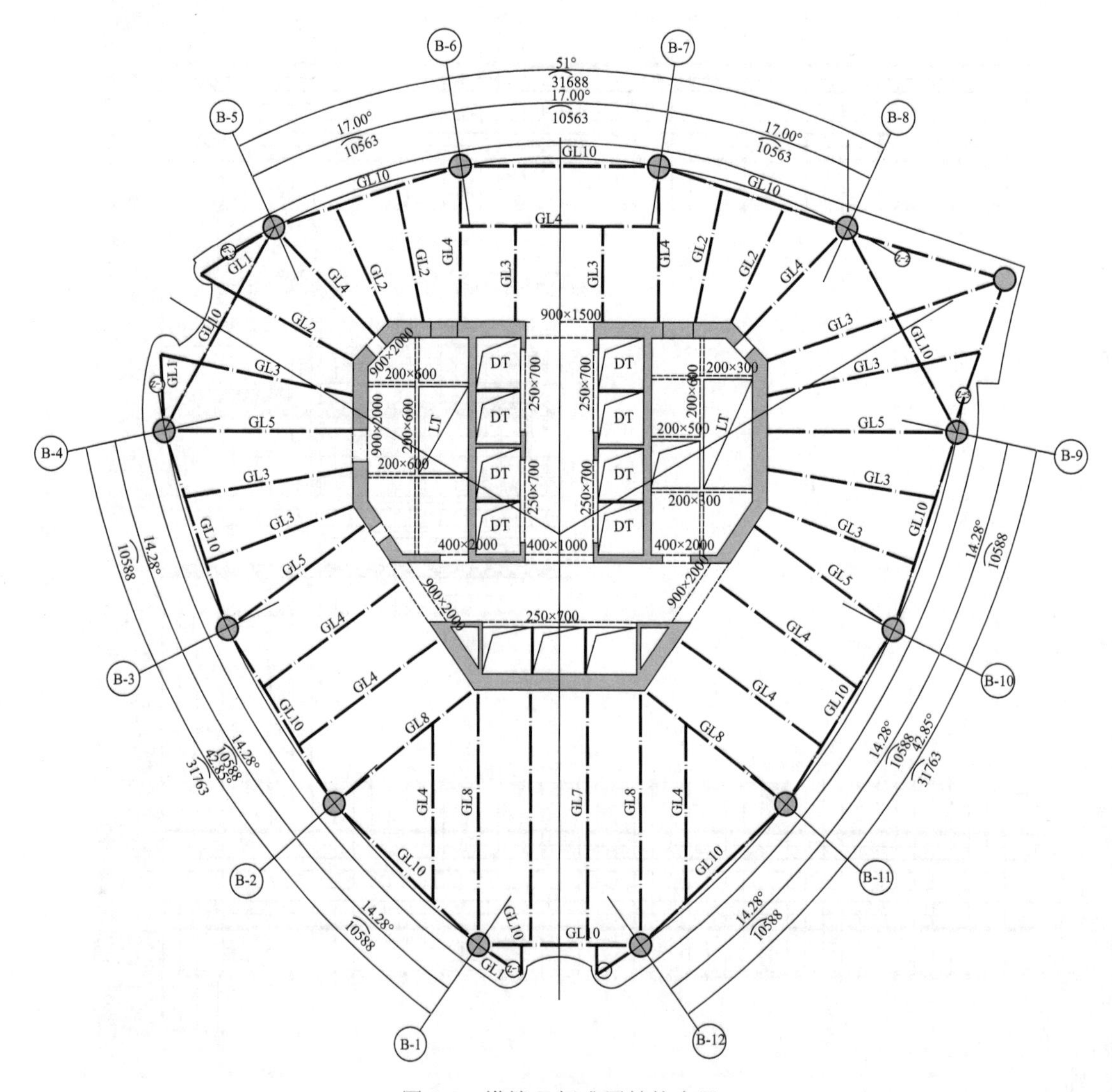

图8-3 塔楼B标准层结构布置

8.2.2 连廊结构体系

塔楼B与酒店在酒店15～17层设置连廊相连，连廊总高度10.5m。连廊在16层与酒店连通作为行政酒廊，连廊顶与酒店18层小屋面齐平。连廊抗震性能目标见表8-1，连廊平面及剖面如图8-5、图8-6所示。

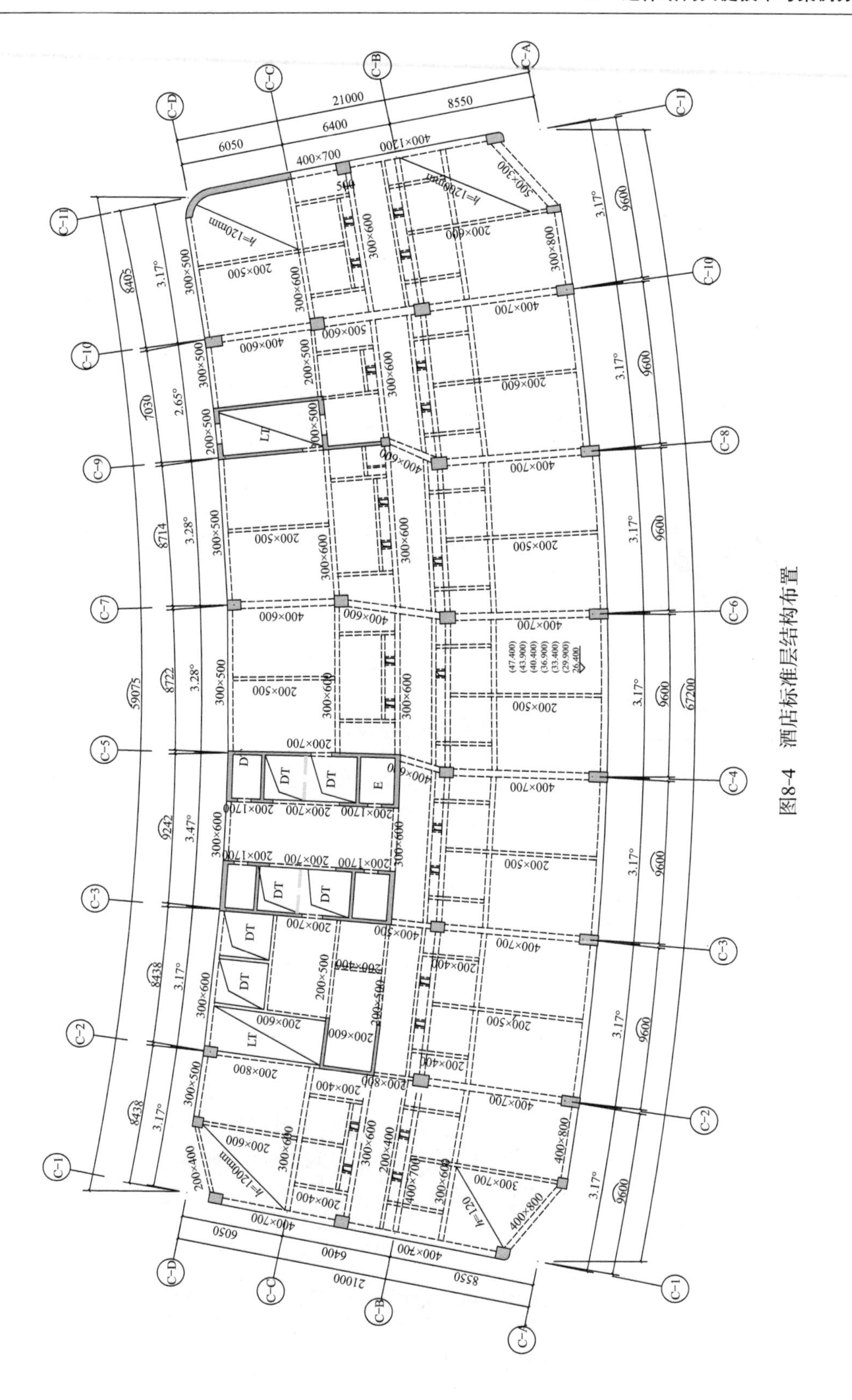

图8-4　酒店标准层结构布置

连廊抗震性能目标 **表 8-1**

地震水准			常遇地震	偶遇地震	罕遇地震
构件性能	钢结构桁架	受剪	弹性	弹性	不屈服
		受弯	弹性	弹性	局部屈服
	支座	成品支座	弹性	弹性	不屈服
		牛腿	弹性	弹性	不屈服

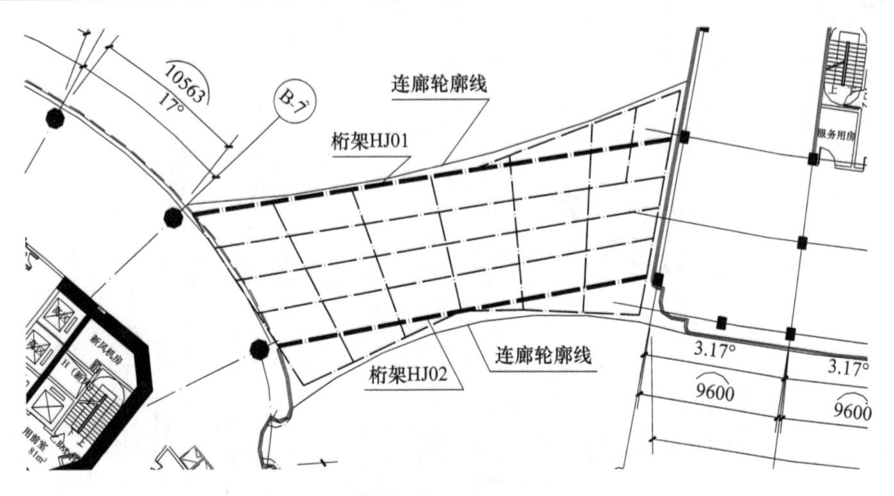

图 8-5　连廊与塔楼 B 及酒店关系平面

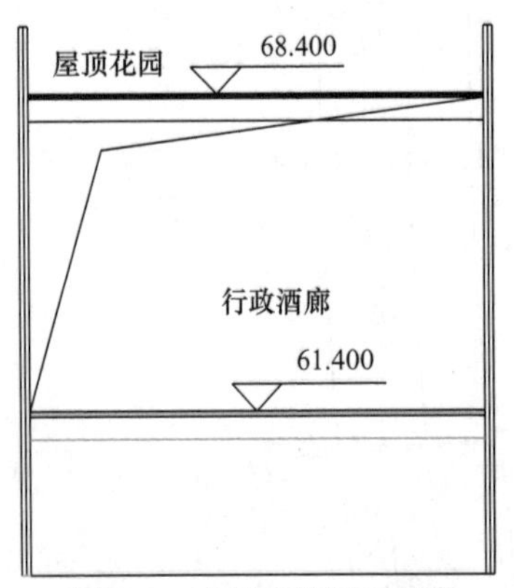

图 8-6　连廊建筑剖面示意

8.3　连廊分析与设计

连廊采用钢桁架结构形式，桁架高度 5.5m，处于酒店 16～17 层，桁架下一层采用钢结构吊挂体系。连廊钢结构顺连廊方向采用桁架形式，在靠近塔楼两端处垂直连廊方向采用人字撑。桁架与酒店连接方案顺桁架方向采用滑动连接，垂直桁架方向为铰接，支座采用可转动可滑动式支座。桁架与塔楼 B 连接方案顺桁架方向采用滑动连接＋纵向黏滞阻尼器，垂直桁架方向为铰接，支座采用可转动可滑动式支座。连廊分析结果如图 8-7～图 8-18 所示。

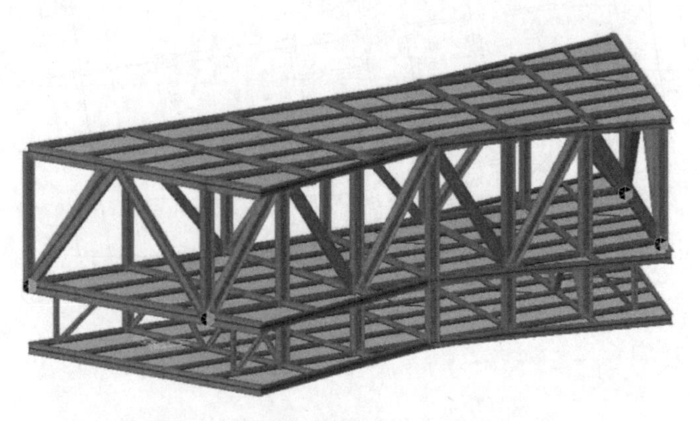

图 8-7　连廊模型三维图（MIDAS/Gen）

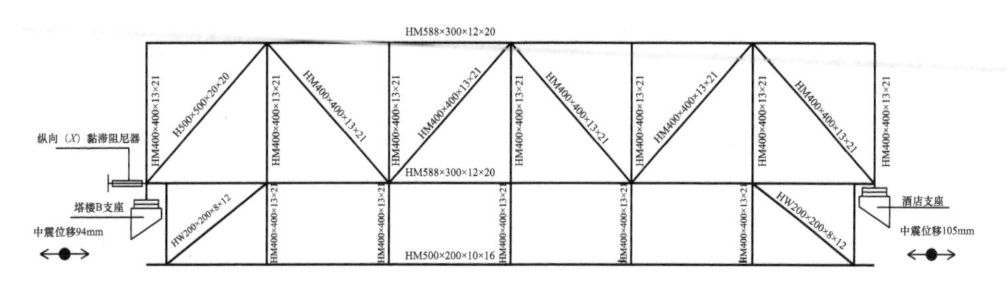

图 8-8　连廊桁架立面及支座示意

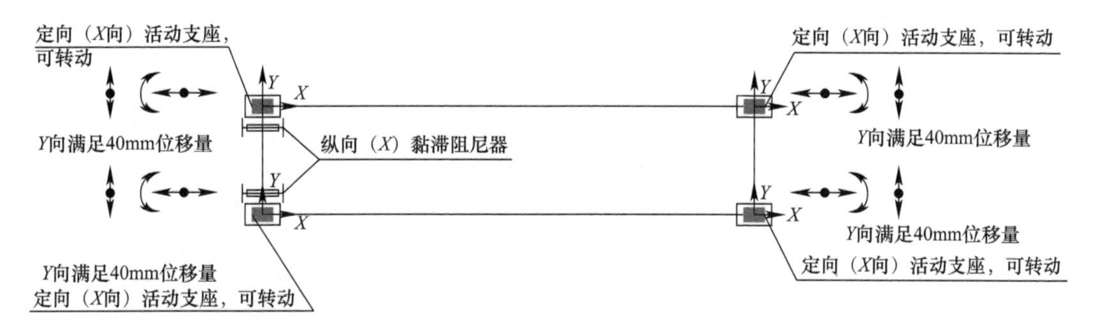

纵向黏滞阻尼器参数为：速度指数0.4；阻尼系数2000kN/（s/m）；额定阻尼力1500kN；额定最大行程±350mm

图 8-9　连廊支座变形自由度平面示意

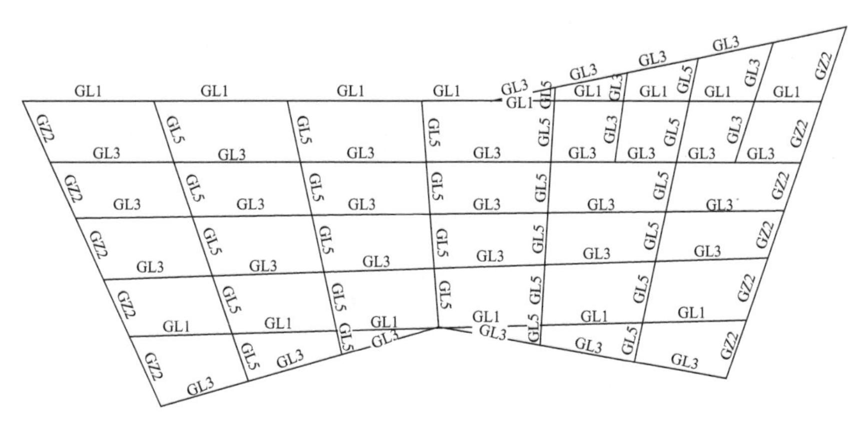

图 8-10　连廊桁架上层钢结构布置

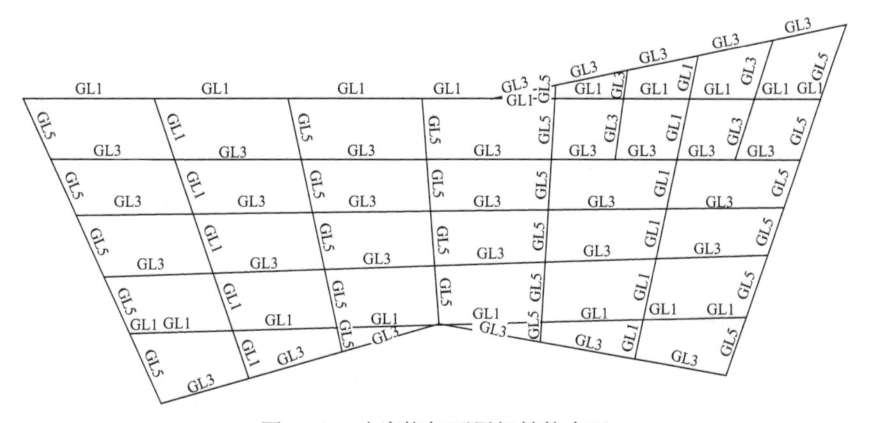

图 8-11　连廊桁架下层钢结构布置

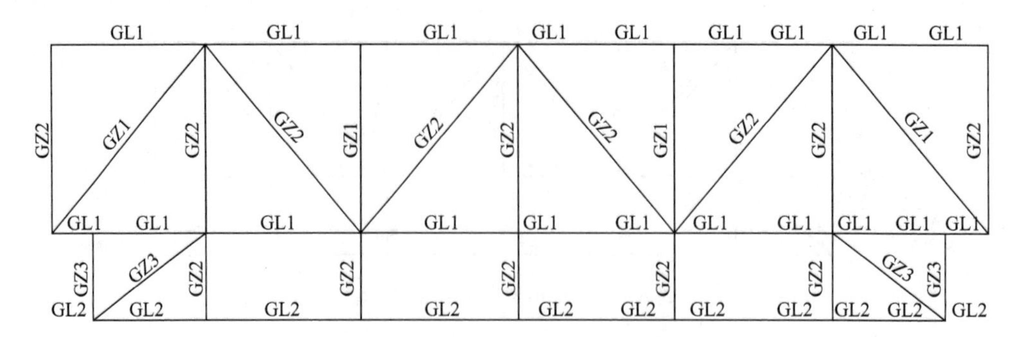

图 8-12　连廊桁架立面钢结构布置

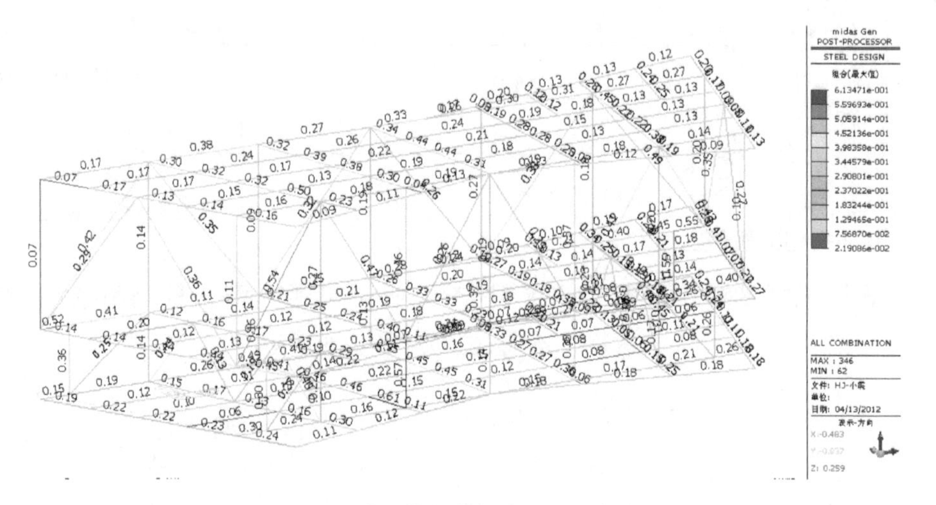

图 8-13　连廊整体钢结构应力比（小震）

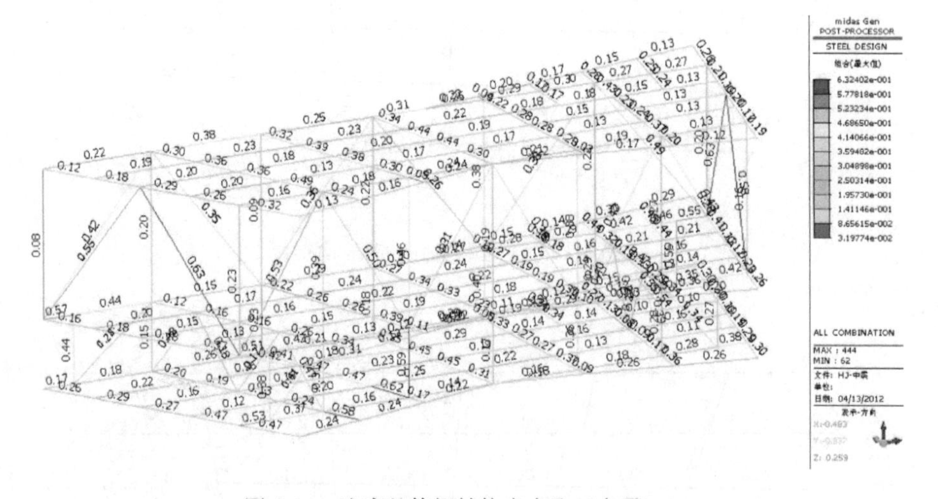

图 8-14　连廊整体钢结构应力比（中震）

8.4　连廊对塔楼影响分析

连体与酒店连接顺连体方向为完全滑动连接，垂直桁架方向为铰接，支座可水平和竖向转动。连体竖向荷载作为集中力加在支座上，顺桁架方向荷载对酒店没有影响，垂直桁架方向风荷载和地震将作用在酒店支座上，风荷载约750kN，地震作用约900kN。

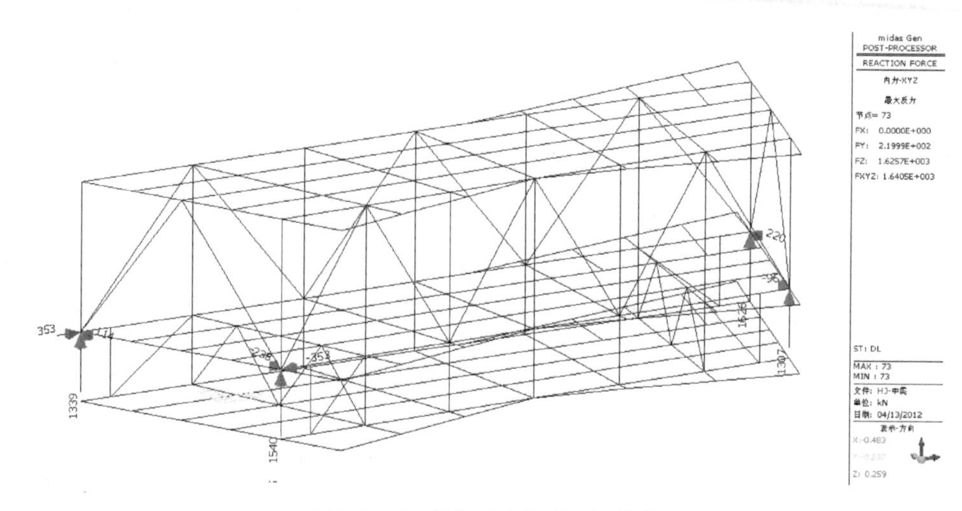

图8-15　连廊支座反力图（恒荷载）

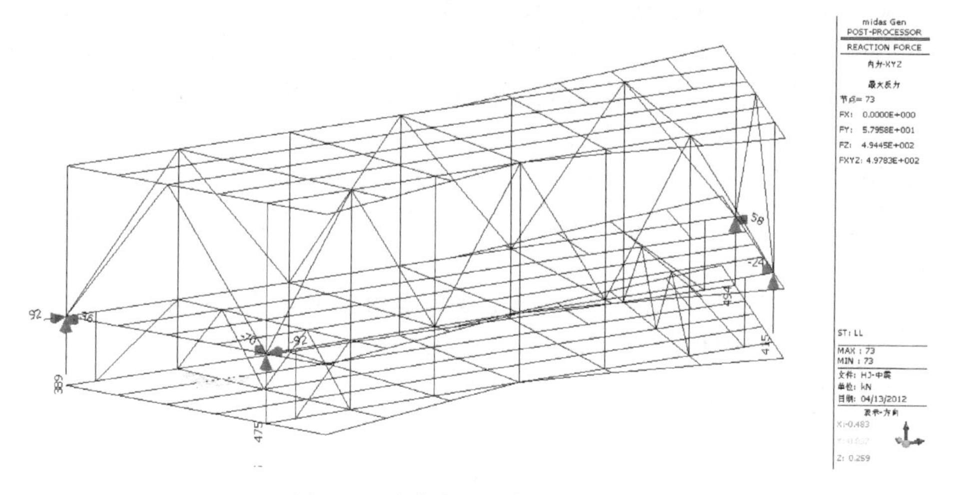

图8-16　连廊支座反力图（活荷载）

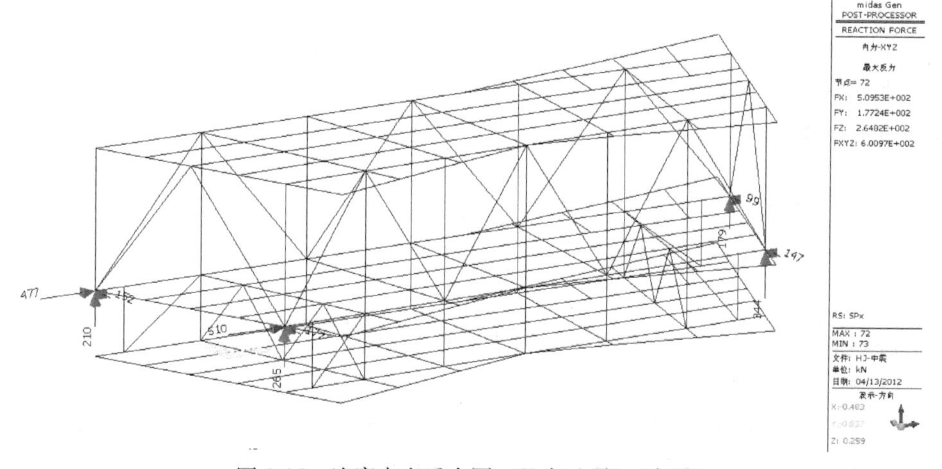

图8-17　连廊支座反力图（X向地震）（中震）

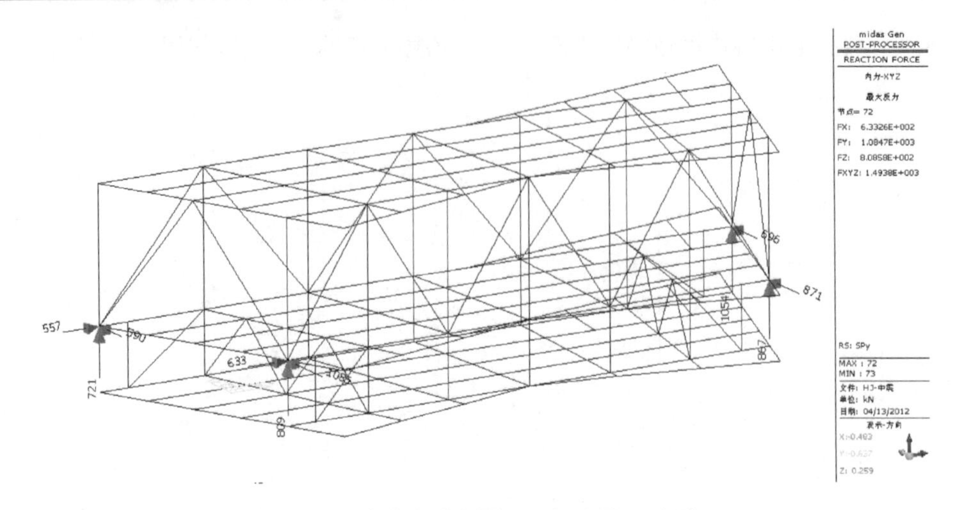

图 8-18　连廊支座反力图（Y 向地震）（中震）

连体与塔楼 B 连接顺连体方向设计为完全滑动连接＋纵向黏滞阻尼器，垂直桁架方向为铰接，支座可水平和竖向转动。连体竖向荷载作为集中力加在支座上，顺桁架方向荷载通过阻尼器传给塔楼 B，顺桁架方向风荷载较小，桁架内力在地震作用下影响远小于竖向荷载，且由于采用阻尼器连接，其地震作用也将大幅降低。垂直桁架方向风荷载和地震将作用在塔楼 B 支座上，风荷载约 750kN，地震作用约 1000kN。

根据塔楼 B 及酒店模型计算结果，连体与酒店沿连廊轴向（X 向）在 100 年一遇风荷载作用下最大相对变形不超过 100mm，在罕遇地震作用下最大相对变形预估不超过 600mm。

考虑塔楼 B 和酒店沿 Y 向不同步变形，在罕遇地震作用下最大相对变形预估不超过 600mm。把连廊作为刚体考虑，当连廊产生 1.5°转角时，沿 Y 向两塔楼变形差约为 850mm，同塔楼两支座沿 Y 向相对变形差约为 40mm。

8.5　连廊对支座要求

支座沿连廊轴向（X 向）能滑动变形，每个支座沿 X 向变形量不超出±300mm，在保证位移量同时须有限位装置。

支座沿连廊横向（Y 向）须能可靠传递 Y 向荷载（Y 向地震作用及风荷载）至塔楼 B 及酒店，同时保证沿 Y 向最大变形量不超出±30mm。

支座能自由转动，且转动量不小于 1.5°。如图 8-19 所示。

8.6　连廊支座设计

为尽量减小两栋建筑之间的动力耦合响应，选择黏滞阻尼器加滑动型球形钢支座方案。

黏滞阻尼器是被动控制技术中的一种速度相关型阻尼器，在风荷载或小震作用下，阻尼器具有足够的初始刚度，处于弹性状态，结构体系具有足够的抗侧刚度以满足正常使用要求，当出现中强震或强风时，随着结构侧向变形的增大，阻尼器进入弹塑性状态，产生较大阻尼，大量消耗输入结构的能力，减小连廊发生相对主体结构的过大的水平变形。滑动型球形钢支座作为较理想的滑动球铰支座，可提供竖向承载能力并实现自由转动或滑动，其摩擦副滑动摩擦系数很小（常温加硅脂润滑为 0.03），地震或强风时不会阻碍连廊及阻尼器的整体水平变形。如图 8-20～图 8-23 所示。

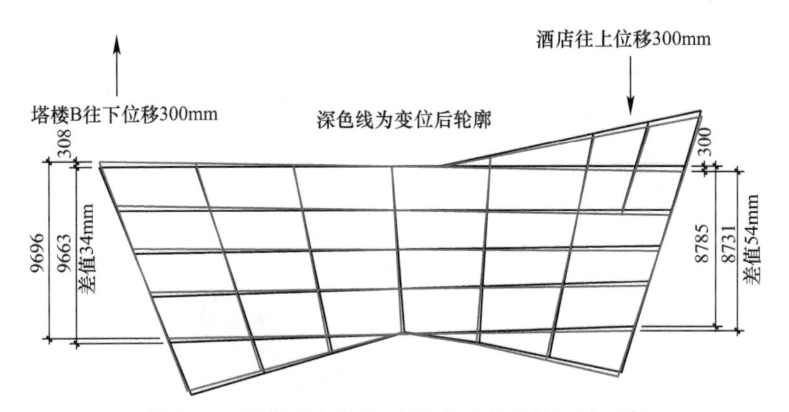

图 8-19 塔楼 B 与酒店沿 Y 向反向极限位移示意

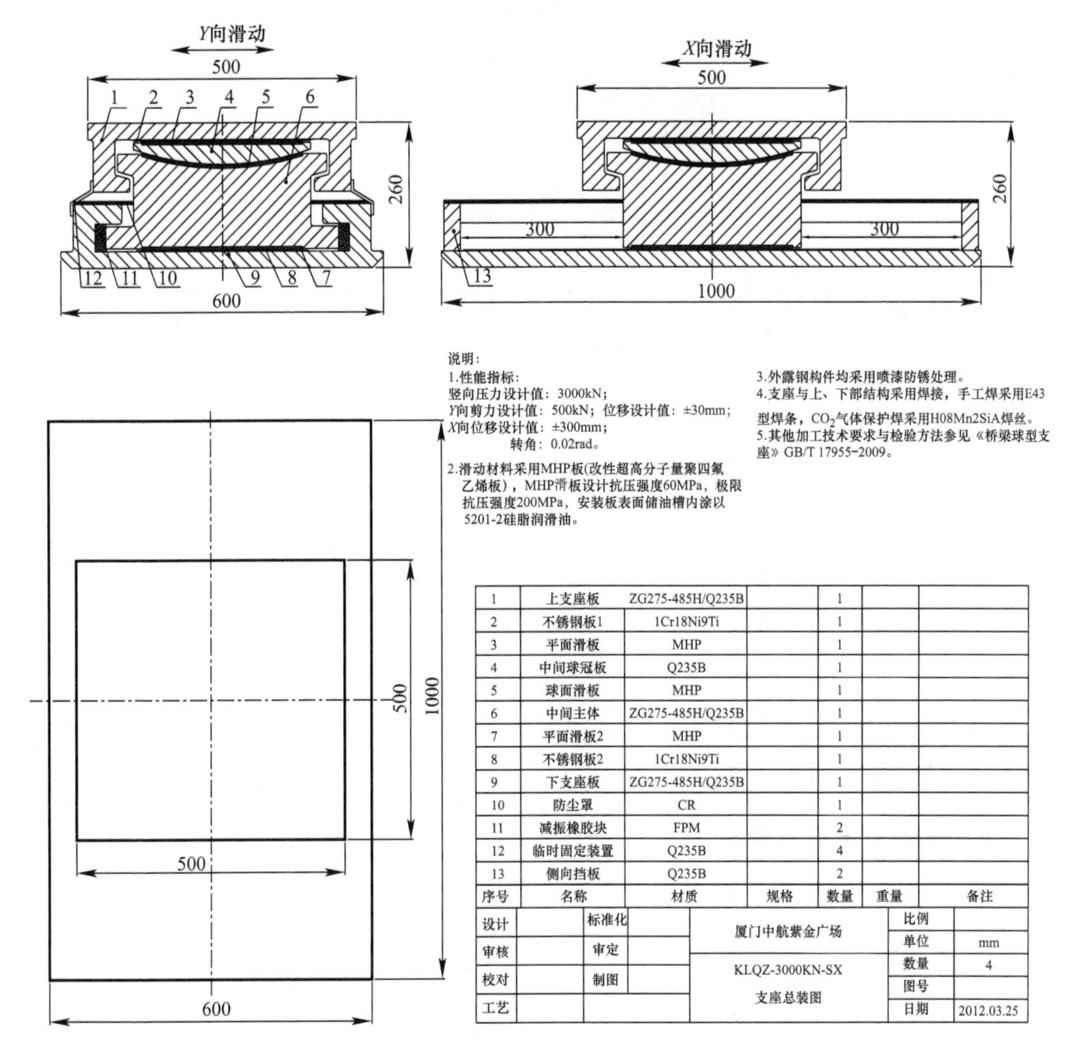

序号	名称	材质	规格	数量	重量	备注
1	上支座板	ZG275-485H/Q235B		1		
2	不锈钢板1	1Cr18Ni9Ti		1		
3	平面滑板	MHP		1		
4	中间球冠板	Q235B		1		
5	球面滑板	MHP		1		
6	中间主体	ZG275-485H/Q235B		1		
7	平面滑板2	MHP		1		
8	不锈钢板2	1Cr18Ni9Ti		1		
9	下支座板	ZG275-485H/Q235B		1		
10	防尘罩	CR		1		
11	减振橡胶块	FPM		2		
12	临时固定装置	Q235B		4		
13	侧向挡板	Q235B		2		

图 8-20 定向滑动支座总装图

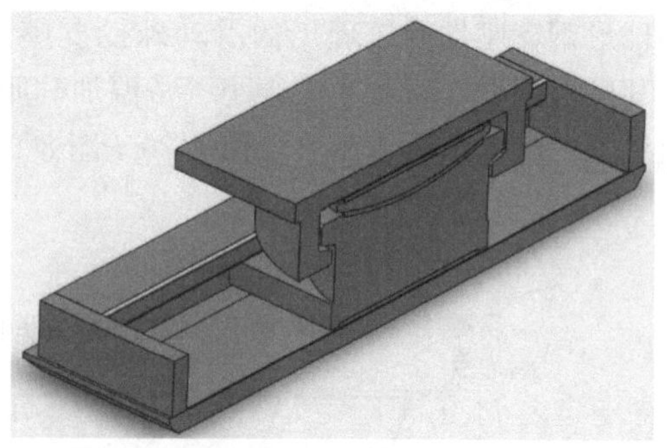

图 8-21　定向滑动支座外观

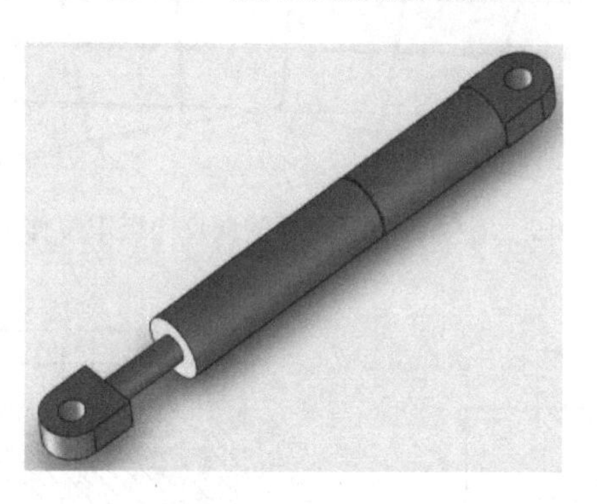

图 8-22　阻尼器外观

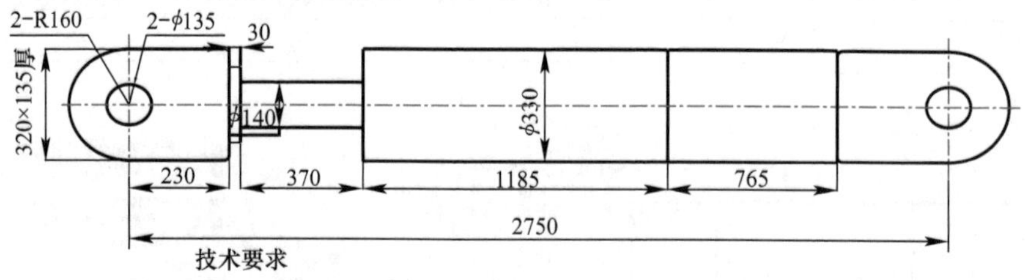

图 8-23　阻尼器选用图纸

支座与塔楼 B 相连牛腿采用钢牛腿，支座与酒店相连牛腿采用型钢混凝土牛腿，确保牛腿具有足够刚度与强度。如图 8-24～图 8-29 所示。

8.7　连廊楼盖舒适性验算

连廊楼盖竖向自振分析如图 8-30 所示，由图可知，连廊楼盖竖向自振最小频率为 4.45Hz，远大于 3Hz。

按《高层建筑混凝土结构技术规程》JGJ 3—2010 附录 A 计算楼盖竖向振动加速度为：

$$\alpha_{\mathrm{p}} = \frac{F_{\mathrm{p}}}{\beta\omega}g = 0.041$$

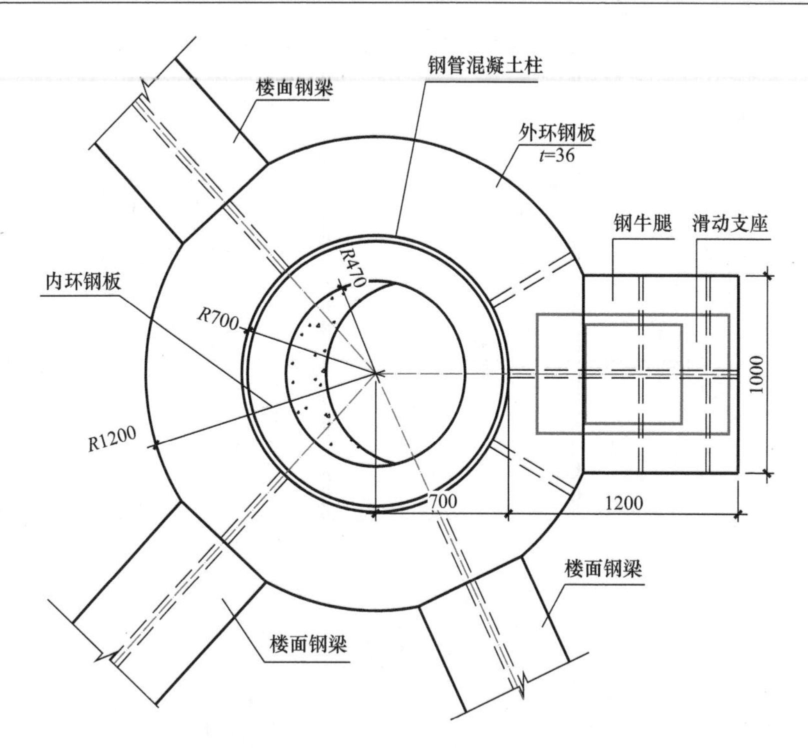

图 8-24 塔楼 B 与连廊支座连接平面

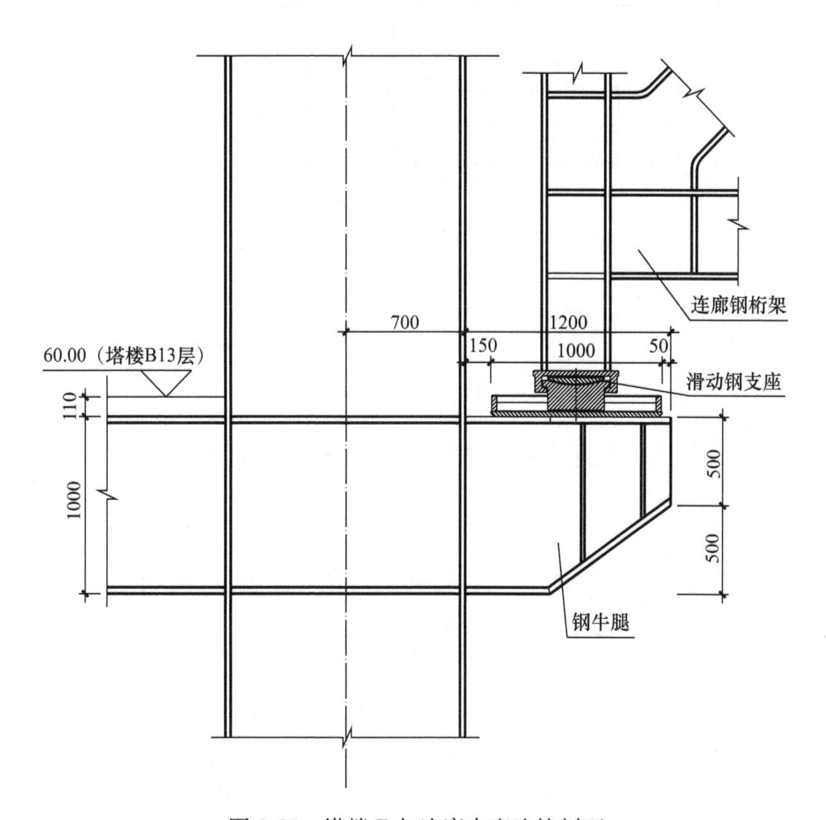

图 8-25 塔楼 B 与连廊支座连接剖面

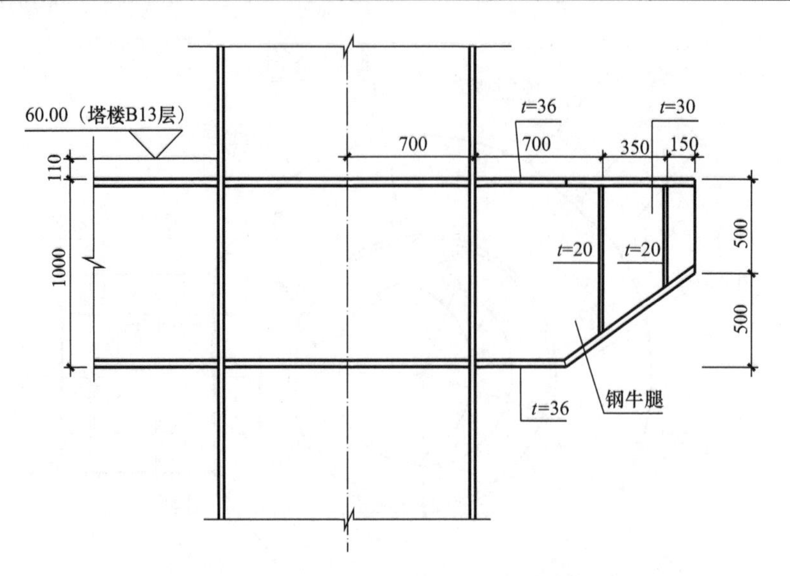

图 8-26　塔楼 B 与连廊支座牛腿大样

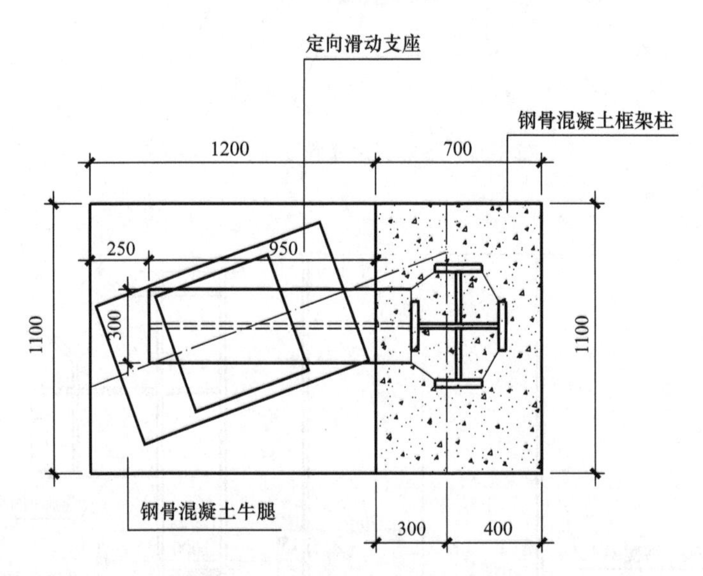

图 8-27　酒店与连廊支座连接平面

远小于规范规定的商场及连廊 0.15 限值，满足舒适度要求。

8.8　连廊施工

连廊须待塔楼 B 及酒店结构封顶后进行施工，主要施工步骤如下：

(1) 在酒店裙房顶进行连廊钢结构焊接拼装。

(2) 待连廊整体拼装完成后，在塔楼 B 和酒店相应楼层位置采用液压提升设备进行整体提升，提升点共 4 个，分布在两榀桁架两端，提升过程中须确保各点同步。

(3) 提升完成后，进行连廊支座安装连接。

(4) 待各支座连接完成后进行楼板钢筋绑扎、混凝土浇筑。

(5) 安装幕墙及装修。

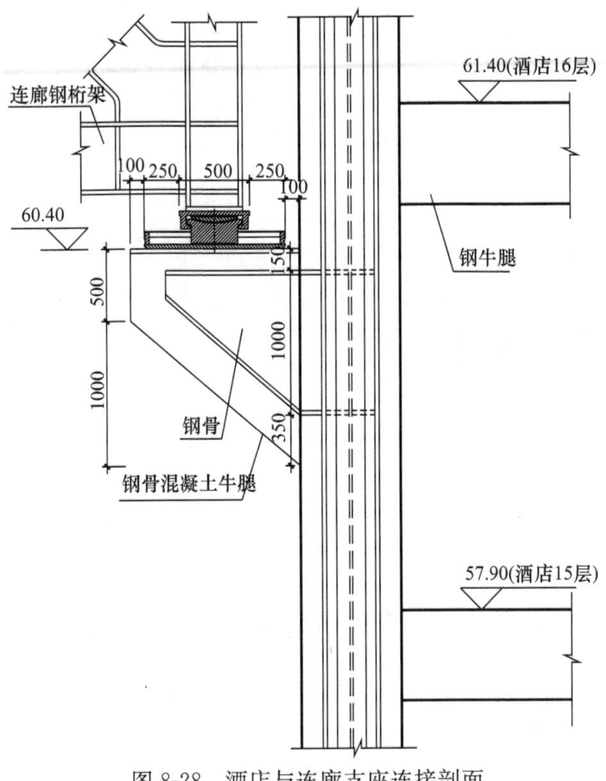

图 8-28 酒店与连廊支座连接剖面

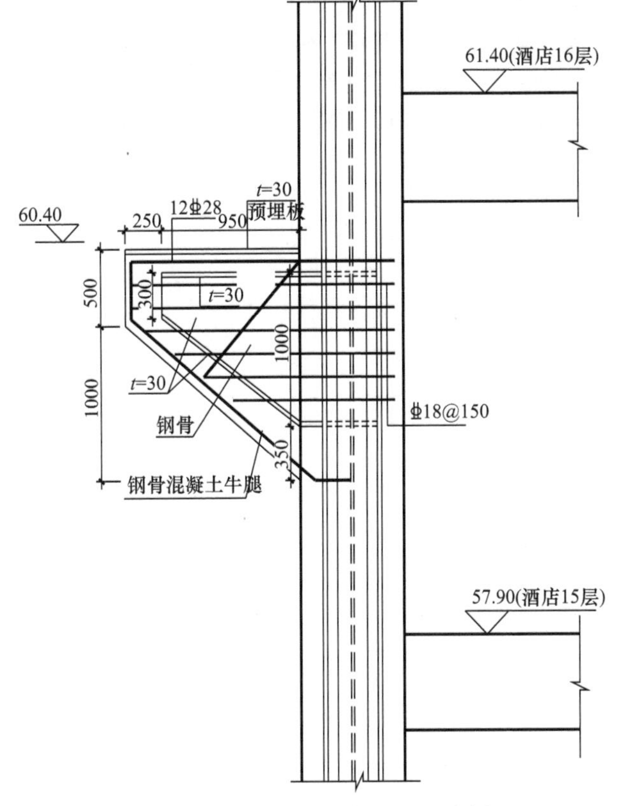

图 8-29 酒店钢骨混凝土牛腿大样

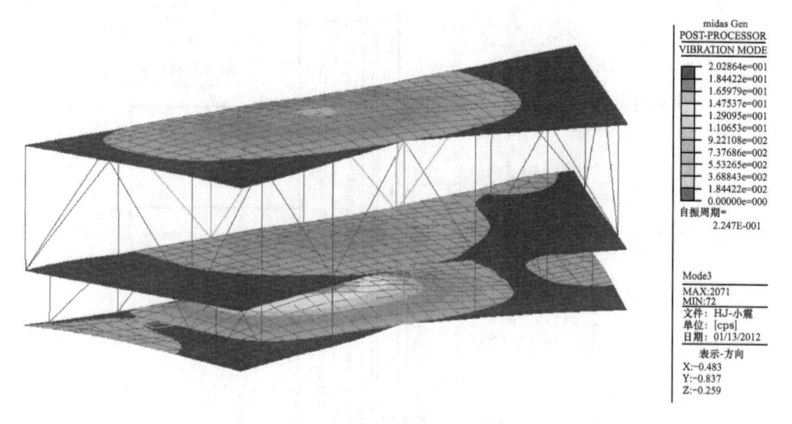

图 8-30　连廊楼盖竖向自振第一周期

参考文献

[1] 住房和城乡建设部．高层建筑混凝土结构技术规程：JGJ 3—2010 [S]．北京：中国建筑工业出版社，2011.

[2] 奥意建筑工程设计有限公司．深圳地铁前海时代广场三期（5 号地块）H-Tower（52 栋 A 座、B 座）结构超限设计可行性报告 [R]．2017.

[3] 深圳市住房和建设局．关于地铁前海时代广场项目 5 号地块超限高层建筑工程抗震设防专项审查的批复（深建超限 [2017] 48 号）[R]．2017.

[4] 奥意建筑工程设计有限公司．厦门中航紫金广场双塔连体高层结构超限设计可行性报告 [R]．2013.

[5] 徐培福，傅学怡，王翠坤，等．复杂高层建筑结构设计 [M]．北京：中国建筑工业出版社，2005.

[6] 沈蒲生．多塔与连体高层结构设计与施工 [M]．北京：机械工业出版社，2005.

03 外框梁缺失超限高层建筑框筒结构设计

魏琏，王森，时刚
（深圳市力鹏工程结构技术有限公司，深圳 518034）

【摘要】框架-核心筒结构中因楼板开洞形成局部外框梁缺失，减小结构整体抗侧刚度和抗扭刚度。外框梁缺失引致该榀框架抗侧刚度减小，并使核心筒与外框架间、框架柱间侧力出现重分布。提出了相应的解决方法和加强措施。给出了两个工程案例，对外框梁缺失进行了详细分析和方案论证，确保结构安全。
【关键词】超限高层建筑；结构设计；框架-核心筒结构；抗侧刚度；稳定性

1 前言

高层建筑框架-核心筒结构由于部分楼层建筑使用功能要求，需要部分楼板开洞，且不允许在洞口边设置外框梁，形成局部外框架缺失情况。外框梁缺失的楼层数有少有多，有时在楼层一侧的多层连续出现，有时同时在楼层不同侧多层连续出现。本文针对高层建筑框架-核心筒结构中外框梁缺失情况进行分析，并提出相应的结构分析设计方法和加强措施，最后通过两个工程案例进行说明。

2 缺失后带来的结构问题

从结构整体看，对局部楼层其中一侧外框梁缺失情况，当其他结构构件参数都假定不变时，则该层的外框侧向刚度降低，进而引起该楼层侧向刚度相较相邻楼层的侧向刚度减小；当仅为单侧外框梁缺失时，会引起结构产生一定的扭转。

在该楼层内的核心筒与外框架间，由于外框梁缺失引起的外框架刚度减小，会引起地震作用在外框与核心筒间的传递变化，即该层的核心筒受力较相邻楼层核心筒受力出现调整，核心筒与外框架剪力重分配。同样，在外框架间，由于某一侧外框架缺失会引起外框架柱的地震剪力出现重分布。

外框梁缺失使外框柱形成跃层柱，柱计算高度增加，柱长细比增大，柱的稳定性问题应引起关注。

总体来说，框筒结构外框梁缺失问题的本质是[1]：①梁缺失致该榀框架抗侧刚度减小；②核心筒与外框架剪力重分配；③框架柱侧力出现重分布；④仅一侧出现梁缺失时，结构会产生一定扭转；⑤柱两端梁缺失出现跃层柱，高度很大时其稳定性应足够（含大震作用）。

由此看来，以上问题在技术上都是不难解决的，框筒结构外框梁缺失应该是可行的。

3 规范的有关规定

《高层建筑混凝土结构技术规程》JGJ 3—2010（以下简称《高规》）[2]第 9.2.3 条规定

(强条)："框架-核心筒结构的周边柱间必须设置框架梁。"本条的条文说明指出："纯无梁楼盖会影响框架-核心筒结构的整体刚度和抗震性能，尤其是板柱节点的抗震性能较差。因此，在采用无梁楼盖时，更应在各层楼盖沿周边框架柱设置框架梁。"也就是说，要求不应采用仅有楼板的无梁外框结构，而不是我们通常意义上的框架-核心筒结构。

对于局部开洞后无楼板的情况，建筑设计一般也不允许设置梁构件，此时就会形成框架缺失情况。针对这一现象，深圳市工程建设标准《高层建筑混凝土结构技术规程》SJG 98—2021[3]第7.7.9条规定："楼层外框架梁允许间断，当间断多于两跨、间断层数较多时应进行专项论证，根据间断框架梁的位置和数量考虑削弱对结构抗侧及抗扭刚度的不利影响，并采取相应的加强措施。"

4 设计分析方法及加强措施

针对外框梁缺失的框架-核心筒结构，应对这一问题进行专项分析论证。主要内容及设计分析方法和加强措施如下：

(1) 分析外框梁缺失对结构整体抗侧性能及抗扭性能的影响，根据需要采取对缺失外框梁一侧构件的刚度加强。如对这一侧核心筒墙体进行加强，或对这一侧其他跨的框架梁(柱)进行加强。

(2) 分析外框梁缺失引起的相应楼层及相邻层竖向构件剪力的变化，根据受力需要采取必要的加强措施，如适当提高其抗震性能目标、提高抗震等级、提高其地震作用或抗震构造措施等。

(3) 计算时应对外框梁缺失楼层及相邻楼层的楼盖按弹性板进行分析计算，以考虑楼盖结构在协调竖向构件变形的作用，分析楼盖中梁的轴向内力，如轴向力较大，应按拉弯或压弯构件进行承载力验算。同时，应分析楼板的受力情况，对面内受力较大的楼板区域采取适当加厚楼板、加大配筋构造等措施。

(4) 对因外框梁缺失使计算高度加大的框架柱进行稳定性分析，防止发生局部构件稳定失稳，同时根据稳定性要求复核其承载力。

5 工程案例一

深圳新世界中心位于深圳市福田区中心区，是深圳中心区早期的超高层办公建筑，项目效果图见图5-1。其塔楼地面以上53层，结构高219m，采用框架-核心筒结构体系，裙房结构平面布置见图5-2。由于建筑师对建筑空间、美观等要求非常高，在平面东南角部大楼入口处有一高31.5m的无侧限约束角柱。这一设计不符合《高规》关于框架-核心筒结构的周边柱间必须设置框架梁的规定，设计时必须进行充分的结构安全性论证。

针对平面东南角柱周边的框架梁缺失情况，设计时进行了详细分析论证。由于该柱周边框架梁缺失使东侧框架刚度削弱，造成了东、西两侧刚度不对称(图5-3)，设计时将东侧框架梁截面由800mm×800mm增大到800mm×1000mm，减弱了由于东、西两侧框架刚度不对称引起的扭转效应。[4]

同时，对柱稳定性能进行分析验算。根据公式，柱在轴力作用下失稳时的许可临界压力值约为 97600kN。采用 SAP2000 程序对该柱在多遇地震作用及风荷载作用下按侧移刚构稳定理论进行验证，其最大轴压力为 71885kN，采用 SATWE 程序计算得到该柱最大轴压力为 72100kN，满足稳定要求。对独立柱在地震作用下的安全性也进行了验算，以及罕遇地震楼板平面内刚度衰减后柱的稳定性验算，同时进行了设防烈度地震的屈服判别及罕遇地震静力弹塑性推覆（Pushover）分析，证明该柱在罕遇地震作用下不致失稳。

在计算该柱地震作用下内力时，考虑到柱局部振型影响，适当增加了振型数，同时考虑双向地震作用下的柱内力结果，作为构件设计的依据。

图 5-1　深圳新世界中心效果图

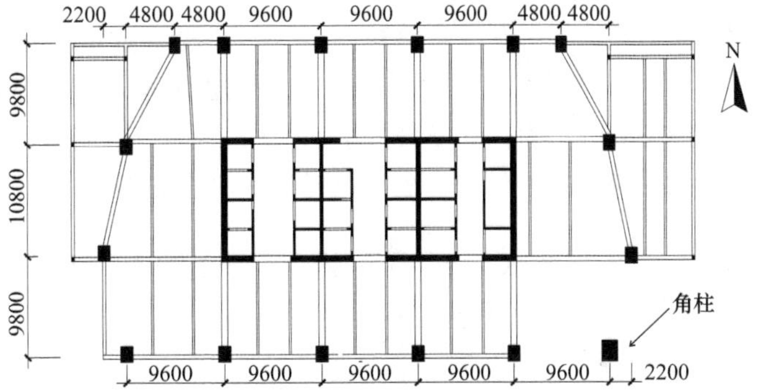

图 5-2　深圳新世界中心裙房结构平面示意

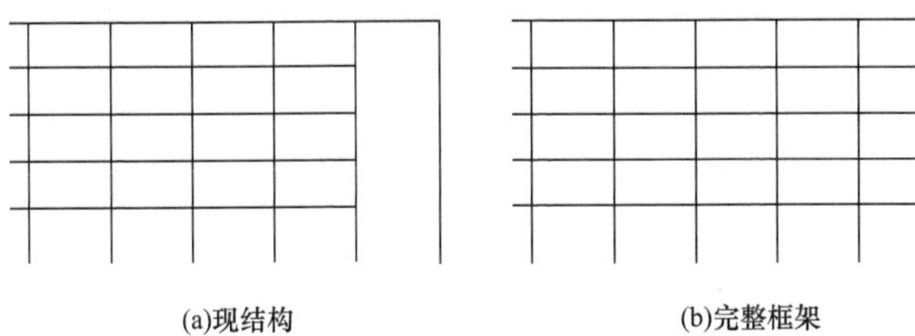

图 5-3　裙房框架（X 向）刚度分析示意

6　工程案例二

深圳南方博时基金大厦位于深圳市福田区中心区，东临市民中心广场，南面为深南大道，北面为太平金融中心大厦。地面以上包括一栋 42 层的塔楼和 3 层的裙楼。塔楼结构高度 199m，采用框架-核心筒结构体系，项目效果图见图 6-1。

该项目塔楼由三组空中花园与四组标准层办公楼纵向错落而成，垂直超高层塔楼分布的空中花园与建筑有机地结合在一起，寓意中国园林于高层建筑之中，赋予了整座建筑非

图 6-1 深圳南方博时基金大厦效果图

常独特的外观，并营造出高层花园式的办公环境。

塔楼标准层平面尺寸为 41.6m×41.6m，塔楼结构高宽比约 4.8；标准层办公楼，核心筒平面尺寸约 22.9m×22.9m，核心筒高宽比约 8.7。框架柱及核心筒剪力墙沿高连续布置。标准层层高 4.5m，建筑避难层 10 层、21 层、32 层的层高均为 6m，首层至 5 层的层高分别为 6.45m、6m、4.5m、4.55m 及 5.15m。项目设 4 层地下室。

结构设计使用年限为 50 年，建筑安全等级为二级，地基基础设计等级为甲级。抗震设防烈度为 7 度，基本地震加速度为 0.10g，场地类别为Ⅱ类，设计地震分组为第一组，T_g=0.35s，抗震设防分类标准为丙类。基本风压 w_0=0.75kN/m^2（50 年一遇）及 0.45kN/m^2（10 年一遇）[5]。

塔楼标准层的建筑平面可分为 5 个平面，即标准办公楼层 A 层，花园 B 层、C 层、D 层和 E 层。

图 6-2 所示为标准办公楼层的平面结构，四组标准办公楼的建筑平面均为 A 层，该层外框梁完整，没有缺失。各外框柱间、外框柱与核心筒外墙间均布置框架梁。

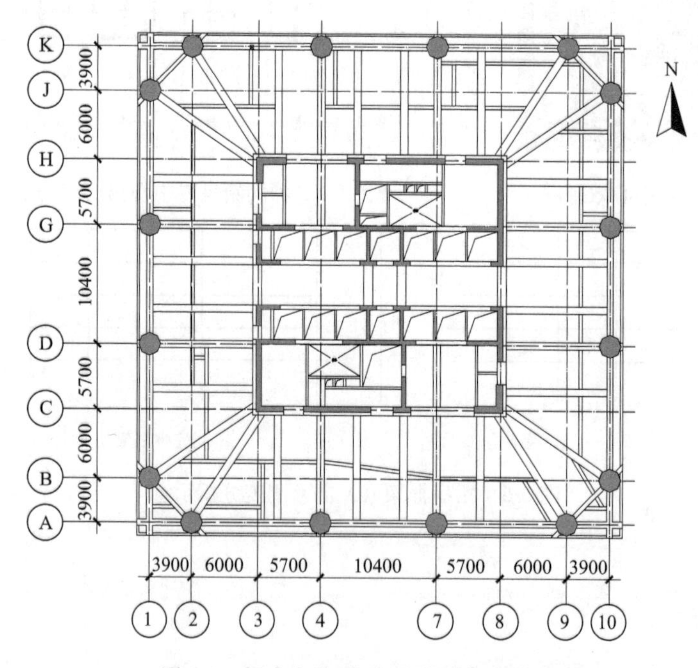

图 6-2 标准办公层 A 层平面布置示意

图 6-3～图 6-6 所示为建筑第一组空中花园的 4 个结构平面布置。第二组空中花园的 4 个结构平面除核心筒布置不变外，核心筒外围的楼盖布置及平面形状分别在第一组空中花园的 4 个结构平面基础上逆时针旋转 90°形成；第三组空中花园的 4 个结构平面除核心筒布置不变外，核心筒外围的楼盖布置及平面形状分别在第二组空中花园的 4 个结构平面基

础上逆时针旋转 90°形成。

从图 6-3～图 6-6 可以看出，花园层中 4 个楼层的外框梁均有缺失，如花园 B、E 层的三侧边外框梁缺失，其中一侧外框梁有两次中断缺失，且一个角部的两个相邻框架柱无外框梁拉结；花园 C、D 层的两对侧外框梁缺失。

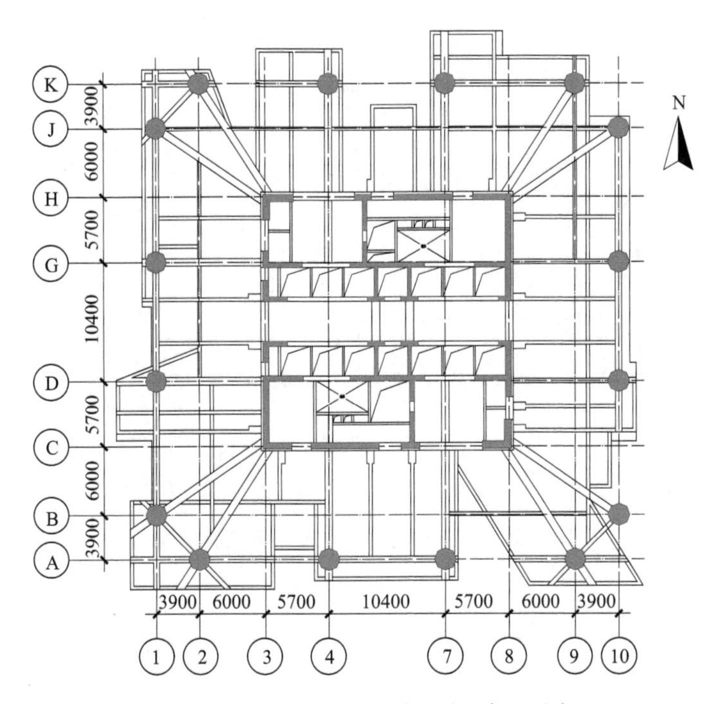

图 6-3 花园 B 层（11 层）平面布置示意

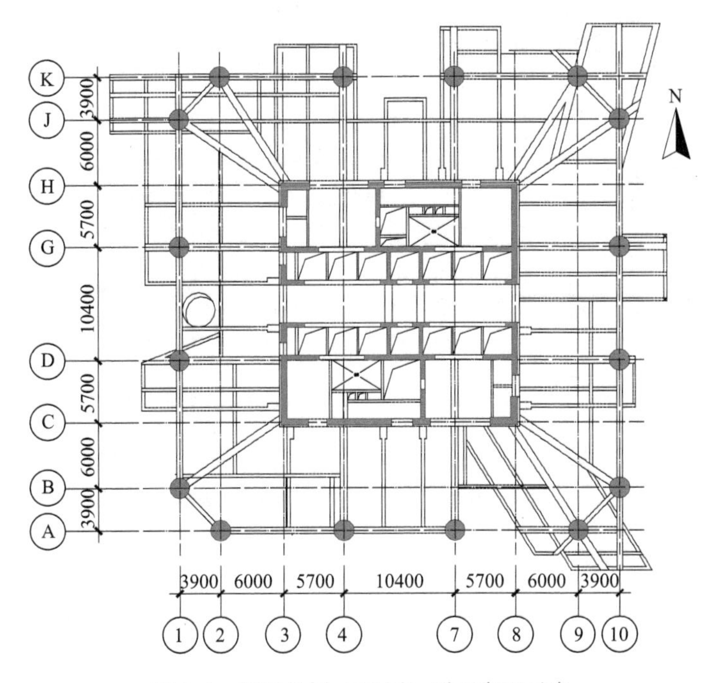

图 6-4 花园 C 层（12 层）平面布置示意

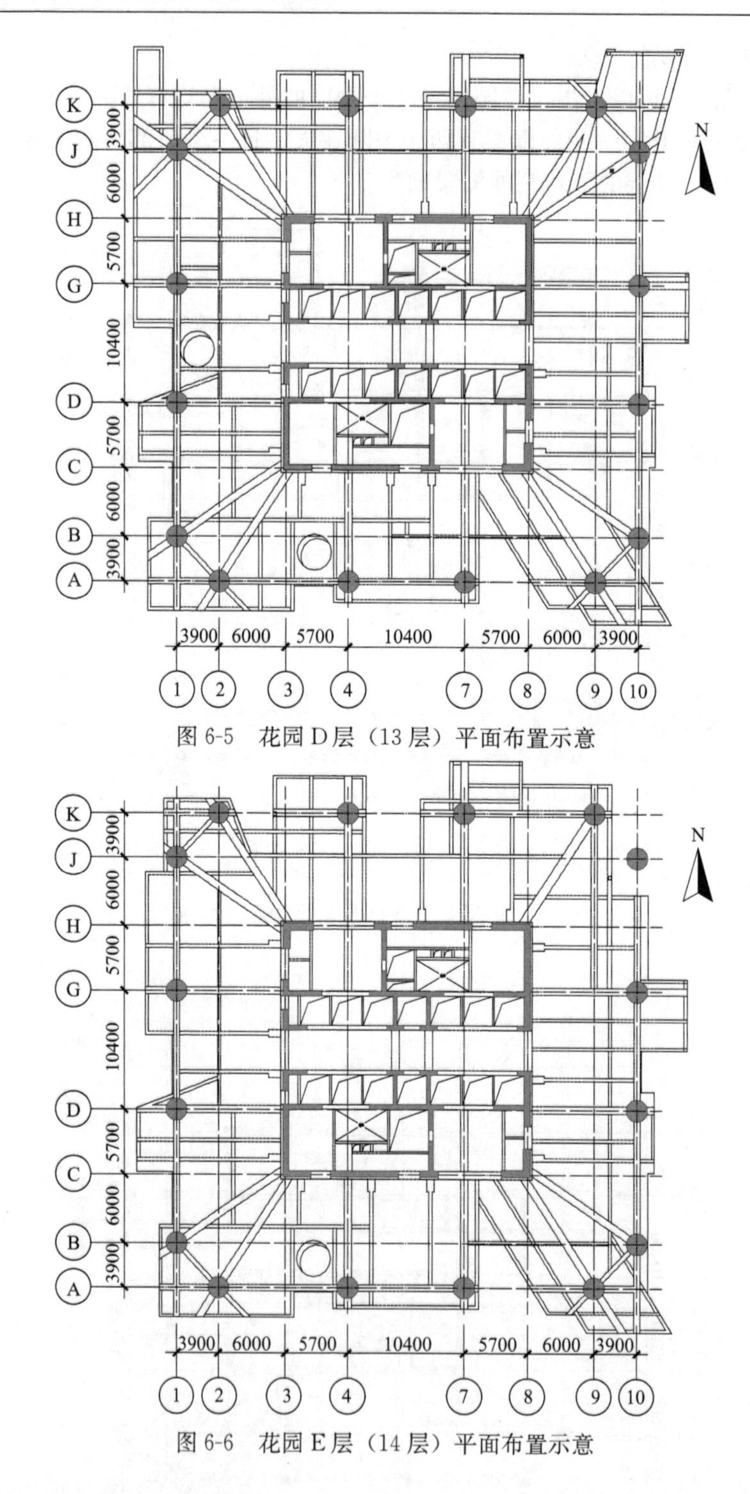

图 6-5 花园 D 层（13 层）平面布置示意

图 6-6 花园 E 层（14 层）平面布置示意

6.1 外框梁缺失对整体结构的影响

本工程花园 B 层（11 层、22 层、33 层）、花园 C 层（12 层、23 层、34 层）、花园 D 层（13 层、24 层、35 层）、花园 E 层（14 层、25 层、36 层）共 12 个楼层，每个楼层均有框架梁（外框梁或内框梁）未拉通，为典型的外框梁缺失框架-核心筒结构。为此对框架梁是否拉通对结构整体刚度及局部杆件内力的影响进行分析。

表 6-1 列出花园层框架梁拉通前后结构整体刚度的比较结果，从表中可以看出，花园层框架梁拉通前后，结构的前三阶振型的周期值及 Y 向风荷载作用下的最大层间位移角变化很小。

花园层框架梁拉通前后结构整体刚度比较　　表 6-1

分析模型	T_1（s）	T_2（s）	T_3（s）	Y 向风荷载作用下最大层间位移角
原模型	5.4170	5.1836	3.4314	1/956
花园层框架梁拉通	5.4046	5.1758	3.4169	1/974

6.2 外框梁缺失对局部竖向构件内力的影响

14 层（花园 E 层）角部 10 轴与 J 轴相交处框架柱与 X 向、Y 向其余框架柱及核心筒均未连接，该框架柱贯通 14 层、15 层，其高度为两个层高，共 9m，表 6-2 列出该柱在框架梁拉通前后 14 层、15 层的内力变化情况，从表中可以看出，拉通前后柱内力有一定影响，但影响不大，构件设计时已经考虑了这些影响。

花园层框架梁拉通前后框架柱内力比较　　表 6-2

楼层	分析模型	X 向地震作用下柱底内力			Y 向地震作用下柱底内力		
		轴力（kN）	X 向剪力（kN）	X 向弯矩（kN·m）	轴力（kN）	X 向剪力（kN）	X 向弯矩（kN·m）
14 层	原模型	3737	61	378	1948	121	619
	花园层 WKL 拉通	3772	93	364	2152	264	677
15 层	原模型	3737	61	145	1948	120	119
	花园层 WKL 拉通	3645	88	262	2059	290	753

6.3 结构整体屈曲及局部屈曲分析

建筑结构重力荷载代表值作用下，结构屈曲模态见图 6-7～图 6-10，表 6-3 给出结构屈曲模态及稳定系数。结构的整体稳定系数为 5.2，首层核心筒剪力墙构件稳定系数大于 40，表明稳定系数达到 40 前未出现框架柱的局部屈曲，正常荷载作用下结构不会失稳。

罕遇地震作用下结构的动力弹塑性时程分析和静力推覆分析结果表明，本工程框架梁屈服数量较少，外框梁两端及内框架靠柱一端屈服数量极少。为此根据罕遇地震作用结束后框架梁的屈服情况，将屈服的框架梁端部约束放松，建立分析模型进行结构在重力荷载代表值作用下的屈曲分析，结果表明，结构的整体稳定系数较未放松梁端约束时降低约 10%，稳定系数达到 40 前仍没有出现框架柱的局部屈曲。

6.4 结构中、大震作用下性能分析

对结构在设防烈度地震作用下的分析结果表明，框架柱满足弹性目标要求，底部剪力墙满足弹性受剪承载力的要求，框架梁、核心筒剪力墙未出现屈服，核心筒 25 层以下 X 向外围剪力墙的部分连梁出现屈服。本工程满足“中震可修”的抗震设防目标和本工程的抗震性能目标要求。

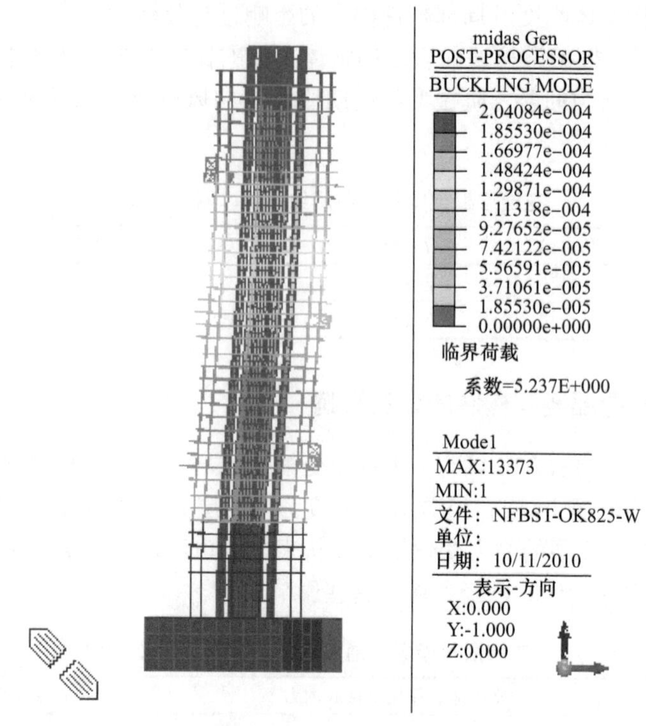

图 6-7 整体屈曲模态 1

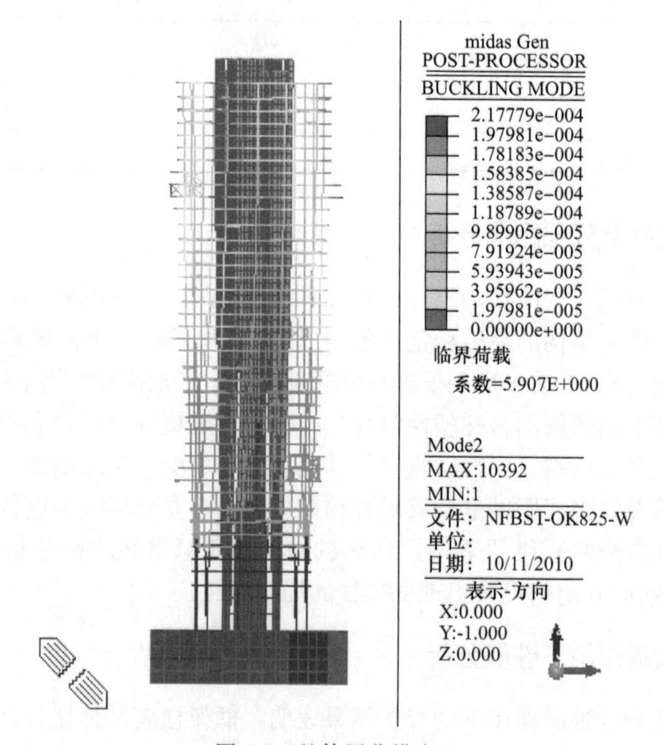

图 6-8 整体屈曲模态 2

用 PERFORM-3D 进行了结构在大震作用下的弹塑性动力时程分析和静力推覆分析。弹塑性时程分析和静力弹塑性分析结果得到的结构弹塑性反应规律相似，构件发生损伤破坏

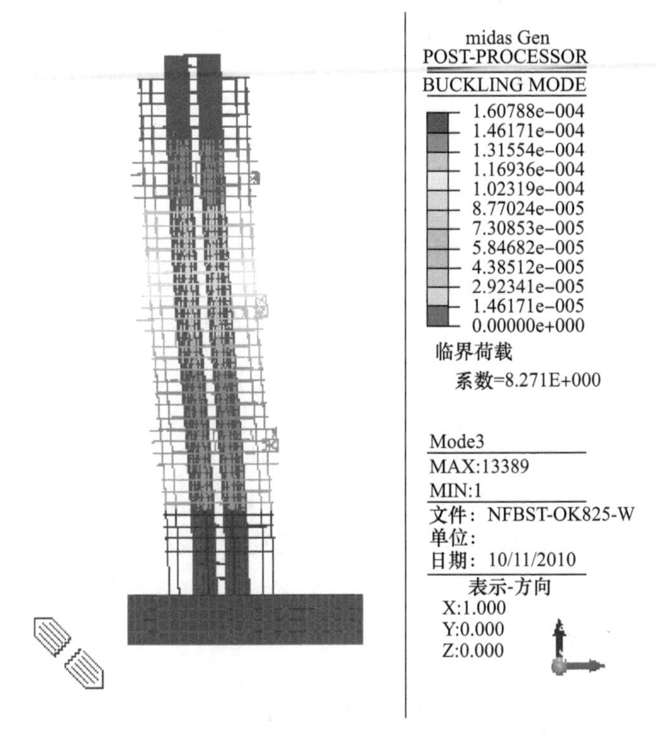

图 6-9　整体屈曲模态 3

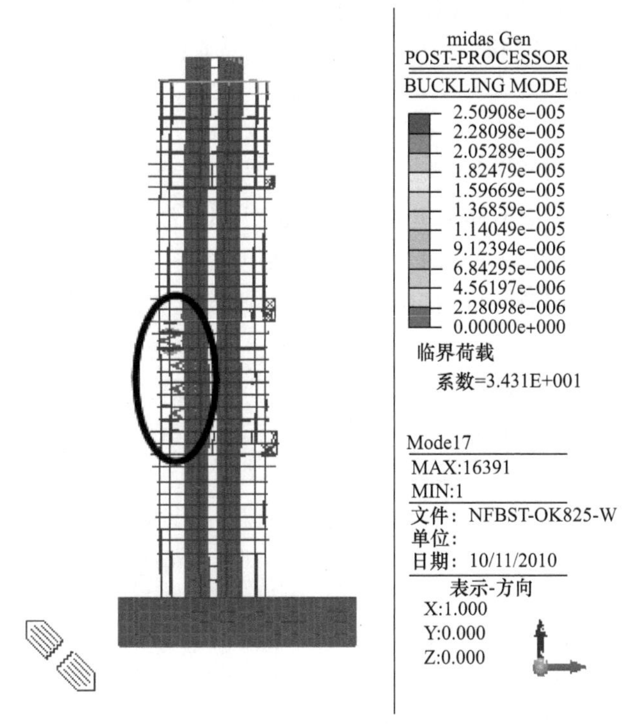

图 6-10　整体屈曲模态 17

的顺序和分布规律相同，连梁和框架梁出现弯曲塑性铰，梁端塑性铰在各个楼层分布较为均匀，而柱和剪力墙在大震作用下未出现塑性铰，或钢筋不发生屈服；时程分析和静力

结构屈曲模态及稳定系数　　表 6-3

屈曲模态	稳定系数	特征
1	5.2	整体屈曲
2	5.9	整体屈曲
3	8.3	整体屈曲
17	34.3	第一个局部屈曲模态，中部楼层墙

弹塑性分析的大震性能点下的最大层间位移角结果表明，最大层间位移角小于 1/100，满足规范要求。本工程满足规范“大震不倒”的抗震设防要求和本工程的抗震性能目标要求。为了验证 Perform-3D 软件计算结果的可靠性，本工程同时采用 ABAQUS 软件对结构补充进行弹塑性动力时程分析，结果表明，大震作用下，结构层间位移角满足规范要求。框架柱未现屈服，1～3 层墙有轻微塑性变形。框架梁损伤水平在 LS 以下，连梁几乎全部屈服，大部分在 IO 水平，约 1/3 连梁达到 LS 水平，人工波作用下连梁少部分接近 CP 水平，但未超过 CP。楼板损伤水平低。连梁为主要耗能构件，达到预设的耗能作用。框架梁和柱、墙的延性要求低。

6.5　楼盖结构受力分析

采用 ETABS、MIDAS 软件对楼板的应力分析结果表明，地震作用下楼板的面内剪应力较小，楼板的剪力满足承载力验算条件。可以认为本工程楼板达到在多遇地震作用下楼板处于弹性状态，在设防烈度地震作用下钢筋不屈服，大震作用下楼板不破坏，楼板能满足其在地震作用下的工作性能要求。

7　结语

（1）框架-核心筒结构中因楼板开洞形成局部外框梁缺失，会减小结构整体抗侧刚度和抗扭刚度。当仅单侧外框梁缺失时，扭转效应更明显。

（2）外框梁缺失引起该榀框架抗侧刚度削弱，必要时应采取措施加强，以减小结构扭转效应。

（3）外框梁缺失使核心筒与外框架间、框架柱间侧力出现重分布，应分析对结构构件的影响，并采取相应的加强措施。

（4）外框架缺失使框架柱计算高度增大，构件长细比加大，构件设计时应考虑这一影响。

参考文献

[1] 魏琏，王森．高层建筑结构设计创新与规范发展 [J]．建筑结构，2021，51（17）：78-84.
[2] 住房和城乡建设部高层混凝土结构技术规程：JGJ 3—2010 [S]．北京：中国建筑工业出版社，2010.
[3] 深圳市住房和建设局高层混凝土结构技术规程：SGJ 98—2021 [S]．北京：中国建筑工业出版社，2021.
[4] 时刚，魏琏，姜延，等．深圳新世界中心结构设计（II）[J]．建筑结构，2006，28（2）：40-45.
[5] 住房和城乡建设部建筑结构荷载规范：GB 50009—2012 [S]．北京：中国建筑工业出版社，2012.

04　一向少墙剪力墙结构抗震设计计算方法

魏琏，王森，曾庆立
（深圳市力鹏工程结构技术有限公司，深圳　518034）

【摘要】 对高层建筑一向少墙剪力墙结构的结构体系特点进行分析，指出少墙方向的当扁柱楼板框架剪力比 μ_{iwf} 大于 0.1 时，扁柱楼板框架作用较大，必须验算扁柱楼板框架的承载力。少墙方向的 X 向剪力墙一般为非矩形的复杂截面，设计时建议采用组合墙肢的设计方法；梁柱框架一般为异形柱截面，应按异形柱设计；少墙方向的扁柱楼板框架，楼板的验算应考虑水平荷载的作用；建议少墙方向的设计方法采用抗震性能化设计法。

【关键词】 结构体系；梁柱框架；异形柱；扁柱-楼板框架；抗震性能设计

1　前言

近年来，由于土地用地紧张及业主对景观的要求，大量涌现了超 B 级高度的超高层剪力墙结构，此类剪力墙结构在建筑一个方向剪力墙很多，符合规范定义的剪力墙结构要求；而在另一个方向剪力墙稀少，不符合规范对于剪力墙结构的要求。

对于一向少墙的钢筋混凝土剪力墙结构，主要存在两个大问题需要解决：一是少墙方向结构体系的判断；二是现行软件计算模型中剪力墙均按壳单元处理，在整体分析中已考虑剪力墙平面外刚度，但程序中并没有对剪力墙面外和相关的端柱的抗震承载能力进行计算，因而现行程序按剪力墙结构进行整体分析验算的结果是存在缺漏的，必须研究改进。

文献 [1] 对此类结构的抗侧力体系进行了研究，提出了少墙方向结构体系的判别方法；在此基础上，本文进一步研究提出了较完整的一向少墙剪力墙结构的抗震设计计算方法，并结合工程案例进行说明，供工程界参考。

2　少墙方向抗侧力体系

文献 [1] 指出少墙结构在 X 向的抗侧力体系由三部分结构组成（假定 X 向剪力墙稀少），即 X 向布置的剪力墙，X 向梁和柱（含剪力墙端柱）组成的框架以及 Y 向墙（面外）和楼板组成的扁柱楼板框架。

以图 2-1 所示某工程结构平面布置为例，经划分后 X 向结构体系如图 2-2 所示，X 向剪力墙以黑体填充表示；X 向梁柱框架以方格填充表示，其特点之一是框架柱截面包括 Y 向剪力墙端部一定长度在内，其形状为非矩形截面；扁柱楼板框架以斜线填充表示，其特点为扁柱楼板框架两侧的扁柱往往不在同一轴线上。由此可见，本案例少墙方向的结构体系不能判别为剪力墙结构体系，而是一种新的框架-剪力墙结构体系。

假设弹性分析求得少墙方向三部分抗侧力结构第 i 层的剪力分别为 V_{iw}（X 向剪力墙），V_{if}（X 向梁柱框架）及 V_{iwf}（扁柱楼板框架），可由式（2-1）～式（2-4）求得第 i

层少墙方向各抗侧结构承受的楼层剪力与层总剪力 V_i 的比值为：

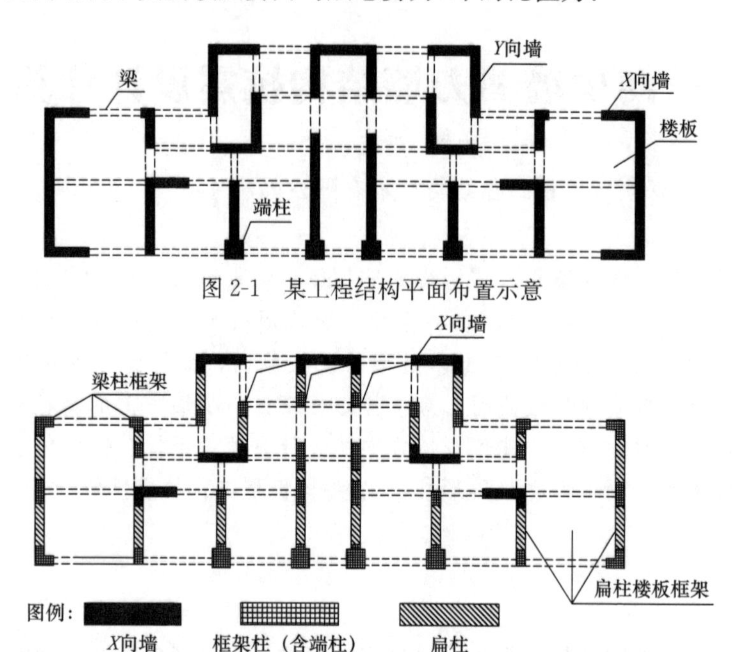

图 2-1　某工程结构平面布置示意

图 2-2　少墙方向抗侧力体系示意

剪力墙部分

$$\mu_{iw} = V_{iw}/V_i \tag{2-1}$$

梁柱框架部分

$$\mu_{if} = V_{if}/V_i \tag{2-2}$$

扁柱楼板框架部分

$$\mu_{iwf} = V_{iwf}/V_i \tag{2-3}$$

以上三部分之和为：

$$\mu_{iw} + \mu_{if} + \mu_{iwf} = 1.0 \tag{2-4}$$

由以上计算式可知，一向少墙的剪力墙结构仅在多墙方向为剪力墙结构，在少墙方向并非剪力墙结构，而是一种新型的框架-剪力墙结构，多了扁柱楼板框架的成分，框架柱则因另一方向剪力墙端部参与工作而成为L形等异形柱。研究表明，当扁柱楼板框架剪力比 $\mu_{iwf}>0.1$ 时，扁柱框架的抗侧作用不可忽视，可称为复合框架-剪力墙结构；当扁柱楼板框架剪力比 $\mu_{iwf}\leqslant 0.1$ 时，扁柱楼板框架的抗侧作用相对较小，一般不需专门进行计算复核，可采用构造方法处理，此时可称为框架-剪力墙结构，其受力与一般框架-剪力墙结构基本相同。

3　计算模型

一向少墙结构在另一方向为剪力墙结构，在少墙方向为复合框架-剪力墙结构，如两个方向取不同的计算模型，则工作量较大且目前尚无相应的商业计算软件可用，为此建议两个方向采用同一剪力墙计算模型，采用有限元法进行计算，分述如下。

3.1　剪力墙

对于双向剪力墙结构，仅需考虑剪力墙面内设计，不需要对剪力墙面外进行分析。少墙结构，在墙较多方向，剪力墙设计分为边缘构件及一般墙身段，可沿用现有程序采用墙单元按照组合墙肢或一字墙进行内力计算及承载力设计；少墙方向则需要根据墙面外的作用，对墙单元分段，为此需要通过人工进行墙单元分割，并根据分割后的单元分别求取梁柱框架、扁柱楼板框架的内力进行承载力设计。

3.2　梁柱框架

与框架结构或框剪结构的框架采用杆单元模拟不同，少墙方向的梁柱框架一般是由剪力墙端柱接梁或剪力墙面外接梁构成，其截面包含 Y 向剪力墙端部一定长度范围内的墙，因此少墙方向的框柱宜采用墙单元模拟，特别是剪力墙端柱，建议采用与墙身不同厚度的墙单元建模。少墙方向的框架柱截面形式一般为异形柱截面，内力应按照分段后的截面形式计算，楼面梁依然采用杆单元。

3.3　楼板

在墙较多方向，楼板由竖向荷载控制，其设计方法依然可以采用在假定的边界条件下，根据计算手册进行查表。在少墙方向，楼板的作用是扁柱框架的“梁”，其设计需要考虑水平荷载作用。由于两侧扁柱往往不在同一轴线上，连接两侧扁柱的“梁”（楼板）在平面上往往是折梁的形式。实际上，在水平荷载作用下，楼板支座弯矩较大，跨中弯矩较小，仅需在原有设计基础上，考虑楼板支座负弯矩即可。因此，楼板应采用具有面外及面内刚度的弹性板单元，建议以 1m 为网格细分楼板，设计时仅取搭接在扁柱范围内的楼板进行计算，取水平荷载作用下，1m 板带的支座负弯矩与竖向荷载作用组合设计即可。

4　剪力墙分段方法

以上论述表明，一向少墙结构在计算时，剪力墙分段方法与一般剪力墙结构不同，它必须兼顾 Y 向剪力墙结构与少墙方向梁柱框架中柱截面的需要，为此在文献［1］研究成果基础上，参照《高层建筑混凝土结构技术规程》JGJ 3—2010[2]（简称《高规》）第 7.1.6 条及第 7.2.15 条的规定，X 向布置的剪力墙、梁柱框架、扁柱楼板框架的分段原则如下。

4.1　一字墙

图 4-1 所示的一字墙，面外既不搭梁亦不与 X 向剪力墙相接，此时整段一字墙划为扁柱楼板框架的一部分。

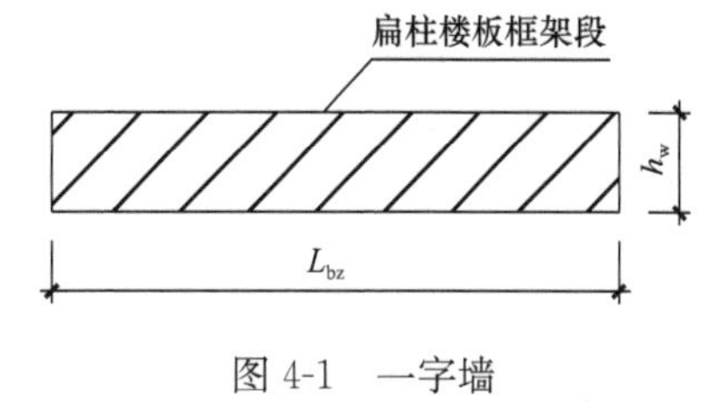

图 4-1　一字墙

4.2　一字墙面外接梁

当一字墙面外接梁时，大致可分为三种情形，如图 4-2 所示。当在墙面外的端部接梁

［图 4-2（a）］时，梁柱框架的柱宽取值为 $L_f = \max(b_b + h_w, 0.5l_c)$；当在距离墙端 b_1 的位置设置一道梁［图 4-2（b）］时，梁柱框架的柱宽取值为 $L_f = \max(b_1 + b_b + h_w, 0.5l_c)$，此处 $b_1 \leqslant h_w$；当在墙中部设置一道梁［图 4-2（c）］时，梁柱框架的柱宽取值为 $L_f = \max(b_b + 2h_w, 0.5l_c)$。

4.3 一端与端柱相连

当在墙的其中一端与端柱相连［图 4-3（a）］时，梁柱框架的柱宽取值为 $L_f = b_c + 300$；当一端与端柱相连，另一端搭梁［图 4-3（b）］时，与端柱相连一端的梁柱框架的柱宽取值为 $L_f = b_c + 300$，搭梁一端的梁柱框架的柱宽取值为 $L_f = \max(b_b + h_w, 0.5l_c)$。

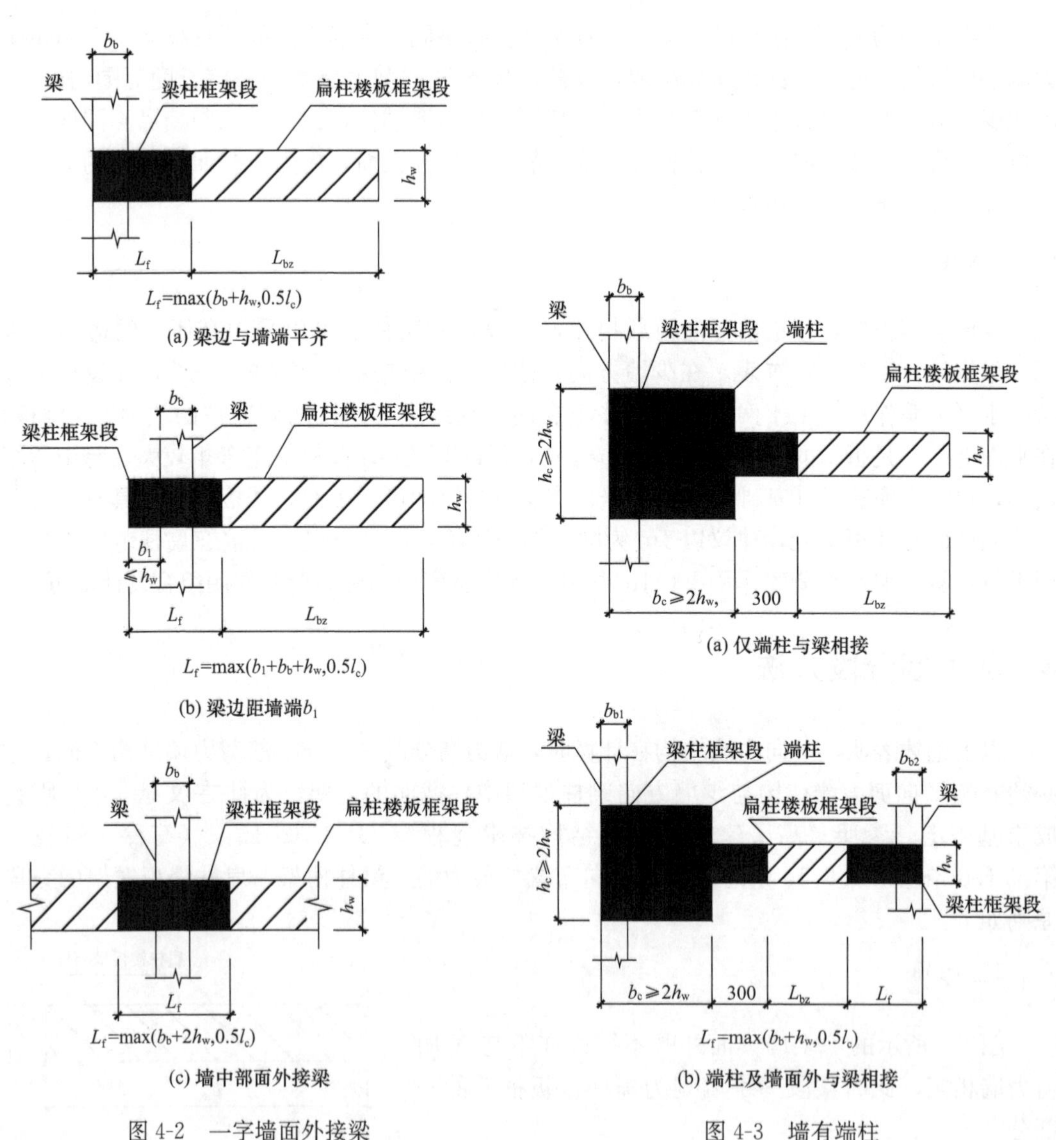

图 4-2　一字墙面外接梁

图 4-3　墙有端柱

4.4 一端与 X 向剪力墙相连

当一字墙一端与 X 向剪力墙相连时，大致可分为三种情形，如图 4-4 所示。当一端与

X 向剪力墙的中部相连［图 4-4（a）］时，一字墙长 L_{bz}，该一字墙均计入扁柱楼板框架段；当一端与 X 向剪力墙的端部相连［图 4-4（b）］时，一字墙端部长度为 $L=\max(h_{w1}, 300)$ 的一段划为 X 向剪力墙，剩余的部分划为扁柱楼板框架段；当一端在距离 X 向剪力墙端部 L_x 的位置与 X 向剪力墙相连，且 $L_x \leqslant h_{w1}+h_{w2}$［图 4-4（c）］时，一字墙端部长度为 $L=\max(h_{w1}, 300)$ 的一段划为 X 向剪力墙，剩余的部分划为扁柱楼板框架段；当 $L_x > h_{w1}+h_{w2}$ 时，X 向剪力墙及扁柱楼板框架段的取值与图 4-4（a）一致。

4.5　一端与 X 向剪力墙相连，另一端搭梁

当一端与 X 向剪力墙的中部相连，另一端搭梁［图 4-5（a）］时，端部梁柱框架的柱宽

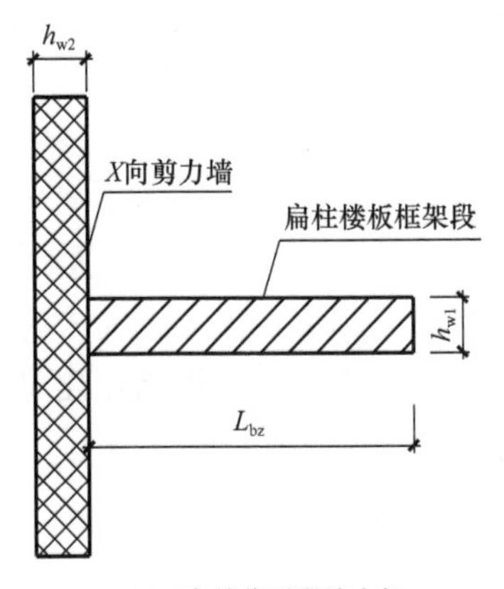

(a) Y向墙位于翼墙中部

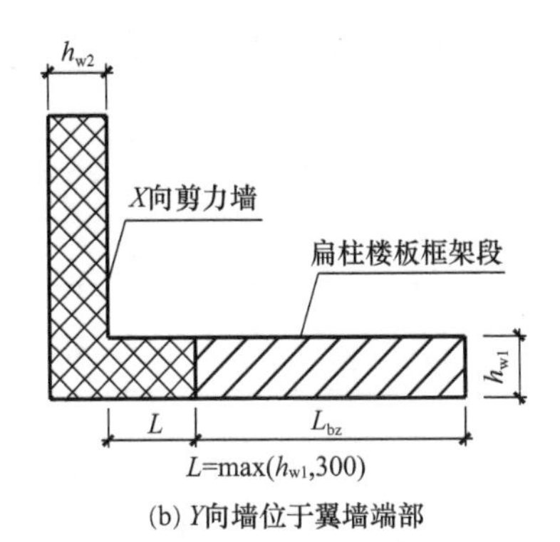

(b) Y向墙位于翼墙端部

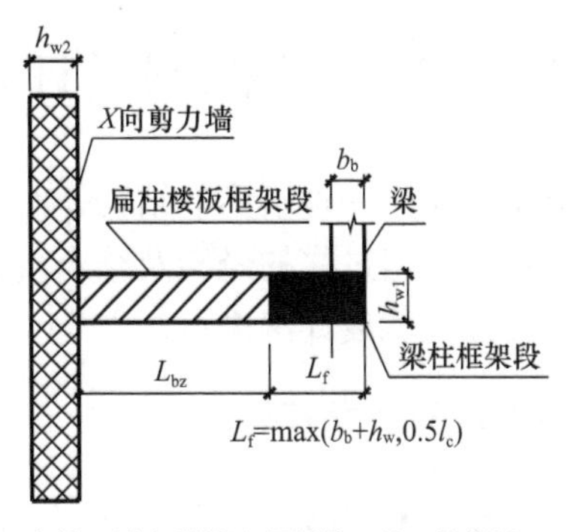

(a) Y向墙一端与翼墙中部相接，另一端接梁

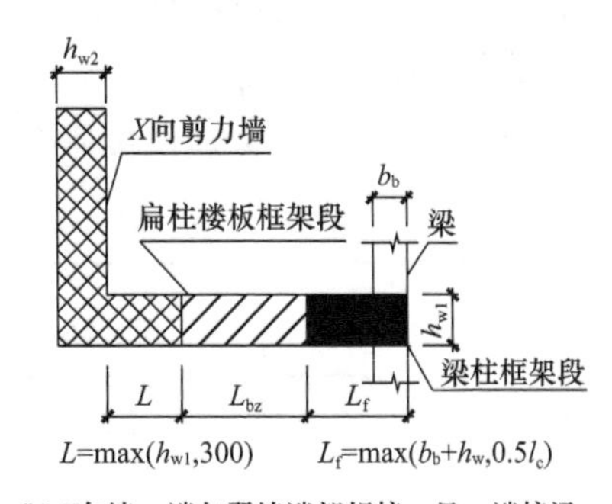

(b) Y向墙一端与翼墙端部相接，另一端接梁

h_{w2}

X向剪力墙

扁柱楼板框架段

h_{w1}

L_x

L

L_{bz}

L=max(h_{w1},300)

$L_x \leqslant h_{w1}+h_{w2}$

(c) Y向墙边距翼墙端部L_x

图 4-4　一端与 X 向剪力墙相连

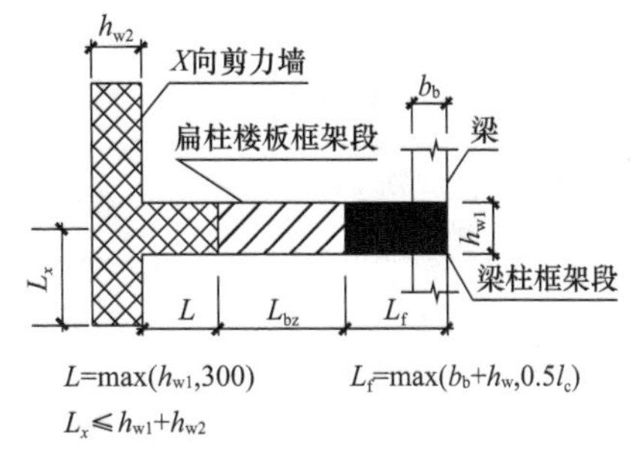

L=max(h_{w1},300)　　L_f=max(b_b+h_w,0.5l_c)

$L_x \leqslant h_{w1}+h_{w2}$

(c) Y向墙一端墙边距翼墙端部L_x，另一端接梁

图 4-5　一端与 X 向剪力墙相连，另一端接梁

取值为 $L_{\mathrm{f}}=\max(b_{\mathrm{b}}+h_{\mathrm{w}},\ 0.5l_{\mathrm{c}})$，剩余部分划为扁柱楼板框架；当一端与 X 向剪力墙的端部相连，另一端搭梁［图 4-5（b）］时，一字墙端部长度为 $L=\max(h_{\mathrm{w1}},\ 300)$ 的一段划为 X 向剪力墙，另一端梁柱框架的柱宽取值为 $L_{\mathrm{f}}=\max(b_{\mathrm{b}}+h_{\mathrm{w}},\ 0.5l_{\mathrm{c}})$，剩余部分划为扁柱楼板框架；当一端在距离 X 向剪力墙端部 L_x 的位置与 X 向剪力墙相连，且 $L_x \leqslant h_{\mathrm{w1}}+h_{\mathrm{w2}}$，另一端搭梁［图 4-5（c）］时，一字墙端部长度为 $L=\max(h_{\mathrm{w1}},\ 300)$ 的一段划为 X 向剪力墙，另一端梁柱框架的柱宽取值为 $L_{\mathrm{f}}=\max(b_{\mathrm{b}}+h_{\mathrm{w}},\ 0.5l_{\mathrm{c}})$，剩余部分划为扁柱楼板框架；当 $L_x>h_{\mathrm{w1}}+h_{\mathrm{w2}}$ 时，X 向剪力墙及扁柱楼板框架的取值与图 4-5（a）一致。

对于以上各图，建议：①当扁柱楼板框架段尺寸 $L_{\mathrm{bz}}<\min(300,\ h_{\mathrm{w}})$ 时，可将扁柱楼板框架段计入梁柱框架段或 X 向剪力墙段，如当一字墙一端仅与端柱相连或面外搭梁时，扁柱框架段并入梁柱框架段，否则并入 X 向剪力墙；②图中 l_{c} 的计算依据《高规》第 7.2.15 条取值。

5 少墙方向结构抗震设计计算方法

少墙结构作为一种新型的结构体系，设计方法亟待研究解决，市场上尚未有相应的设计软件可用。根据过往的经验及结合现有规范有关于框剪结构的设计思路，建议少墙方向的设计可按照性能设计法进行。

5.1 抗震等级与性能目标

当扁柱楼板框架剪力比 $\mu_{i\mathrm{wf}}>0.1$ 时，该结构体系为复合框架-剪力墙结构。在少墙方向的 X 向剪力墙，其抗震等级宜按照框剪结构中的剪力墙选取；梁柱框架及扁柱楼板框架宜按框剪结构中的框架选取。

少墙方向的抗震性能目标建议按照 C 级选取，结构及构件的性能要求如表 5-1 所示。

少墙方向结构及构件的性能目标　　表 5-1

项目			抗震烈度		
			多遇地震	设防地震	罕遇地震
性能水准			1	3	4
层间位移角限值			1/500～1/800（1/650）	—	1/100
构件性能水平	X 向剪力墙	底部加强区	弹性	受弯不屈服，受剪弹性	部分受弯屈服（<LS），受剪不屈服
		一般剪力墙	弹性	受弯不屈服，受剪弹性	允许受弯屈服（<LS），受剪不屈服
	框架柱（含剪力墙端柱）		弹性	受弯不屈服，受剪弹性	部分受弯屈服（<LS），受剪不屈服
	扁柱		弹性	受弯不屈服，受剪弹性	少量受弯屈服（<LS），受剪不屈服
	连梁		弹性	部分受弯屈服，受剪不屈服	受弯屈服（<CP），受剪不屈服
	框架梁		弹性	部分受弯屈服，受剪不屈服	受弯屈服（<CP），受剪不屈服

续表

项目		抗震烈度		
		多遇地震	设防地震	罕遇地震
构件性能水平	楼板（梁）	弹性	部分受弯屈服，受剪不屈服	受弯屈服（<CP），受剪不屈服

注：多遇地震层间位移角限值根据结构的总高，参照框架-剪力墙结构取值，括号中的 1/650 是按照广东省标准《高层建筑混凝土结构技术规程》DBJ/T 15—92—2021 取值。弹性、不屈服可按《高规》第 3.11.3 条的公式进行计算。

如表 5-1 所示，X 向剪力墙及梁柱框架的性能目标与一般框剪结构相似。少墙结构剪力墙面外破坏对非少墙方向结构的影响需给予充分的关注，当墙厚较小时，一旦出现屈服，剪力墙面外全截面可能迅速破坏，因此，建议应严格控制扁柱的抗震性能目标。

5.2 小震设计

少墙方向结构小震设计需根据上述分段方法分别进行。其中，X 向剪力墙截面形式可能为矩形、T 形、L 形以及两端带翼缘的复杂截面，设计时应根据具体截面形式及分段尺寸提取内力进行设计，其构造措施应满足规范对于剪力墙的要求。现有程序对于复杂截面剪力墙的计算一般有两种方法，一种是把复杂截面分别按照一字墙计算后，重叠部分配筋直接叠加；另一种是按照《混凝土结构设计规范》GB 50010—2010[3] 第 9.4.3 条及《建筑抗震设计规范》GB 50011—2010[4] 第 6.2.13 第 3 款取一定的翼墙长度作为组合墙肢，按照异形墙截面进行计算设计。建议少墙方向结构按照组合墙肢计算，翼缘的计算长度可直接采用本文的分段方法选取。

少墙方向结构的梁柱框架，其框架柱的截面形式可能为矩形或 L 形等异形柱截面，设计时同样应根据分段后的截面提取内力进行设计，其构造亦应满足相关规范对于异形柱的要求。

扁柱的设计，宜先按照传统剪力墙设计方法对面内进行配筋，再根据面外分段提取不同分段的内力，采用面内配筋结果分段进行承载力复核，只有当面外承载力不满足要求时，才需根据面外受力情况重新进行配筋设计。扁柱在另一个方向是面内剪力墙，扁柱的配筋设计应考虑两个方向的配筋结果取包络。

扁柱纵向构造配筋要求，可分为以下两部分：①若扁柱与剪力墙面内边缘构件有重叠部分，重叠部分的构造要求宜遵循边缘构件的要求；②扁柱的中段一般为剪力墙面内的中部墙身位置，其构造配筋与普通框架柱的构造配筋往往相差较大，若按照普通框架柱的构造配筋进行设计，将大大增加剪力墙的配筋，可能造成严重的浪费，为此建议在满足上述承载力的前提下，扁柱与边缘构件非重叠区域可取扁柱计算配筋的结果并应满足剪力墙墙身构造要求。基于安全考虑，建议对于较长的扁柱可考虑在中部位置间隔一定距离设置暗柱，该暗柱可参照框架柱的构造要求进行配筋，暗柱的尺寸可参照《高规》第 6.4.1 条及第 7.1.6 条的要求，柱高可取为 $\max(2h_w, 400)$，柱宽可同墙宽 h_w，如图 5-1 所示。

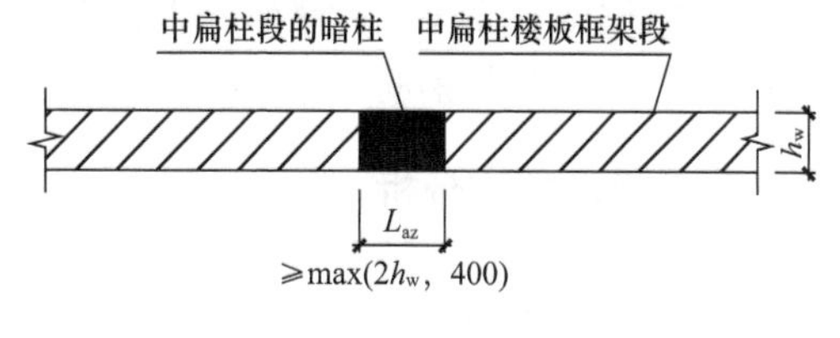

图 5-1 暗柱示意

进行受剪承载力设计时，在满足面内墙约束边缘构件箍筋配置的同时，对扁柱应根据计算配置一定的抗剪钢筋。由于常规设计并未对剪力墙面外的抗剪进行设计，原有的面外拉结筋对抗剪作用有限，建议扁柱段可考虑按照式（5-1）、式（5-2）进行面外斜截面承载力验算，当承载力足够时，可不另设面外的抗剪钢筋。

当偏心受压时：

$$V \leqslant \frac{1}{0.85}\left(\frac{1.05}{\lambda+1} f_{\mathrm{t}} b h_{0}+0.056 N\right) \tag{5-1}$$

当偏心受拉时：

$$V \leqslant \frac{1}{0.85}\left(\frac{1.05}{\lambda+1} f_{\mathrm{t}} b h_{0}-0.2 N\right) \tag{5-2}$$

当不能满足式（5-1）或式（5-2）要求时，参照《高规》第 6.2.8 条及第 6.2.9 条，按式（5-3）、式（5-4）进行面外抗剪钢筋配筋计算。

当偏心受压时：

$$V \leqslant \frac{1}{0.85}\left(\frac{1.05}{\lambda+1} f_{\mathrm{t}} b h_{0}+0.056 N+f_{\mathrm{yv}} \frac{A_{\mathrm{sv}}}{s} h_{0}\right) \tag{5-3}$$

当偏心受拉时：

$$V \leqslant \frac{1}{0.85}\left(\frac{1.05}{\lambda+1} f_{\mathrm{t}} b h_{0}-0.2 N+f_{\mathrm{yv}} \frac{A_{\mathrm{sv}}}{s} h_{0}\right) \tag{5-4}$$

由于剪力墙面内与面外的抗剪面积是一致的，而剪力墙面内剪力往往远大于面外剪力，故扁柱的抗剪截面要求是由剪力墙面内剪力控制，因此面外无需验算剪压比。

少墙方向楼板在水平荷载作用下，楼板两侧支座产生一定的负弯矩。取 1m 板带为研究对象，其沿板跨的弯矩分布如图 5-2 所示，两端负弯矩较大，跨中弯矩较小。对于双向剪力墙结构，楼板端部的弯矩往往较小，可不考虑其对承载力的影响。

在竖向荷载作用下，沿板跨的弯矩分布如图 5-3 所示，其支座及跨中弯矩均往往较大。当考虑不同的荷载组合，将图 5-2 与图 5-3 叠加以后，与只考虑竖向荷载作用的工况相比，楼板的支座弯矩增大较多，跨中弯矩基本上不变。因此，为了保证小震作用下楼板的承载力，楼板支座的受弯承载力设计必须考虑水平荷载的影响（对于风控地区，尚需考虑风荷载的影响）。

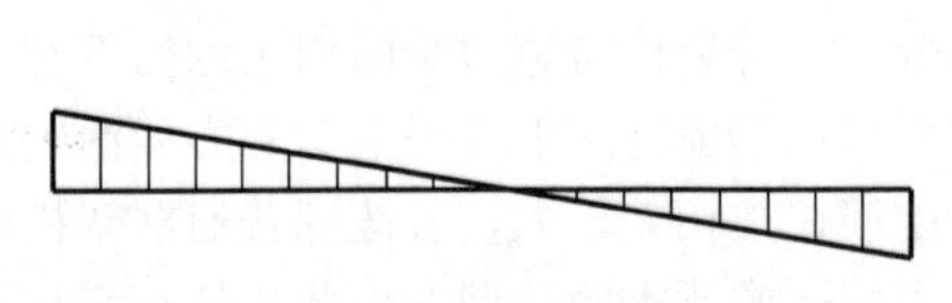

图 5-2　水平荷载作用下楼板弯矩示意

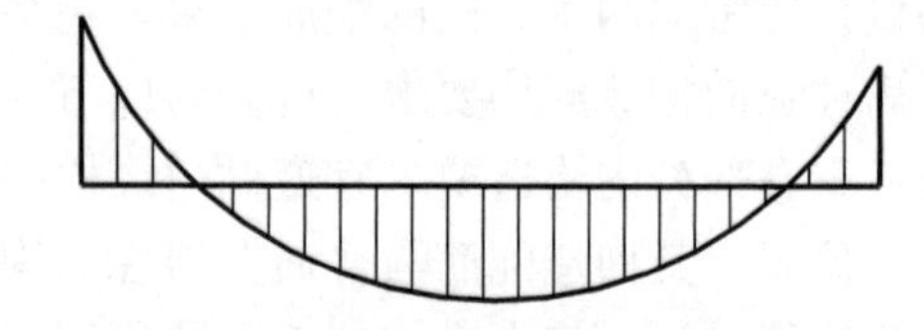

图 5-3　竖向荷载作用下楼板弯矩示意

当楼板受弯承载力满足要求，则其构造配筋可遵循现有规范对楼板的构造要求。考虑水平荷载后楼板支座负弯矩影响范围较大，支座钢筋从墙边伸入楼板长度应适当增加，并有一定数量的通长钢筋。

5.3　中震及大震分析

根据《高规》第 3.11.3 条的规定，第 3、4、5 性能水准的结构应进行弹塑性计算分析，中震、大震抗震性能水准一般为第 3 或第 4 性能水准，因此对于少墙方向结构，中震、大震理论上应采用弹塑性分析法进行计算分析。然而，实际工程中考虑少墙方向的弹塑性分析存在以下困难：①现有的计算程序不能考虑剪力墙面外的非线性。少墙方向的框架柱及扁柱均采用了墙单元模拟，使得框架柱及扁柱在少墙方向只能按照弹性计算。②楼板单元不能考虑面外非线性。③同时考虑楼板及剪力墙面外的非线性会使弹塑性分析耗时大大增加。

在未能解决弹塑性分析方法的困难前提下，建议两个方向在小震弹性分析模型的基础上，采用同一模型按照等效弹性法近似计算。采用等效弹性法时，参考《高规》第 3.11.3 条的规定进行计算，考虑中震及大震作用下结构刚度退化，中震、大震连梁刚度折减系数不应小于 0.3，中震、大震分析的结构阻尼比可比小震分析适当增加。

6　算例

6.1　工程简介

本案例项目位于深圳前海深港现代服务业合作区，建筑总高度为 131.10m，其附属商业裙房高度为 16.25m。本项目含 4 层地下室，地下 4 层～地下 2 层为车库和设备用房，地下 1 层为商业。嵌固端取地下 1 层顶板，板厚 180mm。上部楼层除加强层层高 5.1m 外，其余楼层层高 3.6m，板厚为 180mm。项目标准层结构平面如图 6-1 所示。从图中可以看出，本项目 X 方向布置的 X 向剪力墙较少，可能存在少墙问题，需对 X 向的结构体系进行少墙判别；Y 方向布置的剪力墙较多，可不进行少墙判别。

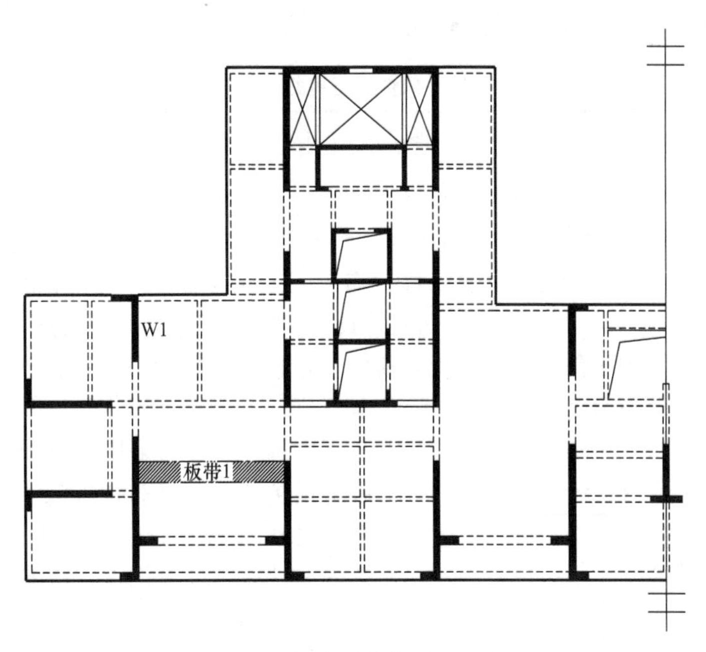

图 6-1　标准层结构平面示意

6.2　结构体系判别及整体指标计算

根据文献［1］的判别方法，经计算，本案例少墙方向的抗侧力体系各部分的剪力比如表 6-1 所示。

剪力比计算　　表 6-1

参数	X 向剪力墙	X 向梁柱框架（含剪力墙端柱）	扁柱楼板框架
剪力（kN）	4610	2432	1297
剪力比	0.553	0.291	0.156

表 6-1 的计算结果表明，本案例 X 向的扁柱楼板框架的剪力比为 0.156>0.1，X 向可判别为复合框架-剪力墙结构。

表 6-2 的结构基本指标表明，在地震作用下，本案例少墙方向最大层间位移角为 1/1027，Y 向最大层间位移角为 1/1765，满足位移角限值要求。

结构基本指标　　表 6-2

指标		X 向	Y 向
周期（s）		3.66	2.83
地震	基底剪力（kN）	16384	18427
	层间位移角	1/1027（24 层）	1/1765（26 层）
规范限值		1/800（1/650）	1/800（1/650）

6.3　少墙方向构件抗震等级选取及抗震承载力验算

本案例在 X 向为复合框架-剪力墙结构，抗震设防烈度为 7 度，按照框剪结构设计，其高度为超 B 级高度，构件的抗震等级如表 6-3 所示。

构件抗震等级　　表 6-3

构件	X 向剪力墙	梁柱框架	扁柱楼板框架
抗震等级	一级	一级	一级

如前文所述，少墙方向的 X 向剪力墙、梁柱框架抗震等级与框架-剪力墙结构相同，模型中框架柱为采用墙单元模拟的异形柱，需人工提取内力并根据规范相关要求进行构件内力的调整。关于 X 向剪力墙、梁柱框架的具体验算过程本文不再赘述，此处仅以图 6-1 所示的剪力墙 W1 及图中斜线板带为例，说明扁柱楼板框架承载力的验算。根据第 4 节的划分方法，将 W1 墙划分为如图 6-2 所示的两部分。

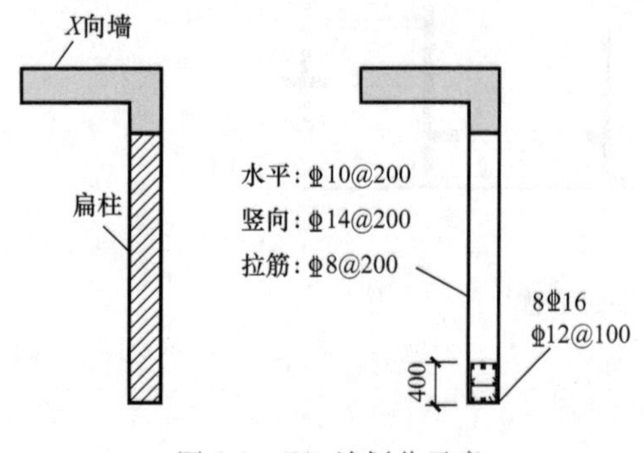

图 6-2　W1 墙划分示意

中震、大震均采用等效弹性法，中震、大震连梁折减系数分别取 0.5、0.3，小震、中震的阻尼比均为 0.05，大震阻尼比为 0.06。根据内力计算结果及图 6-2 的配筋结果，对扁柱进行双向压弯、拉弯承载力验算，如图 6-3 所示。

图 6-3 的验算结果表明，本案例扁柱压弯抗震性能可满足小震弹性、中震不屈服的要求；在大震作用下，扁柱压弯已屈服，不满足

设定的性能目标要求，设计阶段应适当增大配筋以满足设定的性能目标。

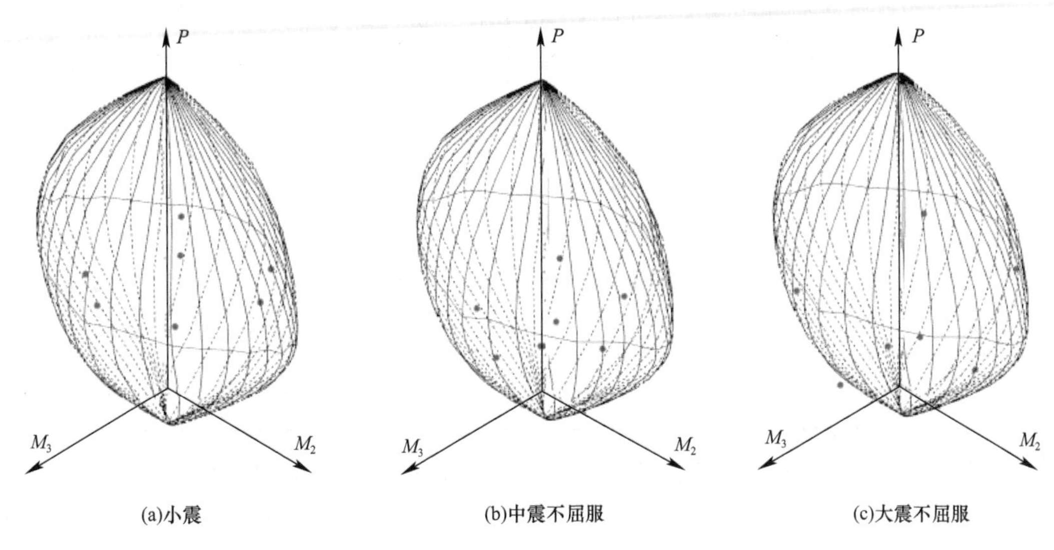

图 6-3 扁柱压弯承载力验算

扁柱受剪承载力验算如表 6-4 所示，验算结果表明，本案例剪力墙面外抗剪抗震性能可满足小震、中震弹性，大震不屈服的要求；小震、中震、大震均能满足最小受剪截面要求。

扁柱受剪承载力验算（kN） **表 6-4**

剪力设计值			受剪承载力			最小受剪截面		
小震	中震	大震	小震	中震	大震	小震	中震	大震
67.5	102.3	133.7	914	993	1014.5	3748.9	3748.9	4461.2

注：此处受剪承载力计算未考虑拉结筋。

以图 6-1 所示的板带 1 为例，说明扁柱框架的楼板验算。在恒荷载作用下，板带 1 的弯矩分布如图 6-4 所示，其中 $M_1=21.38$kN·m/m，$M_2=20.7$kN·m/m，$M_z=-16.94$kN·m/m（本文约定上侧受拉为正）。竖向荷载作用下，板带 1 的弯矩分布类似于两端为弹性支座的梁，端弯矩取决于弹性支座的刚度。上述内力均为弹性解，未作弯矩调幅。

在小震作用下，板带 1 弯矩的分布特征如图 6-5 所示，其中，$M_1=8.14$kN·m/m，$M_2=-3.39$kN·m/m，$M_z=0.52$kN·m/m。小震作用下，板带 1 的弯矩分布类似于框架结构在水平荷载作用下梁的弯矩分布特征，两端支座弯矩较大，跨中弯矩较小，其中支座弯矩的大小与剪力墙的面外刚度有关。

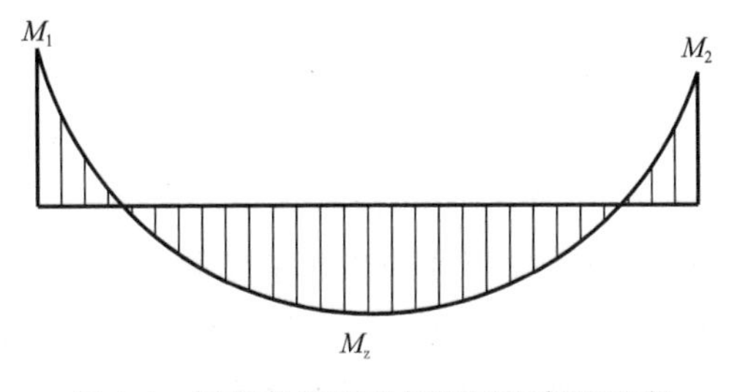

图 6-4 恒荷载作用下每米板块弯矩示意

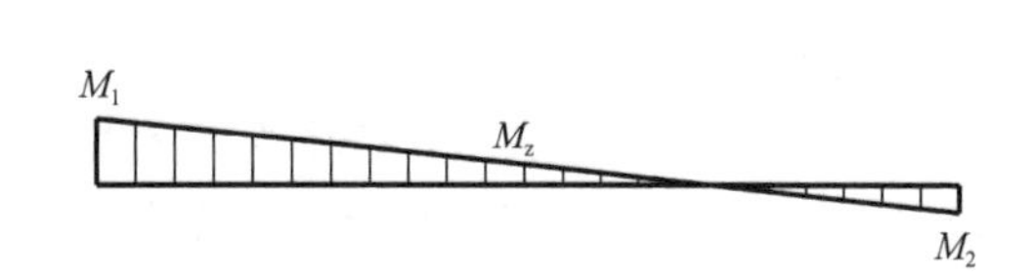

图 6-5 小震作用下每米板块弯矩示意

图 6-5 表明，小震作用下，楼板在少墙方向会产生较大的支座面外弯矩。小震作用下，板带 1 西侧支座面外弯矩为 8.14kN·m/m，与恒荷载引起的支座面外弯矩相比，小震约为恒荷载作用下的 38.1%，表明楼板在少墙方向承载力设计应考虑水平荷载的影响。

根据竖向荷载及水平荷载作用下，楼板在少墙方向内力分布的特征，对楼板进行相应的配筋设计。本算例风荷载为控制工况，此处将风荷载作用下的内力亦列出。各工况下，板带 1 西侧支座弯矩及跨中弯矩汇总如表 6-5 所示。

板带 1 西侧支座弯矩及跨中弯矩汇总（kN·m/m） **表 6-5**

位置	恒荷载 D	活荷载 L	风荷载 W_X	小震作用 E_X	中震作用	大震作用
西侧支座	21.38	7.04	9.68	8.14	21.06	40.70
跨中	−16.94	−6.04	0.63	0.52	1.35	2.60

根据《高规》及《建筑结构荷载规范》GB 50009—2012[5]的相关规定，考虑以下荷载组合后，板带 1 西侧支座弯矩及跨中弯矩设计值见表 6-6。表 6-6 的计算结果表明，当按一般楼板仅考虑竖向荷载进行配筋设计时，板带 1 西侧支座弯矩设计值为 35.8kN·m/m；考虑水平荷载参与组合后，其弯矩为 46.1kN·m/m，约为前者的 1.29 倍。分别采用仅考虑竖向荷载及考虑风荷载的两个组合，配筋设计如表 6-7 所示。

板带 1 西侧支座弯矩及跨中弯矩设计值汇总（kN·m/m） **表 6-6**

位置	竖向荷载		风		小震		中震	大震
	工况 1	工况 2	工况 3	工况 4	工况 5	工况 6	工况 7	工况 8
支座	35.5	35.8	43.6	46.1	36.7	34.4	46.0	65.6
跨中	−28.8	−28.8	−28.3	−25.4	−23.1	−23.3	−18.61	−17.36

注：工况 1 为 1.2D+1.4L；工况 2 为 1.35D+0.98L；工况 3 为 1.2D+1.4L+0.84W；工况 4 为 1.2D+0.98L+1.4W；工况 5 为 1.2D+0.6L+0.28W+1.3E_x；工况 6 为 1.2D+0.6L+1.3E_x；工况 7 为 1.0D+0.5L+1.0E_x；工况 8 为 1.0D+0.5L+1.0E_x。

板带 1 西侧支座配筋设计 **表 6-7**

项次	弯矩设计值（kN·m/m）	计算面积（mm²）	实配面积（mm²）
仅考虑竖向荷载	35.8	762	770（C14@200）
考虑水平荷载	46.1	981	1026（C14@150）

表 6-7 的计算结果表明，考虑水平荷载参与组合后，配筋面积比仅考虑竖向荷载时增加约 33%，板带 1 西侧支座在少墙方向的楼板配筋应考虑水平荷载的影响。进一步采用考虑水平荷载的配筋结果进行中震、大震性能目标验算，材料强度取标准值，则板带 1 西侧支座的极限承载力为：

$$M_u \leqslant 0.9 f_{yk} A_s h_0 = 47.24\text{kN}\cdot\text{m/m}$$

可见，中震作用下，楼板受弯已接近屈服；大震作用下，楼板受弯已屈服。由于水平荷载引起的板块跨中弯矩较小，板带 1 跨中配筋设计可仅考虑竖向荷载组合。考虑到大震作用下，楼板支座已屈服，跨中弯矩有所增大，此时可考虑将相应板带假定为两端铰支，材料强度宜采用标准值进行跨中配筋设计。板带 1 跨中仅考虑竖向荷载并进行内力调整后，其配筋面积为 754mm²（C12@150）。板带 1 西侧支座受剪承载力验算见表 6-8。

板带 1 西侧支座受剪承载力验算（kN/m） 表 6-8

项次	风荷载		小震作用		中震作用	大震作用
	工况 3	工况 4	工况 5	工况 6	工况 7	工况 8
剪力设计值	40	39	51	49	44	48
受剪承载力	145	145	171	171	171	204
最小受剪截面	518	518	488	488	488	437

表 6-8 的验算结果表明，本案例楼板面外抗剪抗震性能可满足小震弹性，中震、大震不屈服的要求；小震、中震、大震均能满足最小受剪截面要求。

7 结论与建议

建议一向少墙剪力墙结构抗震设计要点如下：

（1）当扁柱楼板框架剪力比 $\mu_{iwf} \leqslant 0.1$ 时，说明扁柱楼板框架的作用较小，建议不进行扁柱楼板框架承载力验算，适当采用加强构造措施处理。当扁柱楼板框架剪力比 $\mu_{iwf} > 0.1$ 时，说明扁柱楼板框架的作用较大，必须验算扁柱楼板框架的承载力，本文建议的性能设计方法可供参考应用。

（2）少墙方向的 X 向剪力墙一般为非矩形的复杂截面，设计时建议采用组合墙肢的设计方法；梁柱框架一般为异形柱截面，应按异形柱设计。

（3）少墙方向的扁柱楼板框架，楼板的验算应考虑水平荷载的作用。

（4）在弹塑性分析方法尚未完善前，建议用等效弹性法验算少墙方向中震、大震的性能目标。

参考文献

[1] 魏琏，王森，曾庆立，等．一向少墙的高层钢筋混凝土结构的结构体系研究［J］．建筑结构，2017，47（1）：23-27.

[2] 住房和城乡建设部．高层建筑混凝土结构技术规程：JGJ 3—2010［S］．北京：中国建筑工业出版社，2010.

[3] 住房和城乡建设部．混凝土结构设计规范：GB 50010—2010［S］．北京：中国建筑工业出版社，2010.

[4] 住房和城乡建设部．建筑抗震设计规范：GB 50011—2010［S］．北京：中国建筑工业出版社，2010.

[5] 住房和城乡建设部．建筑结构荷载规范：GB 50009—2012［S］．北京：中国建筑工业出版社，2012.

05 超大高宽比高层建筑结构设计

王森，魏琏，孙仁范，刘冠伟，罗嘉骏
（深圳市力鹏工程结构技术有限公司，深圳 518034）

【摘要】 超大高宽比高层建筑的楼层层间位移角急剧增大，当最大层间位移角由风荷载控制时，可以考虑对楼层最大层间位移角限值适当放松，但同时需要保证结构构件在水平作用下具有足够的承载力，并应保证在大震作用下结构满足“大震不倒”的性能目标要求。当风荷载作用下的楼层最大层间位移角限值放松后，还应关注风振作用下的结构舒适度问题，并提出满足建筑舒适度要求的减振方案。文中通过深圳一高度接近250m，高宽比接近11的超高层工程案例进行了详细论述。
【关键词】 超高层建筑；框架-核心筒结构；层间位移角；黏滞阻尼器；加强层；舒适度

1 前言

随着城市建筑，特别是住宅类建筑的迅猛发展，建筑物高度越来越大，而建筑平面尺寸由于建筑使用功能、采光、通风等要求，并不能随建筑高度增大而加宽，使得反映结构抗侧刚度的一个重要指标——高宽比增大，超大高宽比的超高层建筑会给结构设计带来许多常规高宽比结构不需特别关注的问题。本文就这一问题进行论述，并对一高宽比接近11的超高层建筑进行分析介绍。

2 现行标准的有关规定

《高层建筑混凝土结构技术规程》JGJ 3—2010（以下简称《高规》）[1]第3.3.2条规定了钢筋混凝土高层建筑结构适用的最大高宽比，见表2-1。

钢筋混凝土高层建筑结构适用的最大高宽比　　表2-1

结构体系	非抗震设计	抗震设计		
		6度、7度	8度	9度
框架	5	4	3	—
板柱-剪力墙	6	5	4	—
框架剪力墙、剪力墙	7	6	5	4
框架-核心筒	8	7	6	4
筒中筒	8	8	7	5

《高规》第11.1.3条规定了混合结构高层建筑适用的最大高宽比，见表2-2。

《高规》第9.2.1条规定：“核心筒的宽度不宜小于筒体总高的1/12。”

混合结构高层建筑结构适用的最大高宽比 表 2-2

结构体系	非抗震设计	抗震设计		
		6 度、7 度	8 度	9 度
框架-核心筒	8	7	6	4
筒中筒	8	8	7	5

3 国内外工程案例

从《高规》规定的不同结构类型在不同设防烈度下的适用最大高宽比可以看出，抗震设计中结构的最大适用高宽比为 8，实际工程中高宽比超过 9 的建筑结构可以认为是超大高宽比的超高层建筑。表 3-1、表 3-2 分别列出部分国内和国外现有的超大高宽比高层建筑情况。

国内部分超大高宽比高层建筑 表 3-1

编号	项目名称	高度(m)/层数	高宽比	结构类型	标准层平面
1	广州增城某高层住宅	183/53	9.4，局部 14，平均 10.5	部分框支剪力墙结构	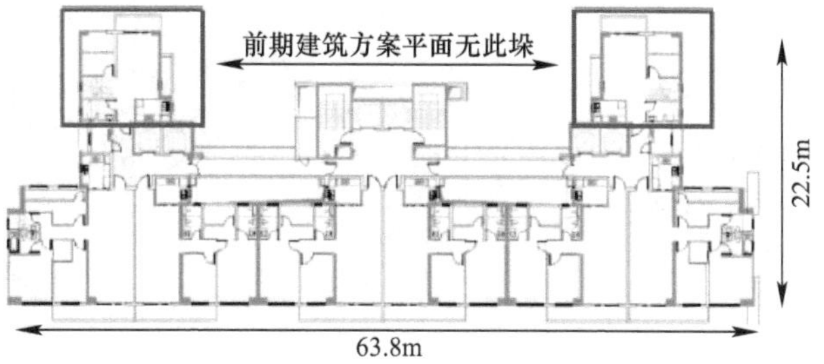 前期建筑方案平面无此垛 13.0m 22.5m 63.8m
2	深圳东海超高层连体公寓	290/82	9.6	框架-核心筒结构	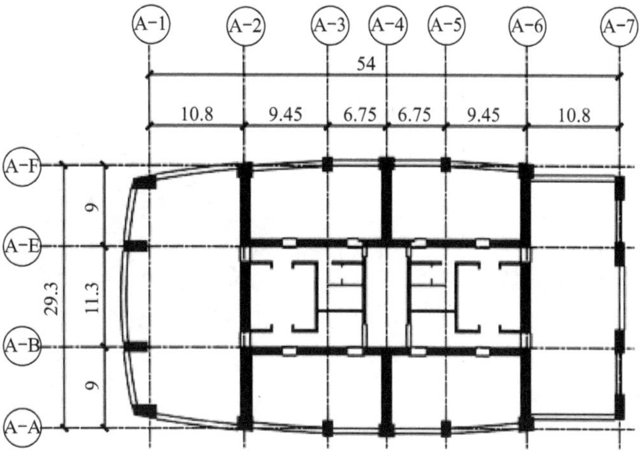 A-1 A-2 A-3 A-4 A-5 A-6 A-7 54 10.8 9.45 6.75 6.75 9.45 10.8 A-F A-E A-B A-A 9 11.3 9 29.3

续表

编号	项目名称	高度（m）/层数	高宽比	结构类型	标准层平面
3	广州万科同福西二期超高层住宅	184/53	8.6	框架-双核心筒结构	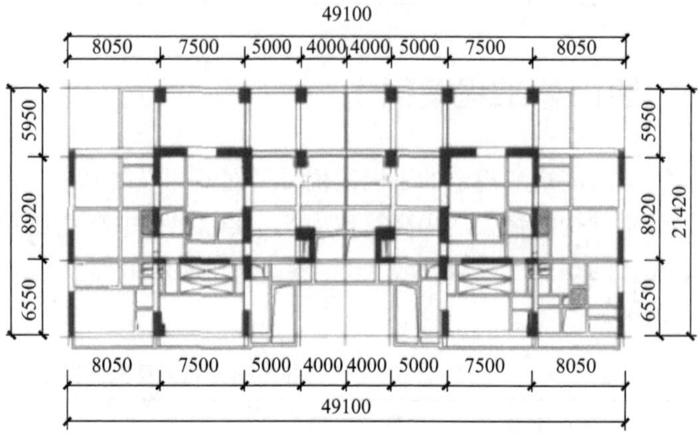
4	广州珠江新城超高层住宅	184/52	13.5（单肢）	框架-剪力墙结构	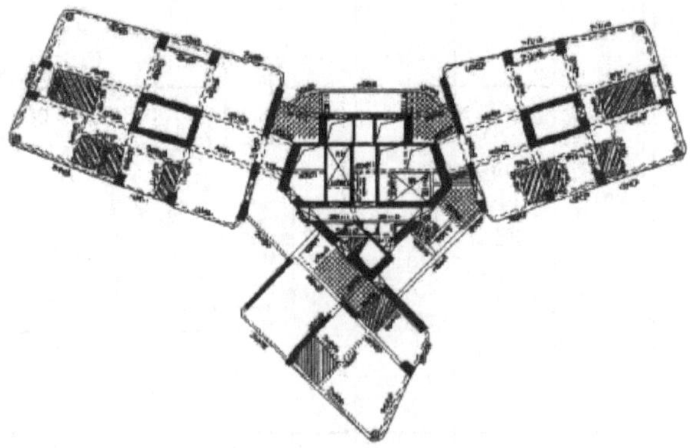
5	江苏凯纳商务广场	184/54	9	剪力墙结构	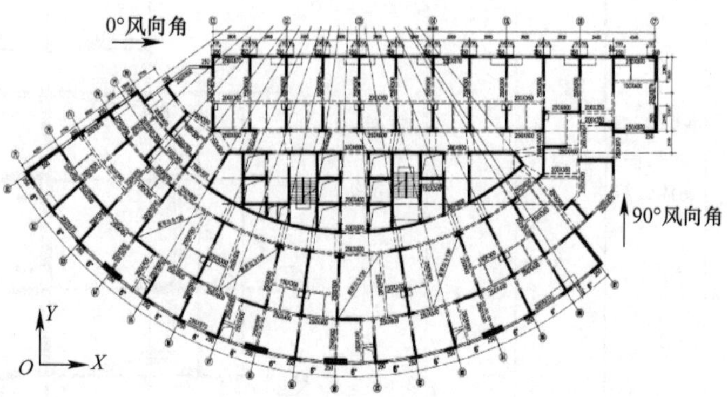

续表

编号	项目名称	高度(m)/层数	高宽比	结构类型	标准层平面
6	深圳后海天佶湾项目	245/61	10.6	框架-核心筒结构	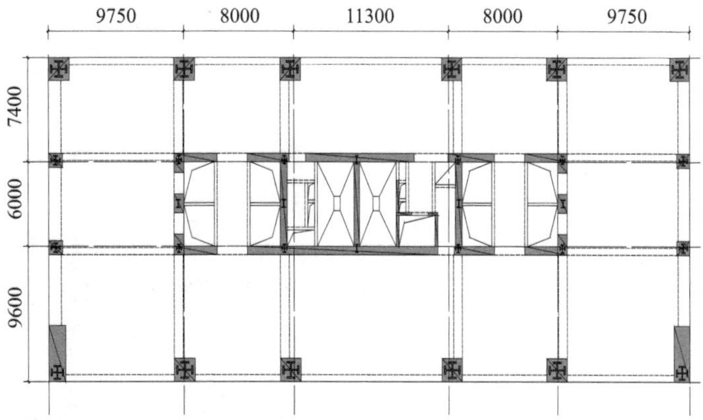 9750 8000 11300 8000 9750 7400 6000 9600

国外部分超大高宽比高层建筑 **表 3-2**

编号	项目名称	高度(m)/层数	高宽比	结构类型	标准层平面
1	纽约 432 Park Avenue	392/85	15	筒中筒结构	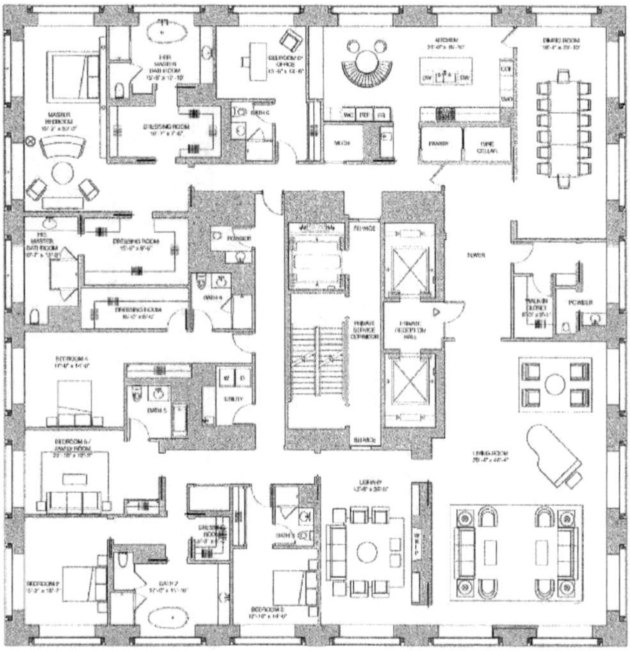

续表

编号	项目名称	高度(m)/层数	高宽比	结构类型	标准层平面
2	迪拜 23 Marina	314/88	9	框架-核心筒结构	
3	纽约 111 West 57th Street	345/82	18.8	剪力墙结构	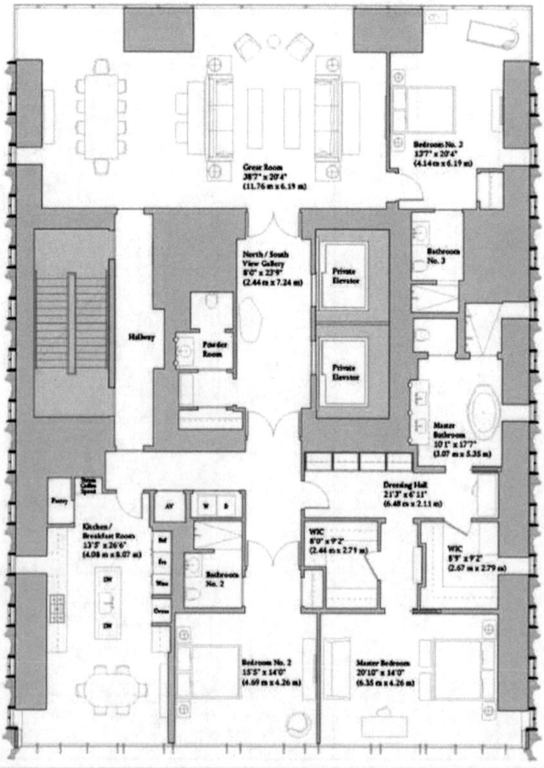

续表

编号	项目名称	高度(m)/层数	高宽比	结构类型	标准层平面
4	墨尔本 Australia 108	312/100	8.7	框架-核心筒结构	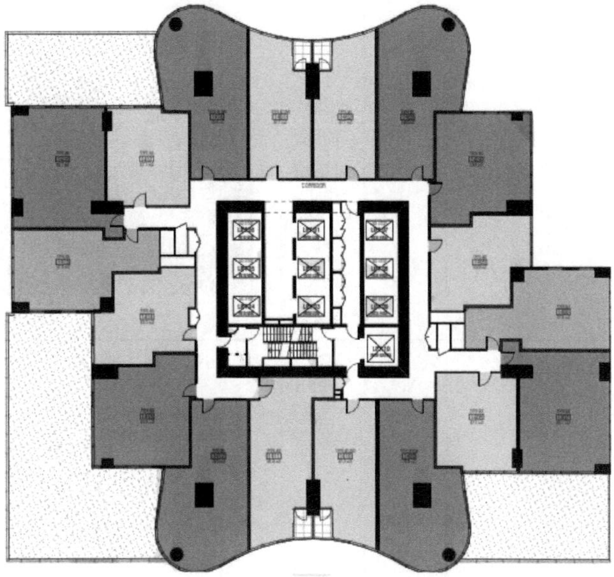
5	纽约 Central Park Tower	442/98	15.5	框架-核心筒结构	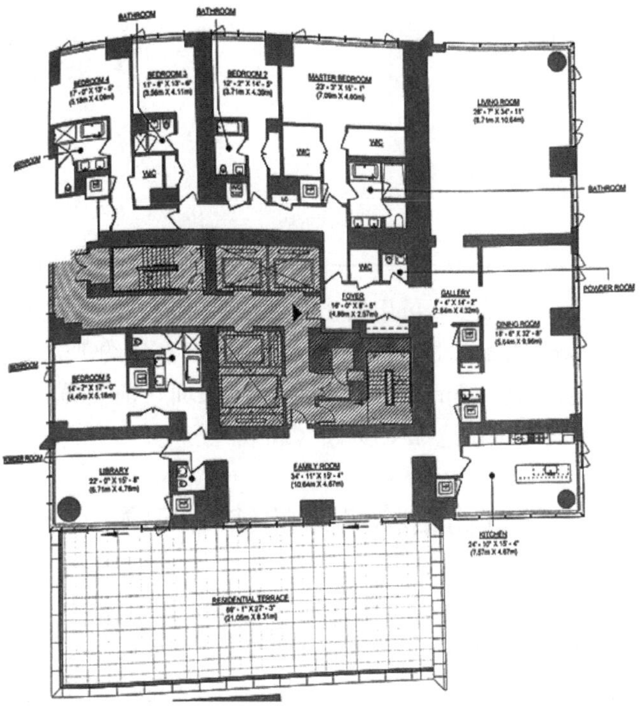

续表

编号	项目名称	高度(m)/层数	高宽比	结构类型	标准层平面
6	纽约 220 Central Park South	276/65	18	框架-核心筒结构	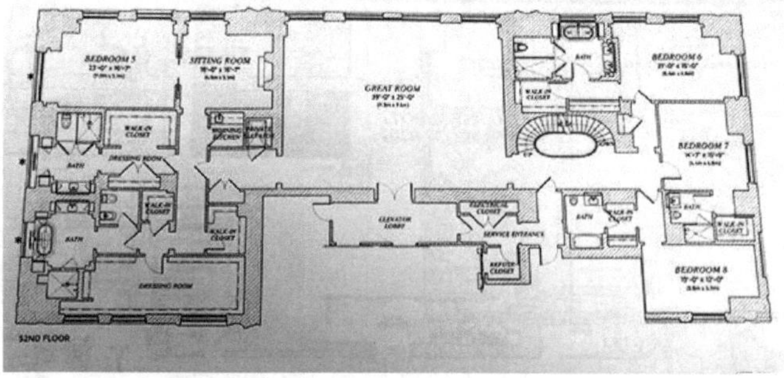
7	迪拜 Princess Tower	357/101	9	筒中筒结构	

由表 3-1、表 3-2 可以看出，美国已建成高宽比超过 15 的超高层结构，如纽约 Central Park Tower 地面以上 98 层，高 472m，高宽比约 15.5；纽约 220 Central Park South 地面以上 65 层，高 290m，高宽比约 18。深圳目前高宽比最大的结构，高 250m，高宽比达 11，核心筒高宽比达 35，远超《高规》规定。

4 超大高宽比结构带来的结构问题

随着建筑结构高度增加，水平风荷载作用及水平地震作用对结构的影响越来越大。整体上从悬臂结构的端部弯矩和顶点位移的简化公式可以看出，结构底部的弯矩（倾覆力矩）与建筑结构高度的平方成正比，而结构的水平位移与建筑结构高度的 4 次方成正比。结构的位移大小直接与结构刚度相关，从现行标准的规定看，结构的楼层最大层间位移角是控制结构刚度的重要指标之一，而结构的层间位移角与结构顶点位移角及结构顶点位移直接相关。另外，结构的整体稳定性及结构二阶效应也直接与结构的顶点位移相关。超大高宽比结构的抗侧刚度相对较小，同样的水平荷载作用下结构的最大层间位移角大，结构设计时较难满足规范关于最大层间位移角限值的要求。

高宽比较大时，结构在风荷载作用下的舒适度问题就显得更为突出，采取措施减小结构在风振下的加速度反应是超大高宽比结构的又一重要问题。

《高规》第 3.7.6 条规定，在现行国家标准《建筑结构荷载规范》GB 50009 规定的 10 年一遇的风荷载标准值作用下，结构顶点的顺风向和横风向振动最大加速度计算值为：住宅、公寓不应超过 0.15m/s^2。

5 分析解决的方法

针对超大高宽比问题，较好的解决方法是合理分析结构的楼层位移组成，在确保结构构件安全基础上，适当放松结构楼层最大层间位移角限值，针对项目的建筑使用功能需求和特点，采取有效措施减小结构在风荷载作用下的加速度反应，提高建筑结构的舒适度。

5.1 适当放松风荷载作用下的楼层最大层间位移角限值

理论分析表明，由于结构构件的非受力位移是由构件底端转动引起的顶端位移，所以随着楼层高度增加，当底端转角增大时由转动引起的非受力位移会逐渐增大，即非受力位移的占比相应增大，反之会相应减小。文献［2］～［4］根据层间位移由受力位移和非受力位移组成的理论，通过高度 30m（框架结构）至 250m 不同类型高层建筑案例的分析，说明非受力层间位移在高层建筑中始终是远大于相应的受力层间位移，在高度更大的高层建筑中非受力层间位移的比例更大。可以认为，最大层间位移所在楼层的非受力层间位移远大于相应的受力层间位移是一条符合实际的普遍规律。由此可见，在确定最大层间位移角限值时可不考虑建筑高度差异的影响。

计算结构的楼层层间位移时，计算模型、计算参数等都会影响计算得到的结果，以下逐点进行分析。

（1）结构的重力二阶效应

当考虑结构的重力二阶效应影响时，构件的受力层间位移角及楼层转角均会增大。研究表明 P-Δ 效应对位移计算结果有一定影响，尤其对高度较大的建筑这一影响是不能忽略的。表 5-1 列出的几个工程案例均采用框架-核心筒结构，其中考虑 P-Δ 效应后结构的最大层间位移角会增大约 5%～7%。

考虑 P-Δ 效应与否对结构最大层间位移角的影响分析 **表 5-1**

案例	结构高度（m）	是否考虑 P-Δ 效应		(1) / (2)
		是（1）	否（2）	
案例一	250	1/505	1/536	1.06
案例二	280	1/593	1/636	1.07
案例三	350	1/467	1/492	1.05

（2）地下室竖向构件拉压及转角变形的影响

规范规定结构首层底部一般为嵌固端，当计算模型未考虑地下室结构竖向构件变形的影响时，层间位移角计算结果会偏小，当地下室层数较多时，层间位移角计算结果会偏小较多。表 5-2 列出的几个工程案例均采用框架-核心筒结构，其中考虑地下室后结构的最大层间位移角会增大约 5%～17%，地下室层数越多，考虑地下室后层间位移角增大越多。

考虑地下室与否对结构最大层间位移角的影响分析 **表 5-2**

案例	结构高度（m）	地下室层数及深度（m）	是否考虑 P-Δ 效应	是否考虑地下室		(1) / (2)
				是 (1)	否 (2)	
案例一	250	5 层，23	考虑	1/433	1/505	1.17
			不考虑	1/464	1/536	1.16
案例二	280	5 层，25	考虑	1/510	1/593	1.16
			不考虑	1/554	1/636	1.15
案例三	350	4 层，19	考虑	1/443	1/467	1.05
			不考虑	1/469	1/492	1.05

（3）结构构件刚度折减的影响

显然不考虑构件刚度折减时，结构的计算刚度较大，在其他条件相同情况下计算得到的层间位移角较小，因此，当不考虑刚度折减时，位移角的限值应相应较严。

（4）非结构构件的影响

建筑结构中有许多非结构构件，如房间隔墙、外围护墙、幕墙等，这些墙体材料的刚度及其与主体结构的连接方式对结构的刚度有所增大，周期有所缩短，因而计算中不考虑此影响会使计算结果略偏大

（5）计算模型中的某些假定

如一般不计斜置楼梯的刚度，又如文献［4］指出的，当楼板按弹性板考虑时，各个墙柱的层间位移值与刚性板假定的层间位移值不同。另外，杆件间连接方式和节点尺寸等都不能在计算模型中准确反映，也会对层间位移角的计算结果有一定影响。

根据现行相关规范对楼层层间位移角限值的规定，可以看出规范规定最大层间位移角限值主要有两个目的：①保证主结构基本处于弹性受力状态；②保证填充墙、隔墙和幕墙等非结构构件的完好，避免产生明显损伤。

由前述分析可知，高层建筑上部层间位移角中的大部分是由结构整体转动引起的非受力位移组成，受力位移很小，对于“保证填充墙、隔墙和幕墙等非结构构件的完好，避免产生明显损伤”的目的，则需要遵守：①《建筑幕墙》GB/T 21086—2007[5]规定，建筑幕墙平面内变形性能以建筑幕墙层间位移角为性能指标。抗风设计时指标值应不小于主体结构弹性层间位移角控制值，一般约 1/300～1/200。②建筑内部房间之间的分户隔墙以及周边的维护墙体等非结构构件在水平荷载作用下也会产生一定的变形，需要控制其在水平荷载作用下的变形值不超过其允许的变形值。文献［6］提出，填充墙正常使用状态允许的层间位移角可大于 1/400。另外，电梯运行对结构层间位移角的要求一般认为不宜大于 1/200。因此风荷载作用下的结构最大层间位移角限值可适当放松。

深圳市《高层建筑混凝土结构技术规程》SJG 98—2021[7]第 3.7.1 条规定：“在 50 年重现期风荷载作用下，按弹性方法计算的楼层层间最大水平位移与层高之比 Δ_u/h 不宜大

于 1/500，其中楼层层间最大位移 Δ_u 以楼层竖向构件最大的水平位移差计算。”本条同时给出 3 个附注：①当采用黏滞阻尼器等减振措施满足结构风振舒适度要求时，位移限值可放松 15%；②当计算位移计入地下室相应构件变形的影响时，位移限值可适当放松；③混合结构按弹性方法计算的楼层层间最大水平位移与层高之比 Δ_u/h 不宜大于 1/450。需要注意的是，楼层位移角限值放松后，应确保结构构件的承载力满足要求，同时应关注结构在风荷载作用下的顶点加速度反应。

5.2 减小结构顶点风振加速度反应的措施

由风振动引起的结构反应除了按静力方式施加到结构的风荷载外，还会引起在顺风向和横风向的振动加速度，较大的加速度会使建筑中的人产生不舒适感，因此需要控制在风振下的风振加速度，我国现行规范以 10 年一遇风荷载标准值作用下的结构顶点加速度值作为控制指标。当结构的振动加速度反应超过限值时，应采取措施予以减小，简称“减振”。

结构振动控制主要采用两种途径，一种是修改结构的刚度、阻尼和质量等参数以改善其动力性能，另一种则是通过外部能源施加被动或主动的控制力来抵抗外部荷载。

用于结构控制的调谐质量阻尼器（TMD）和调谐液体阻尼器（TLD）的理论基础就是动力吸振。这类系统的频率通常需要调谐到与主结构的固有频率相等或接近，才能充分发挥控制作用。单个的 TMD 或 TLD 仅能控制结构的单一模态，主要用于控制结构的一阶模态。

TMD 可以有效抑制风荷载作用下的结构振动。世界上许多高楼、桥梁、塔和烟囱安装了 TMD。但是地震激励下的控制效果则依赖于场地地震波的特性，不能简单地说有效或无效。TLD 通过流体的流动及波的撞击进行能量耗散。第一个 TLD 用于实际的建筑是在 1995 年，对结构进行的自由振动试验表明，结构阻尼系数比安装前增大了近 5 倍，达 4.7%；在 20m/s 的风荷载作用下，结构响应可减少 35%～50%[8]。

风或地震输入结构的能量被转换成动能、势能或者以热能的形式耗散。根据结构动力学理论，如果没有阻尼存在，振动将不会停止，尤其在共振时振幅将逐渐增大，必然导致结构倒塌。实际上，由于结构内部存在一定的阻尼，结构的振动特性也经过合理设计，这种情况是不会出现的。为了进一步提高减振效果，可以在结构适当位置设置消能装置，给结构提供附加的阻尼和刚度。

消能装置分成两类：一类是滞回装置，包括金属屈服阻尼器和摩擦阻尼器，另一类是黏性装置，包括黏弹性阻尼器和黏滞阻尼器。前一类阻尼器耗能依赖于阻尼器自身的相对位移，黏滞阻尼器耗能依赖于阻尼器自身的相对速度，而黏弹性阻尼器耗能则既依赖于阻尼器自身的相对位移，也依赖于阻尼器自身的相对速度。

摩擦阻尼器通过固体滑动摩擦耗散能量，其原理与汽车制动相类似。黏弹性阻尼器由黏弹性层和钢板粘结而成，通过黏弹性材料（分子聚合物或玻璃体类物质）的剪切变形耗能。1969 年，美国世贸大楼每个塔设置了大约 10000 个黏弹性阻尼器进行风振控制，这是黏弹性阻尼器应用于结构工程最有名的例子。

黏滞阻尼器通过黏性流体对阻尼器活塞的阻碍而耗散能量。黏滞阻尼器的显著特点在于其耗能仅仅依赖于阻尼器自身的相对速度，而且其阻尼模式和所确定的结构内部阻尼模式一致。杆式黏滞阻尼器则是由于其中的流体受外界扰动流过孔隙（间隙）而耗能，如

图 5-1所示。最典型的产品系由美国 Taylor 公司生产，国内现已有工厂生产杆式黏滞阻尼器。

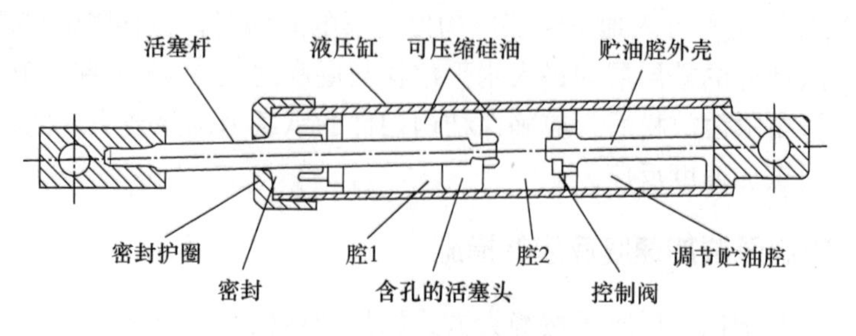

图 5-1　杆式黏滞阻尼器

黏滞阻尼墙（图 5-2）由日本 Sumitomo Construction Company 始创，并成功应用于日本静冈县的 Sut-Building 建筑上，框架在弹性范围内的阻尼比达到 20%～30%。黏滞阻尼墙中活塞表现为一钢板，由外板围成的容器内装有黏滞流体，该钢板只能在流体内作平面运动。应用于结构时，内钢板固定于上层楼面，外板则与下层楼面相连接。地震时，楼层产生层间位移从而使墙内的流体被剪切，地震能量得到消耗。这种黏滞阻尼器都是在较大的容器内通过对流体的局部扰动而产生阻尼耗能。

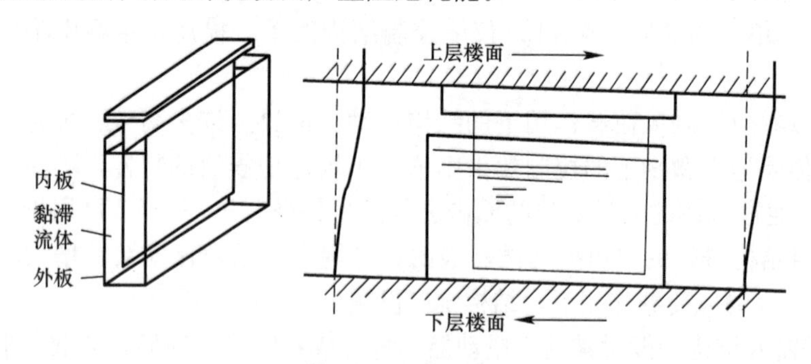

图 5-2　黏滞阻尼墙

目前工程上使用的减振措施一般选用以上论述中的 TMD、TLD 和黏滞阻尼器。

6　工程案例

6.1　基本情况

恒裕后海金融中心项目地处深圳市南山区后海滨路与海德一路交叉路口东南侧（图 6-1），总用地面积约 15136m²，总建筑面积约 40.8 万 m²。地面以下 5 层，深约 26.2m。

B 塔楼地上 61 层，屋面高度 246.85m，屋面以上幕墙高度 9m，标准层平面长 47m、宽 23m，最大高宽比约 10.7。首层层高 6.6m；15 层以下为办公楼，标准层层高 4.5m；15 层以上为公寓，标准层层高为 3.6m；避难层（设备层）层高 5.1m。C 塔楼地上 52 层，屋面高度 243.25m，屋面以上幕墙高度 9m，塔楼标准层平面长 47m、宽 23m，最大高宽比约 10.57。首层层高 6.6m；标准层为公寓，层高 4.5m；避难层（设备层）层高 5.1m。

B、C塔楼的平面尺寸和布置相同，结构高度接近。以下以B塔楼为代表进行论述。

结构设计使用年限为50年，建筑安全等级为二级，地基基础设计等级为甲级。抗震设防烈度为7度，基本地震加速度为0.10g，场地类别为Ⅱ类，设计地震分组为第一组，T_g=0.35s，抗震设防分类标准为丙类。基本风压w_0=0.75kN/m^2（50年一遇）及0.45kN/m^2（10年一遇）[9]。

图6-1 立面效果图

6.2 结构方案选型

对于居住类超高层建筑，一般选用剪力墙结构，但由于剪力墙限制户型灵活性，且户型内或户型间的墙体较厚，对建筑品质有一定影响。同时，考虑到裙房商业及地下室车库使用需要大空间，上部剪力墙需要在裙房进行转换，因此结构方案选择在办公建筑中较多采用的框架-核心筒结构。结构设计时根据建筑平面，在平面中部的电梯、楼梯间及设备间设置剪力墙，形成围合的钢筋混凝土核心筒；根据建筑柱网及柱截面大小的需要，在下部楼层框架内设置一定型钢；在避难层根据结构需要设置加强层等。

6.3 风荷载作用下楼层最大层间位移角限值的放松

根据现行规范的有关规定，本工程的楼层最大层间位移角限值为1/500。根据该限值完成的结构方案中，周边框架柱的截面尺寸对建筑使用功能影响较大，为此结构设计分析了适当放松最大层间位移角限值至1/400的结构方案，设计对两种结构方案的结构构件承载力及抗震安全性进行了分析。

根据本工程特点，选择位移角限值为1/500的结构方案时，考虑在现有结构方案基础上仅增加东西侧框架柱（除东侧的两根角柱外）的截面尺寸及其内置型钢尺寸，其余均相同。限值1/400与1/500两个方案中框架柱截面沿高变化情况见表6-1。表6-1中柱编号见图6-2。

两个方案的柱截面尺寸对比（mm） **表6-1**

楼层	最大层间位移角为1/400的方案	最大层间位移角为1/500的方案
1～3	2000×2000（18.6%）	2200×2200（18.3%）
4	1750×1800（17.9%）	1900×1900（20.9%）
5～40	1500×1650（18.6%）	1900×1900（20.9%）
41～53	1400×1500（11.2%）	1500×1800（16.6%）
54～56	1000×1000	不变
57～屋顶	800×800	不变

注：括号内数字为柱内型钢率。

根据两个方案在竖向构件层位移组成、构件承载力富裕度及大震作用下结构抗震性的对比结果，可以得出如下结论：

（1）超高层建筑中竖向构件的层间位移主要由结构整体弯曲产生的位移组成，在结构中上部计算层间位移角最大楼层位置处，两个结构方案竖向构件的受力层间位移量值基本接近，均很小。两个方案均可确保结构在风荷载和多遇地震作用下的弹性受力状态。

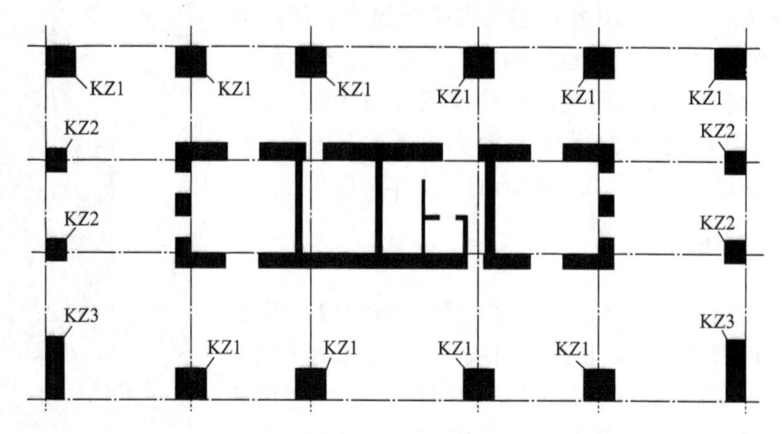

图 6-2 框架柱编号

（2）两个结构方案中主要的抗侧构件，框架柱、剪力墙、伸臂构件的承载力均有相当富裕度，都满足构件承载力的要求。

（3）罕遇地震作用下的对比结果表明，两个方案的最大层间位移角值及构件损伤程度略有不同，但均满足规范要求，且有较大富余度。

（4）对本工程而言，风荷载作用下结构楼层最大层间位移角取 1/400 是合理可行的。

6.4 风荷载作用下结构舒适度控制措施

本工程风洞试验结果表明，当结构阻尼比取 0.02 时，10 年一遇风荷载作用下的顶点最大加速度为 0.192m/s²，不满足《高规》“不超过 0.15m/s²”的要求，即本工程在 10 年一遇风荷载作用下结构的顶点加速度大于《高规》的有关规定。风洞试验报告同时表明，当结构阻尼比取 0.03 时，10 年一遇风荷载作用下的顶点最大加速度为 0.15m/s²，基本满足《高规》的要求；结构阻尼比取 0.035 时，10 年一遇风荷载作用下的顶点最大加速度为 0.137m/s²，满足《高规》要求。

设计采用布置斜撑式连接的液体黏滞阻尼器增大结构阻尼比的方法来解决该问题。由于建筑使用需要，仅能在建筑避难层加设阻尼器，为此对不同避难层、不同位置设置阻尼器以及阻尼器参数变化等进行了对比分析，全楼共设置了 58 个阻尼器。

计算结果表明，起控制作用的 Y 向顶点风振加速度，减振前为 0.192m/s²，减振后为 0.136m/s²，减振率 29.46%，减振后顶点风振加速度满足《高规》要求[10]。附加阻尼比可采用“对比法”进行估算。将无阻尼器时的结构阻尼比提高 1.5%，即使用 3.5%的阻尼比时，10 年一遇风荷载作用下的顶点最大风振加速度为 0.137m/s²。在采用减振方案后，计算得出的顶点风振加速度为 0.136m/s²，由此可求得阻尼器提供的附加阻尼比约为 1.5%。

高层建筑的层间位移角越大，结构的顶点加速度越大，对结构的舒适度不利。本工程为了减小风振下的结构顶点加速度，在结构避难层设置了若干黏滞阻尼器。结构设置黏滞阻尼器，不仅可以减小结构在风振作用下的结构加速度反应，同时由于黏滞阻尼器可以增加结构的阻尼比，即通过提供结构附加阻尼，实际上起到增加结构阻尼比的作用。分析结果表明，考虑结构黏滞阻尼器后，结构的楼层位移反应、层间位移角反应均会有所降低，分析表明，本工程设置阻尼器后Y向最大位移角可减小约7%。

7 结语

（1）建筑高度增加，而结构平面尺寸受限时形成的超大高宽比超高层建筑对结构设计提出了许多新挑战，选择合理的抗侧方案是解决这一问题的重要措施。

（2）适当放松楼层最大层间位移角限值是超大高宽比建筑的一个可行方法。需要注意的是，应保证结构构件的承载力满足规范要求。

（3）当风荷载作用下楼层层间位移角限值放松后，还应关注结构风振下的舒适度问题。舒适度的控制标准、计算方法及结构减振措施和减振效果需要一定工程实践后逐步发展完善。

参考文献

[1] 住房和城乡建设部．高层混凝土结构技术规程：JGJ 3—2010［S］．北京：中国建筑工业出版社，2010.

[2] 魏琏，龚兆吉，孙慧中，等．地王大厦结构设计若干问题［J］．建筑结构，2000，30（6）：32-37.

[3] 魏琏，王森．论高层建筑结构层间位移角限值的控制［J］．建筑结构，2006，36（S1）：49-55.

[4] 魏琏，王森．水平荷载作用下高层建筑受力与非受力层间位移计算［J］．建筑结构，2019，49（9）：1-6.

[5] 国家质量监督检验检疫总局，国家标准化管理委员会．建筑幕墙：GB/T 21086—2007［S］．北京：中国建筑工业出版社，2007.

[6] 黄兰兰，李洪泉，李振宝，等．砌块填充墙抗震性能试验研究［J］．工程抗震与加固改造，2011（1）：63-69.

[7] 深圳市住房和建设局．高层混凝土结构技术规程：SGJ 98—2021［S］．北京：中国建筑工业出版社，2021.

[8] 郑久建．黏滞阻尼减震结构分析方法及设计理论研究［D］．北京：中国建筑科学研究院，2003.

[9] 建筑结构荷载规范：GB 50009—2012［S］．北京：中国建筑工业出版社，2012.

[10] 王森，陈永祁，马良喆，等．液体黏滞阻尼器在超高层建筑抗风设计中的应用研究［J］．建筑结构，2020，50（10）：44-50.

06 底层层高超高超限高层建筑结构设计

王森，魏琏
（深圳市力鹏工程结构技术有限公司，深圳 518034）

【摘要】因建筑首层大堂建筑空间需要形成的首层层高约为上层层高 3 倍以上的高层建筑，易在结构上形成刚度薄弱层和受剪承载力软弱层。分析了现有规范对层抗侧刚度和受剪承载力计算方法存在的问题，提出了改进建议。以一栋高约 250m 的首层层高 19.5m 的超限高层建筑工程案例进行介绍，对层抗侧刚度、层受剪承载力进行了分析验算，对结构整体稳定性和底层构件的局部稳定性进行了分析。

【关键词】超高层建筑；框架-核心筒结构；层抗侧刚度；层受剪承载力；稳定性

1 前言

近年来，由于建筑使用功能需要，部分高层建筑首层大堂层高明显大于相邻上层层高的情况，有些建筑首层层高甚至是上一层层高的 3～4 倍，高达近 20m。从结构角度看，底层层高与上层层高相差较大的首层层高超高情况，可能引起首层与上层的侧向刚度、楼层受剪承载力突变，形成所谓的刚度“软弱层”和强度“薄弱层”。如何合理计算和控制楼层的侧向刚度和楼层受剪承载力，采取相应的抗震加强措施，确保高层建筑的抗震安全性是工程设计人员关注的重要问题，本文就这一问题展开论述，并给出相应的工程设计案例。

2 规范有关楼层侧向刚度的规定与讨论

《高层建筑混凝土结构技术规程》[1] JGJ 3—2002（以下简称“2002 版高规”）、《广东省实施〈高层建筑混凝土结构技术规程〉（JGJ 3—2002）补充规定》[2] DBJ/T 15—46—2005（以下简称“广东 2005 版高规”）、《高层建筑混凝土结构技术规程》[3] JGJ 3—2010（以下简称“2010 版高规”）关于结构层抗侧刚度的计算公式如下。

2002 版高规第 4.4.2 条规定，“抗震设计的高层建筑结构，其楼层侧向刚度不宜小于相邻上部楼层侧向刚度的 70%或其上相邻三层侧向刚度平均值的 80%。”本条的条文说明指出，“楼层的侧向刚度可取该楼层剪力和该楼层层间位移的比值”。即楼层的层刚度定义为：

$$K_i = V_i/\Delta_i \tag{2-1}$$

层侧刚比为：

$$\frac{K_i}{K_{i+1}} = \frac{V_i}{V_{i+1}}\frac{\Delta_{i+1}}{\Delta_i} \tag{2-2}$$

式中：K_i、K_{i+1}——分别为 i、$i+1$ 层的楼层侧向刚度；

V_i、V_{i+1}——分别为 i、$i+1$ 层地震作用下的楼层剪力；

Δ_i、Δ_{i+1}——分别为 i、$i+1$ 层地震作用下的楼层水平位移。

层侧刚比近似为$\frac{K_i}{K_{i+1}}\approx\frac{\Delta_{i+1}}{\Delta_i}$（中下部楼层），底层侧刚比为$\frac{K_1}{K_2}\approx\frac{\Delta_2}{\Delta_1}$，当底部楼层层高很大时，层侧刚比明显偏小。

2005 版广东高规第 3.1.1 条针对“侧向刚度不规则”规定，“在地震作用下，某一层的层间位移角 θ_i 大于相邻上一层的 1.3 倍，或大于其上相邻三个楼层层间位移角平均值的 1.2 倍，则该层的侧向刚度不规则。”即楼层的层刚度定义为 $K_i=\theta_i$。

设层刚度为：

$$K_i=\frac{V_i}{\theta_i}=\frac{V_i h_i}{\Delta_i} \tag{2-3}$$

则层侧刚比为：

$$\frac{K_i}{K_{i+1}}=\frac{V_i}{V_{i+1}}\frac{\Delta_{i+1}}{\Delta_i}\frac{h_i}{h_{i+1}} \tag{2-4}$$

式中，h_i、h_{i+1}分别为 i、$i+1$ 层的楼层层高。

层侧刚比近似为$\frac{K_i}{K_{i+1}}\approx\frac{\Delta_{i+1}}{\Delta_i}\frac{h_i}{h_{i+1}}$（中下部楼层），底层侧刚比为$\frac{K_1}{K_2}=\frac{\theta_1}{\theta_2}$。当底部楼层层高很大时，层侧刚比明显增大。

2010 版高规第 3.5.2 条对抗震设计时高层建筑相邻楼层的侧向刚度变化作出规定，其中对框架结构，楼层与其相邻上层的侧向刚度比及楼层抗侧刚度计算方法同 2002 版高规；对框架-剪力墙结构、板柱剪力墙结构、剪力墙结构、框架核心筒结构及筒中筒结构，楼层与其相邻上层的侧向刚度比值不宜小于 0.9，当本层层高大于相邻上层层高的 1.5 倍时，该比值不宜小于 1.1，对结构底部嵌固层，该比值不宜小于 1.5，楼层侧向刚度的计算方法同式（2-3）。

从以上讨论可以看出，2002 版高规和 2005 版广东高规的计算结论不一致，让使用者感到困惑。之后 2010 版高规采用了 2005 版广东高规的公式，但对结构底部嵌固层规定首层与上层之比不宜小于 1.5，这是对 2005 版广东高规计算结果偏大的修正。

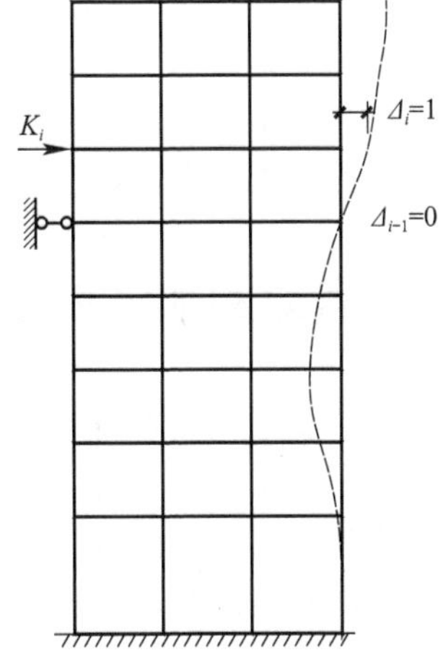

图 2-1 第 i 层的楼层侧向刚度计算模型

深圳市工程建设标准《高层建筑混凝土结构技术规程》[4] SJG 98—2021（以下简称“深圳高规”）第 3.5.1 条规定，“结构楼层抗侧刚度应符合现行国家规范的要求。当局部楼层层高超过相邻楼层层高 3 倍时，宜按本规程附录 A 的方法计算楼层的抗侧刚度。”图 2-1 为深圳高规附录 A 给出的楼层侧向刚度计算简图，计算时在 i 层楼面设置支承，约束其水平变形，在 i 层顶施加水平荷载，使 i 层顶产生单位位移时的水平荷载即为该层的楼层侧向刚度。

深圳高规附录 A 给出的楼层侧向刚度计算方法考虑了楼层竖向构件的刚度、楼层高度及相邻楼层竖向构件、楼盖结构对竖向构件的约束作用。该方法计算得到的楼层抗侧刚度与楼层所在位置无关，主要与该层及相邻层构件和楼层高度等结构自身的属性有关[5]。

3 规范有关楼层受剪承载力的规定与讨论

2002 版高规第 4.4.3 条规定，“A 级高度高层建筑的楼层层间抗侧力结构的受剪承载力不宜小于其上一层受剪承载力的 80%，不应小于其上一层受剪承载力的 65%；B 级高度高层建筑的楼层层间抗侧力结构的受剪承载力不应小于其上层受剪承载力的 75%。”本条的注指出，“楼层层间抗侧力结构受剪承载力是指在所考虑的水平地震作用方向上，该层全部柱及剪力墙的受剪承载力之和。”

2010 版高规第 3.5.3 条规定，“A 级高度高层建筑的楼层抗侧力结构的层间受剪承载力不宜小于其相邻上一层受剪承载力的 80%，不应小于其相邻上一层受剪承载力的 65%；B 级高度高层建筑的楼层抗侧力结构的层间受剪承载力不应小于其相邻上层受剪承载力的 75%。”本条的注指出，“楼层抗侧力结构的层间受剪承载力是指在所考虑的水平地震作用方向上，该层全部柱及剪力墙、斜撑的受剪承载力之和。”该条的条文说明指出，“柱的受剪承载力可根据柱两端实配的受弯承载力按两端同时屈服的假定失效模式反算；剪力墙可根据实配钢筋按抗剪设计公式反算；斜撑的受剪承载力可计及轴力的贡献，应考虑受压屈服的影响。”

深圳高规第 3.5.5 条规定，“层受剪承载力应是层所有柱、剪力墙和斜撑受剪承载力在变形协调条件下的承载力组合。计算层受剪承载力时，柱的受剪承载力应考虑与剪力墙、斜撑屈服时位移协调的影响。”本条的条文说明指出，“楼层受剪承载力计算时应考虑所有竖向构件在变形协调条件下的承载力之和。同一楼层内的框架柱和剪力墙的变形明显不同时，将框架柱的受剪承载力按其上下两端的极限受弯承载能力推算是不合适的，实际上剪力墙的受剪承载力与框架柱的受剪承载力不可能同时出现最大值。”

4 合理的计算方法

从以上讨论可以看出，对于底层层高超大情况，应采取合理的计算楼层侧向刚度和楼层受剪承载力方法，建议采用深圳高规的相应方法进行分析计算。

5 有效的加强措施

对于底层层高超大的高层建筑，应根据合理方法计算楼层侧向刚度和楼层受剪承载力，根据现行 2010 版高规的有关规定，对可能出现的刚度“软弱层”和强度“薄弱层”适当放大其地震作用。同时对底层结构的顶部框架梁刚度进行合理加强，提高框架与核心筒共同作用能力。对层高较大的底层剪力墙肢还应关注其稳定问题，采取加设连梁或局部楼盖以加强剪力墙墙肢间在楼层间的联系，提高剪力墙肢的稳定承载力，避免发生剪力墙肢局部失稳。

从结构受力角度看，底层层高超大时框架柱的刚度很小，其在地震作用下承担的地震剪力很小，设计时可以考虑由剪力墙承担全部地震剪力。

6 工程案例

6.1 基本情况

某工程超高层办公塔楼（T1）地面以上 54 层，屋面高度 249.03m，屋面以上幕墙高度 11.7m，项目立面效果图见图 6-1。标准层平面沿建筑四周每边布置 2 根巨柱，共 8 根巨柱，型钢混凝土巨柱沿竖向呈内“八”字形倾斜，柱轴线距离由底层 26.6m 减小至顶层约 22.6m，巨柱间不设小柱，边框梁跨度大。标准层高为 4.50m，其中首层层高为 19.50m，8 层、19 层、30 层、41 层为建筑避难层，层高均为 5.10m。首层层高约为 2 层层高的 4.3 倍，为典型的首层层高超大的超高层建筑。根据《超限高层建筑工程抗震设防专项审查技术要点》（建质〔2010〕109 号）的有关规定，本工程属于需要抗震设防专项审查的超限高层建筑。

图 6-1 立面效果图
（图中最高塔楼为 T1 塔楼）

结构设计使用年限为 50 年，建筑安全等级为二级，地基基础设计等级为甲级。抗震设防烈度为 7 度，基本地震加速度为 0.10g，场地类别为Ⅱ类，设计地震分组为第一组，T_g=0.35s，抗震设防分类标准为丙类。基本风压 w_0 = 0.75kN/m^2（50 年一遇）及 0.45kN/m^2（10 年一遇），地面粗糙度类别为 A 类[6]。

项目标准层平面及主要抗侧构件立面如图 6-2 所示。

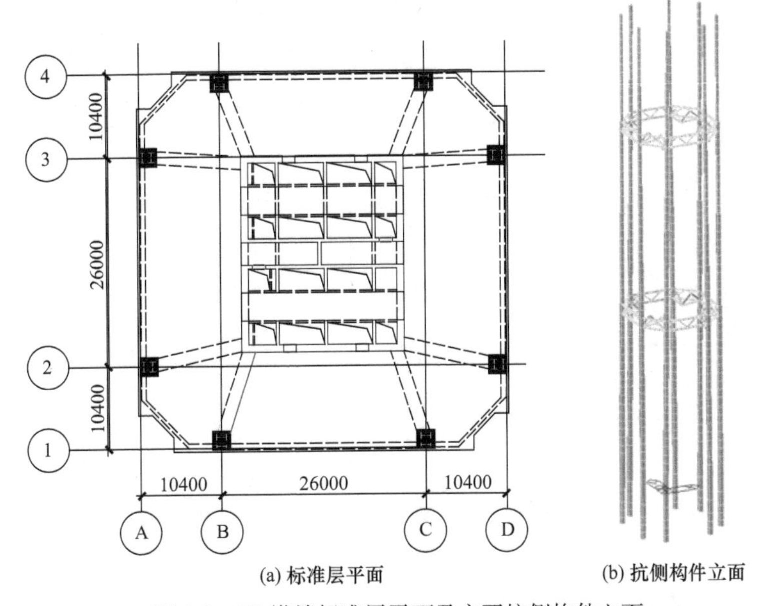

图 6-2 T1 塔楼标准层平面及主要抗侧构件立面

6.2 结构楼层侧向刚度验算

按现行 2010 版高规对楼层抗侧刚度的定义进行各楼层侧向刚度及侧向刚度比验算，结果见表 6-1、表 6-2，其中同时列出了按 2010 版高规验算的侧向刚度比和判断结果。可以看出，由于加强层的侧向刚度较大，所以在加强层的下层 X 与 Y 方向存在抗侧刚度突变，但结构首层层高虽达 19.5m，并不存在刚度突变。

楼层侧向刚度及侧向刚度比结果（YJK 软件） **表 6-1**

层号	X 向			Y 向		
	侧向刚度（kN/m）	侧向刚度比	判断	侧向刚度（kN/m）	侧向刚度比	判断
−1	5.8913E+07	3.90	满足	2.9177E+07	1.53	满足
1	3.6131E+06	1.68	满足	4.5572E+06	1.68	满足
5	1.0380E+07	1.31	满足	1.3026E+07	1.23	满足
6	8.8056E+06	1.25	满足	1.1794E+07	1.22	满足
7	7.8406E+06	1.20	满足	1.0758E+07	1.20	满足
8	7.2661E+06	1.17	满足	9.9739E+06	1.18	满足
9	6.8857E+06	1.16	满足	9.3611E+06	1.17	满足
10	6.6224E+06	1.14	满足	8.8743E+06	1.16	满足
11	5.7989E+06	1.17	满足	7.6686E+06	1.18	满足
12	6.1223E+06	1.16	满足	8.0020E+06	1.16	满足
13	5.8486E+06	1.15	满足	7.6358E+06	1.16	满足
14	5.6618E+06	1.14	满足	7.3344E+06	1.15	满足
15	5.5291E+06	1.13	满足	7.0888E+06	1.14	满足
16	5.4407E+06	1.12	满足	6.8903E+06	1.14	满足
17	5.3956E+06	1.11	满足	6.7260E+06	1.13	满足
18	5.4074E+06	1.09	满足	6.5931E+06	1.13	满足
19	5.4964E+06	1.06	满足	6.5023E+06	1.12	满足
20	5.7412E+06	0.99	满足	6.4765E+06	1.07	满足
21	6.4167E+06	**0.88**	**不满足**	6.7327E+06	**0.93**	**不满足**
22	7.2659E+06	1.55	满足	7.2283E+06	1.50	满足
23	5.7726E+06	1.32	满足	5.9557E+06	1.24	满足
24	4.8480E+06	1.22	满足	5.3383E+06	1.19	满足
25	4.4086E+06	1.19	满足	4.9993E+06	1.18	满足
26	4.1319E+06	1.17	满足	4.7248E+06	1.18	满足
27	3.9338E+06	1.16	满足	4.4582E+06	1.16	满足
28	3.7817E+06	1.15	满足	4.2540E+06	1.16	满足
29	3.6618E+06	1.14	满足	4.0874E+06	1.15	满足
30	3.5757E+06	1.15	满足	3.9433E+06	1.15	满足
31	3.4448E+06	1.21	满足	3.8189E+06	1.14	满足
32	3.1647E+06	1.18	满足	3.7250E+06	1.13	满足
33	2.6931E+06	1.20	满足	3.2985E+06	1.15	满足
34	2.7711E+06	1.18	满足	3.5413E+06	1.14	满足
35	2.6040E+06	1.16	满足	3.4397E+06	1.14	满足

续表

层号	X向			Y向		
	侧向刚度（kN/m）	侧向刚度比	判断	侧向刚度（kN/m）	侧向刚度比	判断
36	2.4963E+06	1.15	满足	3.3620E+06	1.14	满足
37	2.4192E+06	1.14	满足	3.2886E+06	1.14	满足
38	2.3666E+06	1.13	满足	3.2192E+06	1.13	满足
39	2.3335E+06	1.12	满足	3.1528E+06	1.14	满足
40	2.3170E+06	1.10	满足	3.0859E+06	1.14	满足
41	2.3336E+06	1.08	满足	3.0209E+06	1.13	满足
42	2.4038E+06	1.01	满足	2.9812E+06	1.10	满足
43	2.6544E+06	**0.87**	**不满足**	3.0146E+06	**0.99**	**不满足**
44	3.0367E+06	1.55	满足	3.0603E+06	1.40	满足
45	2.4164E+06	1.31	满足	2.6996E+06	1.21	满足
46	2.0510E+06	1.23	满足	2.4714E+06	1.18	满足
47	1.8547E+06	1.21	满足	2.3223E+06	1.18	满足
48	1.7085E+06	1.19	满足	2.1890E+06	1.18	满足
49	1.5913E+06	1.19	满足	2.0659E+06	1.18	满足
50	1.4863E+06	1.19	满足	1.9476E+06	1.18	满足
51	1.3889E+06	1.19	满足	1.8278E+06	1.19	满足
52	1.2951E+06	1.21	满足	1.7024E+06	1.22	满足
53	1.1918E+06	1.25	满足	1.5561E+06	1.26	满足
54	1.0592E+06	1.34	满足	1.3679E+06	1.37	满足
55	8.7752E+05	1.57	满足	1.1073E+06	1.63	满足
56	6.2055E+05	2.69	满足	7.5386E+05	2.83	满足
57	2.5604E+05	1.00	满足	2.9643E+05	1.00	满足

楼层侧向刚度及侧向刚度比结果（MIDAS软件） **表6-2**

层号	X向			Y向		
	侧向刚度（kN/m）	侧向刚度比	判断	侧向刚度（kN/m）	侧向刚度比	判断
57	2.02E+05	1.3	满足	2.02E+05	—	满足
56	5.77E+05	2.86	满足	6.06E+05	3.01	满足
55	8.54E+05	1.48	满足	9.48E+05	1.56	满足
54	1.05E+06	1.23	满足	1.23E+06	1.30	满足
53	1.19E+06	1.14	满足	1.46E+06	1.19	满足
52	1.30E+06	1.10	满足	1.64E+06	1.13	满足
51	1.41E+06	1.08	满足	1.80E+06	1.09	满足
50	1.50E+06	1.07	满足	1.93E+06	1.07	满足
49	1.61E+06	1.07	满足	2.06E+06	1.06	满足
48	1.73E+06	1.07	满足	2.18E+06	1.06	满足
47	1.87E+06	1.08	满足	2.31E+06	1.06	满足
46	2.07E+06	1.10	满足	2.45E+06	1.06	满足
45	2.43E+06	1.17	满足	2.67E+06	1.09	满足
44	2.81E+06	1.29	满足	2.91E+06	1.21	满足
43	2.61E+06	**0.84**	**不满足**	2.96E+06	0.91	满足

续表

层号	X向			Y向		
	侧向刚度（kN/m）	侧向刚度比	判断	侧向刚度（kN/m）	侧向刚度比	判断
42	2.39E+06	0.91	满足	2.94E+06	0.99	满足
41	2.33E+06	0.97	满足	2.99E+06	1.02	满足
40	2.31E+06	0.99	满足	3.06E+06	1.02	满足
39	2.32E+06	1.01	满足	3.14E+06	1.03	满足
38	2.36E+06	1.02	满足	3.22E+06	1.03	满足
37	2.42E+06	1.03	满足	3.32E+06	1.03	满足
36	2.50E+06	1.03	满足	3.40E+06	1.02	满足
35	2.59E+06	1.04	满足	3.47E+06	1.02	满足
34	2.74E+06	1.06	满足	3.58E+06	1.03	满足
33	2.63E+06	1.07	满足	3.30E+06	1.03	满足
32	3.10E+06	1.06	满足	3.76E+06	1.02	满足
31	3.35E+06	1.08	满足	3.86E+06	1.03	满足
30	3.47E+06	1.04	满足	3.99E+06	1.03	满足
29	3.57E+06	1.03	满足	4.13E+06	1.04	满足
28	3.70E+06	1.04	满足	4.31E+06	1.04	满足
27	3.87E+06	1.05	满足	4.53E+06	1.05	满足
26	4.07E+06	1.05	满足	4.81E+06	1.06	满足
25	4.33E+06	1.06	满足	5.07E+06	1.05	满足
24	4.76E+06	1.10	满足	5.40E+06	1.07	满足
23	5.61E+06	1.18	满足	5.98E+06	1.11	满足
22	6.58E+06	1.30	满足	6.94E+06	1.29	满足
21	6.08E+06	**0.83**	**不满足**	6.65E+06	**0.86**	**不满足**
20	5.52E+06	0.91	满足	6.46E+06	0.97	满足
19	5.30E+06	0.96	满足	6.51E+06	1.01	满足
18	5.22E+06	0.98	满足	6.63E+06	1.02	满足
17	5.20E+06	1.00	满足	6.79E+06	1.02	满足
16	5.23E+06	1.01	满足	6.98E+06	1.03	满足
15	5.31E+06	1.01	满足	7.20E+06	1.03	满足
14	5.43E+06	1.02	满足	7.46E+06	1.04	满足
13	5.60E+06	1.03	满足	7.78E+06	1.04	满足
12	5.84E+06	1.04	满足	8.21E+06	1.06	满足
11	5.48E+06	1.04	满足	7.80E+06	1.06	满足
10	6.30E+06	1.04	满足	9.09E+06	1.05	满足
9	6.59E+06	1.05	满足	9.62E+06	1.06	满足
8	7.02E+06	1.06	满足	1.03E+07	1.07	满足
7	7.67E+06	1.09	满足	1.11E+07	1.08	满足
6	8.80E+06	1.15	满足	1.22E+07	1.10	满足
5	1.10E+07	1.25	满足	1.39E+07	1.14	满足
1	4.40E+06	1.73	满足	4.59E+06	1.43	满足
−1	8.22E+07	6.70	满足	3.31E+07	2.59	满足

实际上，当底层层高明显增大时，规范算法高估了底层层高增大后该层的层侧向刚度，利用深圳高规的算法，补充分析本工程的层侧向刚度和层侧刚比，计算结果见表 6-3。表 6-3 中的刚度比为本层和上层之比。可以看出，除了在加强层有刚度突变外，按该方法计算得出的底部楼层侧向刚度明显小于上层刚度。本工程设计考虑按薄弱层对该层进行地震剪力放大。

楼层侧向刚度及侧向刚度比结果（深圳高规算法） **表 6-3**

楼层	X 向侧向刚度（kN/m）	Y 向侧向刚度（kN/m）	X 向侧向刚度比	Y 向侧向刚度比
−1	2.23E+08	1.27E+08	18.59	6.68
1	1.20E+07	1.91E+07	**0.15**	**0.16**
5	7.84E+07	1.19E+08	1.29	1.10
6	6.09E+07	1.08E+08	1.08	1.03
7	5.63E+07	1.05E+08	1.03	1.01
8	5.48E+07	1.04E+08	1.02	1.01
9	5.38E+07	1.03E+08	1.02	1.00
10	5.30E+07	1.02E+08	1.21	1.16
11	4.37E+07	8.81E+07	**0.88**	**0.90**
12	4.95E+07	9.76E+07	1.06	1.06
13	4.66E+07	9.19E+07	1.00	1.01
14	4.64E+07	9.14E+07	1.00	1.00
15	4.63E+07	9.11E+07	1.00	1.00
16	4.61E+07	9.07E+07	1.00	1.00
17	4.60E+07	9.03E+07	1.00	1.00
18	4.59E+07	8.99E+07	1.00	1.01
19	4.57E+07	8.93E+07	1.00	1.01
20	4.56E+07	8.87E+07	**0.90**	**0.96**
21	5.04E+07	9.24E+07	**0.86**	**0.89**
22	5.84E+07	1.04E+08	1.31	1.27
23	4.48E+07	8.18E+07	1.20	1.12
24	3.73E+07	7.31E+07	1.02	1.03
25	3.64E+07	7.07E+07	1.02	1.03
26	3.55E+07	6.85E+07	1.02	1.03
27	3.47E+07	6.64E+07	1.02	1.03
28	3.40E+07	6.44E+07	1.02	1.03
29	3.32E+07	6.26E+07	1.02	1.03
30	3.25E+07	6.08E+07	1.02	1.03
31	3.18E+07	5.92E+07	1.15	1.01
32	2.78E+07	5.88E+07	1.27	1.16
33	2.18E+07	5.05E+07	**0.91**	**0.87**
34	2.40E+07	5.81E+07	1.10	1.06
35	2.19E+07	5.48E+07	**1.01**	**0.98**
36	2.16E+07	5.62E+07	1.01	1.02
37	2.15E+07	5.53E+07	1.01	1.02

续表

楼层	X 向侧向刚度（kN/m）	Y 向侧向刚度（kN/m）	X 向侧向刚度比	Y 向侧向刚度比
38	2.13E+07	5.45E+07	1.01	1.02
39	2.11E+07	5.36E+07	1.01	1.02
40	2.10E+07	5.29E+07	1.01	1.02
41	2.08E+07	5.20E+07	**0.97**	**0.99**
42	2.16E+07	5.26E+07	**0.89**	**0.96**
43	2.43E+07	5.47E+07	**0.78**	**0.90**
44	3.13E+07	6.09E+07	1.43	1.24
45	2.19E+07	4.91E+07	1.23	1.13
46	1.79E+07	4.36E+07	1.07	1.04
47	1.68E+07	4.18E+07	1.02	1.03
48	1.65E+07	4.06E+07	1.02	1.03
49	1.63E+07	3.95E+07	1.01	1.03
50	1.60E+07	3.84E+07	1.01	1.03
51	1.58E+07	3.75E+07	1.01	1.03
52	1.56E+07	3.65E+07	1.01	1.03
53	1.53E+07	3.56E+07	1.01	1.02
54	1.51E+07	3.48E+07	1.01	1.00
55	1.49E+07	3.47E+07	1.04	1.04
56	1.44E+07	3.33E+07	1.15	1.08
57	1.25E+07	3.07E+07		

从表 6-1～表 6-3 可以看出：

（1）高层建筑结构的楼层侧向刚度除底层（底部为嵌固端）外，呈现“上小下大”趋势。

（2）设置环带桁架和伸臂桁架的 21 层、43 层，该两层侧向刚度明显增大，按深圳高规计算的楼层侧向刚度能明显反映这一现象，而 2010 版高规的方法仅有微小反映。

（3）对于层高 5.10m 的 11 层、33 层，该两层层高变大而导致楼层侧向刚度变小，按深圳高规计算的楼层侧向刚度能反映这一特点，而 2010 版高规未能很好反映。

（4）对于首层层高 19.50m 的 1 层，2010 版高规和深圳高规计算的刚度变小，反映了底层层高超高的特点，但 2010 版高规的抗侧刚度比结果满足规范要求，深圳高规计算的底层侧向刚度仅为上一层侧向刚度的 0.15～0.16，需要采取加强措施。

6.3 结构楼层受剪承载力验算[7]

按 2010 版高规计算各楼层受剪承载力及承载力之比的结果见表 6-4。可以看出，除首层及加强层下层外，其余各楼层 X、Y 向的楼层受剪承载力之比大于 0.75，满足规范对楼层受剪承载力的要求。

楼层受剪承载力及受剪承载力之比结果（YJK 软件） **表 6-4**

层号	X 向承载力（kN）	Y 向承载力（kN）	本层与上一层的承载力之比		判断
			X	Y	
57	6.89E+04	8.51E+04	1	1	满足

续表

层号	X 向承载力（kN）	Y 向承载力（kN）	本层与上一层的承载力之比		判断
			X	Y	
56	7.16E+04	8.75E+04	1.04	1.03	满足
55	7.75E+04	9.34E+04	1.08	1.07	满足
54	8.25E+04	9.25E+04	1.06	0.99	满足
53	8.32E+04	9.34E+04	1.01	1.01	满足
52	9.03E+04	1.01E+05	1.09	1.08	满足
51	9.13E+04	1.02E+05	1.01	1.01	满足
50	9.09E+04	1.04E+05	1	1.02	满足
49	9.26E+04	1.05E+05	1.02	1.01	满足
48	9.31E+04	1.07E+05	1.01	1.02	满足
47	9.94E+04	1.14E+05	1.07	1.06	满足
46	1.00E+05	1.15E+05	1.01	1.02	满足
45	1.00E+05	1.17E+05	1	1.01	满足
44	2.24E+05	2.60E+05	2.24	2.23	满足
43	1.42E+05	1.73E+05	0.63	0.66	**薄弱层且与上层之比<0.65**
42	1.57E+05	1.85E+05	1.11	1.07	满足
41	1.59E+05	1.86E+05	1.01	1.01	满足
40	1.61E+05	1.88E+05	1.01	1.01	满足
39	1.67E+05	1.97E+05	1.04	1.05	满足
38	1.69E+05	2.00E+05	1.01	1.01	满足
37	1.73E+05	2.05E+05	1.02	1.03	满足
36	1.76E+05	2.07E+05	1.02	1.01	满足
35	1.77E+05	2.08E+05	1.01	1.01	满足
34	1.78E+05	2.11E+05	1	1.01	满足
33	2.43E+05	2.70E+05	1.37	1.28	满足
32	2.67E+05	2.94E+05	1.1	1.09	满足
31	2.93E+05	2.94E+05	1.1	1	满足
30	2.85E+05	2.95E+05	0.97	1	满足
29	2.85E+05	2.96E+05	1	1	满足
28	2.85E+05	2.97E+05	1	1	满足
27	2.85E+05	2.97E+05	1	1	满足
26	2.86E+05	3.02E+05	1	1.02	满足
25	2.86E+05	3.02E+05	1	1	满足
24	2.85E+05	3.02E+05	1	1	满足
23	2.92E+05	3.12E+05	1.02	1.03	满足
22	5.20E+05	5.61E+05	1.78	1.8	满足
21	3.99E+05	4.22E+05	0.77	0.75	**薄弱层**
20	4.02E+05	4.20E+05	1.01	0.99	满足
19	4.05E+05	4.22E+05	1.01	1.01	满足
18	4.05E+05	4.22E+05	1	1	满足

续表

层号	X 向承载力（kN）	Y 向承载力（kN）	本层与上一层的承载力之比		判断
			X	Y	
17	4.08E+05	4.25E+05	1.01	1.01	满足
16	4.11E+05	4.28E+05	1.01	1.01	满足
15	4.10E+05	4.27E+05	1	1	满足
14	4.10E+05	4.27E+05	1	1	满足
13	4.10E+05	4.27E+05	1	1	满足
12	4.11E+05	4.28E+05	1	1	满足
11	4.37E+05	4.55E+05	1.06	1.06	满足
10	4.56E+05	4.74E+05	1.04	1.04	满足
9	4.59E+05	4.74E+05	1.01	1	满足
8	4.64E+05	4.75E+05	1.01	1	满足
7	4.63E+05	4.74E+05	1	1	满足
6	4.63E+05	4.76E+05	1	1.01	满足
5	5.20E+05	4.82E+05	1.12	1.01	满足
1	2.41E+05	2.43E+05	0.46	0.5	**薄弱层且与上层之比<0.65**

按2010版高规算法，首层与上层受剪承载力之比超限。由于框架-核心筒结构的特点，框架柱变形主要为弯曲变形，与核心筒剪力墙相比，框架柱在水平力作用下承担的剪力较小，该法计算的楼层受剪承载力高估了框架柱的抗剪能力。以下补充分析首层与2层的受剪承载能力，并进行层受剪承载力之比的分析。

实际上，框架柱受剪承载力应取当剪力墙达到抗剪破坏临界点时柱所承担的剪力，此时框架柱内力远远小于按规范计算的柱受剪承载力，合理的方法应按式（6-1）计算柱受剪承载力：

$$R_{\mathrm{C}}=\frac{V_{\mathrm{C}}}{V_{\mathrm{W}}}R_{\mathrm{W}} \tag{6-1}$$

式中：R_{W}——剪力墙的受剪承载力；

R_{C}——剪力墙屈服时按弹性变形协调得到的框架柱受剪承载力；

V_{W}、V_{C}——弹性计算时剪力墙和框架对应的剪力。

表6-5列出软件给出的底部两层墙柱内力及墙受剪承载力结果。

楼层受剪承载力（YJK软件） **表6-5**

楼层	X 向弹性剪力（kN）		Y 向弹性剪力（kN）		X 向剪力墙受剪承载力（kN）	Y 向剪力墙受剪承载力（kN）
	柱	墙	柱	墙		
	V_{CX}	V_{WX}	V_{CY}	V_{WY}	R_{WX}	R_{WY}
1	878	20385	582	22741	131339	144772
2	432	20231	626	21938	125329	135028

根据公式（5）及表5结果给出的墙柱弹性剪力及剪力墙的抗剪承载力，可得出框架柱抗剪承载力及楼层的总抗剪承载力见表6。

楼层抗剪承载力结果（YJK 软件） 表 6-6

楼层	X 向柱受剪承载力	X 向剪力墙受剪承载力	X 向楼层总受剪承载力	Y 向柱受剪承载力	Y 向剪力墙受剪承载力	Y 向楼层总受剪承载力
	R_{CX}（kN）	R_{WX}（kN）	R_X（kN）	R_{CY}（kN）	R_{WY}（kN）	R_Y（kN）
1	5657	131339	**136996**	3705	144772	**148477**
2	2676	125329	**128005**	3853	135028	**138881**

由此可得出首层与上层的受剪承载力比值：

$$\gamma_X = \frac{136996}{128005} = 1.07$$

$$\gamma_Y = \frac{148477}{138881} = 1.07$$

可判断本工程底部不存在受剪承载力突变。

6.4 结构稳定性分析

表 6-7 给出 MIDAS/Gen 及 ETABS 两个软件计算得到的结构前 6 阶屈曲特征值及屈曲模态。从整体屈曲计算结果可以看出，本结构稳定性较好。结构前 5 阶均为整体屈曲，且第 1 阶屈曲特征值大于 10，第 6 阶为底部电梯筒两侧剪力墙的局部构件失稳，当底层 19.5m 层高电梯筒两侧 400mm 厚剪力墙与沿竖向增加三道框架梁对齐连接时，局部构件屈曲首先出现在第 12 阶，屈曲构件为负一层 7m 层高的电梯筒两侧 400mm 厚剪力墙，设计时可以在该部位层间增设连接电梯筒剪力墙的框架梁，以进一步提高其局部抗屈曲能力。

结构前 6 阶屈曲特征值及模态 表 6-7

模态	MIDAS/Gen 计算结果		ETABS 计算结果	
	特征值	屈曲形态	特征值	屈曲形态
1	11.6	整体扭转	12.46	整体扭转
2	19.33	整体 X 向平动	18.96	整体 X 向平动
3	19.94	整体 Y 向平动	19.88	整体 Y 向平动
4	33.73	整体 X 向平动	33.47	整体 X 向平动
5	34.86	整体扭曲	33.99	整体扭曲
6	35.16	局部构件失稳	43.91	局部构件失稳

7 结语

（1）工程中因建筑底层空间需要形成的底层层高远大于上层层高情况，易在底层形成结构刚度“薄弱层”和受剪承载力“软弱层”，应采取措施保证底层结构的抗震安全性。

（2）应采取合理方法计算层抗侧刚度和楼层受剪承载力，根据计算结果采取相应的加强措施。

（3）较合理的计算楼层抗侧刚度的方法应考虑楼层竖向构件的刚度、楼层高度及相邻楼层竖向构件、楼盖结构对竖向构件的约束作用。计算得到的楼层抗侧刚度与楼层所在位置无关，主要与该层及相邻层构件和楼层高度等结构自身的属性有关。

（4）楼层受剪承载力计算时应考虑所有竖向构件在变形协调条件下的承载力之和。同一楼层内的框架柱和剪力墙的变形明显不同时，将框架柱的受剪承载力按其上下两端的极限受弯承载能力推算是不合适的。

（5）应关注超高层中竖向构件的稳定性，并进行稳定承载力验算。

参考文献

[1] 建设部．高层建筑混凝土结构技术规程：JGJ 3—2002［S］．北京：中国建筑工业出版社，2002.

[2] 广东省建设厅．广东省实施〈高层建筑混凝土结构技术规程〉（JGJ 3—2002）补充规定：DBJ/T 15—46—2005［S］．北京：中国建筑工业出版社，2005.

[3] 住房和城乡建设部．高层建筑混凝土结构技术规程：JGJ 3—2010［S］．北京：中国建筑工业出版社，2010.

[4] 深圳市住房和建设局．高层建筑混凝土结构技术规程：SGJ 98—2021［S］．北京：中国建筑工业出版社，2021.

[5] 魏琏，王森，孙仁范．高层建筑结构层抗侧刚度计算方法的研究［J］．建筑结构，2014，44（06）：4-9.

[6] 住房和城乡建设部．建筑结构荷载规范：GB 50009—2012［S］．北京：中国建筑工业出版社，2012.

[7] 王森，魏琏，李彦峰．深圳前海国际金融中心无梁空芯大板超高层建筑结构设计［J］．建筑结构，2020，50（21）：6-13.

07 复杂体型超限高层建筑结构设计

王森，魏琏，孙仁范
（深圳市力鹏工程结构技术有限公司，深圳　518034）

【摘要】 由于建筑功能及造型需要出现的复杂体型高层建筑，给结构设计带来了难题。设计时应选取合理模型分析楼板面内拉力，根据计算结果采取“抗”“放”结合的方法，并采取措施保证框架梁内的拉力能可靠传递至核心筒。对于受力复杂的连接节点应进行节点有限元分析，确保构造合理、施工便捷。对复杂体型建筑，还应考虑由斜柱产生的竖向荷载作用下水平变形，并进行施工模拟分析，对水平变形较大情况尚需采取施工措施予以调整。

【关键词】 超高层建筑；斜柱；施工模拟；节点分析；复杂体型

1　前言

高层建筑不规则情况分为平面不规则和竖向不规则。根据《建筑抗震设计规范》GB 50011—2010[1]第 3.4 节的有关规定，平面不规则主要有扭转不规则、凹凸不规则和楼板局部不连续等类型，竖向不规则主要有侧向刚度不规则、竖向抗侧力构件不连续和楼层承载力突变等类型。实际工程中还有一种复杂体型的建筑（本文所论述的“复杂体型”建筑指竖向构件倾斜的建筑），建筑方案由于造型设计需要，个别或多数竖向构件（主要为框架柱）沿高单向倾斜或多次转折倾斜，有时个别竖向构件在某一楼层折断，在建筑外立面形成复杂多变的外形。本文就这种复杂体型的高层建筑结构设计进行分析，提出结构设计要求，并对两个工程案例进行分析介绍。

2　复杂体型建筑引起的结构问题

斜柱转折处对水平楼盖构件产生很大集中轴力；外凸转折柱的转折处楼层产生很大集中拉力，并波及上下相邻楼层的受力，相关的结构设计方法在现行规范中均缺少这方面规定和内容。设计时需要控制重力荷载及风荷载、小震作用下，楼盖结构的混凝土主拉应力不超过强度标准值。解决竖向荷载作用下楼板较大拉应力的措施有抗、放或抗放结合等方式[2]。

3　结构设计要点

深圳市工程建设标准《高层建筑混凝土结构技术规程》[3] SJG 98—2021（以下简称“深圳高规”）第 6.1.2 条规定，“高层建筑具有特别复杂体型或采用的结构体系未见于规范规定时，应进行多结构方案比较分析，确定适宜的结构体系。”

深圳高规第 6.1.4 条规定，“高层建筑在进行重力荷载作用效应分析时，柱、墙、斜撑等构件的轴向变形宜考虑施工过程的影响，施工阶段钢斜撑可考虑后接，减小竖向荷载作用下的影响；复杂高层建筑及房屋高度大于 150m 的其他高层建筑结构，应考虑施工过程的影响。”

深圳高规第 6.1.6 条规定，“体型复杂、结构布置复杂以及表 3.3.1 中的 B 级高度及以上的高层建筑，应采用至少两个不同力学模型的结构分析软件进行整体分析，高度超过 350m 的复杂高层建筑宜采用至少两个不同力学模型的结构分析软件进行弹塑性分析。”

深圳高规第 7.7.7 条规定，“外框柱为斜柱时，柱斜度宜小于 1/10，斜柱转折端的水平构件出现较大拉力时，宜设置型钢并连接至筒体，形成可靠的拉力传递体系。应复核多遇地震和使用状态下楼板的抗裂性，并应验算设防烈度和罕遇地震作用下型钢拉件及节点的受拉承载力，验算时楼板刚度宜适当折减。”

深圳高规第 7.7.10 条规定，“当外框柱在结构底部或中部部分间断时，应在柱间断楼层顶部设置转换桁架或斜撑（单柱间断）承受上部传来的竖向荷载及相应的扭矩、水平荷载作用。当底部斜撑连接至地下室顶部楼层时，宜考虑该处地下室结构产生的抗推作用。”

4 工程案例一[4]

4.1 基本情况

深圳华侨城大厦位于华侨城片区内，南临深南大道，东接汉唐大厦和华侨城集团总部大楼，总建筑面积 20.3 万 m^2。塔楼地面以上 59 层，屋顶高度 277.4m，屋顶以上构架最高处高约 300m。建筑效果图见图 4-1。

图 4-1 建筑效果图

因建筑功能及日照要求，建筑平面呈不规则的六边形；核心筒位于平面中部，也呈不规则的六边形，筒体横向最长约 33.8m，竖向最宽约 27m，如图 4-2 所示。在平面角部布置 6 根巨柱，东、西侧 4 根巨柱随建筑边缘而倾斜，南、北侧巨柱从下至上垂直。东侧建筑立面由底层至 30 层向外倾斜约 13°，而 30 层至顶层向内倾斜约 13°。西侧与东侧类似，倾斜约 8°，如图 4-3 所示，为一个平面和立面形状均复杂的复杂体型超高层建筑。

4.2 结构体系

该建筑巨柱倾斜并有转折，平面不规则，两方向抗侧能力差别大，外框架中不同类型构件之间的传力复杂。结构设计根据建筑立面特点，在东南、西南、东北、西北四个立面设置大斜撑，由于结构平面及柱位南北两端沿中轴基本对称，东南与东北立面的斜撑布置及构件尺寸一致；西南与西北立面的斜撑布置及构件尺寸一致。在东立面与西立面上，由于立面宽度较小及建筑功能需要，不布置斜撑。

斜撑除了在两端与巨柱内型钢连接外，还与平面周边柱、楼层边框梁、个别内框梁及腰桁架的上下弦杆相连。其中，周边柱焊接于斜撑上，外框梁和楼面梁铰接连接于斜撑上，腰桁架楼层斜撑刚好位于腰桁架的一个斜杆位置，该处斜撑即为腰桁架的一个斜腹杆。与斜撑相连的相应构件均作为斜撑平面内外的侧向支撑，防止斜撑屈曲。

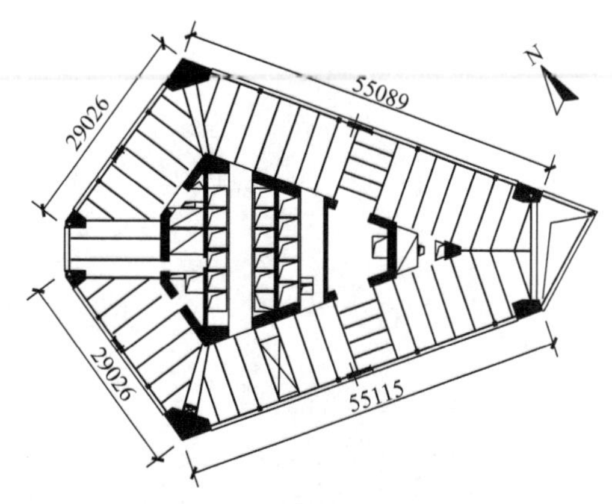

图 4-2 标准层布置示意

结构沿高度设有三道腰桁架，第一道腰桁架位于 15～16 层；第二道腰桁架位于 28～30 层；第三道腰桁架位于 42～43 层。其中第一道腰桁架和第三道腰桁架 1 层高，第二道腰桁架 2 层高。腰桁架传递重力小柱至周边巨柱，同时连接巨柱与沿立面设置的大斜撑，组成整体性能良好的外框结构，如图 4-4 所示，与混凝土核心筒共同抵抗竖向荷载和水平作用，形成“带斜撑巨柱框架核心筒”结构形式。

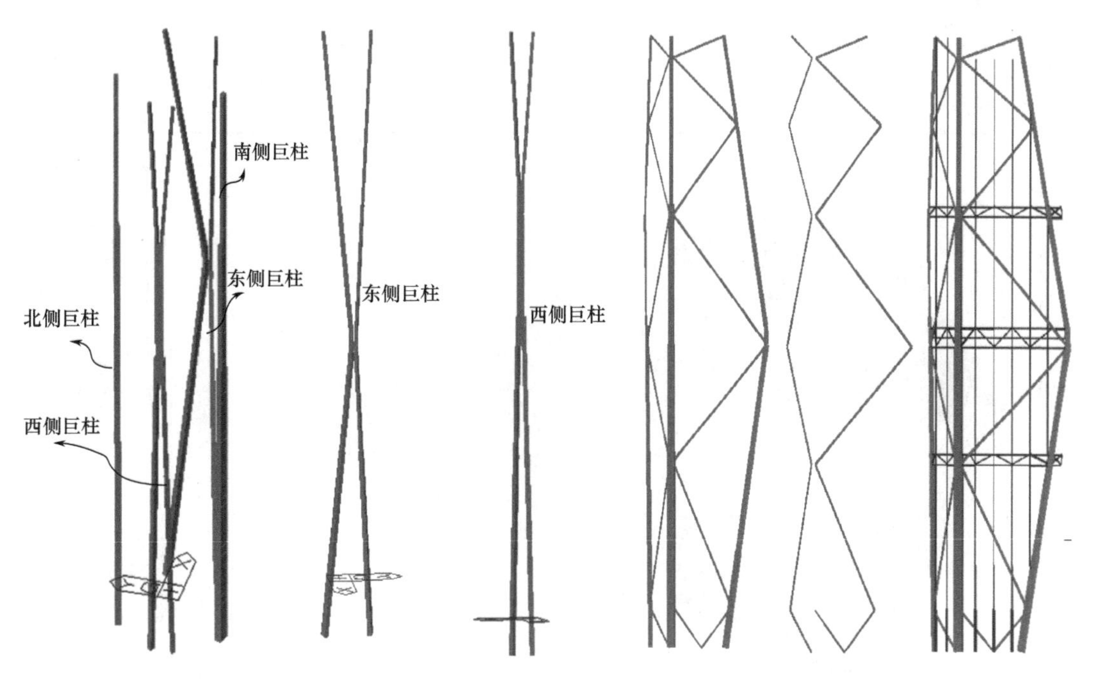

图 4-3 巨柱空间位置示意

图 4-4 斜撑空间位置示意

4.3 竖向荷载作用下楼盖的应力分析情况

本工程巨柱截面尺寸及受力均较大，且沿高度转折，这类体型复杂的高层建筑，斜柱转折处的楼盖在竖向荷载作用下即产生较大的面内拉应力，图 4-5、图 4-6 所示分别为 15 层（第一道腰桁架下弦）、28 层（第二道腰桁架下弦）楼盖在恒荷载与活荷载组合作用下的楼板面内最大主拉应力图。其中 28 层平面右侧两根巨柱合并为一根，又在 31 层再次分离为两根，巨柱形成较大的外凸转折，使这些楼层在竖向标准荷载作用下即产生较大的集中水平拉力，结构有一定水平变形。

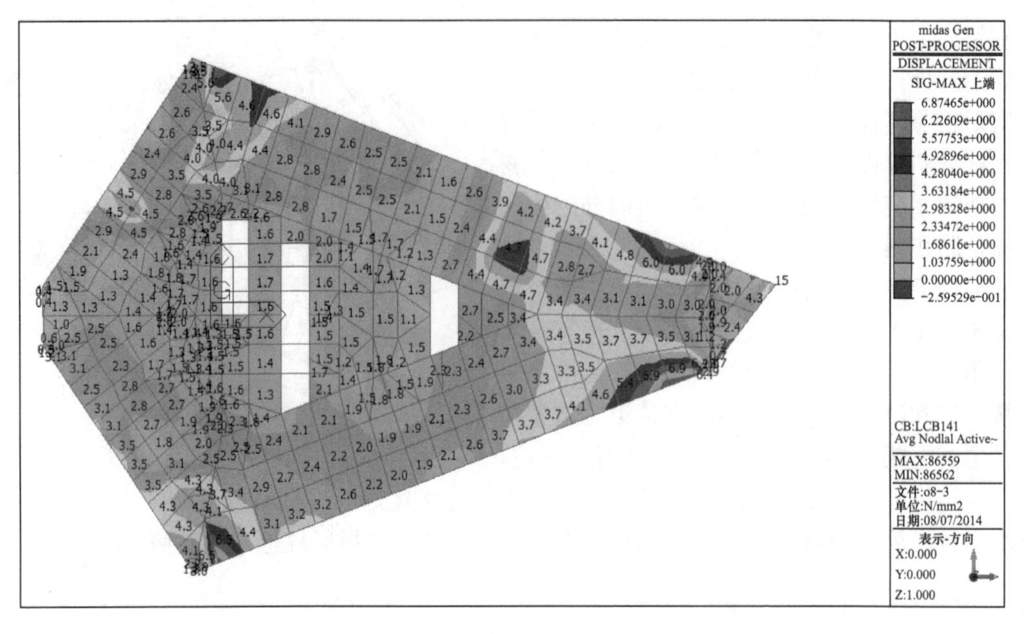

图 4-5　15 层楼盖最大主应力（MPa）

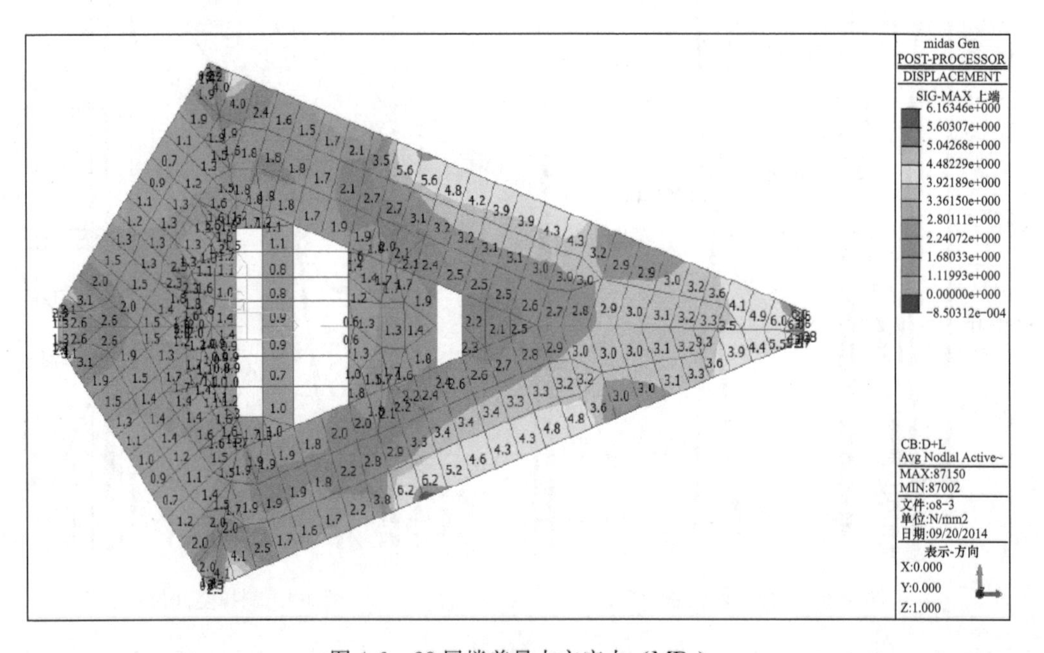

图 4-6　28 层楼盖最大主应力（MPa）

从图 4-5、图 4-6 可以看出，竖向荷载作用下楼板局部应力大于混凝土抗拉强度标准值 2.2MPa。当应力超出较多，且超过范围较大时，正常使用条件下楼板就出现裂缝。对这种情况，采用“抗”“放”结合的措施是较为有利的，即对腰桁架及相邻几层楼板应力大的部位，进行局部后浇以释放其楼板拉应力；对其他区域可采用增设钢筋的方法来处理。

4.4　施工模拟分析

本工程因存在斜柱，且部分斜柱斜率较大，竖向荷载作用下结构整体会产生一定的水平位移，一般的弹性计算方法可能会高估这种水平变形，同时由于核心筒和外框柱的材料性能不同，均需要采用施工模拟分析，以考虑荷载长期作用下结构构件受力的变化。

如图 4-7 所示，一次加载高估了结构在恒荷载下产生的侧向位移。考虑施工模拟的结构在恒荷载作用下，25 层的 X 向侧移最大，为 39mm；其侧移角（侧移/高度）为 1/3071，侧移角较小，不会影响结构的使用。在 22 层以下层，弹性变形侧移为正 X 向，收缩、徐变引起的侧移为负 X 向。这些楼层的收缩、徐变将减少恒荷载下结构的最大侧移，但收缩、徐变引起的侧移小于弹性侧移的 20%。大部分楼层收缩、徐变引起的侧移小于总侧移的 20%。

4.5 节点分析

本工程巨柱、大斜撑与腰桁架的相交节点空间关系及受力均很复杂，以下选择其中一个节点进行分析。图 4-8 所示为该节点所在的空间位置，图 4-9 所示为节点中型钢的有限元模型。在节点模型上施加边界条件，同时作用竖向荷载及大震作用下杆件的内力值，对节点进行有限元分析。图 4-10、图 4-11 所示为某一组合工况作用下节点及节点内型钢的等效应力分布。

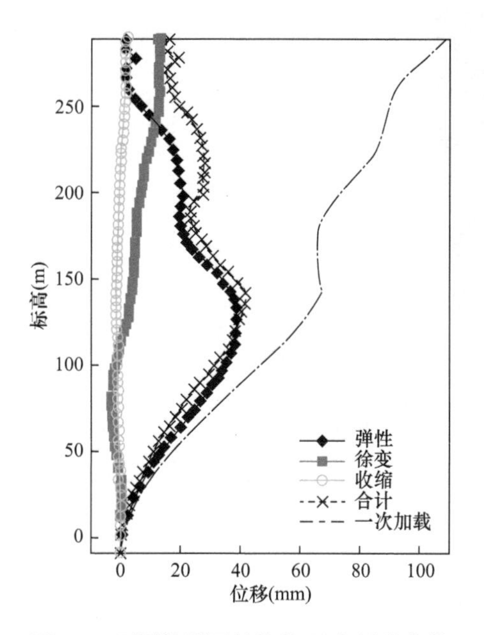

图 4-7 不同情况下结构的 X 向侧移曲线

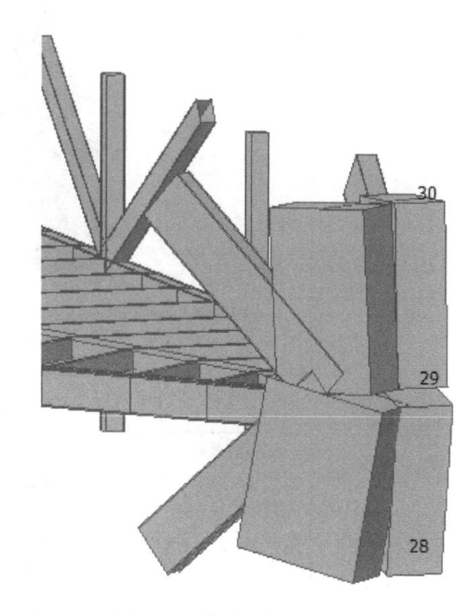

图 4-8 节点所处空间位置

分析结果表明，节点内型钢在大震作用下应力较小，除了局部的圆弧处应力集中外，其余均未屈服，且仍有一定的富裕。特别是包裹在混凝土内部的型钢，由于部分力传给了混凝土，型钢应力明显减小。

节点内的混凝土在大震作用下压应力较大区域集中在下柱，与型钢相交处局部混凝土压应力集中，巨柱其余部位压应力在 20MPa 左右，小于混凝土抗压强度标准值。混凝土剪应力分布不均，与型钢相交处及巨柱变截面处的局部混凝土剪应力集中，需要配抗剪钢筋。

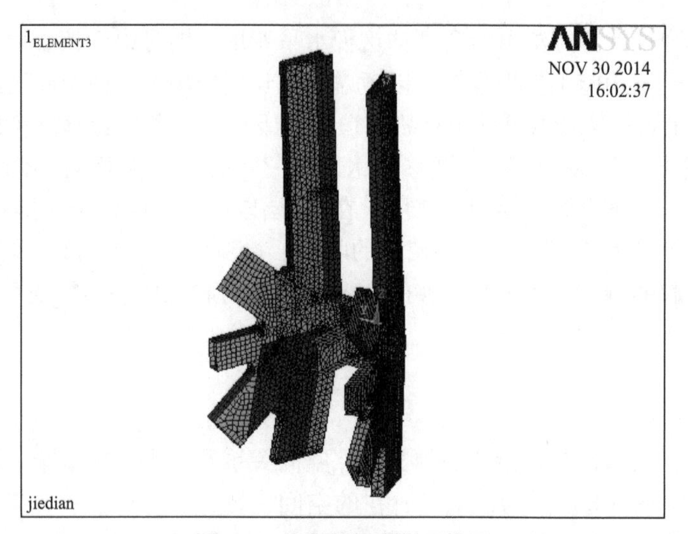

图 4-9　节点型钢有限元模型

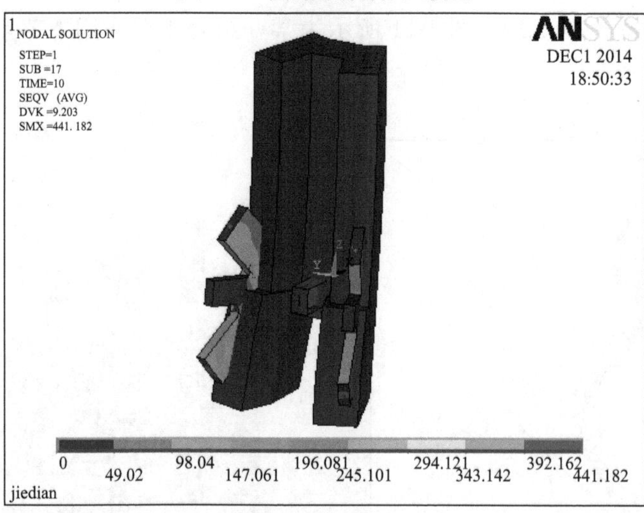

图 4-10　节点等效应力分布（MPa）

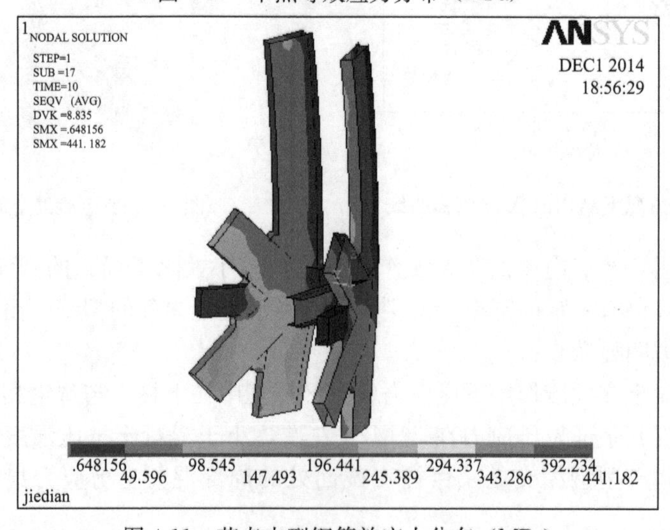

图 4-11　节点内型钢等效应力分布（MPa）

5 工程案例二

5.1 基本情况

深圳国际艺术博览交易总部大厦位于深圳市罗湖区深南东路南侧，北斗路西侧。地面以上由一栋塔楼及裙楼组成，塔楼与裙房间不设结构缝，为一个结构单元。地面以下设 5 层地下室。

图 5-1 立面效果图

整个项目建筑造型以甲骨文中的“文”字为主要概念，在场地内变换扭转，扭转的裙房形成各种出入口空间，超高层塔楼从西端升起，南面顺应住宅呈弧线扭转，项目犹如一条盘旋的巨龙从天而降，气势磅礴。造型细部提取“龙”的元素，用抽象手法再现了中国民族元素，提升地域民族性及历史归属感。整个项目的立面效果图见图 5-1。整个塔楼及裙房形成一个体型复杂的超高层建筑。

建筑首层层高 6m，标准层层高 4.5m，避难层（设备层）层高 6m，公寓层层高 3.6m。裙房地上 7 层，商业层层高 5.4m，大空间办公层高 4.5m，会议室层高 4.5m，位于 7 层的多功能厅则结合裙楼屋顶造型形成通高空间。

5.2 结构体系

塔楼地面以上 42 层，屋面高度 195.45m，屋面以上幕墙高度 12m。建筑上部标准层平面近似为矩形，平面长约 51.3m，等效宽度约 28.58m，结构高宽比约 6.84。

建筑中下部由于建筑文化造型需要，平面外轮廓内缩，结构采用斜柱方式解决立面变化，形成中下部有较多外框柱倾斜：南侧有四根框架柱（含西南角一根）从 29 层倾斜至 18 层，18 层以下为直柱；南侧靠近东侧一根框架柱从 21 层经几次倾斜至首层；东侧三根框架柱（含东南角一根）从 26 层向核心筒方向倾斜至 9 层，与核心筒墙体重合；北侧六根框架柱（含东北角和西北角框架柱）从 21 层（东北角柱从 24 层）由东向西逐渐倾斜至首层，其中东北角框架柱的倾斜角度最大为 24.1°（即 2.45∶1）；西侧四根框架柱，除西北角和西南角两根倾斜外，中部两根框架柱沿高垂直。结构模型如图 5-2 所示。各立面外框柱沿高位置变化如图 5-3 所示。

核心筒沿高连续垂直贯通，核心筒外围长约 28.1m，宽约 11m，核心筒高宽比 17.77。同时，建筑沿高设置三个避难层，即第一避难层（9～10 层）、第二避难层（18～19 层）、第三避难层（27～28 层），层高均为 6m。结构由中部的混凝土核心筒与周边较多倾斜的框架柱及沿高布置的三道加强层共同抵抗竖向荷载和水平荷载，形成带加强层的钢管混凝土框架-核心筒结构。

5.3 楼盖梁轴力分析及处理措施

本工程东侧、北侧及西侧外框柱均存在一定倾角，这些倾斜外框柱在竖向荷载作用下对楼盖结构体系产生水平力，并传递到核心筒。设计时分析与各框架柱相连的框架梁及与核心筒相连的内框架梁的轴力情况。

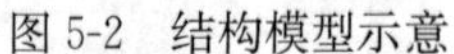

图 5-2　结构模型示意

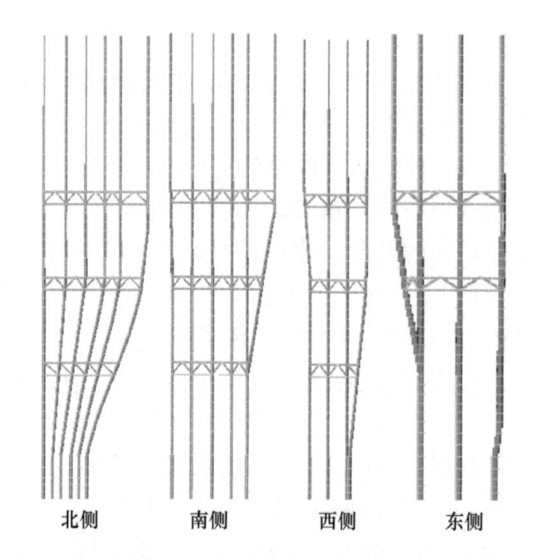

图 5-3　框架柱沿高位置示意

计算结果表明，除加强层外其余楼层梁轴力均较小。设计时采取以下措施：①靠近柱端的梁，设计时按照拉弯或压弯构件设计，钢梁与楼板连接的栓钉在满足构造及计算要求时可考虑其轴力由栓钉抗剪承担。②与核心筒连接的梁，在加强层及相邻楼层的核心筒处设置钢柱与其刚接相连，其余楼层可采用墙中预埋锚件的形式与其铰接连接。

5.4　竖向荷载作用下的结构水平位移分析

本工程存在大量外框柱底部倾斜，且部分为 X 向和 Y 向双向倾斜。竖向荷载作用下楼层斜柱的水平分力会对整体结构产生侧向推力，进而引起结构在竖向荷载作用下即产生一定的水平变形[5]。

恒荷载＋活荷载（D＋L）所产生的水平位移与风荷载（W_X、W_Y）以及地震作用（E_X、E_Y）工况的水平位移见图 5-4，由图可见 D＋L 工况下结构水平位移的最大值出现在结构中下部，20 层以上随着楼层增加逐渐减小；D＋L 工况下的 X 向最大水平位移，比 X 向风荷载作用下的 X 向最大水平位移略大，但小于 X 向地震作用下的最大水平位移；D＋L 工况下的 Y 向水平位移，小于 Y 向风荷载和地震作用下的最大水平位移。

D＋L 工况及风荷载、地震作用下的最大水平位移和最大层间位移角结果见表 5-1。竖向荷载产生的最大层间位移角均位于结构的中下部。同时考虑竖向荷载水平位移后，Y 向风荷载作用下的层间位移角最大，为 1/639，小于规范限值 1/572，满足规范要求。

5.5　楼板应力分析

本工程塔楼及裙房均存在立面不规则及较多转折斜柱，竖向荷载作用下，斜柱外推使楼板面内产生较大拉应力。裙房部分平面不规则，楼板有大开洞，面内变形显著，扭转变形较大，楼板洞口周边存在较明显应力集中。塔楼沿高设置的三道加强层杆件受力较大，且受力复杂，相应楼板应力也较大。在竖向荷载作用下楼板拉应力较大的楼层集中在裙房底层与斜柱相连的楼板区域、裙房大开洞附近楼板、设置伸臂桁架楼层及相邻楼层，其他楼层除核心筒附近存在局部应力集中现象外，在竖向荷载作用下楼板的面内应力较小。

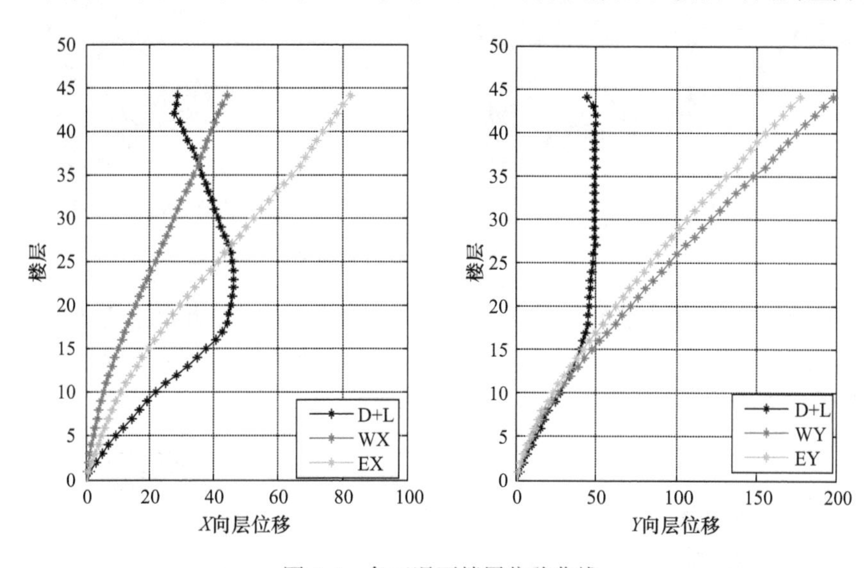

图 5-4 各工况下楼层位移曲线

竖向荷载及水平荷载作用下结构水平位移结果 表 5-1

荷载工况	位移方向	最大变形 (mm)	(D+L) 最大变形	最大层间位移角	(D+L) 最大层间位移角	迭合竖向荷载后层间位移角
D+L	X	46.50	—	1/1301	—	—
W_X		44.23	1.05	1/3477	2.67	1/1037
E_X		82.55	0.56	1/1875	1.44	1/877
D+L	Y	49.98	—	1/1304	—	—
W_Y		198.34	0.25	1/740	0.57	1/639
E_Y		176.82	0.28	1/826	0.63	1/682

本工程小、中、大震作用下设定的楼板抗震性能目标为：小震下“混凝土不开裂”，即混凝土楼板面内主拉应力不超过混凝土抗拉强度标准值；中震下“抗拉钢筋不屈服”“受剪弹性”，即截面内钢筋应力低于钢筋强度标准值，且楼板面内满足受剪弹性；大震下“满足受剪截面验算”，即楼板的截面满足面内受剪截面要求。计算结果表明，本工程楼板可以满足上述性能目标要求。

5.6 关键节点分析

节点是整体结构功能得以实现的基本保证。其中首层三根斜柱与地下室墙肢连接的节点受力最为复杂，且该节点是保证北侧框架柱结构安全的重要节点。其整体有限元模型如图 5-5 所示。

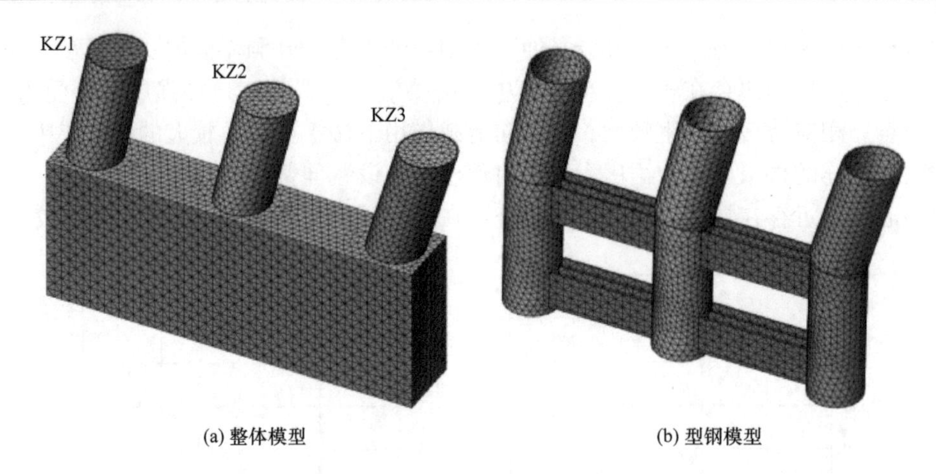

(a) 整体模型　　(b) 型钢模型

图 5-5　节点整体有限元模型

图 5-6 所示为节点内型钢的等效应力分布，外框斜柱的应力水平最大值为 115MPa（应力比 0.333），加劲肋的最大应力值为 37MPa。表明此节点整体应力水平较低，在大震作用下有足够的安全度。

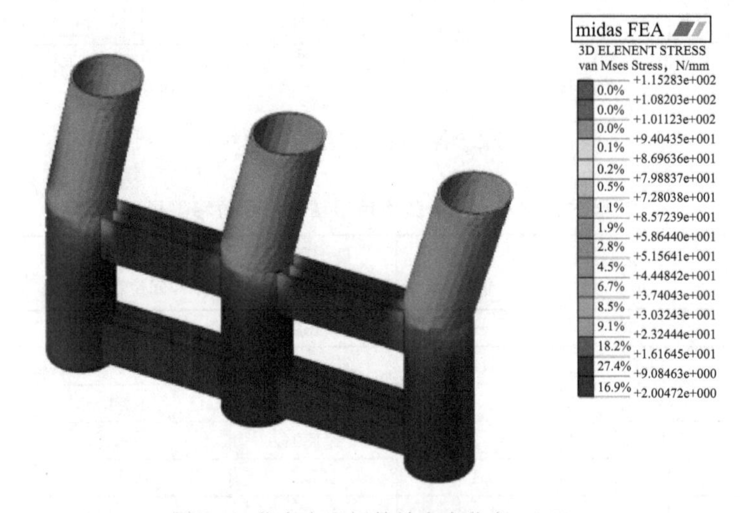

图 5-6　节点内型钢等效应力分布（MPa）

6　结语

（1）由于建筑功能及造型需要出现的复杂体型高层建筑，结构设计时应结合建筑造型采取受力合理的结构方案。

（2）设计复杂体型高层建筑时应选取合理模型分析楼板面内拉力，根据计算结果采取“抗”“放”结合的方法，并采取措施保证框架梁内的拉力能可靠传递至核心筒。

（3）与斜柱转折处相接的楼层框架梁有较大轴向拉力，设计时应按拉弯构件进行承载力设计，并采取措施确保拉力可靠传递至核心筒。

（4）复杂造型建筑中构件空间关系复杂，杆件连接节点受力复杂，应对节点进行有限元分析，确保构造合理、施工便捷。

（5）对复杂体型建筑，斜柱会使整体结构在竖向荷载下产生一定水平位移，应进行施工模拟分析以准确分析其影响，对水平位移较大情况尚需采取施工措施予以调整。

参考文献

[1] 住房和城乡建设部. 建筑抗震设计规范：GB 50011—2010［S］. 北京：中国建筑工业出版社，2010.

[2] 魏琏，王森. 高层建筑结构设计创新与规范发展［J］. 建筑结构，2021，51（17）：78-84.

[3] 深圳市住房和建设局. 高层建筑混凝土结构技术规程：SJG 98—2021［S］. 北京：中国建筑工业出版社，2021.

[4] 魏琏，刘维亚，王森等. 深圳华侨城大厦结构设计若干问题探讨［J］. 建筑结构，2015，45（20）：1-7.

[5] 魏琏，王森，王志远，等. 高层建筑复杂斜墙结构受力特点的研究［J］. 建筑结构，2004（04）：8-10.

08 高层建筑基础埋置深度研究

王国安
（深圳市华阳国际工程设计股份有限公司，深圳 518038）

【摘要】 指出现行规范关于高层建筑基础埋置深度的规定存在的问题，基础埋置深度不仅与建筑的高度有关，还应与建筑的体型、高宽比、地基土质、风荷载大小、地震设防烈度等有关。当高层建筑基础埋置深度不满足现行规范的要求时，应验算抗倾覆稳定性和抗滑移稳定性，并采取可靠的抗倾覆和抗滑移措施。当高层建筑基底零应力区范围满足现行规范的要求时，抗倾覆稳定性具有足够的安全储备。对于筏板基础可不进行大震作用下抗滑移验算；对于桩基础应补充大震作用下抗滑移验算。建议对基础埋置深度不宜作硬性规定，而宜根据各种实际情况来具体考虑。
【关键词】 高层建筑；基础埋置深度；抗倾覆；抗滑移

1 引言

高层建筑基础宜有一定的埋置深度（以下简称“埋深”）。在确定基础埋深时，应综合考虑建筑物的高度、体型、地基土质、风荷载、抗震设防烈度等因素。《高层建筑混凝土结构技术规程》JGJ 3—2010[1]（以下简称《高规》）第 12.1.8 条规定，“天然地基或复合地基，基础埋置深度可取房屋高度的 1/15；桩基础，不计桩长，基础埋置深度可取房屋高度的 1/18。”同时指出：“当建筑物采用岩石地基或采取有效措施时，在满足地基承载力、稳定性要求及本规程第 12.1.7 条规定的前提下，基础埋置深度可适当放松。”

在实际工程设计中，不时会遇到因各种原因导致基础埋深无法满足规范要求的情形。《高规》虽然指出，在满足一定的条件下基础埋深可适当放松，但放松多少以及如何采取有效的措施保证建筑的安全，并没有给出具体的做法。因此，对于高层建筑基础埋深问题，值得我们进行更深入的研究。

2 规范关于高层建筑基础埋深的规定

《钢筋混凝土高层建筑结构设计与施工规程》JGJ 3—91[2]（以下简称“91 高规”）第 6.1.2 条对高层建筑的基础埋深作了如下规定：“基础的埋置深度必须满足地基变形和稳定的要求，以减小建筑的整体倾斜，防止倾覆及滑移。埋置深度，采用天然地基时可不小于建筑高度的 1/12；采用桩基时，可不小于建筑高度的 1/15，桩的长度不计入埋置深度内”。

91 高规对基础埋深的规定，主要是凭工程经验确定的。随着高层建筑越来越高，已越来越难于满足原来的规定。对于一些较高的高层建筑而又无需多层地下室甚至没有地下室时，为了满足基础埋深的规范要求而人为加深基础的埋置深度，将会造成施工不便且不经济。因此在《高层建筑混凝土结构技术规程》JGJ 3—2002[3]中，对基础埋深要求进行了放松，其第12.1.6条规定："采用天然地基或复合地基，可取房屋高度的1/15；采用桩基时，可取房屋高度的1/18。"而现行《高规》对于基础埋深的规定，相对于2002版高规没有变化。《建筑地基基础设计规范》GB 50007—2011（以下简称《地基基础规范》）[4]对基础埋深的规定与《高规》相同。

3 规范关于建筑基础埋深规定存在的问题

《高规》在大量科学研究和工程实践总结的基础上，对高层建筑基础埋深作出了相应规定，是出于以下四个方面的考虑：

（1）提高基础的稳定性，防止基础在水平风荷载或水平地震作用下发生滑移和倾斜。

（2）对于寒冷地区的建筑基础埋深，考虑冻土深度的影响。

（3）增大地下室外墙的土压力、摩擦力，限制基础的倾斜，使基底下土反力的分布趋于平缓。

（4）增大阻尼，减少输入加速度，减轻震害。

高层建筑基础埋深满足一定的要求，对于建筑的安全性肯定是有利的。因此，国家和各地方标准均规定，高层建筑宜设地下室，不设地下室时需满足基本的埋置深度要求。

确定高层建筑的基础埋深时，主要考虑以下因素：

（1）水平力大小。我国幅员广阔，不同地区的基本风压和抗震设防烈度差别很大，使得水平力相差巨大。《建筑结构荷载规范》GB 50009—2012中全国范围50年一遇基本风压最大值为1.85kN/m²，而最小值仅0.30kN/m²，两者相差6.16倍。抗震设防烈度不同，建筑地震作用也相差很大；同样抗震设防烈度下，不同场地类别也使地震作用相差很大。因此，在高风压地区、高设防烈度地区、软弱地基土等位置的高层建筑，其埋置深度的要求应提高。

（2）建筑体型。建筑的抗倾覆能力与建筑体形密切相关，细高的建筑显然抗倾覆能力不如矮胖的建筑。建筑高宽比较大时，其埋置深度的要求应提高。

（3）地下室四周土体约束情况。地下室四周土体的有效约束，直接起到传递水平力的作用。地下室四周土体，根据土质不同，其性能指标差别很大，如低压缩性的砂土与高压缩性的淤泥，其压缩模量相差几倍。因此，在软土地区，埋置深度应加深，以提高约束效果。对于大多数地下室施工，外墙与基坑都有一定的间隔，必须回填夯实，才能使地下室外墙与周围土体之间形成有效约束。

大多数情况下，建筑的基础埋深可以满足规范的要求，关于基础埋深的问题并不突出或不敏感。但是，偶尔也会遇到因建筑使用功能不需要或地形条件限制，高层建筑没有设地下室或地下室层数不多的情况，导致基础埋深无法满足或很难满足规范要求。虽然规范用词是"可"而非"应"，但一些工程技术人员及一些审图人员对高层建筑基础埋深的作用认识不足，将规范建议视作硬性规定，不论具体情况，盲目要求基础埋深满足规范规定，增加了经济造价和施工难度。

国家规范对于基础埋深规定从最初的建筑高度的1/12、1/15，分别修改为1/15、1/18，主要是根据工程实践经验确定的，并没有相应的严密的科学论证。《地基基础规范》

第 5.1.4 条条文说明指出，北京市勘察设计研究院张在明等在分析两栋分别为 15 层和 25 层的建筑时，考虑地震作用和地基的种种不利因素，用圆弧滑动面法进行分析，其结论是：从地基稳定的角度考虑，当 25 层建筑物的基础埋深为 1.8m（相当于建筑高度的 1/37.5）时，其稳定安全系数为 1.44；如埋深为 3.8m（1/17.8）时，则安全系数达到 1.64。从这个条文说明我们可以看出，所谓的建筑高度的 1/18 的埋深要求，仅仅是根据某些具体工程个案得出的结论。而且，当基础埋深为 1.8m 时，基础稳定安全系数为 1.44，虽然比 1.64 要小，但应该已满足安全性要求。为何得出结论需要满足 1/18，而不是 1/37？在该案例中，基础埋深增加了 2.11 倍时，安全系数仅增加 1.14 倍，可见增加基础埋深其性价比并不高。

规范中规定高层建筑需要满足基础埋深要求，仅与建筑的高度相关，而与建筑体形、高宽比、地基土质、风荷载大小、地震设防烈度等无关。同样高度的两栋高层建筑，但建筑宽度相差较大，或者同样的建筑分别置于水平荷载相差较大的两个地方，却规定同样的基础埋深，显然是不严谨的，也是不合理的。

4 影响建筑稳定性的因素

建筑的稳定性主要需考虑以下几个方面：

（1）结构整体稳定性要求，通过重力二阶效应及整体屈曲分析进行验证。

（2）地基稳定性，通过地基承载力及基础沉降验算进行验证；对位于坡地的建筑，还需验算坡地土体的稳定性。

（3）建筑抗倾覆稳定性，通过抗倾覆验算验证。

（4）基础抗滑移稳定性，通过抗滑移验算验证。

（5）竖向构件稳定性及地下室抗浮稳定性。

上述各项稳定性验算，其中第（1）、（2）、（5）项与基础埋深没有直接关系。我们假设基础埋深无论多大，地基承载力及基础沉降均已满足相关要求，如果因为土层分布，基础需落在符合地基承载力要求的土层，基础埋深需达到一定深度，这已不属于基础埋深研究的范围。因此，下文主要讨论建筑的抗倾覆稳定性和抗滑移稳定性问题。

5 现行规范关于建筑抗倾覆稳定性的规定

（1）《高规》第 12.1.7 条规定，“在重力荷载与水平荷载标准值或重力荷载代表值与多遇水平地震标准值共同作用下，高宽比大于 4 的高层建筑，基础底面不宜出现零应力区；高宽比不大于 4 的高层建筑，基础底面与基础之间零应力区面积不应超过基础底面积的 15%。”

假定竖向力合力中心与基础底面形心重合，则竖向力对基础边缘产生的抗倾覆力矩 M_G 为：

$$M_G = GB/2 \tag{5-1}$$

设 X 为地基反力的分布宽度，则零应力区长度为 $B-X$。其他相关参数的定义如图 5-1 所示：

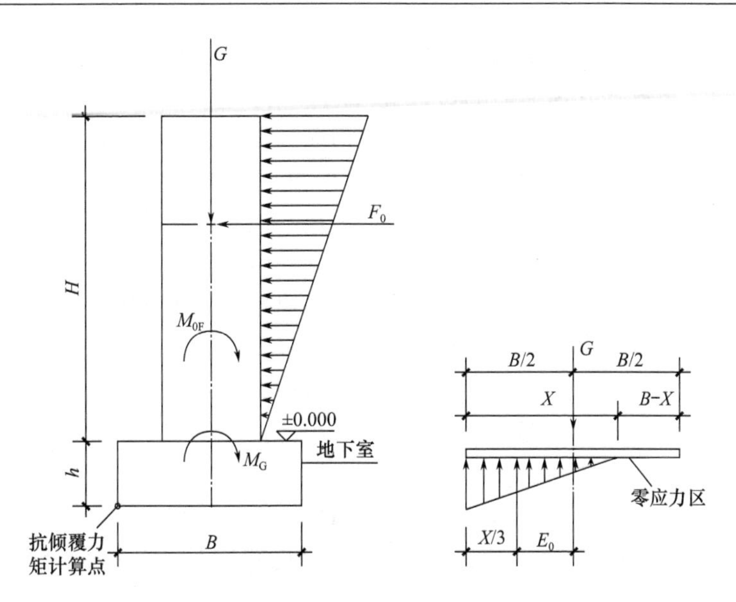

图 5-1 计算简图

图 5-1 中，M_{0F}指水平力对基础底面产生的倾覆力矩。

偏心距 $E_0=B/2-X/3$，同时，$E_0=M_{0F}/G$，则：

$$B/2-X/3=M_{0F}/G$$

$$X=3B/2-3M_{0F}/G$$

令零应力区与基础底面积之比为 K_A，则：

$$\begin{aligned}K_A&=(B-X)/B\\&=(B-3B/2+3M_{0F}/G)/B\\&=1-3/2+3M_{0F}/GB\\&=3M_{0F}/GB-1/2\\&=(3M_{0F}/M_G-1)/2\end{aligned}$$

令 k 代表抗倾覆安全系数，$k=M_G/M_{0F}$，则：

$$K_A=(3-k)/2k \tag{5-2}$$

$K_A=15\%$时，$k=2.3$；

$K_A=0$ 时，$k=3.0$。

因此，当高层建筑基础底面与基础之间零应力区面积为零及小于基础底面积的 15%时，其抗倾覆安全系数分别不小于 3.0 和 2.3。

《高层建筑筏形与箱形基础技术规范》JGJ 6—2011（以下简称《筏箱基础规范》）[5]第 5.1.3 条指出，在地基土比较均匀的条件下，箱形基础及筏形基础的基础平面形心宜与上部结构的永久荷载重心相重合；当不能重合时，在荷载效应准永久值组合下，偏心矩 e 宜符合下式要求：

$$e\leqslant 0.1W/A$$

式中，W 为与偏心距方向一致的基础底面边缘抵抗矩（m^3）；A 为基础底面积（m^2）。

如果考虑初始偏心矩 $e=0.1W/A$，公式（5-2）可改为：

$$K_A=(2.9-0.9k)/2k \tag{5-3}$$

此时，当高层建筑基础底面与基础之间零应力区面积为零及小于基础底面积的 15%时，其抗倾覆安全系数 k 分别不小于 3.22 和 2.41。表明上部结构重心与基础平面形心存在偏心时与没有偏心时相比，达到同样的零应力区，需要满足更大的抗倾覆安全系数。

以上推算有 3 个假定：假定地下室及上部结构是完全刚性的，地基反力是直线分布的；抗倾覆力矩是相对于基础边线计算的，该力矩不代表真实的抗倾覆能力，而是仅用于计算的虚拟值；未考虑地下室周围土体约束的有利作用。因此，对于整体刚度较弱、位于风荷载和地震作用较强的地区及地基刚度较弱的高层建筑，抗倾覆安全度尚宜适当加大。

当基底存在零应力区时，基础一侧边线处的地基反力较大，地基将产生较大的压缩变形，建筑将发生倾斜，导致因建筑倾斜而产生的附加倾覆力矩。

假设建筑高宽比为 10.0，考虑大震作用下位移角 $\beta=1/100$，则因建筑倾斜产生的附加倾覆力矩与抗倾覆力矩之比为：

$$(GBH/2)/(GB/2)=\beta H/B=0.01\times 10=0.1$$

此时其抗倾覆能力仅降低大约 10%，即使再考虑基础不均匀沉降导致的建筑倾斜，其抗倾覆安全系数仍有较大的储备。

《高规》第 12.1.7 条条文说明指出，“满足本条规定时，高层建筑结构的抗倾覆能力具有足够的安全储备，不需再验算结构的整体倾覆。”

（2）《地基基础规范》第 6.7.5 条规定，挡土墙的抗倾覆验算应符合下式要求：

$$\frac{Gx_0+E_{az}x_f}{E_{ax}z_f}\geqslant 1.6$$

式中参数含义见图 5-2。

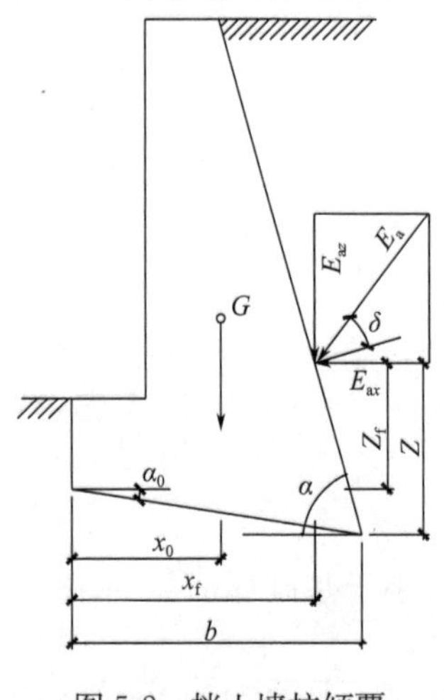

图 5-2 挡土墙抗倾覆验算示意图

（3）《全国民用建筑工程设计技术措施 结构（地基与基础）》[6]第 4.5.3 条规定，承受较大水平推力有可能倾覆的建（构）筑物，其抗倾覆稳定安全系数应符合下式要求：

$$k_0=\frac{M_{te}}{M_c}\geqslant 1.6$$

（4）《筏箱基础规范》第 5.5.2 条规定，高层建筑在承受地震作用、风荷载、其他水平荷载或偏心竖向荷载时，筏形与箱形基础的抗倾覆稳定性应符合下式要求：

$$K_r M_c\leqslant M_r$$

式中，M_r 为抗倾覆力矩（kN·m）；M_c 为倾覆力矩（kN·m）；K_r 为倾覆安全系数，取 1.5。

综上所述，《高规》关于高层建筑抗倾覆的要求更为严格。满足《高规》关于基底零应力区的要求时，抗倾覆稳定性具有足够的安全储备。

6 高层建筑抗倾覆稳定性验算

高层建筑的抗倾覆稳定性，可以通过验算基底的零应力区来验证。但现行规范仅对风荷载及小震作用下建筑抗倾覆稳定性提出了要求，对在中、大震作用下如何保证建筑抗倾覆稳定性没有相关规定。

广东省标准《高层建筑混凝土结构技术规程》DBJ/T 15—92—2021（以下简称《广东省高规》）[7]中结构抗震设计的地震作用是按中震进行的，抗倾覆验算仅考虑风荷载和中震作用，不需做大震作用下验算。第 13.1.6 条指出："在重力荷载与风荷载标准组合下，基础底面不宜出现零应力区；在重力荷载与设防烈度地震作用标准组合下，基础底面与地基之间零应力区面积不应超过基础底面面积的 20%。"按此标准并考虑初始偏心矩 $e=0.1W/A$ 时，中震时相当于抗倾覆安全系数 $k=2.23$。

《山地建筑结构设计标准》JGJ/T 472—2020[8]提出，高层建筑结构宜进行罕遇地震作用下的抗倾覆验算，且抗倾覆安全系数在抗震设防烈度为 6 度、7 度和 8 度时分别不小于 2.0、1.5 和 1.1。

应采取什么样的控制标准，才能满足结构抗倾覆安全性？抗震设防要求"大震不倒"，则理应对大震的抗倾覆有所要求。建议按大震弹塑性计算的基底零应力区不大于 50% 控制，相当于抗倾覆安全系数 $k=1.5$。

基底出现零应力区时，按照基底固接的计算模型，零应力区范围的竖向构件将产生拉力。当零应力区范围在上述各种情形的要求范围之内时，基底下无需布置抗拔桩。如果由于建筑的高宽比较大，或在地震高烈度区，零应力区的范围超出了上述各种情形的要求范围时，表明抗倾覆稳定性不足，则需采取如下措施。

（1）对于筏板基础，需扩大筏板尺寸，并加大筏板厚度。建议筏板从塔楼竖向构件外边挑出长度与厚度之比不大于 1.0，并使筏板底零应力区在规定范围之内。同时，复核偏心竖向力作用下筏板反力的最大值 P_{kmax} 及基础整体倾斜 β 小于限值。该限值建议按表 6-1 取值。

地基基础承载力及基础倾斜限值 **表 6-1**

工况	风荷载	小震	中震	大震
P_{kmax}	$1.2f_a$	$1.2\zeta_a f_a$	$1.2\zeta_E f_a$	$1.5\zeta_E f_a$
β	0.004	0.004	0.008	0.012

注：f_a—修正后地基承载力特征值；ζ_a—地基抗震承载力调整系数，参见《建筑抗震设计规范》GB 50011—2010（2016 年版）表 4.2.3 采用；ζ_E—地基抗震承载力调整系数，参见《广东省高规》表 13.1.7 采用。

（2）对于桩基础，不需要所有出现拉力的竖向构件下均布置抗拔桩，可仅在超出上述各种情形下零应力区要求范围之外的零应力区布置抗拔桩，并复核桩的抗拔承载力。同时，复核偏心竖向力作用下第 i 根桩的竖向力最大值 Q_{ikmax} 及基础整体倾斜 β 小于限值。该限值建议按表 6-2 取值。

桩基础承载力及基础倾斜限值 **表 6-2**

工况	风荷载	小震	中震	大震
Q_{ikmax}	$1.2R_a$	$1.5R_a$	$1.8R_a$	$2.0R_a$
β	0.004	0.004	0.008	0.012

注：R_a—单桩竖向承载力特征值。

综上所述，对于高层建筑，抗倾覆安全系数不小于所要求的数值时，则基本可以保证建筑抗倾覆安全性。实际工程中，在水平力作用下，高层建筑抗倾覆安全系数往往较大。

在基础埋深不足的情况下，可扩大筏板尺寸或增设抗拔桩措施。采取加大基础埋深的措施虽然对解决抗倾覆问题有利，但并不是最有效的方法。

《高规》试图利用地下室外侧土体的抗力来保证建筑物的整体稳定，但在实际工程中这是很难得到保证的。由于高层建筑地下室的施工，大多数都要做基坑支护或做外防水层，一般都有基坑回填的问题。基坑回填土的施工质量往往达不到密实度要求，很难提供较大的侧限力。而且在地震反复荷载作用下，回填土的残余压缩变形会逐渐增大，实际上地下室外壁有可能会与周围土体脱开而使侧限力为零。因此，基础埋深提供的抗倾覆作用是不可靠的，仅满足规范所要求的埋深，但抗倾覆验算不足时，将存在极大的安全隐患。

高层建筑的抗倾覆稳定性与其基础埋深实际上并没有直接相关性。规定基础埋深必须达到建筑高度的多少分之一，并不能保证建筑具有抗倾覆稳定性。因此，应更关注高层建筑的抗倾覆验算。

7　高层建筑抗滑移稳定性验算

《地基基础规范》第 6.7.5 条规定，挡土墙抗滑移验算应满足下式要求：

$$\frac{(G_{\mathrm{n}}+E_{\mathrm{an}})\mu}{E_{\mathrm{at}}-G_{\mathrm{t}}}\geqslant 1.3$$

式中，μ 为土对挡土墙基底的摩擦系数，其他参数含义见图 7-1。

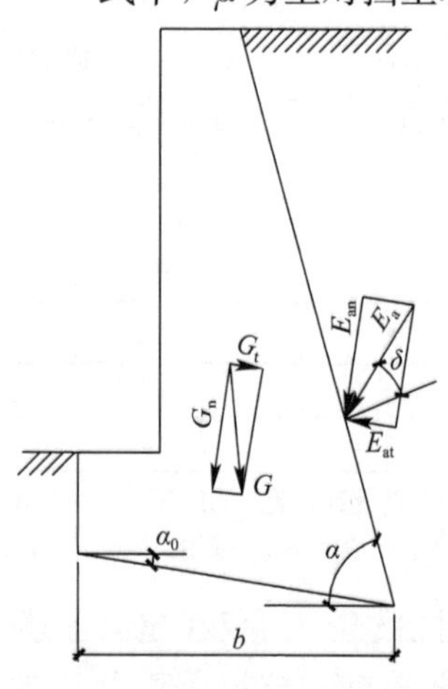

图 7-1　挡土墙抗滑移验算示意图

《广东省高规》第 11.3.7 条规定，“当无地下室、采用桩基础时，可考虑桩承台侧土水平抗力的有利作用，荷载效应取竖向荷载和风荷载、竖向荷载和设防烈度地震作用效应标准组合分别验算。”单桩水平力与单桩水平承载力特征值之比，风荷载组合时不大于 1.0，地震组合时不大于 1.9。第 11.3.8条规定，“当无地下室、采用浅基础时，应验算基础的抗滑移稳定性。验算时，可考虑基础侧土水平抗力的有利作用。荷载效应取竖向荷载和风荷载、竖向荷载和设防烈度地震作用效应标准组合分别验算。风荷载组合的基础抗滑移安全系数 $K\geqslant 1.3$，地震组合的基础抗滑移安全系数 $K\geqslant 1.1$。”

高层建筑的抗滑移安全系数取值可参照《广东省高规》的要求执行。

基础的抗滑移力除了基底的摩擦力或桩的水平承载力外，还有基础侧面土的抗力。该抗力的大小与基础埋深相关。

根据文献［9］～［11］，可按下式进行天然地基基础抗水平滑动稳定性验算：

$$K_{\mathrm{h}}=(G\tan\delta+cBL+p_{\mathrm{p}}Ld_{\mathrm{h}})/P$$

式中，K_{h} 抗滑稳定性安全系数；P 为水平作用力（kN）；G 为竖向荷载（kN）；δ 为基底与土接触的摩擦角（°）；c 为地基土黏聚力（kPa）；p_{p} 为基础侧面被动土压力（kPa）；d_{h} 为基础高度或基础埋深（m）；B、L 分别为基础宽度和长度（m）。

假定建筑物基础埋深为零，并且不考虑地基土的黏聚力（即设 c=0），则：

$$K_h = G\tan\delta / P$$

根据韩小雷等的研究[12]，在 7 度和 8 度地震作用下，当建筑高宽比一定时，随着建筑物的高度增加，P/G 有所减小。这是因为，高宽比一定时，建筑物越高，其刚度越小。假设某建筑位于 8 度抗震设防区，基础下土的内摩擦角为 15°，参考《地基基础规范》表 6.7.5-1，取 $\delta=0.33\times15=4.95°$，基底最小地震剪力系数按规范限值取值，即 $P/G=3.2\%$，则可得 $K_h=2.7$。如果建筑越高，P/G 将越小，抗滑稳定性安全系数也就越大。可见一般天然地基基础抗滑移稳定性安全系数很容易满足要求。

是否需要验算大震作用下的抗滑移，存在不同的观点。《广东省高规》第 11.3.8 条条文说明指出，“设防地震发生的概率较低，且地震是往复作用，如果在地震作用下基础滑移，则地震力减小。考虑以上因素，适当降低地震组合的抗滑移安全系数。”该规范认为可以不用进行大震作用下抗滑移验算。

笔者认为，对于筏板基础，可不进行大震作用下的抗滑移验算；对于桩基础，如果在大震的瞬时作用下桩水平承载力不足导致桩折断，则将不可恢复，因此宜进行大震标准组合作用下的抗滑移验算。建议按大震弹塑性计算单桩水平力与单桩水平承载力特征值之比不大于 2.0。桩基础水平承载力限值建议按表 7-1 取值。

桩基础水平承载力限值 **表 7-1**

工况	风荷载	小震	中震	大震
H_{ik}	$1.0R_h$	$1.25R_h$	$1.8R_h$	$2.0R_h$

注：R_h—单桩水平承载力特征值；H_{ik}—荷载效应标准组合下，作用于基桩顶处的水平力。

高层建筑的抗滑移稳定性与其基础埋深有一定的相关性，表现在基础侧土水平抗力的有利作用。大多数情况下，忽略基础侧土水平抗力的有利作用时，建筑的抗滑移已满足相关要求，基础的埋深起到抗滑移安全储备的作用。

8 工程案例

某工程位于深圳市罗湖区，由 8 栋高层塔楼、商业裙房和地下室组成，于 2010 年建成使用。现选择其中的 7 号塔楼作为研究对象。该塔楼为约 100m 高的住宅，地下室 3 层。建筑位于山坡上，地下室一面与山体的挡墙脱开，其余三面敞开，地下室没有任何埋深，且裙房地下室边柱的基础面在地下室底板以下形成吊脚。地下室底板面至塔楼屋面约 116m，底板底土层为强风化花岗岩，底板下至中风化岩面约 10m。建筑典型剖面如图 8-1 所示。

工程抗震设防类别为丙类，抗震设防烈度 7 度，设计基本地震加速度为 $0.1g$，地震分组为第一，场地类别为Ⅱ类。基本风压为 0.75kN/m^2，地面粗糙度类别为 C 类。

塔楼为钢筋混凝土剪力墙结构，裙楼及其地下室为框架结构，基础为人工挖孔桩，以中风化岩为持力层。

该塔楼基础埋深为零。如何保证基础的安全成为设计的关键。设计过程中，设计单位与岩土公司进行了密切的配合。

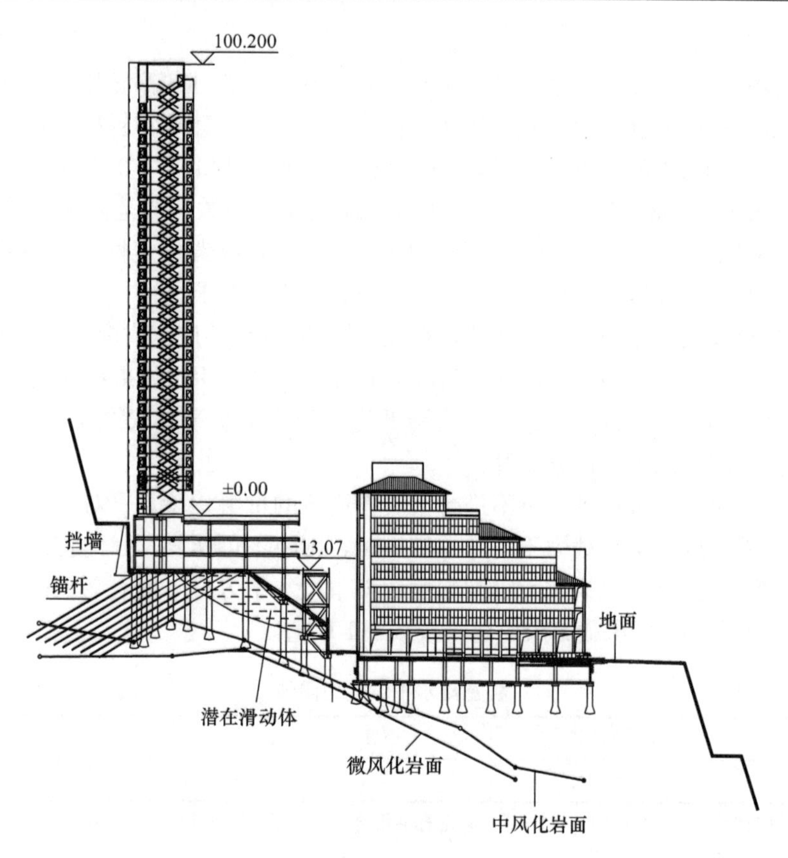

图 8-1 建筑典型剖面示意

护坡设计时除了需考虑土体自重的作用以外，还考虑了上部建筑通过桩基传来的作用于边坡土体的水平荷载及边坡潜在滑动面以上桩侧传来的竖向摩擦力。为确保场地的稳定，岩土公司根据设计单位提供的荷载条件、土层断面、场地勘察报告、地质灾害评估报告等资料，分析确定了安全系数为 1.3 所对应的岩土层潜在滑动面。建筑桩底部须位于该潜在滑动面之下。

基础设计除了考虑常规的设计要点以外，主要进行抗倾覆稳定性验算及抗滑移稳定性验算。

抗倾覆验算时，前提是基础底面以下为稳定的土体，不会发生滑动或失稳（由岩土公司进行设计），倾覆力矩可以基础底面为基准面计算，但偏于安全考虑，以承台下 10m 标高处（桩端）为基准面计算倾覆力矩。风荷载作用及罕遇地震作用的抗倾覆稳定性在不计锚杆的有利作用时也很容易满足相关要求。

抗滑移按如下公式验算：

$$1.1(V_{ex}+V_{总土})<2.0(R_{锚杆}+R_{桩})$$

式中，V_{ex}为弹塑性分析时大震作用下建筑基底地震剪力标准值；$V_{总土}$为土压力总值，指大震作用时潜在滑移体范围内土体作用于桩侧的水平推力（如地下室外墙与土体接触，还包括土体作用于外墙的推力），由岩土公司提供；$R_{锚杆}$为永久锚杆承载力特征值水平分量总和；$R_{桩}$为潜在滑动体以外范围的各桩水平承载力特征值之和。

潜在滑动体以外桩，是指在平面投影中，处于大震作用时滑移体以外部分的桩。而滑移体以内的桩由于土体可能滑动，这部分的桩不计入桩的水平承载力中。

该工程采用钢筋锚杆。为避免竖向力作用对锚杆的不利影响，在底板或承台上先预留孔洞，待主体结构封顶后，对钢筋施加 15MPa 预拉力并按要求对预留孔洞进行封闭。

上述工程案例表明，即使高层建筑基础埋深为零，或位于坡地形成吊脚楼，但在桩基承载力和土体稳定性满足要求的前提下，结构的抗倾覆稳定性和抗滑移稳定性验算满足要求时，结构可满足安全性要求。

9 结语

（1）高层建筑宜设地下室，并满足一定的埋深要求。

（2）高层建筑的基础埋深需考虑水平力大小、高宽比、地基土质等因素确定，而不仅与建筑的高度有关。

（3）地下室外墙与基坑之间的间隔须回填夯实，使地下室外墙与周围土体之间形成有效约束。

（4）高层建筑的基础埋置深度并不是保证建筑整体稳定性的主要因素。当高层建筑的基础埋深不满足现行规范的要求时，需采取措施保证高层建筑的抗倾覆稳定性及抗滑移稳定性。

（5）高层建筑的基础埋置深度不宜作硬性规定，而宜根据各种实际情况来具体考虑。

参考文献

[1] 住房和城乡建设部．高层建筑混凝土结构技术规程：JGJ 3－2010 [S]．北京：中国建筑工业出版社，2010.

[2] 建设部．钢筋混凝土高层建筑结构设计与施工规程：JGJ 3－91 [S]．北京：中国建筑工业出版社，1991.

[3] 建设部．高层建筑混凝土结构技术规程：JGJ 3－2002 [S]．北京：中国建筑工业出版社，2002.

[4] 住房和城乡建设部．建筑地基基础设计规范：GB 50007－2011 [S]．北京：中国建筑工业出版社，2011.

[5] 住房和城乡建设部．高层建筑筏形与箱形基础技术规范：JGJ 6－2011 [S]．北京：中国建筑工业出版社，2011.

[6] 住房和城乡建设部工程质量安全监管司，中国建筑标准设计研究院．全国民用建筑工程设计技术措施 结构（地基与基础）．北京：中国计划出版社，2010.

[7] 广东省住房和城乡建设厅．高层建筑混凝土结构技术规程：DBJ/T 15－92－2021 [S]．北京：中国城市出版社，2021

[8] 住房和城乡建设部．山地建筑结构设计标准：JGJ/T 472－2020. 北京：中国建筑工业出版社，2020.

[9] 杨英华．土力学 [M]．北京：地质出版社，1987.

[10] 陈仲颐，叶书麟．基础工程学 [M]．北京：中国建筑工业出版社，1990.

[11] 丁金粟．土力学及基础工程 [M]．北京：地震出版社，1992.

[12] 韩小雷，季静，李立荣．地震作用下高层建筑箱（筏）基础埋深的探讨 [J]．华南理工大学建筑学报（自然科学版），2000，28（9）：93-98.

09 超长地下室结构设计

黄用军，何远明，何哲宇
（深圳市欧博工程设计顾问有限公司，深圳 518053）

【摘要】 结合梅园片区城市更新单元项目，对超长地下室结构设计中楼板应力的设计问题进行了分析。着重从温度荷载的取值、混凝土收缩与徐变的考虑方式及设计中采取的结构措施三个方面对设计过程进行了阐述。在确定自然温差时考虑了土壤温度及室内使用温度；在考虑混凝土收缩徐变时对通用算法及深度算法进行了对比；在结构措施方面重点讨论了设置结构沟及应力集中部位采用框梁大板的效果。可为类似项目的设计提供参考。
【关键词】 超长结构；楼板应力；温度应力；结构沟；收缩与徐变

1 引言

超长地下室在当代建筑工程中出现的频率越来越高，许多地下室结构都超过现行结构设计规范中的伸缩缝最大间距的要求。这导致在超长结构中，裂缝控制成为关键问题。超长结构中混凝土的裂缝主要由温度荷载、混凝土的收缩与徐变等因素控制。现行规范对于温度荷载的取值、收缩徐变应力的定量计算有一定规定，但是对于超长结构规范算法的精确度略显不足。本文结合梅园片区城市更新单元的超长地下室结构设计，对超长结构中楼板应力的计算、减小楼板应力的构造措施进行初步探讨与总结。

2 工程概况

梅园片区城市更新单元项目位于深圳市罗湖区笋岗街道西北部，共分为 3 个地块。结构地上部分在 3 个地块之间设置结构缝，而地下室全长不分缝。本项目为 4 层地下室，局部 5 层，地下室全长约 489m，宽 172m。平面布置如图 2-1 所示。

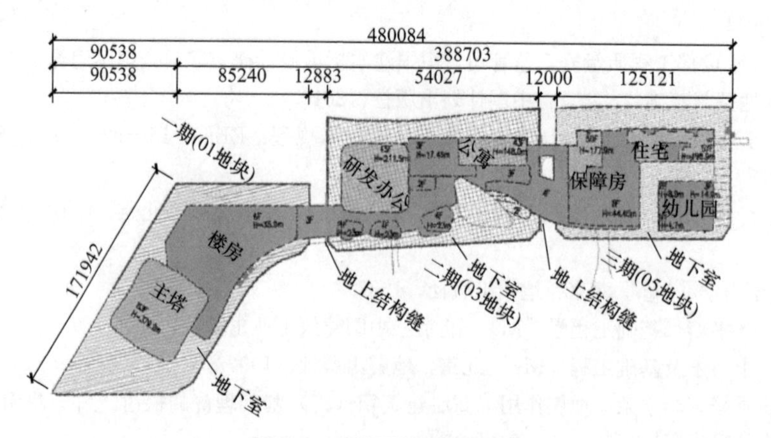

图 2-1 项目平面布置示意

3 超长地下室楼板应力的计算

3.1 自然温差

深圳属南亚热带季风气候，长夏短冬，气候温和，日照充足，雨量充沛。年平均气温22～24℃，最热月平均温度28.1℃，最冷月平均温度14.1℃；极端最高温度38.2℃，极端最低温度1.2℃。

深圳市月均气温详见表3-1。

深圳市月平均气温统计　　表3-1

月份	1	2	3	4	5	6	7	8	9	10	11	12
月平均	14.1	15.1	18.1	22.1	25.1	27.1	28.1	27.2	26.2	23.2	19.2	15.2
月最高	28.1	29.1	30.2	33.1	35.2	35.2	38.2	36.2	36.2	33.2	32.2	29.2
月最低	1.9	1.2	4.2	8.2	14.2	19.1	20.1	21.1	16.2	11.2	4.2	1.8

1层的自然温差根据表3-1确定，最高温度取28.1℃，最低温度取14.1℃。

地下室的温度与地上结构并不完全一样，根据国内多处地温相关文献[3,4]，当离地表超过6m时，其土壤温度全年变化范围基本处于16～20℃之间。故本项目将16℃取为最低气温。在考虑土壤温度的同时，也应考虑在内部供暖降温系统的工作下，建筑内部环境的使用温度。地下一层为商业，地下二层至地下室底层为停车场，将地下一层最高温度取为25℃，地下二层至地下室底层最高温度取为30℃。

考虑施工混凝土入模温度在20～25℃之间，各层自然温差按照以下公式计算：

$$\Delta T_{n+} = \Delta T_{max} - \Delta T_{rmin} \tag{3-1}$$

$$\Delta T_{n-} = \Delta T_{min} - \Delta T_{rmax} \tag{3-2}$$

式中，ΔT_{n+}（ΔT_{n-}）为自然温升（降）荷载；ΔT_{max}（ΔT_{min}）为最高（低）气温；ΔT_{rmax}（ΔT_{rmin}）为混凝土最高（低）入模温度。

3.2 混凝土收缩、徐变

3.2.1 混凝土收缩徐变模型

目前，国内外常用的混凝土收缩徐变模型有CEB-FIB模型、ACI209模型、B-P模型和GL-2000模型等，其中CEB-FIB模型常用的版本为1990和2010两个版本。本项目选用CEB-FIB(2010) 混凝土收缩徐变模型。

3.2.2 混凝土收缩徐变计算方式

对于混凝土收缩、徐变，在结构设计中通常采用简化模型来考虑。分别通过计算混凝土收缩等效温度荷载以及考虑混凝土徐变折减系数来考虑混凝土收缩、徐变对于楼板应力的影响。自然温差、混凝土收缩等效温度荷载及混凝土徐变折减系数按式（3-3）计算，最终得到施加在结构模型中的计算超长结构楼板应力的温度荷载。

$$\Delta T = (\Delta T_{n} + \Delta T_{s}) \times \beta_{c} \tag{3-3}$$

式中，ΔT为施加在模型中的温度荷载；ΔT_{n}为自然温差；ΔT_{s}为混凝土收缩等效温度荷载；β_c 为混凝土徐变折减系数。

混凝土的收缩徐变是一个复杂的长期时变效应，以上线性公式能否准确模拟混凝土的收缩与徐变效应值得进一步推敲与验证。在梅园片区城市更新单元项目中，采用了 MIDAS/Gen 软件进行施工模拟计算，真实考虑混凝土的收缩徐变效应对于楼板应力的影响，并将结果与采用通用算法的简化模型进行对比。

4 楼板应力有限元分析结果

4.1 结构计算模型

采用 MIDAS/Gen 软件进行温度应力分析，楼板采用弹性膜模拟。为真实反映整体结构对于温度的敏感性，参考《建筑桩基技术规范》JGJ 94—2008 计算桩基的水平刚度与转动刚度，并在模型中采用点弹簧对桩进行模拟。在地下室区域设置后浇带，后浇带封闭时间为 60d，后浇带之间采用跳仓法施工，在计算中对跳仓法全程进行施工模拟，以考虑后浇带的有利作用。后浇带位置如图 4-1 所示。

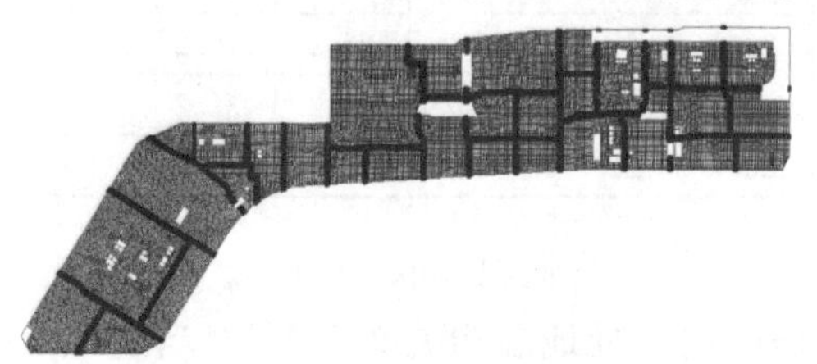

图 4-1 B1 层后浇带位置

为验证通过收缩等效温度当量考虑收缩及采用 0.3 折减系数考虑徐变的正确性，使用两种计算方法进行对比。通用算法模型通过收缩等效温度当量考虑收缩的影响，计算收缩等效温度当量时采用 CEB-FIB(2010) 中的混凝土收缩模型。通过对温度荷载施加 0.3 的折减系数考虑徐变的影响。深度算法模型直接通过施工模拟计算真实考虑材料的收缩与徐变特性，混凝土的收缩与徐变均选取 CEB-FIB (2010) 模型。

4.2 应力分布

通用算法与深度算法得出的应力分布规律基本一致，在此仅以深度算法结果对应力分布规律进行分析。

一层楼板因建筑使用功能的要求，存在两块大降板区域，从而形成了天然的结构沟，极大地释放了一层楼板的面内刚度，导致其楼板应力明显小于其他楼层。如图 4-2 所示，仅在图中深色转角区域应力较大，达到 5.0～6.0MPa，浅色区域应力为 2.0～3.0MPa，其余区域应力普遍小于 2.0MPa。

除一层外，其余楼层的楼板应力分布规律基本一致。以地下室底板为例，如图 4-3 所示，在中部尺寸收进部位以及转角处出现明显的应力集中，其中转角应力集中处应力可达 10.0～15.0MPa，中部尺寸收进处深色区域应力为 5.0～8.0MPa，其余部位应力普遍小于 4.0MPa。

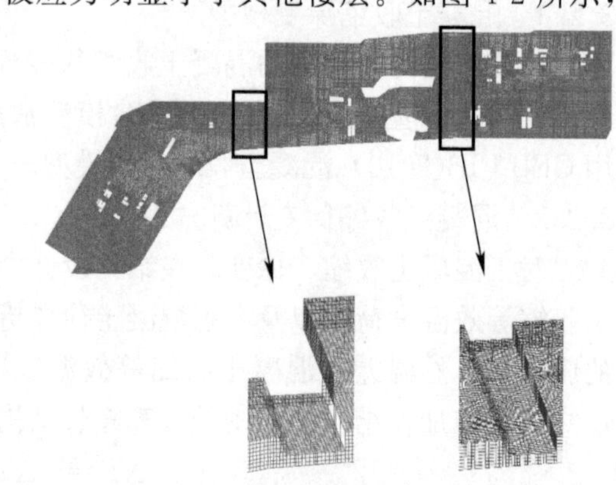

图 4-2 一层楼板温降工况应力分布

4.3 通用算法与深度算法结果对比

对两个模型中地下三层降温工况下单工况 X 向的温度应力进行对比，其中深度算法取施工后 5 年的应力结果，如图 4-4、图 4-5 所示。通用算法与深度算法的应力分布趋势基本一致，但深度算法整体温度应力要大于通用算法。分别选取应力集中处与非应力集中处两个位置对温度应力的数值进行对比。在转角应力集中处，通用算法的温度应力约为深度算法中温度应力的 70%～80%；而在非应力集中处，通用算法与深度算法的结果相差较小，通用算法温度应力约为深度算法的 90%。

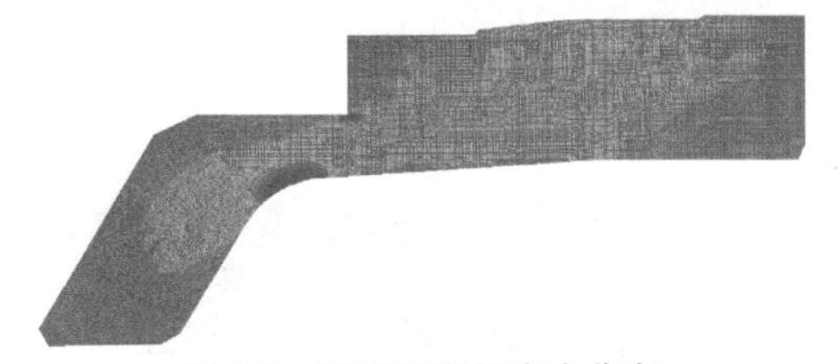

图 4-3 地下室底板应力分布

图 4-4 通用算法地下三层楼板降温工况应力分布

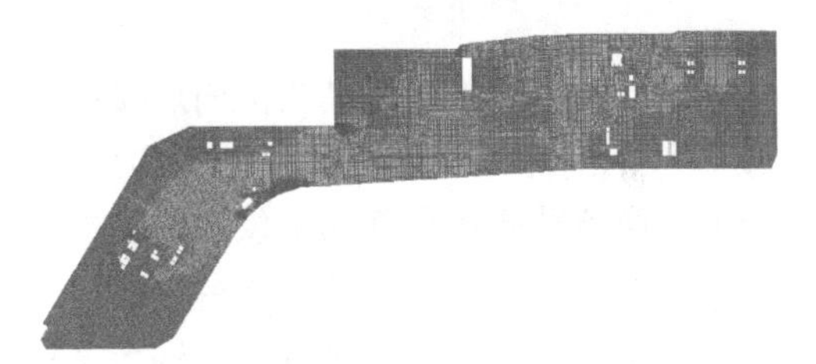

图 4-5 深度算法地下三层楼板降温工况应力分布

对深度算法中楼板应力的组成进行分析。根据 MIDAS/Gen 的计算结果，温度荷载产生的拉应力约为总拉应力的 45%，5 年时间的混凝土收缩所导致的拉应力约为总拉应力的 55%，混凝土徐变导致的应力松弛可将混凝土在降温工况及收缩作用下产生的拉应力约降低为原来的 6/10。

通用算法中进行等效温度荷载换算时，混凝土的收缩当量温差约为季节温差的 2 倍，而考虑徐变的应力折减系数为 0.3。由以上结果可看出，深度算法中计算所得的温度应力构成与通用算法进行等效温度荷载换算时所作的假定并不一致。但由于通用算法的计算假定中，同时放大了收缩的不利影响与徐变的有利影响，两者相互抵消，从而导致了深度算法中温度应力结果仅比通用算法中略大。

梅园片区城市更新单元项目基于深度算法计算所得温度应力结果进行后续计算与设计。

5 结构措施

为减小超长地下室的楼板应力并控制裂缝的产生，梅园片区城市更新单元项目结合了“放”与“抗”两种方式，采取了设置结构沟、在应力集中处采用框梁大板、配置温度应力钢筋、设置后浇带、采用补偿收缩混凝土及控制楼板钢筋的直径与间距等设计措施。下文对设置结构沟及在应力集中处采用框梁大板两种措施对楼板应力的影响进行分析。

5.1 设置结构沟

在地下室底板每隔 100m 左右设置一道结构沟（共 4 道），以减小温度应力，结构沟尺寸为 1.5m×2.5m，结构沟位置如图 5-1 所示，大样如图 5-2 所示。通过设置结构沟，可以有效地减小结构沟处楼板的平面内刚度，使楼板在结构沟处发生平面内变形，从而减小楼板在温度及混凝土收缩作用下产生的平面内应力，达到与设置伸缩缝相似的效果。同时，结构沟处混凝土楼板仍然连续，避免了渗水等问题。

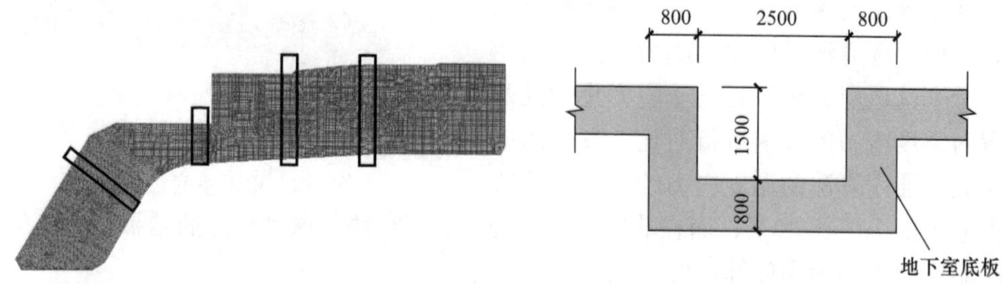

图 5-1　地下室底板结构沟位置示意

图 5-2　结构沟大样

对比地下室底板设置结构沟前后楼板应力的结果以验证结构沟的效果。整体温度应力如图 5-3、图 5-4 所示，在设置结构沟后，地下室底板整体温度应力明显减小。选取结构沟周边、两条结构沟中部两个位置的具体应力数值进行对比，选取位置如图 5-4 所示。应力结果如图 5-5、图 5-6 所示。位置 1 处，设置结构沟后应力释放效果明显，结构沟处应力几乎为零；位置 2 处，设置结构沟后，楼板应力减小约 70%。

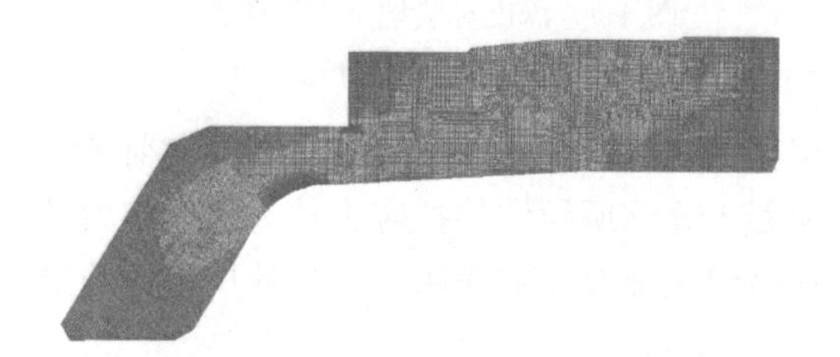

图 5-3　设置结构沟前底板降温工况应力分布

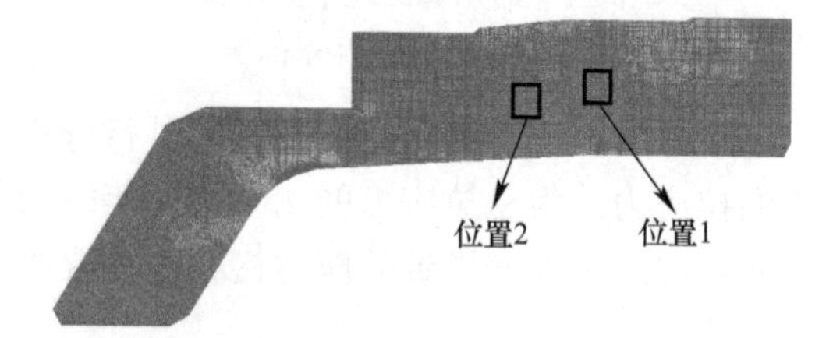

图 5-4　设置结构沟后底板降温工况应力分布

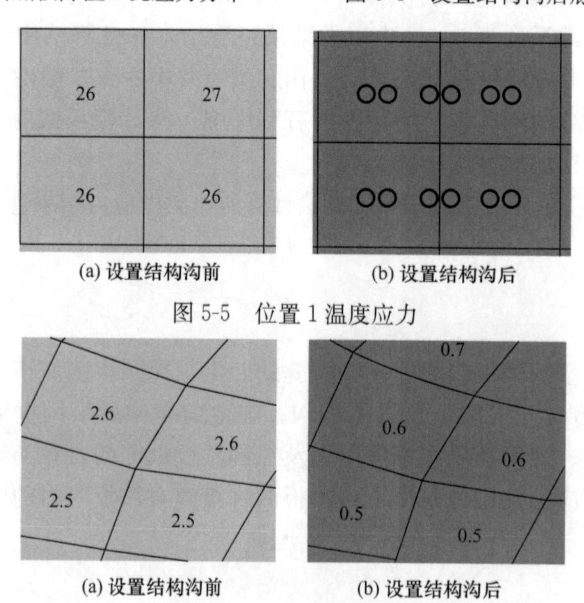

(a) 设置结构沟前　(b) 设置结构沟后

图 5-5　位置 1 温度应力

(a) 设置结构沟前　(b) 设置结构沟后

图 5-6　位置 2 温度应力

5.2 应力集中处采用框梁大板

在地下室外墙转角处因其几何尺寸的突变及墙体刚度的增大，易发生应力集中，导致楼板在温度荷载及混凝土收缩的作用下应力过大。拟在转角应力集中处采用框梁大板的楼盖形式，板厚由100mm改为240mm，通过增大断面的方式来减小楼板应力。楼板加厚范围如图5-7所示。以图中位置1为例，图5-8及图5-9所示为改用框梁大板前后地下三层转角应力集中处降温工况下楼板的X向正应力。采用框梁大板后，应力集中处的楼板应力下降约30%。

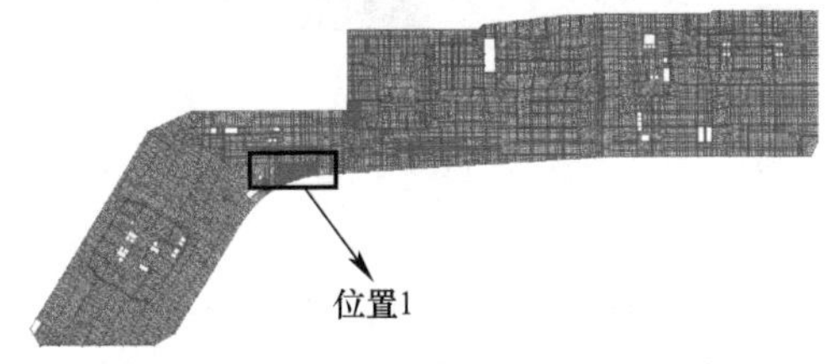

图5-7 地下三层楼板加厚位置示意

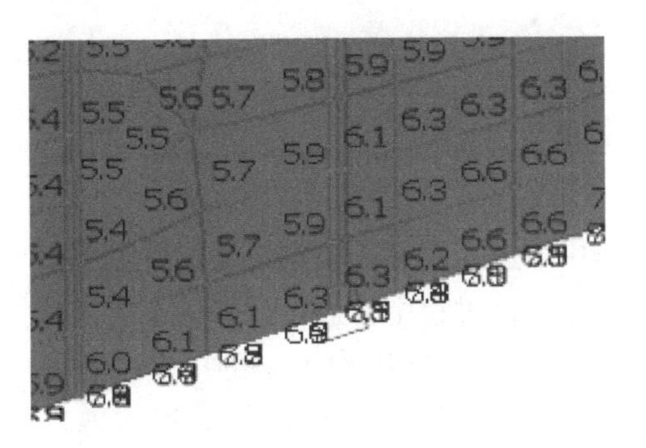
图5-8 设置结构沟前位置1温度应力

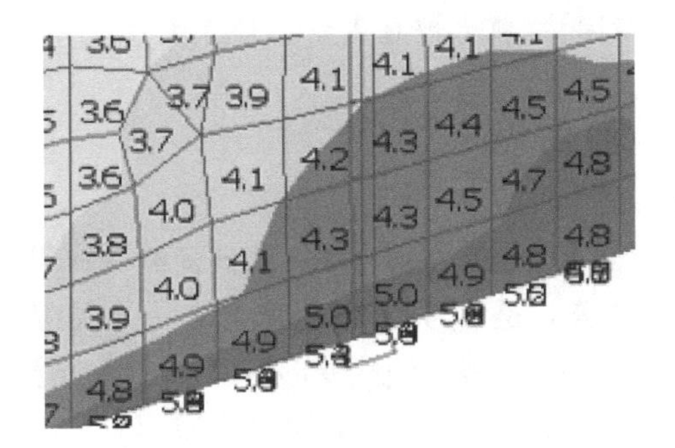
图5-9 设置结构沟后位置1温度应力

6 结论

（1）超长地下室自然温差需根据地底的土壤温度及室内建筑使用功能确定。

（2）常用的通过混凝土收缩等效温度当量及徐变折减系数来考虑混凝土收缩徐变的简化算法与MIDAS/Gen中采用的通过施工模拟真实考虑混凝土收缩徐变的算法得出的温度应力结果有偏差，后者得到的温度应力更大。

（3）设置结构沟、在应力集中处采用框梁大板的结构形式可有效减小温度应力。

参考文献

[1] 何远明，贺逸云，谢海兵，等．深圳市罗湖区笋岗街道城建梅园片区城市更新单元01-01地块超限高层建筑抗震设防审查送审文件［R］．深圳：深圳市欧博工程设计顾问有限公司，2020.

[2] 建设部．建筑桩基技术规范：JGJ 94—2008［S］．北京：中国建筑工业出版社，2008.

[3] 李济深，陈明珠，汤强，等．南京市浅层地温场研究——基于分布式光纤测温技术［J］．中国地质，2021（3）：269-277.

[4] 聂贻哲．超长混凝土地下室考虑约束体作用的无永久缝设计方法［D］．杭州：浙江大学，2013.

[5] International Federation for Structural Concrete. CEB-FIB Model Code 2010. Switzerland，2010.

10 剪力墙轴压比限值研讨

魏琏，罗嘉骏，王森
（深圳市力鹏工程结构技术有限公司，深圳 518034）

【摘要】 对当前剪力墙轴压比的计算方法进行了讨论，指出目前规范关于剪力墙轴压比计算方法中存在的一些问题。介绍剪力墙轴向内力的分布特点，提出剪力墙在重力荷载代表值和水平地震作用下“分段轴压比”的计算方法，给出了剪力墙轴压比限值建议，并通过工程案例说明了该方法的应用，结果表明此方法更加合理，更有利于充分发挥剪力墙的抗震潜能。
【关键词】 剪力墙轴压比；计算方法；分段轴压比；轴压比限值

1 前言

轴压比是控制剪力墙在竖向荷载和地震共同作用下进入塑性阶段和防止塑性变形过大的重要因素，是剪力墙抗震设计中的一个关键参数。在设计过程中常通过设置约束边缘构件来提高端部剪力墙的塑性变形能力，从而改善剪力墙的延性，提高整体结构的抗震性能。

《高层建筑混凝土结构技术规程》JGJ 3—2010[1]（以下简称《高规》）规定墙肢轴压比是重力荷载代表值作用下墙肢承受的轴压力设计值与墙肢的全截面面积和混凝土轴心抗压强度设计值乘积之比值，并没有反映地震作用下剪力墙两端受压的情况。当剪力墙两端轴压力达到一定值后，即使在端部设置约束边缘构件，剪力墙仍可能因混凝土压溃而丧失承受重力荷载的能力，因此对剪力墙轴压比加以适当控制是必要的。

2 《高规》剪力墙轴压比计算公式

《高规》规定剪力墙墙肢轴压比 μ 计算公式如下：

$$\mu = 1.2N_G/f_cA_c \tag{2-1}$$

式中，1.2 为荷载分项系数；N_G 为重力荷载代表值作用下的墙肢轴力标准值，N_G＝恒荷载＋0.5×活荷载；f_c 为混凝土轴心抗压强度设计值；A_c 为剪力墙墙肢的全截面面积。

《高规》对剪力墙轴压比限值的规定如表 2-1 所示。

剪力墙墙肢轴压比限值 **表 2-1**

抗震等级	一级（9度）	一级（6～8度）	二、三级
轴压比限值	0.4	0.5	0.6

上述对于剪力墙轴压比的计算公式及其限值的合理性存在以下几点疑问：

(1) 式（2-1）表明重力荷载代表值作用下，墙体沿截面轴向应力假设为均匀分布，而实际工程中剪力墙轴向应力分布是不均匀的，主要受楼板的传力方式、墙上搭梁以及墙端连接构件情况等影响。

（2）不同设防烈度时，地震作用的大小也是数倍之差，留给不同烈度地震作用的空间应有差别，但《高规》对一级抗震6、7及8度采用同一限值0.5显然是不合理的。

（3）式（2-1）的表述是以设计值为准，但大震分析时是以标准值为准，因而不易判断其对大震作用留下的富余空间，下面改以荷载和材料标准值来定义轴压比，可得：

$$\mu_{1k}=\frac{N_G}{f_{ck}A_c}=\frac{\mu}{1.4\times1.2}=0.60\mu \tag{2-2}$$

按式（2-2）求得《高规》中墙肢以标准值表示的相应轴压比限值如表2-2所示。

相应《高规》限值时按标准值计算的轴压比　　表2-2

抗震等级	一级（9度）	一级（6～8度）	二、三级
轴压比限值	0.24	0.30	0.36

表2-2表明，以标准值表达的剪力墙墙肢轴压比限值较小，这实际上是设计为大震作用下墙肢所产生的轴压比预留的空间。如在表2-1中，7度的剪力墙轴压比限值为0.50，按荷载和材料标准值计算时其限值为0.30，大震作用下仍然有0.70的空间。

（4）不能反映水平地震作用下，与地震作用同方向剪力墙墙肢轴向应力两端大且反号，中段小，中和轴处为零的特点，因此式（2-1）及式（2-2）用全截面面积来定义墙肢轴压比的方法不适用于地震作用下剪力墙墙肢不同部位轴向应力差异反号的实际状况。

（5）表2-1及表2-2为仅考虑重力荷载代表值作用下剪力墙轴压比限值，其剩余部分无疑是留给地震作用的，但同一烈度下大震与小震作用的大小相差达数倍，因此，采用小震还是大震作用下轴压比进行设计控制是一个需要进一步研究解决的问题，表2-1及表2-2限值对此均不明确。

广东省标准《高层建筑混凝土结构技术规程》DBJ 15—92—2013[2]（以下简称《广东省高规》）规定，当地震作用下核心筒或内筒承担的底部倾覆力矩不超过总倾覆力矩的60%时，在重力荷载代表值作用下，核心筒或内筒剪力墙的轴压比不宜超过表2-3限值。

剪力墙墙肢轴压比限值　　表2-3

等级或烈度	一级		二、三级
	6、7度（0.1g）	7（0.15g）、8度	
轴压比限值	0.60	0.55	0.65

综上所述，在地震作用下用全截面A_c统一考虑该墙肢的轴压比的方法是不合理的，不能反映剪力墙不同位置轴力的差异，也未较完善考虑不同地震烈度时地震作用及同一烈度时大、小震作用的差别。本文就此展开讨论，提出相应的设计建议，并结合实际工程说明其应用方法。

3 剪力墙轴向应力分布特点剖析

3.1 自重作用下剪力墙轴向应力分布特点

结合深圳某超高层建筑进行分析。结构体系为巨柱-核心筒结构，建筑高度为350m，地震烈度为7度（0.1g），基本风压0.75kN/m^2。结构地下4层，地上79层。在建筑避难层的位置设有环桁架，即6层、17层、29层、41层、53层、65层、79层这7个位置。17层、

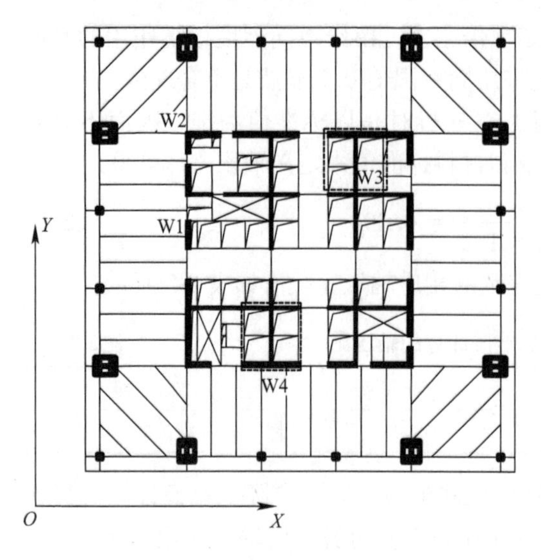

图 3-1 首层平面布置示意

41 层、65 层这 3 个位置设有伸臂，首层平面布置如图 3-1 所示。

首层墙 W1（一字形）、W2（L 形）、W3（T 形）、W4（工字形）在重力荷载代表值作用下的轴向应力如图 3-2 所示，剪力墙轴向应力主要受楼板的传力方式、墙上搭梁以及墙端连接构件情况等影响。作为计算剪力墙构件负荷的从属面积直接影响剪力墙轴向应力分布，通常情况下，在剪力墙的两端从属面积稍比中间部位大，如对于一字形剪力墙，其轴向应力呈“哑铃形”分布。搭梁情况对于剪力墙轴向应力的影响体现在增加集中力和重新影响楼板荷载导荷形式，剪力墙轴向应力分布表现在搭梁的位置会稍微大点。

3.2 地震作用组合下剪力墙轴向应力分布特点

计算剪力墙轴压比时需考虑水平地震作用的不利影响，参照《高规》中对于框架柱轴压比的计算方法，具体如下：

$$\mu' = [1.2N_G \pm 1.3N_E]/f_cA_c \tag{3-1}$$

式中，N_E 为小震作用下的轴力标准值。

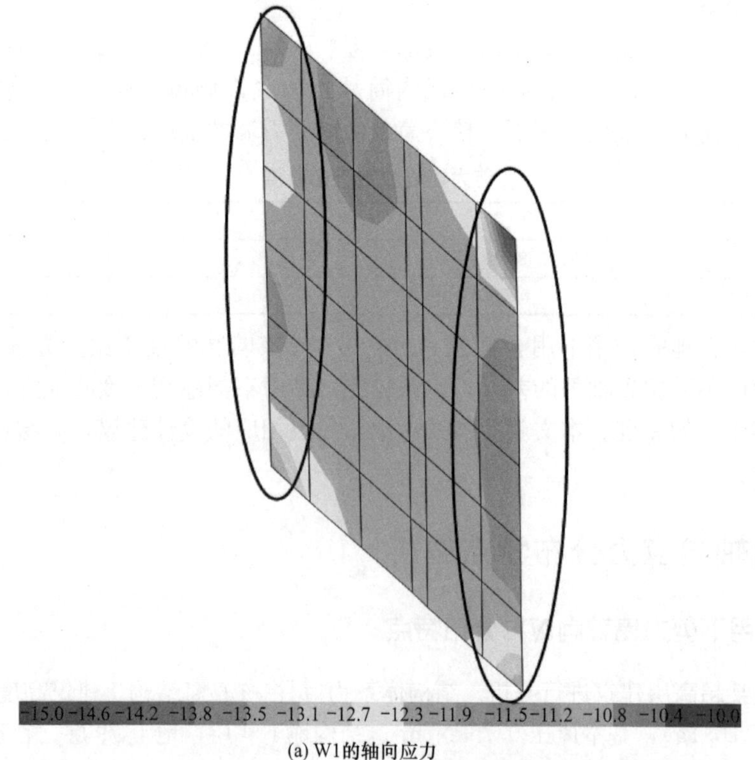

(a) W1的轴向应力

图 3-2 重力荷载代表值作用下的剪力墙轴向应力分布（MPa）（一）

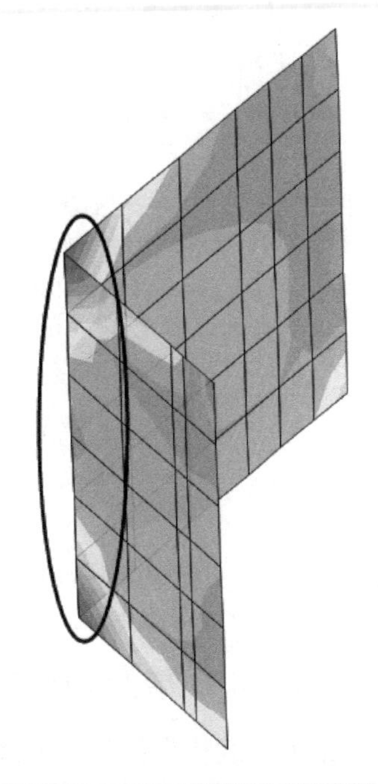

(b) W2的轴向应力

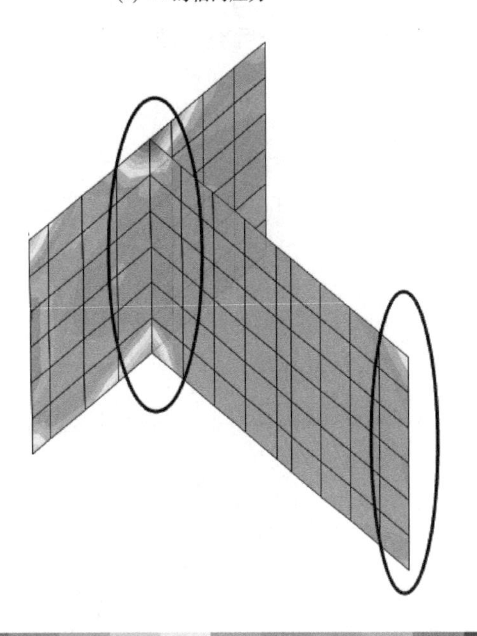

(c) W3的轴向应力

图 3-2　重力荷载代表值作用下的剪力墙轴向应力分布（MPa）（二）

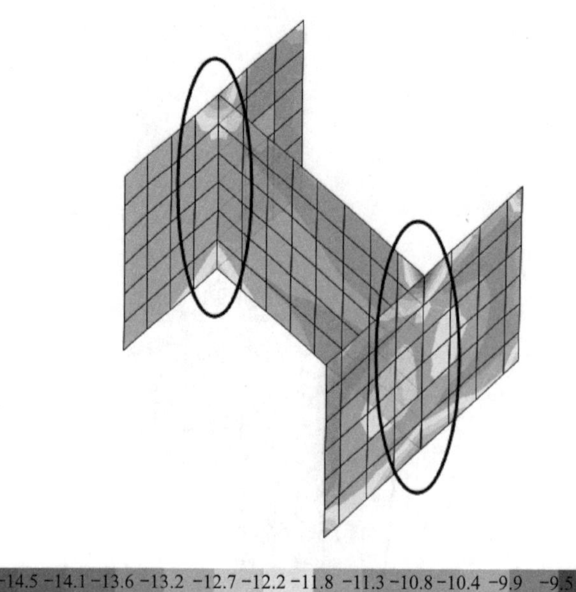

(d) W4的轴向应力

图 3-2　重力荷载代表值作用下的剪力墙轴向应力分布（MPa）（三）

以 3.1 节案例进行分析。在重力荷载代表值与水平地震作用的共同组合下，不同形式剪力墙轴向应力如图 3-3 所示，其中，工况 1、3、4 为 max［1.2×（恒荷载＋0.5 活荷载）$\pm 1.3E_y$］，工况 2 为 max［1.2×（恒荷载＋0.5 活荷载）$\pm 1.3E_x$］。从轴向应力分布规律上不难发现，考虑地震作用组合后剪力墙出现轴向应力分布大的情况往往在核心筒

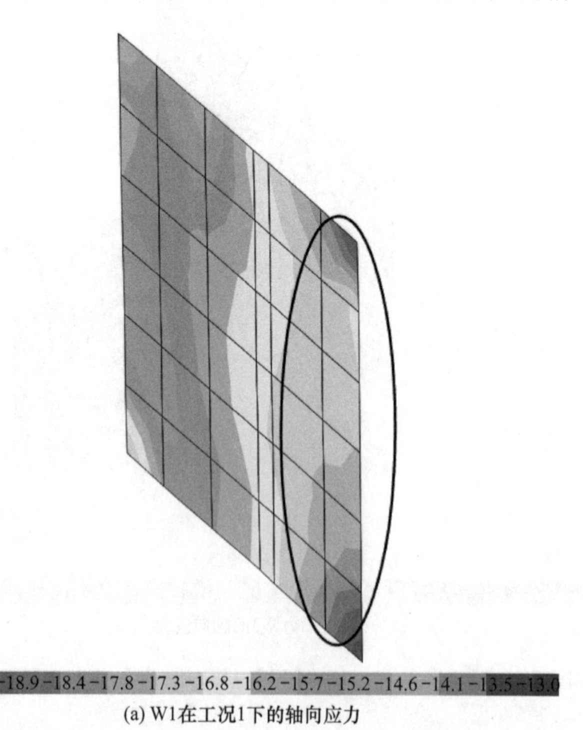

(a) W1在工况1下的轴向应力

图 3-3　考虑地震作用组合的剪力墙轴向应力分布（MPa）（一）

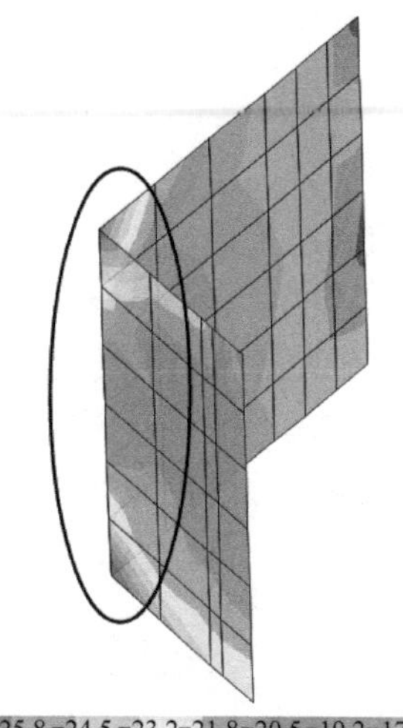

(b) W2在工况2下的轴向应力

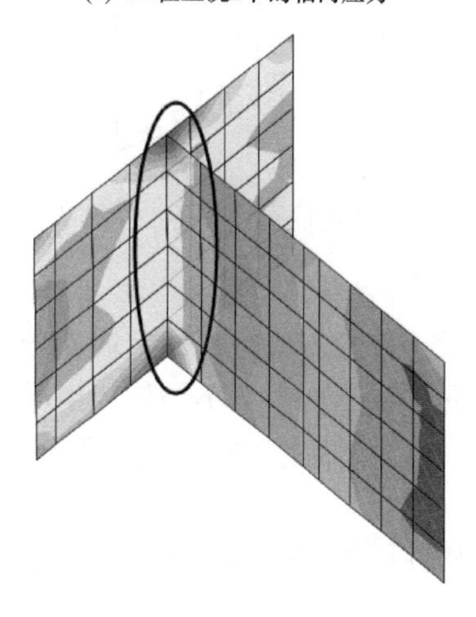

(c) W1在工况3下的轴向应力

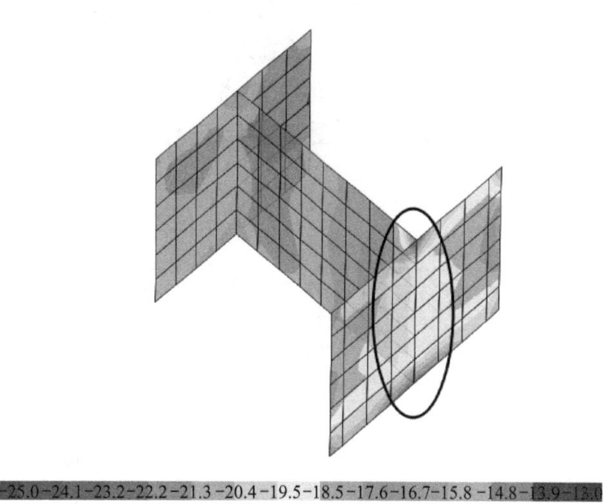

(d) W4在工况4下的轴向应力

图 3-3　考虑地震作用组合的剪力墙轴向应力分布（MPa）（二）

外围墙上、角部墙肢及长墙的端部处。

4 剪力墙的分段方法

由于剪力墙在重力荷载代表值和水平地震的共同作用下，轴向应力一般呈端部大、中间小的分布规律，如图 4-1 所示。通过应力大小分段计算轴压比能够较好地反映实际受力情况，本文基于此提出剪力墙分段轴压比的计算方法，主要考虑剪力墙两端边缘约束构件范围内的轴压比，将其控制在安全合理的范围。同时，考虑到墙中段的轴压比由于与边缘约束构件相比其变形能力较弱，其轴压比的控制宜相应较严。

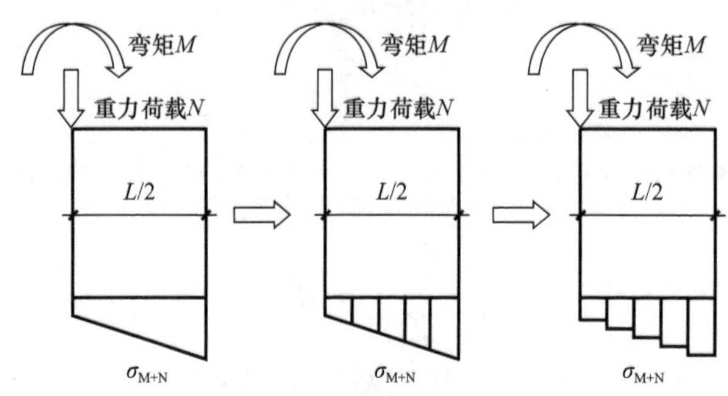

图 4-1 重力荷载代表值和水平地震组合下轴力分布

4.1 剪力墙的分段依据和方法

为了将剪力墙沿长度分段，首先需要合理确定墙端分段长度，遵照《高规》中对于剪力墙边缘构件长度的规定，建议根据剪力墙不同构成情况进行划分；对于有梁搭于墙上的情况，需单独划定墙段长度。以 X 向墙为例，剪力墙分段方法如下。

4.1.1 一字形墙

一字形墙两端约束边缘构件阴影部分按暗柱分段，l_c 为约束边缘构件沿墙肢的长度，其取值依据《高规》表 7.2.15 计算，b_w 为墙肢厚度，阴影部分为约束边缘构件长度 L_u，L_m 为除去约束边缘构件阴影部分 L_u 后的墙肢长度，其分段如图 4-2 所示。

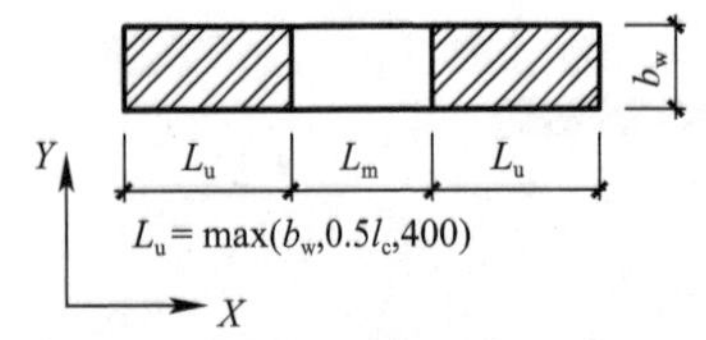

图 4-2 一字形墙分段方法

4.1.2 一字形墙面外搭梁

一字形墙面外搭梁一般分为墙端搭梁、墙端梁位置偏移 b_1 以及墙中部搭梁三种情况，其分段如图 4-3 所示。

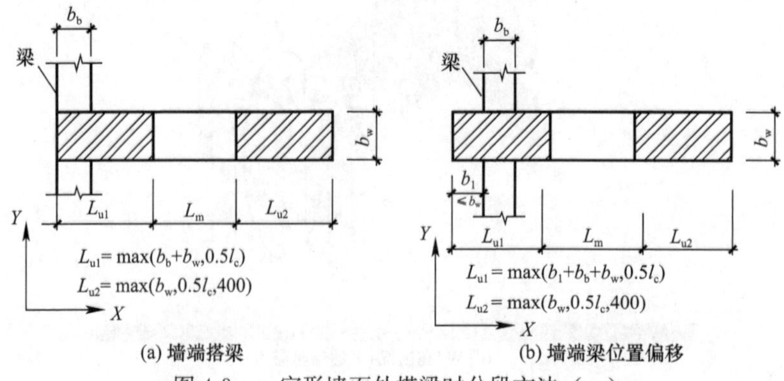

图 4-3 一字形墙面外搭梁时分段方法（一）

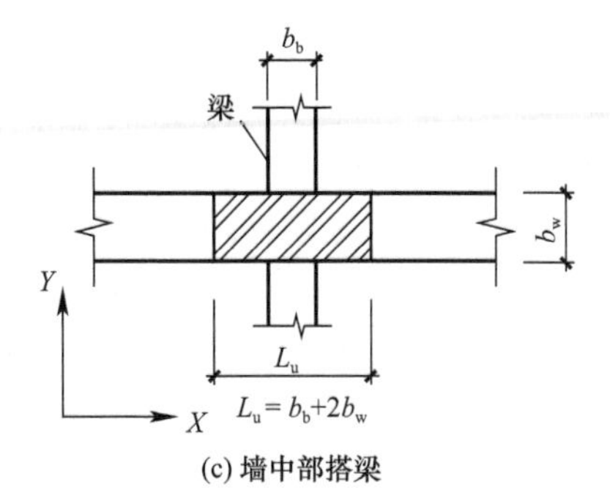

(c) 墙中部搭梁

图 4-3 一字形墙面外搭梁时分段方法（二）

4.1.3 端柱搭梁

当墙有端柱且墙端也有搭梁时，其分段如图 4-4 所示。

4.1.4 一端与垂直向墙相连

当 Y 向墙与 X 向墙相连形成 T 形或 L 形墙肢时，其分段如图 4-5 所示。

4.1.5 一端与垂直向墙相连且垂直向墙面外搭梁

当 Y 向墙与 X 向墙相连形成 T 形或 L 形墙肢，且在 X 向墙面外搭梁时，其分段如图 4-6所示。

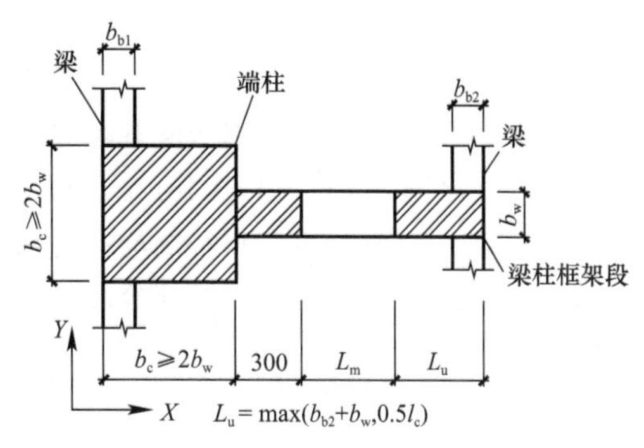

图 4-4 端柱搭梁时分段方法

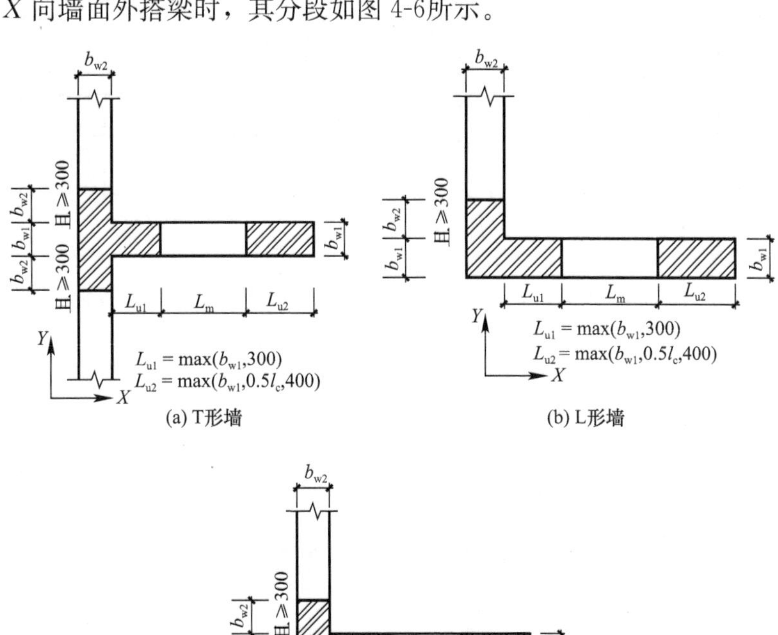

(a) T形墙

(b) L形墙

(c) L形墙凸出

图 4-5 一端与垂直向墙相连时分段方法

4.2 剪力墙分段注意事项

剪力墙墙肢分段时，需注意以下几点：

（1）图 4-2～图 4-6 中，当 L_m＜min(300，b_w）时，L_m 平分到相邻左右两侧的暗柱；当 min(300，b_w）＜L_m≤2000 时，L_m 为一个计算长度；当 L_m＞2000 时，应进一步等分剖分，L_m 剖分后的单元长度不宜大于 2000mm 且不宜小于 min(300，b_w)。

（2）当两侧暗柱存在重叠（即 L_m 段不存在），两侧暗柱应合并，且合并后的新暗柱总长不宜大于 2000mm，否则平分成 2 个暗柱分别计算其轴压比。

（3）当图 4-3（b）面外偏置一道梁，其偏置的距离 b_1 不大于 b_w 时，端部暗柱按照图 4-3（b）所示取值；当 b_1 大于 b_w 且满足以上第（1）、（2）条的条件时，可按第（1）、（2）条进行合并。

（4）次梁荷载较小，不考虑其对墙肢轴压比的影响，仅考虑主梁的作用。

（5）当图 4-5(c)、图 4-6(c) 中的 L_x＞b_{w1}＋b_{w2}时，同图 4-5(a)、图 4-6(a) 情形分段。

（6）当图 4-6(a)～(c) 右端与端柱相连或与 Y 向墙相连，又或者如图 4-3(b) 面外偏置了一道梁时，其右端的阴影部分尺寸参照以上各图的情形。

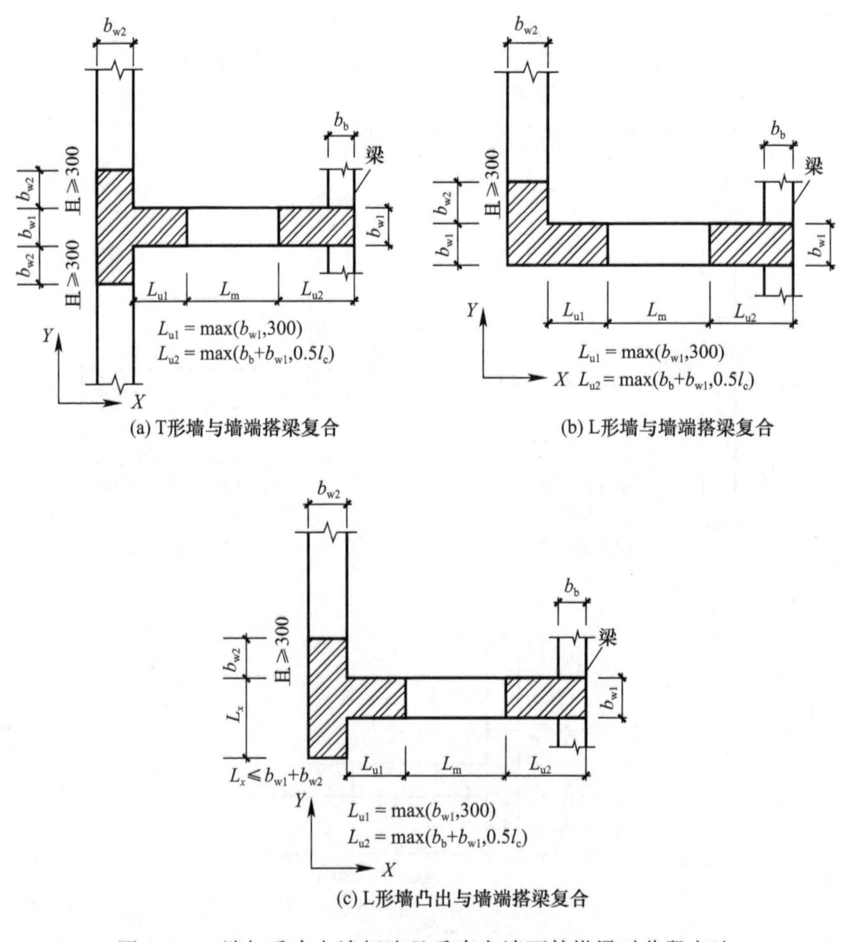

图 4-6　一端与垂直向墙相连且垂直向墙面外搭梁时分段方法

5 剪力墙分段轴压比计算方法和限值建议

根据以上分析，本文建议采用剪力墙分段计算，考虑地震作用在内及以标准组合表述的新的轴压比计算方法。

5.1 标准组合剪力墙分段轴压比

鉴于剪力墙在重力荷载代表值和水平地震共同作用下轴向应力呈现明显不均匀分布的特性，剪力墙轴压比宜按第 4 节的分段方法给出剪力墙分段轴压比公式，以更为合理地反映剪力墙的受压特性。当采用标准组合时，第 i 段墙肢轴压比可用下式表示：

$$\mu_{2ki}=\frac{N_{Gi}+N_{Ei}}{f_{ck}A_{ci}} \tag{5-1}$$

式中，N_{Gi}为重力荷载代表值作用下第 i 段墙肢的轴力标准值；N_{Ei}为小震作用下第 i 段墙肢的轴力标准值；f_{ck}为墙体混凝土抗压强度标准值；A_{ci}为第 i 段墙肢截面面积。

5.2 小震组合作用下剪力墙分段轴压比

假设小震组合作用下第 i 段墙体轴力占重力荷载代表值产生轴力的比值为λ_i，可得：

$$\lambda_i=\frac{N_{Ei}}{N_{Gi}} \tag{5-2}$$

将式（5-2）代入式（5-1），得：

$$\mu_{2ki}=\frac{(1+\lambda_i)N_{Gi}}{f_{ck}A_{ci}} \tag{5-3}$$

重力荷载代表值作用下，标准组合剪力墙分段轴压比为：

$$\mu_{1ki}=\frac{N_{Gi}}{f_{ck}A_{ci}} \tag{5-4}$$

联合式（5-3）和式（5-4），得：

$$\mu_{2ki}=(1+\lambda_i)\mu_{1ki} \tag{5-5}$$

当λ_i 值为 0.10～0.40 时，$\mu_{2ki}=1.1\sim1.4\mu_{1ki}$，当地震作用占比较大时，墙体轴压比也将增大。

如表 2-2 所示，重力荷载代表值作用下，标准组合剪力墙轴压比限值，地震烈度 6～8 度时同为 0.3，则小震组合作用下剪力墙分段轴压比 $(1+\lambda_i)\mu_{1ki}$，其限值不大于 $0.3(1+\lambda_i)$，此时通过λ_i 反映了不同地震烈度的影响，远优于以往不反映地震烈度取同一限值的做法。但对小震作用下的限值进行规定对抗震设计没有实际意义，因为它不能反映相应大震作用下的剪力墙分段轴压比，而这是满足大震抗震设计必须加以关注和控制的参数。

5.3 大震组合作用下剪力墙分段轴压比分析

设在大、小震作用下结构按弹性分析的剪力墙墙段轴力比为 γ_e，γ_e 值即为相应水平地震影响系数最大值 α_{max}之比，如表 5-1 所示。

弹性分析时 γ_e 比值 **表 5-1**

地震烈度	6 度	7 度	8 度	9 度
小震 α_{max}	0.04	0.08 (0.12)	0.16 (0.24)	0.32
大震 α_{max}	0.28	0.50 (0.72)	0.90 (1.20)	1.40
γ_e	7.0	6.25 (6.0)	5.63 (5.0)	4.44

注：1. 小震为多遇地震简称，大震为罕遇地震简称；
2. 7、8 度时括号内数值分别用于设计基本地震加速度为 0.15g 和 0.30g 的地区。

大量的大震弹塑性分析表明，考虑结构进入塑性时刚度衰减的影响，剪力墙墙段大震轴力与小震轴力之比 γ_p 将小于 γ_e。大震作用时考虑塑性影响的标准组合剪力墙分段轴压比可按下式计算：

$$\mu_{3ki} = \frac{N_{Gi} + \gamma_p N_{Ei}}{f_{ck} A_{ci}} \tag{5-6}$$

将式（5-2）代入式（5-6），得：

$$\mu_{3ki} = \frac{(1 + \lambda_i \gamma_p) N_{Gi}}{f_{ck} A_{ci}} \tag{5-7}$$

按式（5-7）计算剪力墙分段轴压比时，需给定相应的 γ_p 值，根据已有大量大震弹塑性分析结果的统计，建议 γ_p 近似取值见表 5-2。

弹塑性分析时 γ_p 比值 **表 5-2**

地震烈度	6 度	7 度	8 度
γ_p	6	5	3.5～4.5

注：8 度区 γ_p 取值按 8 度中震结构破坏程度取值，破坏较轻微时，取 4.5；破坏较严重时，取 3.5。

在设计过程中，常在剪力墙两端设置约束边缘构件来提高剪力墙的塑性变形能力，从而提高剪力墙的延性[3]。端部剪力墙往往配置较多的竖向钢筋或放置型钢，考虑竖向钢筋和型钢的贡献后，标准组合下剪力墙分段轴压比计算公式如下：

$$\mu_{4ki} = \frac{(1 + \lambda_i \gamma_p) N_{Gi}}{f_{ck} A'_{ci} + f_{ak} A_{ai} + f_{yk} A_{si}} \tag{5-8}$$

或

$$\mu_{4ki} = \frac{(1 + \lambda_i \gamma_p) N_{Gi}}{f_{ck} A_{ci} \left(1 - \rho_{ai} - \rho_{si} + \frac{f_{ak}}{f_{ck}} \rho_{ai} + \frac{f_{yk}}{f_{ck}} \rho_{si}\right)} \tag{5-9}$$

式中，A'_{ci} 为第 i 段墙肢内扣除型钢和钢筋的截面面积；A_{ai} 为第 i 段墙肢内型钢的截面面积；f_{ak} 为型钢强度标准值；A_{si} 为第 i 段约束边缘阴影部分钢筋截面面积；f_{yk} 为钢筋强度标准值；ρ_{ai} 为型钢的含钢率，$\rho_{ai} = A_{ai}/A_{ci}$；$\rho_{si}$ 为约束边缘构件配筋率，$\rho_{si} = A_{si}/A_{ci}$。

5.4 剪力墙分段轴压比限值建议

剪力墙分段后还可分为约束边缘构件段、构造边缘构件段和墙体中段。在抗震设计时，约束边缘构件段墙体由于配有较多、较密的箍筋，因此具备较好的变形能力，一般可允许在大震作用下出现轻微的受压屈服。按上述方法计算，根据大震作用下近似计算结果，其轴压比限值可初步建议为 $\mu_{4ki} \leqslant 1.1$，当不允许屈服时，建议为 $\mu_{4ki} \leqslant 1.0$；构造边缘构件段建议 $\mu_{4ki} \leqslant 0.9 \sim 1.0$；墙体中段一般无约束配筋，不宜在大震作用下屈服，其限值

建议为 $\mu_{3ki}\leqslant0.9$。

综上，按第 5 节设计时剪力墙厚度的确定可以更趋合理。

6 《高规》剪力墙轴压比限值调整建议

《高规》关于剪力墙轴压比限值的规定见表 2-1，当采用标准组合时其限值见表 2-2，此法主要优点是设计应用方便，不足之处是不能具体考虑大、小震作用的影响，不能量化明确不同烈度地震作用下留给大震作用的空间，6～8 度时的地震作用本有成倍差异，却规定为相同的轴压比限值，显然需要改进。

为得到剪力墙分段轴压比 μ_{4ki} 与标准值计算轴压比 μ_{1k} 的关系，将式（5-8）改写为：

$$\mu_{4ki}=(1+\lambda_i\gamma_p)\mu_{1k} \tag{6-1}$$

对式（6-1）各参数进行分析，取 μ_{1k} 为 0.30、0.35、0.40，γ_p 为 3～6，求标准组合剪力墙分段轴压比 μ_{4ki}，如图 6-1 所示。

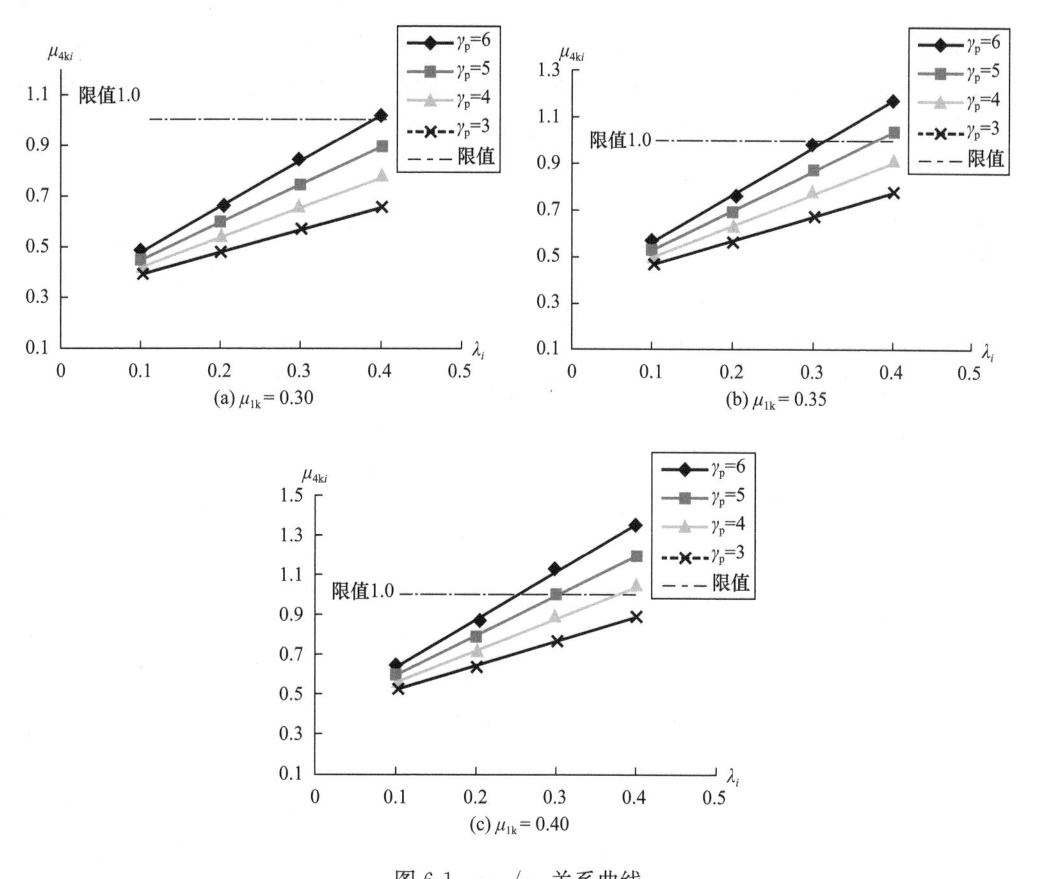

图 6-1 μ_{4ki}/μ_{1k} 关系曲线

根据图 6-1(a) ～（c）的结果，不难看到如下规律：

（1）当标准组合轴压比限值 $\mu_{1k}=0.30$，λ_i 在 0.2 左右时，即使 γ_p 达到 6，剪力墙分段轴压比尚远小于 1.0；当 λ_i 增大至 0.3～0.4 之间时，其轴压比仍小于 1.0。

（2）当标准组合轴压比限值 $\mu_{1k}=0.35$，λ_i 在 0.3 左右时，即使 γ_p 达到 6，剪力墙分段轴压比仍小于 1.0。

（3）当标准组合轴压比限值 $\mu_{1k}=0.40$，λ_i 在 0.2 左右时，即使 γ_p 达到 6，剪力墙分段轴压比尚小于 1.0。

由此可见，6 度区地震作用较小，λ_i 值较小，《高规》规定全截面面积轴压比限值 μ_{1k} 可从 0.30 调大至 0.40；7 度区地震作用增大，λ_i 值居中，全截面面积轴压比限值 μ_{1k} 可从 0.30 调大至 0.35；8 度区地震作用较大，λ_i 值可能较大，其全截面面积轴压比限值 μ_{1k} 可按《高规》原规定取为 0.30，表 6-1 为建议的 μ_{1k} 值，相应的设计组合轴压比 μ 也列入表中。

高规调整轴压比限值 **表 6-1**

抗震等级	一级				二、三级
地震烈度	9 度	8 度	7 度	6 度	—
μ_{1k}（标准组合）	0.24	0.30	0.35	0.40	0.42
μ（基本组合）	0.40	0.50	0.58	0.66	0.70

本文第 5 节提出了剪力墙分段轴压比计算方法及其限值的建议，相对于《高规》剪力墙轴压比的计算方法和限值规定都更为合理，若设计时不采用剪力墙分段轴压比和限值建议，也可按表 6-1 所列对《高规》限值进行调整，这能明确不同烈度地震作用下预留给大震的空间。

7 案例

结合第 3 节案例在不考虑和考虑地震作用组合两种不同荷载组合下剪力墙轴压比计算的差异，按照第 4 节剪力墙的分段法进行剪力墙的轴压比分析。首层核心筒剖分平面布置如图 7-1 所示。

按《高规》计算式（2-1）计算的剪力墙轴压比不分段且仅考虑重力荷载代表值基本组合 1.2(D+0.5L) 作用下时，大部分剪力墙轴压比大于 0.5，如图 7-2 所示，显然不满足《高规》对轴压比限值的要求；按第 4 节剪力墙的分段方法和式（2-1）计算剪力墙的轴压比，结果如图 7-3 所示，与图 7-2 比较，剪力墙分段后约束边缘构件阴影部分的轴压比计算结果都较大，这是剪力墙分段后反映了重力荷载代表值作用下，墙体沿截面轴向应力的不均匀性，是比较符合实际的。分段阴影部分轴压比虽相对较高，但按表 6-1 轴压比限值中 7 度 μ 值控制，剪力墙分段轴压比大部分小于 0.58，个别大于限值 0.58，基本上符合要求。

采用本文第 5 节剪力墙分段计算新方法，考虑小震作用标准组合（D+0.5L±E）轴压比计算式（5-1），图 7-4 的计算结果显示，剪力墙约束边缘构件阴影部分轴压比较大，反映了剪力墙在重力荷载代表值和水平地震共同作用下受压不均匀的特性。图 7-4 小震标准组合剪力墙分段轴压比结果小于图 7-3 的计算结果且均小于 0.5，说明按式（5-1）计算小震标准组合作用下剪力墙分段轴压比时，仍为大震作用下墙肢轴压比预留 0.5 的空间。

为反映相应大震作用剪力墙分段轴压比的情况，按本文第 5 节式（5-7）计算，结合表 5-2 取弹塑性大震轴力与小震轴力比值 γ_p 为 5 进行计算，大震标准组合（D+0.5L±

5E）剪力墙分段轴压比如图 7-5 所示，由图可知，约束边缘构件阴影部分轴压比较大，多数集中在 0.85～0.95 范围内，少数接近 1，个别超过 1（图 7-5 矩形框示），允许约束边缘构件段在大震作用下出现轻微受压屈服时，按第 5.4 节剪力墙分段轴压比限值建议，在大震作用下未出现约束边缘构件屈服，符合要求。在图 7-5 矩形框中，墙体中段分段轴压比个别大于 0.9，出现受压屈服的情况，可采取相应加强措施，其余均满足要求。

约束边缘构件阴影区常配有较密的箍筋和纵向受力钢筋，具备较好的变形能力，其对约束边缘构件轴压比的影响往往不可忽略，在此基础上计算剪力墙分段轴压比，结果如图 7-6（仅列出大震作用组合下的轴压比计算结果），与图 7-5 计算结果比较，考虑约束边缘构件阴影区箍筋和纵向受力钢筋的作用，阴影区的轴压比约减小 11%，且满足要求。

综合以上的计算结果，在大震标准组合下计算剪力墙轴压比以及限值规定是较为合理的，更能反映剪力墙在竖向荷载和地震共同作用下轴压比的分布及对构件的延性要求。

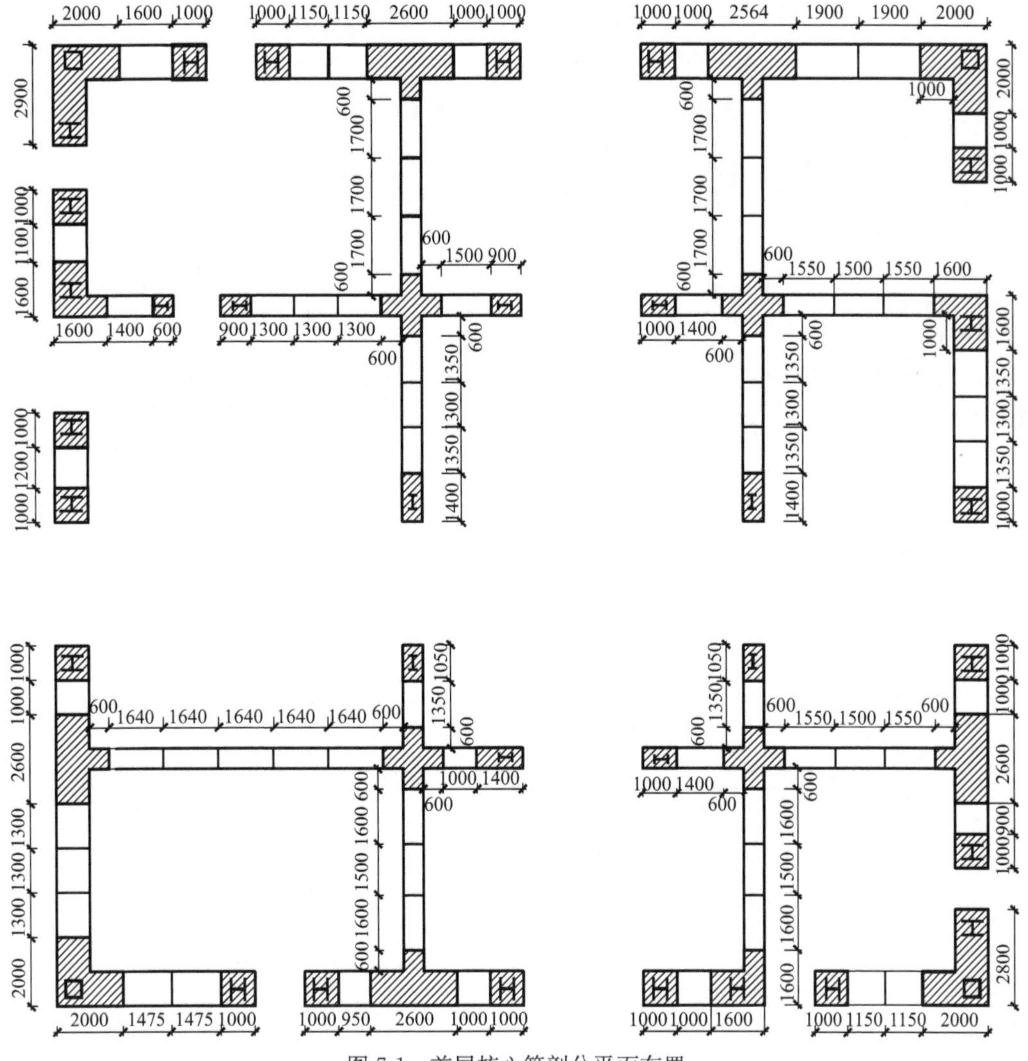

图 7-1 首层核心筒剖分平面布置

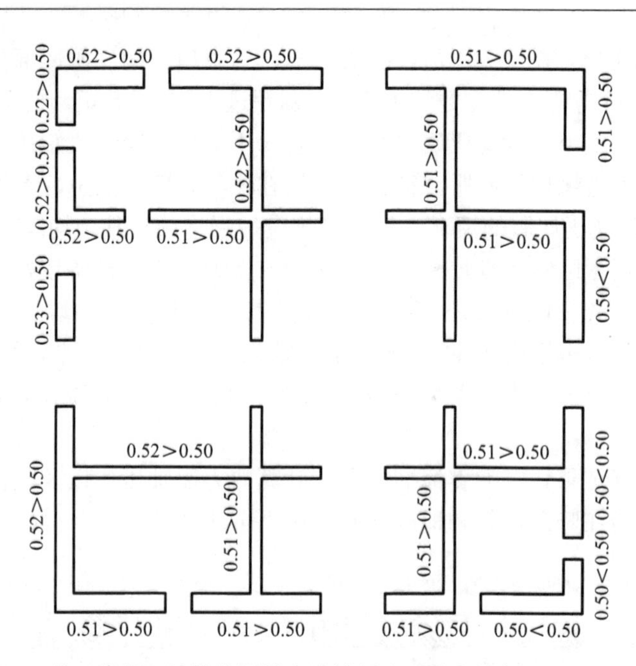

图 7-2　按《高规》计算首层剪力墙轴压比（基本组合：1.2D+0.6L）

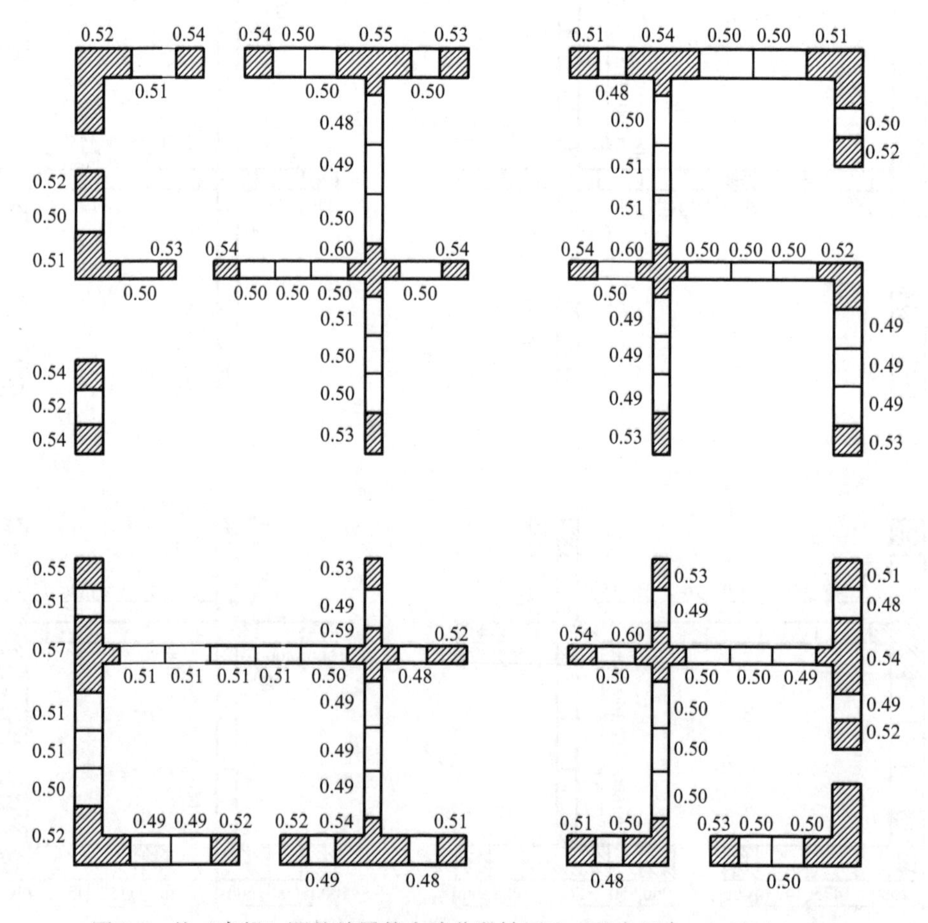

图 7-3　按《高规》调整首层剪力墙分段轴压比（基本组合：1.2D+0.6L）

注：阴影区为约束边缘构件。

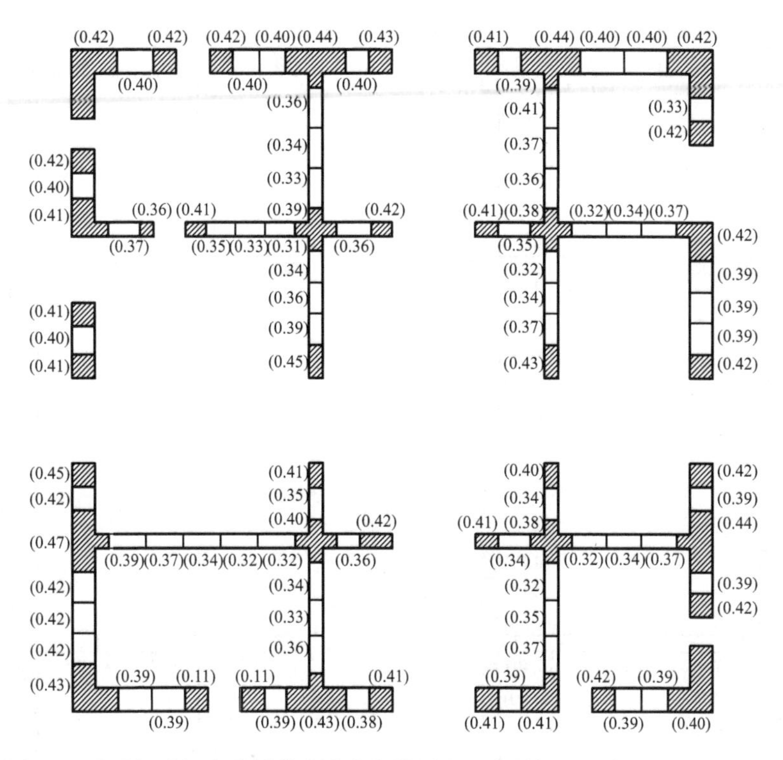

图 7-4　小震标准组合首层剪力墙分段轴压比（小震标准组合：D+0.5L±E）

注：阴影区为约束边缘构件。

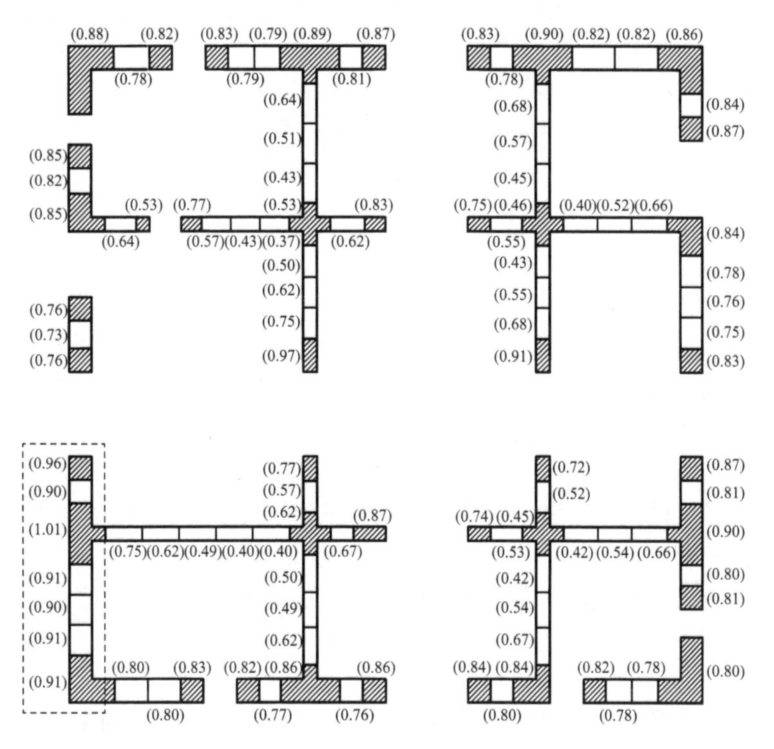

图 7-5　大震标准组合首层剪力墙分段轴压比（大震标准组合：D+0.5L±5E）

注：阴影区为约束边缘构件。

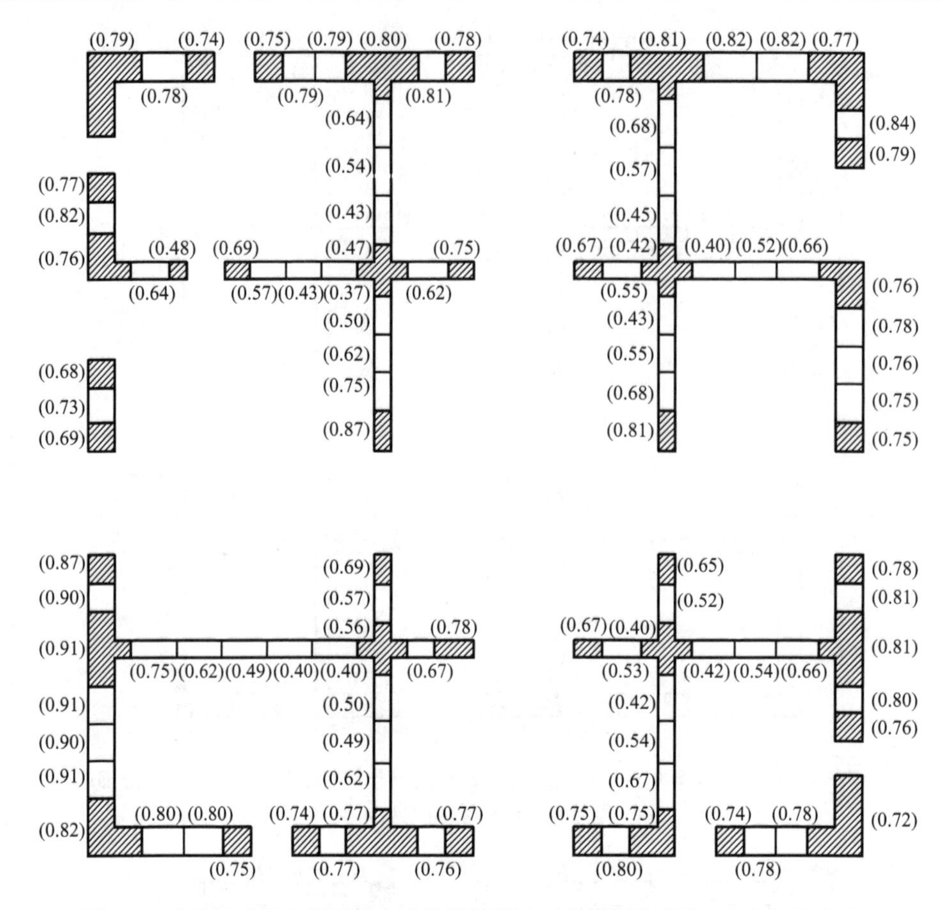

图 7-6 大震标准组合首层剪力墙分段轴压比（大震标准组合：D+0.5L±5E）
（考虑约束边缘构件阴影区钢筋作用）
注：阴影区为约束边缘构件。

8 结论与建议

（1）对《高规》剪力墙轴压比的计算方法进行了讨论，指出《高规》方法未能反映在重力荷载作用下剪力墙轴压比分布的不均匀特性，也未区分不同烈度地震作用的影响而采用同一剪力墙轴压比限值的规定是不够合理的。

（2）《高规》剪力墙轴压比的计算公式是以设计组合表述，不能清楚表达给大震作用下增大的轴压比预留的空间，考虑到大震是以标准值为准进行计算，本文中提出了以标准组合表述的轴压比计算公式。

（3）介绍了剪力墙在竖向荷载作用下轴向内力的分布特点，总结了剪力墙轴压比在重力荷载与水平地震作用的共同组合下呈现出端部大、中间小的分布特点，据此本文提出了剪力墙标准组合下分段轴压比的计算方法及相关限值建议。

（4）在本文成果的基础上对现行规范设计组合下剪力墙同一的轴压比限值按照不同烈度进行了调整，6、7 度时比原规定有所降低。

（5）结合实际工程案例说明剪力墙分段轴压比计算方法的应用，计算结果表明新方法更加合理，更有利于充分发挥剪力墙的抗震潜能。

（6）采用本文方法进行剪力墙轴压比计算及验算时，需要将各墙肢按照文内剪力墙分段方法进行分段，对于一字形墙，与现行规范的方法基本一致；对于节点处剪力墙，需组成验算轴压比的墙段。采用现行软件计算时需配合手工计算，但在将来结构软件中增加这部分内容后，计算将大为简便。

参考文献

[1] 住房和城乡建设部．高层建筑混凝土结构技术规程：JGJ 3—2010［S］．北京：中国建筑工业出版社，2011.

[2] 广东省住房和城乡建设厅．高层建筑混凝土结构技术规程：DBJ 15—92—2013［S］．北京：中国建筑工业出版社，2013.

[3] 钱稼茹，吕文，方鄂华．基于位移延性的剪力墙抗震设计［J］．建筑结构学报，1999，20（3）：42-49.

11 关于现行规范剪力墙轴压比限值的研究和探讨

王磊

（深圳市和域城建筑设计有限公司，深圳 518057）

【摘要】 目前规范中对剪力墙轴压比限值规定存在值得商榷之处。通过对一个具体工程案例的研究和分析，提出了对剪力墙截面在罕遇地震作用下，应力计算时考虑压弯共同作用的计算方法。计算结果表明，考虑压弯共同作用的计算方式能更有针对性地控制剪力墙的应力比，确保其在罕遇地震作用下不被压溃。

【关键词】 剪力墙轴压比；罕遇地震；应力比；压弯共同作用

1 问题的提出

轴压比是剪力墙抗震设计中的一个关键参数。现行规范中规定墙肢轴压比是重力荷载代表值作用下墙肢承受的轴压力设计值与墙肢的全截面面积和混凝土轴心抗压强度设计值乘积之比值。《高层建筑混凝土结构技术规程》JGJ 3—2010[1]（以下简称《高规》）第7.2.13条对剪力墙轴压比限值规定如表1-1所示。

《高规》对剪力墙轴压比限值的规定　　表1-1

抗震等级	一级（9度）	一级（6、7、8度）	二、三级
轴压比限值	0.4	0.5	0.6

广东省标准《高层建筑混凝土结构技术规程》DBJ/T 15—92—2021[2]（以下简称《广东省高规》）第7.2.9条对剪力墙轴压比限值规定如表1-2所示。

《广东高规》对剪力墙轴压比限值的规定　　表1-2

抗震构造等级	特一、一	二	三	四
轴压比限值	0.5	0.6	0.7	0.8

《广东省高规》第9.1.6条还规定，当地震作用下核心筒或内筒承担的底部倾覆力矩不超过总倾覆弯矩的60%时，在重力荷载代表值作用下，核心筒剪力墙轴压比限值规定如表1-3所示。

《广东省高规》对核心筒倾覆力矩不大于60%时剪力墙轴压比限值的规定　　表1-3

抗震构造等级	特一、一	二	三	四
轴压比限值	0.55	0.65	0.75	0.85

可以看出，《高规》和《广东高规》对剪力墙轴压比的规定存在以下几个问题：

（1）仅以重力荷载代表值作为荷载效应，未考虑水平作用（风、地震）等对墙肢内力的贡献。

（2）仅考虑轴力影响，未考虑竖向荷载及水平作用下在墙肢截面内产生的弯矩。

（3）仅以抗震等级作为限值的区分，未考虑不同烈度地震作用下墙肢内力不同的影响。

魏琏等[3]对剪力墙墙肢进行分段，对分段后的单段墙肢仍按轴心受力构件计算轴压比，并考虑了不同烈度罕遇地震作用下，不同区域剪力墙墙段的轴压比控制因素，对现行规范的剪力墙轴压比限值提出了调整措施。

深圳市工程建设标准《高层建筑混凝土结构技术规程》SJG 98—2021[4]（以下简称《深圳高规》）考虑了上述问题，其第 3.9.1 条对特一级、一级、二级的剪力墙轴压比的限值相对《高规》和《广东高规》进行了放宽，如表 1-4 所示。

《深圳高规》对核心筒倾覆力矩不大于 60%时剪力墙轴压比限值的规定　　表 1-4

抗震等级	一级	二、三级
轴压比限值	0.6	0.65

注：一字形剪力墙轴压比按本表规定执行时，其边缘构件配筋构造措施宜按抗震等级提高一级采用。

《深圳高规》第 3.9.2 条还规定："剪力墙尚应验算其约束边缘构件的轴压比，轴压比取考虑地震作用组合的轴力设计值与约束边缘构件的截面面积和混凝土抗压强度设计值之比。轴压比限值宜取与剪力墙抗震等级相同的框架柱轴压比限值。"此条规定体现了轴压比计算时考虑水平作用下墙肢截面内弯矩的影响。

本文对剪力墙墙肢按整个截面考察罕遇地震作用，压弯共同组合下截面不同部位的应力水平，并结合实际工程，分析现行规范关于剪力墙轴压比限值规定的合理性。

2 计算方法

小震作用下的轴压比计算公式按照《高规》第 7.2.13 条规定为：

$$\mu_N = N/(f_c bh) = 1.2(N_{Gk} + 0.5N_{Qk})/(f_c bh)$$

上式表明，按照规范计算的剪力墙轴压比实质为仅考虑重力荷载代表值作用下的墙肢轴压力设计值与强度设计值和墙肢面积之乘积的比值，并未考虑水平地震作用引起的轴力值，也没有考虑竖向荷载和水平地震作用产生的墙肢弯矩在墙肢平面内所产生的不平衡压应力。并且由于该公式是按设计值考虑，如果按照标准值计算，不考虑荷载分项系数 1.2 以及材料强度分项系数 1.4，那么按此公式计算的标准作用下墙肢轴压比应为：

$$\mu'_N = (N_{Gk} + 0.5N_{Qk})/(f_{ck} bh) = \mu_N/(1.2 \times 1.4) = 0.595\mu_N$$

即如果某工程按 7 度 0.1g 设防，一级或特一级剪力墙按限值 0.50 控制的墙肢，其在重力荷载代表值标准作用下的轴压比应为 0.595×0.5=0.298，仅发挥了混凝土抗压强度标准值的不到 30%，有将近 70%的空间留给了水平地震作用下的轴向压力以及平面内弯矩所产生的不平衡压应力。这也是《深圳高规》第 3.9.1 条规定的重力荷载作用下一级或特一级剪力墙轴压比比《高规》和《广东高规》均有所放宽的原因。

在大震作用下，按照标准作用综合考虑重力荷载代表值引起的轴力 $N_{GEk} = N_{Gk} +$

$0.5N_{Qk}$、重力荷载代表值引起的弯矩 $M_{GEk}=M_{Gk}+0.5M_{Qk}$、水平地震作用引起的轴力 N_{Ek}、水平地震作用引起的弯矩 M_{Ek}，考虑墙肢截面宽度 b、长度 h、边缘构件长度 $2a_s$，混凝土材料抗压标准值 f_{ck}，考虑边缘构件部位纵向钢筋配筋率为 ρ_1、中部墙体竖向分布筋配筋率为 ρ_2，钢筋强度标准值 f_{yk}与混凝土强度标准值 f_{ck}的比值为 β。

剪力墙墙肢可以分为边缘构件部位（阴影区）和中部墙体部位。假设墙体总弯矩可表示为：

$$M_0=M_{GEk}+M_{Ek}$$

根据刚度分配原则，边缘构件部位所承担的弯矩 M_1 和中部墙体所承担的弯矩 M_2 可表示为：

$$M_1=M_0\left[1-\left(\frac{h-4a_s}{h}\right)^3\right],M_2=M_0-M_1$$

如图 2-1 所示，本文对墙肢设定 A、B、O 三个控制点。对边缘构件部位，考虑弯矩引起的端部不平衡力简化为拉压轴力，作用点位于边缘构件中心。则边缘构件部位的应力比（图 2-1 中 A 点，$\mu_{N1}=\sigma_1/f_{ck}$）可以表示为：

$$\mu_{N1}=[(N_{GEk}+N_{Ek})/(f_{ck}bh)+M_1/(2f_{ck}ba_s(h-2a_s))]/(1-\rho_1+\beta\rho_1) \quad (2\text{-}1)$$

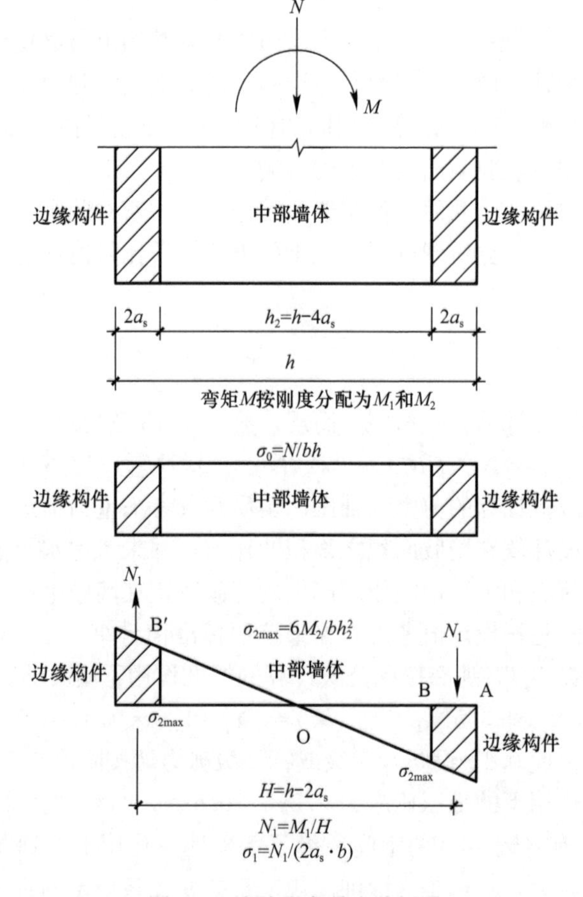

图 2-1　墙肢压弯受力分析图

对除边缘构件外的中部墙体，考虑弯矩引起的不平衡压应力遵从平截面假定，则中部墙体边缘的最大受压/最小受拉应力比（图 2-1 中 B 点，$\mu_{N2}=\sigma_2/f_{ck}$）和最小受压/最大受拉应力比（图 2-1 中 B′点，$\mu'_{N2}=\sigma'_2/f_{ck}$）可表示为：

$$\mu_{N2}/\mu'_{N2}=[(N_{GEk}+N_{Ek})/(f_{ck}bh)\pm 6M_2/f_{ck}b(h-4a_s)^2]/(1-\rho_2+\beta\rho_2) \quad (2\text{-}2)$$

墙肢中心处（O 点）在轴力和弯矩压弯作用下的应力比（$\mu_{N3}=\sigma_3/f_{ck}$）为：

$$\mu_{N3}=(\mu_{N2}+\mu'_{N2})/2 \quad (2\text{-}3)$$

由于墙肢不仅承受轴力和弯矩作用，同时还承受剪力 V，因此墙肢截面中会产生剪应力：

$$\tau=VS^*/bI_z=6V(h^2/4-y^2)/bh^3 \quad (2\text{-}4)$$

其中，$y\in[-h/2,\ h/2]$。

由式（2-4）可计算得出墙肢 A、B、O 点的剪应力分别为 τ_1、τ_2、τ_3。按照材料力学强度理论，考察压、剪共同作用（σ、τ）时，其主压应力应为：

$$\sigma_0=\sigma/2+(\sigma^2/4+\tau^2)^{1/2} \quad (2\text{-}5)$$

则控制点 A、B、O 点的主压应力可表示为：

$$\sigma_{0i}=\sigma_i/2+(\sigma_i^2/4+\tau_i^2)^{1/2},i=1\sim 3 \quad (2\text{-}6)$$

因此控制点 A、B、O 点的受压应力比可表示为：

$$\mu_{N0i}=\sigma_{0i}/f_{ck},i=1\sim 3 \quad (2\text{-}7)$$

大震作用下的构件内力，可采用等效弹性方法计算，或直接采用动力弹塑性大震分析的结果；也可以认为大震作用下弹塑性时程分析计算的结构底部剪力平均值大约是小震作用下的 5.0 倍（一般 7 度区可按此取值），因此取大震作用下的 $N_{Ek}=5.0N'_{Ek}$、$M_{Ek}=5.0M'_{Ek}$，其中 N'_{Ek}、M'_{Ek}为小震作用下的墙肢轴力和弯矩。考虑边缘构件一般竖向钢筋配筋较大，且配有约束箍筋，因此本文在此对边缘构件部位 A 点的应力比限值规定为 1.0；而中部墙体一般只有竖向分布筋，且不设箍筋，因此本文在此对中部墙体的 B 点和 O 点应力比限值规定为 0.95。

3 工程案例

本项目用地位于广东省深圳市龙岗区，主体结构为一栋 38 层的含办公、旅馆业（酒店）、商业功能的超高层建筑，建筑 3 层地下室，但地下 1 层完全开敞，因此实际上取地下 1 层为结构地上首层，地下 1 层底为嵌固端。从地下 1 层算起的结构高度为 179.7m，属超 A 级高度的超高层建筑。主体结构采用框架-核心筒结构，平面尺寸为 41.9m×39.95m，核心筒尺寸为 19.6m×17.75m，标准层结构平面如图 3-1、图 3-2 所示。本工程设防烈度为 7 度 0.1g，丙类建筑，抗震等级为一级。

嵌固层地下 1 层核心筒外墙厚度均为 850mm；核心筒内墙厚度为 200～300mm。对嵌固层地下 1 层核心筒剪力墙进行编号，如图 3-3 所示。

根据规范方法，在重力荷载代表值作用下，各墙肢的轴压比如表 3-1 所示。

根据《高规》，一级抗震的剪力墙轴压比限值为 0.50。本栋结构核心筒承担的倾覆力矩百分比为 68%＞60%，按照《广东省高规》第 9.1.6 条，轴压比限值也应取为 0.50。由表 3-1 可见，地下 1 层有多数墙肢的轴压比已经超过规范的要求。

现以 Q27 为例，采用等效弹性方法，验算其在大震主方向（X 方向）并考虑双向地震（X+0.85Y）作用下，墙肢各控制点的应力比。

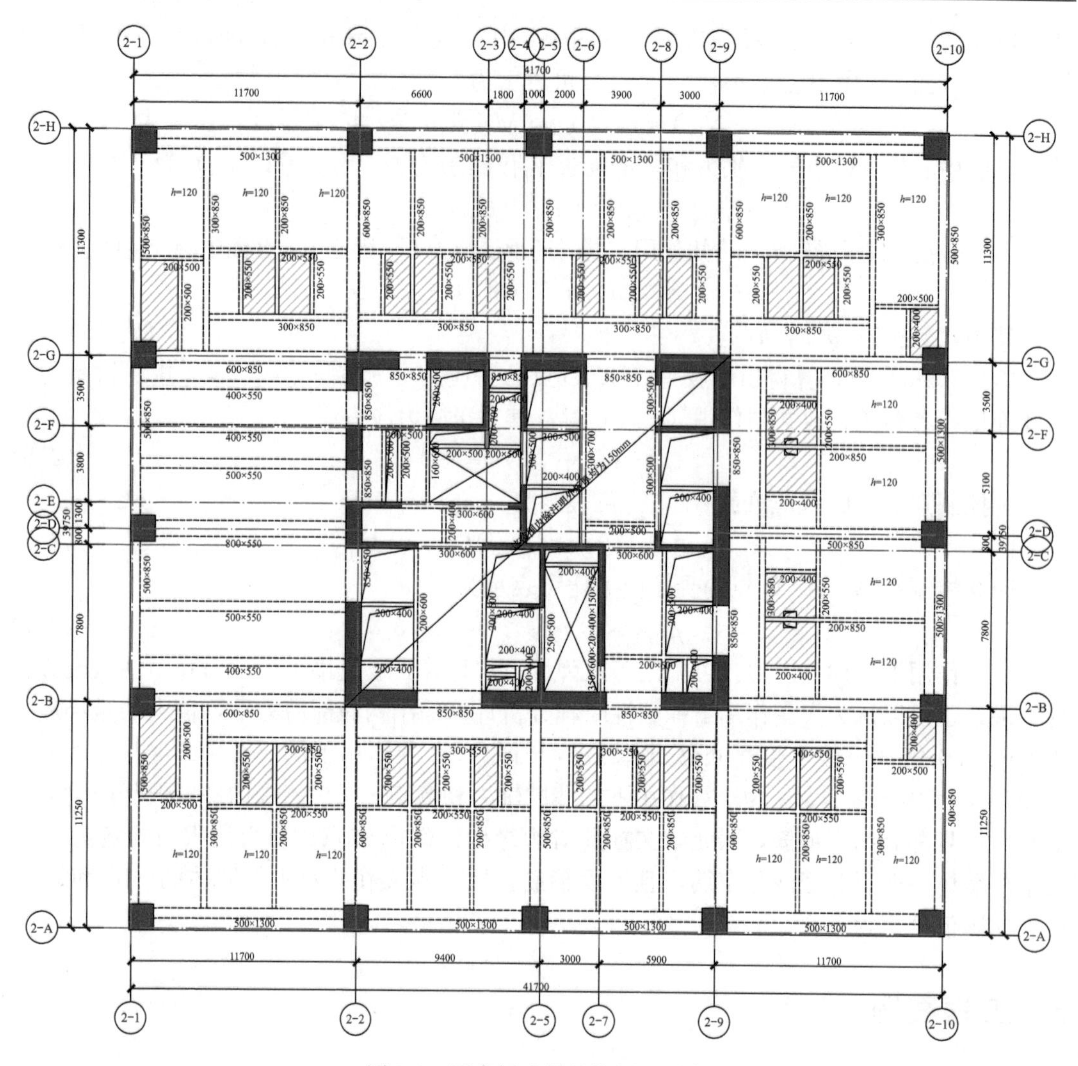

图 3-1 酒店标准层结构平面示意

Q27 截面 $b=850\text{mm}$、$h=3275\text{mm}$；强度等级 C60，$f_{ck}=38.5\text{N/mm}^2$；钢筋强度等级 HRB400，$f_{yk}=400\text{N/mm}^2$；因此 $\beta=10.4$。Q27 抗震等级一级，边缘构件纵筋配筋率 ρ_1 取 0.012；中部墙体竖向分布筋配筋率 ρ_2 取 0.004。按《高规》规定，边缘构件（阴影区）长度取为墙肢厚度 850mm，则 $a_s=425\text{mm}$。

恒荷载作用下，Q27 轴力 $N_{Gk}=29369.4\text{kN}$、弯矩 $M_{Gk}=614.8\text{kN}\cdot\text{m}$；活荷载作用下，轴力 $N_{Qk}=2646.3\text{kN}$、弯矩 $M_{Qk}=157.6\text{kN}\cdot\text{m}$。则可得重力荷载代表值作用下，轴力 $N_{GEk}=29369.4+0.5\times2646.3=30692.6\text{kN}$、弯矩 $M_{GEk}=614.8+0.5\times157.6=693.6\text{kN}\cdot\text{m}$。

大震作用下，Q27 轴力 $N_{Ek}=49574.4\text{kN}$、弯矩 $M_{Ek}=24018.2\text{kN}\cdot\text{m}$。

总弯矩值 $M_0=M_{GEk}+M_{Ek}=|693.6+24018.2|=24711.8\text{kN}\cdot\text{m}$。按刚度分配，边缘构件部位所承担的弯矩值 $M_1=M_0[1-((h-4a_s)/h)^3]=21963.2\text{kN}\cdot\text{m}$、中部墙体所承担的弯矩 $M_2=M_0-M_1=2748.6\text{kN}\cdot\text{m}$。

按前述公式，可得 Q27 边缘构件部位 A 点的受压应力比和应力分别为：

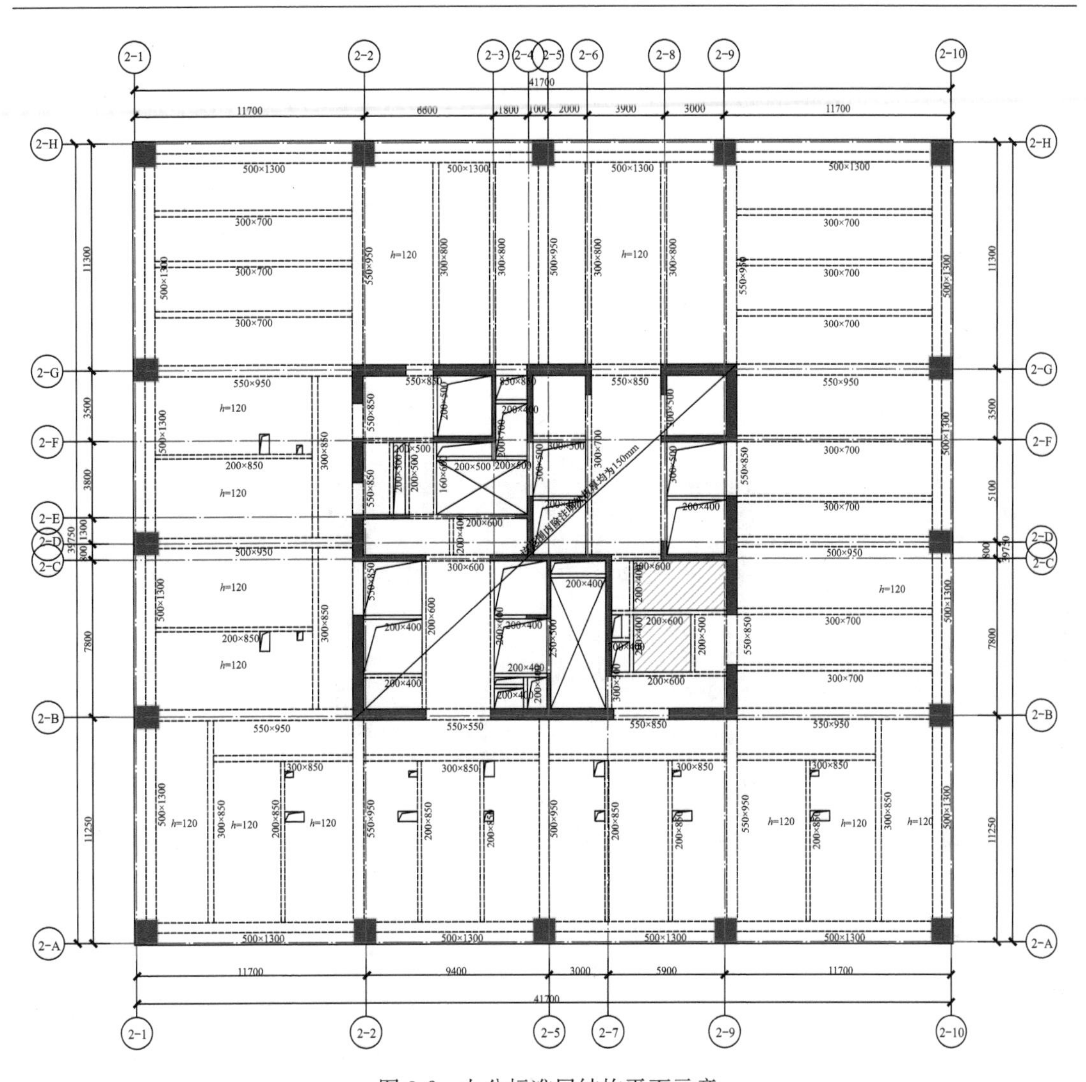

图 3-2 办公标准层结构平面示意

$$\mu_{N1} = [(30692.6 + 49574.4) \times 10^3/(38.5 \times 850 \times 3275) + 21963.2 \times 10^6/(2 \times 38.5 \times 850 \times 425 \times (3275 - 2 \times 425))]/(1 - 0.012 + 10.4 \times 0.012) = 0.966$$

$$\sigma_1 = \mu_{N1} f_{ck} = 0.946 \times 38.5 = 37.2\text{N/mm}^2$$

Q27 中部墙体边缘处 B 点的最大受压/最小受拉应力比和应力分别为（负值表示受拉）：

$$\mu_{N2} = [(30692.6 + 49574.4) \times 10^3/(38.5 \times 850 \times 3275) + 6 \times 2748.6 \times 10^6/(38.5 \times 850 \times (3275 - 4 \times 425)^2)]/(1 - 0.004 + 10.4 \times 0.004) = 0.918$$

$$\sigma_2 = \mu_{N2} f_{ck} = 0.903 \times 38.5 = 35.3\text{N/mm}^2$$

Q27 中部墙体边缘处 B′点的最小受压/最大受拉应力比和应力分别为（负值则表示受拉）：

$$\mu'_{N2} = [(30692.6 + 49574.4) \times 10^3/(38.5 \times 850 \times 3275) - 6 \times 2748.6 \times 10^6/(38.5 \times 850 \times (3275 - 4 \times 425)^2)]/$$

$$(1-0.004+10.4\times0.004)=0.526$$

$$\sigma_2'=\mu_{N2}'f_{ck}=-0.236\times38.5=20.3\text{N/mm}^2$$

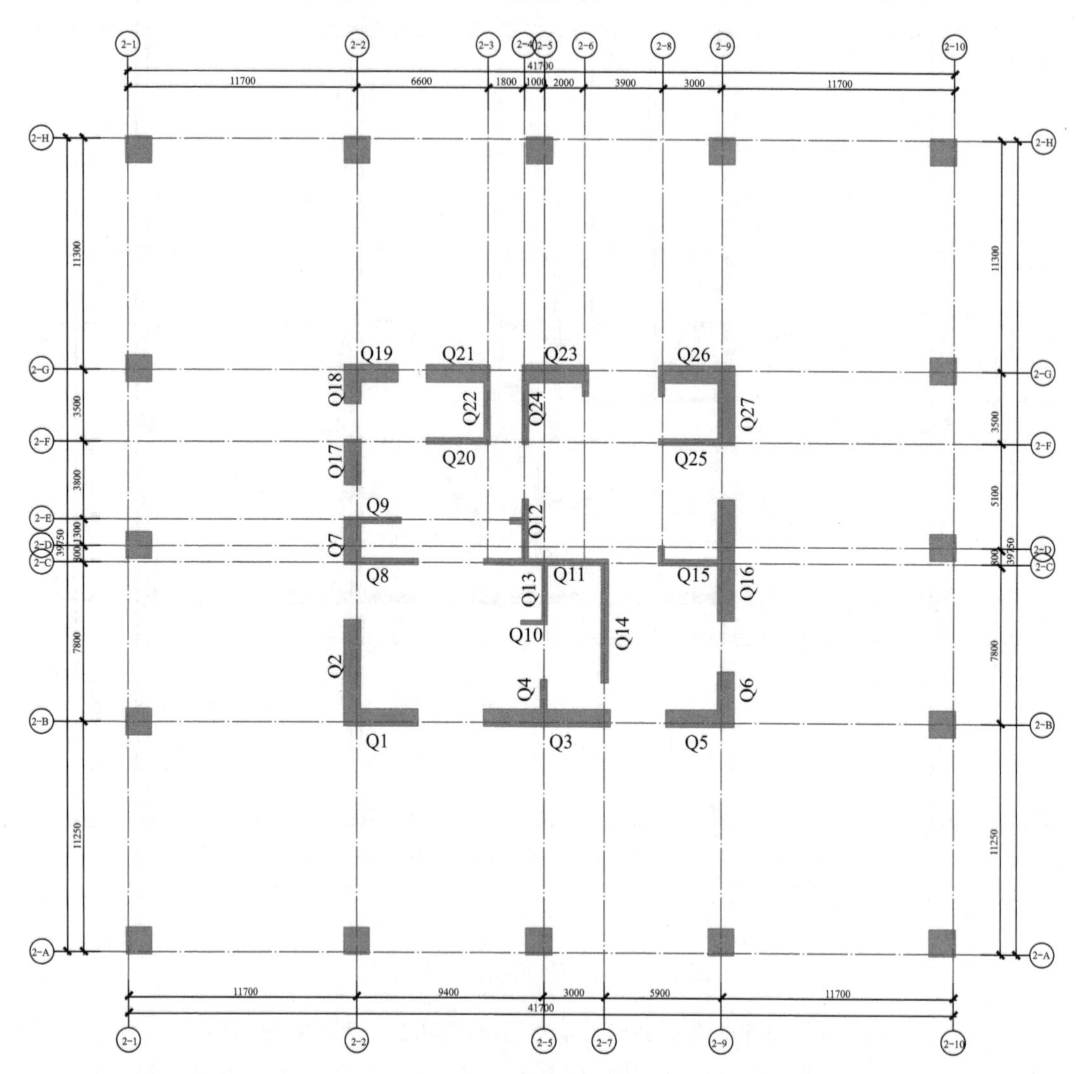

图 3-3　核心筒剪力墙编号

地下 1 层核心筒剪力墙按规范方式计算的轴压比　　　　表 3-1

墙编号	Q1	Q2	Q3	Q4	Q5	Q6	Q7	Q8	Q9
轴压比	0.53	0.52	0.50	0.49	0.54	0.54	0.54	0.54	0.53
墙编号	Q10	Q11	Q12	Q13	Q14	Q15	Q16	Q17	Q18
轴压比	0.49	0.50	0.48	0.49	0.50	0.50	0.51	0.53	0.52
墙编号	Q19	Q20	Q21	Q22	Q23	Q24	Q25	Q26	Q27
轴压比	0.52	0.51	0.51	0.50	0.51	0.50	0.51	0.50	0.51

则 Q27 中部墙体中部 O 点的应力比和应力分别为：

$$\mu_{N3}=(\mu_{N2}+\mu_{N2}')/2=0.722$$

$$\sigma_3 = \mu_{N3} f_{ck} = 0.722 \times 38.5 = 27.8\text{N/mm}^2$$

等效弹性计算得到的该方向大震下墙肢最大组合剪应力值为 $V=3105.1\text{kN}$。取 A 点的 y 值为 $h/2-a_s$、B 点的 y 值为 $h/2-2a_s$、O 点的 y 值为 0，则 A、B、O 点的剪应力值可根据式（2-4）计算得到：

$$\tau_1 = 0.76\text{N/mm}^2, \tau_2 = 1.29\text{N/mm}^2, \tau_3 = 1.67\text{N/mm}^2$$

A、B、O 点的受压主应力可按式（2-6）计算得到

$$\sigma_{01} = 37.22\text{N/mm}^2, \sigma_{02} = 35.35\text{N/mm}^2, \sigma_{03} = 27.90\text{N/mm}^2$$

按照式（2-7），得到各控制点的应力比分别为：

$$\mu_{N01} = 0.967, \mu_{N02} = 0.918, \mu_{N03} = 0.726$$

满足本文设定的 A 点应力比小于 1.0、B 点和 O 点应力比小于 0.95 的要求。

按如上公式和规定，对地下 1 层的各墙肢按照分别考虑等效弹性方法、5 倍小震方法、动力弹塑性方法进行大震作用下的应力校核，分别对 X 向主方向地震及 Y 向主方向地震（均考虑双向地震）进行校核，取两个方向地震作用下各个控制点最不利的应力比作为其最大应力比，结果如图 3-4～图 3-6 所示。其中，采用等效弹性方法计算时，Q1～Q3、

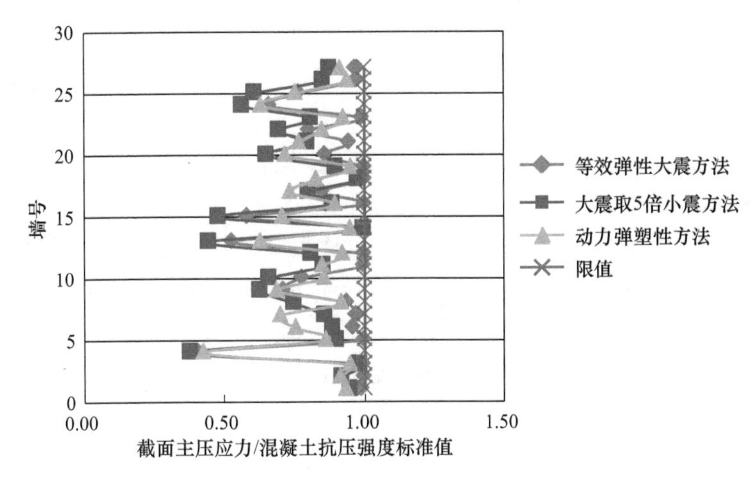

图 3-4　地下 1 层剪力墙墙肢 A 点最大应力比

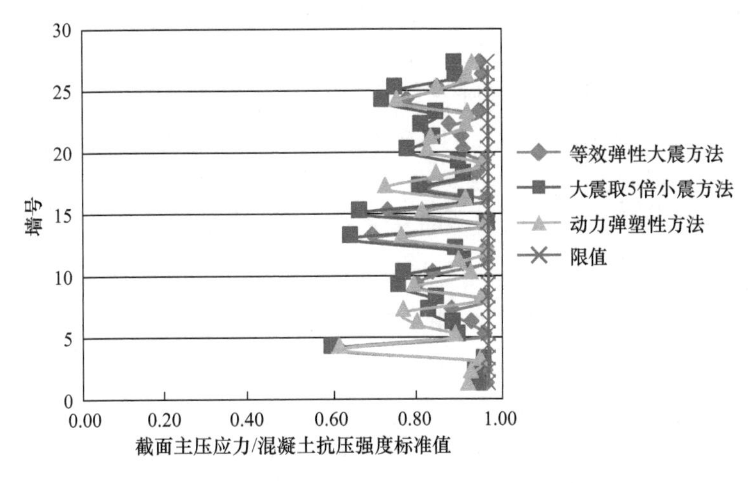

图 3-5　地下 1 层剪力墙墙肢 B 点最大应力比

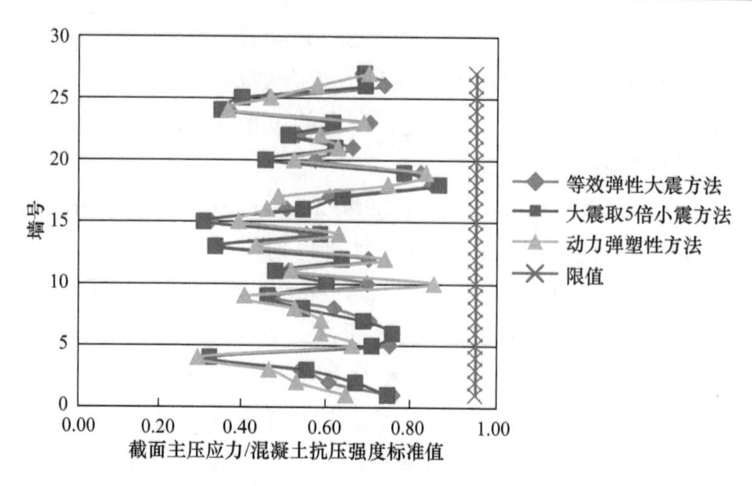

图 3-6　地下 1 层剪力墙墙肢 O 点最大应力比

Q11、Q12、Q14、Q16 的边缘构件和墙身配筋率均有提高，Q5、Q18、Q19 的边缘构件配筋率有提高；采用 5 倍小震方法计算时，Q3、Q14 的墙身配筋率有提高，Q18 的边缘构件配筋率有提高；采用动力弹塑性方法计算时，Q1、Q2、Q8、Q18、Q19、Q22、Q26、Q27 的边缘构件和墙身配筋率均有提高，Q5 的边缘构件配筋率有提高，而 Q10 和 Q14 的墙身配筋率有提高。

从以上结果可以看出，3 种方法所计算的地下 1 层各墙肢最大应力比基本上规律相同，且满足边缘构件部位不大于 1.0，中部墙体部位不大于 0.95 的要求。其中，Q3、Q12、Q14 在多种方法计算下的应力比均接近限值，而从表 3-1 可知，这 3 片墙肢在重力荷载代表值作用下的轴压比为 0.50、0.48、0.50，并未超过规范限值，可见由于弯矩的作用，在墙肢内部产生了较大的弯矩，使得靠近墙肢边缘的部位压应力增大较多甚至接近强度极限。而表 3-1 中显示轴压比较大的 Q5～Q8（轴压比均为 0.54），在 3 种方法的计算下除了 Q8 较为接近强度极限外，其余均仍有较大富余，说明这些墙肢的弯矩较小，在截面中产生的弯曲应力不大。

进行了大震分析之后，需要考察按此方法计算时，在小震作用组合下剪力墙是否满足正截面弹性的要求。仍然按照上述计算概念，但考虑荷载分项系数和材料分项系数，同时考虑风荷载参与组合。混凝土抗压强度和钢筋强度均取为设计值。小震计算时，偏保守地对边缘构件和墙身分布筋配筋率均仅按构造要求考虑。参考《混凝土结构设计规范》GB 50010—2010 第 6.2.15 条对轴心受压构件的规定，将 A 点应力比限值取为 0.85，B 点及 O 点应力比限值相应减小 0.05，取为 0.80（此限值取值参考一级框筒结构中框架柱的轴压比限值，约束边缘构件按有全高加密的复合箍考虑，中部墙体则适当减少）。其余参数含义不变，计算结果见表 3-2。

地下 1 层墙肢小震作用下应力比校核　　**表 3-2**

剪力墙号	b (mm)	h (mm)	ρ_1	ρ_2	A 点最大应力比 μ_{N01}	B 点最大应力比 μ_{N02}	O 点最大应力比 μ_{N03}	是否满足
Q1	850	3750	0.012	0.004	0.666	0.694	0.62	满足
Q2	850	5200	0.012	0.004	0.670	0.704	0.610	满足

续表

剪力墙号	b（mm）	h（mm）	ρ_1	ρ_2	A点最大应力比 μ_{N01}	B点最大应力比 μ_{N02}	O点最大应力比 μ_{N03}	是否满足
Q3	850	6300	0.012	0.004	0.751	0.782	0.605	满足
Q4	320	2300	0.012	0.004	0.409	0.439	0.412	满足
Q5	850	3450	0.012	0.004	0.646	0.664	0.604	满足
Q6	850	2700	0.012	0.004	0.613	0.633	0.595	满足
Q7	850	2300	0.012	0.004	0.618	0.621	0.593	满足
Q8	300	3750	0.012	0.004	0.585	0.627	0.538	满足
Q9	300	2900	0.012	0.004	0.496	0.531	0.479	满足
Q10	200	1300	0.012	0.004	0.555	0.581	0.555	满足
Q11	300	6200	0.012	0.004	0.664	0.703	0.542	满足
Q12	300	3200	0.012	0.004	0.650	0.692	0.594	满足
Q13	250	3200	0.012	0.004	0.496	0.531	0.468	满足
Q14	350	6050	0.012	0.004	0.737	0.782	0.616	满足
Q15	300	3850	0.012	0.004	0.498	0.531	0.437	满足
Q16	850	5900	0.012	0.004	0.705	0.735	0.587	满足
Q17	850	2200	0.012	0.004	0.672	0.664	0.633	满足
Q18	850	1900	0.012	0.004	0.614	0.596	0.582	满足
Q19	850	2750	0.012	0.004	0.587	0.622	0.603	满足
Q20	300	3200	0.012	0.004	0.565	0.603	0.520	满足
Q21	850	3200	0.012	0.004	0.628	0.647	0.589	满足
Q22	300	3850	0.012	0.004	0.528	0.566	0.494	满足
Q23	850	3300	0.012	0.004	0.626	0.644	0.581	满足
Q24	300	3850	0.012	0.004	0.489	0.522	0.439	满足
Q25	300	3850	0.012	0.004	0.510	0.545	0.461	满足
Q26	850	3850	0.012	0.004	0.602	0.632	0.572	满足
Q27	850	3850	0.012	0.004	0.597	0.620	0.562	满足

从表3-2可以看到，在小震作用并考虑风荷载组合的各工况下，地下1层核心筒剪力墙各墙肢按照构造配筋时，应力比均满足本文规定，其中仅Q3、Q14应力比存在大于0.75的情况，其余墙肢应力比基本在0.70以下，说明各墙肢混凝土抗压均有一定的富余度，结构是安全的。

4 结论和建议

（1）现有规范对剪力墙轴压比的计算仅考虑重力荷载代表值作用，仅考虑轴向力作用，仅以抗震等级区分轴压比限值，存在不合理之处。

（2）考虑压弯共同作用，对剪力墙墙肢按不同部位控制其应力比保证混凝土在罕遇地震作用下不被压溃，比仅考虑整个截面同一轴压比的控制措施更有针对性。

（3）结合实际工程，考虑压弯共同作用并控制墙肢各部位应力比，边缘构件部位应力比不大于1.0，中部墙体不大于0.95，能够保证混凝土在罕遇地震作用下不被压溃。同时计算表明，考虑压弯共同作用之后，部分墙肢按规范方式计算的轴压比即便超过限值也是安全的，并且具有相当的富余度，但同时又有部分墙肢即便满足规范轴压比的要求，其富余度却不是很高甚至已经很接近承载力极限。这说明弯矩在剪力墙墙肢截面中产生的拉压应力水平不可忽视，特别当设防烈度较高时更是如此，在此情况下统一以一个轴压比限值来规定所有剪力墙墙肢是不合理的。

（4）对本文提出的计算方式，套用小震作用下的内力并考虑材料和荷载分项系数进行计算，结果显示能够满足小震弹性的要求并且富余度较高，因此可以用罕遇地震计算结果直接判别墙肢在极限状态下的压弯承载能力，以此作为该墙肢构件的截面和配筋率设计准则。

（5）本文采用了 3 种方式来计算墙肢的各部位应力比。计算结果显示，采用等效弹性大震方法计算偏保守，工程设计时可采用此法计算。该方法可以采用现行工程设计软件进行计算，但内力需人工提取。若软件中能加入此功能则可大大方便设计，比如，由软件自动计算得出各墙肢各部位的控制应力比，可指导设计人员针对性地进行加强。

参考文献

[1] 住房和城乡建设部．高层建筑混凝土结构技术规程：JGJ 3—2010 [S]．北京：中国建筑工业出版社，2011.

[2] 广东省住房和城乡建设厅．高层建筑混凝土结构技术规程：DBJ 15—92—2021 [S]．北京：中国城市出版社，2021.

[3] 魏琏，林旭新，王森．剪力墙轴压比计算方法研究 [J]．建筑结构，2019：49 (8)，1-8.

[4] 深圳市住房和建设局．高层建筑混凝土结构技术规程：SJG 98—2021 [S]．北京：中国建筑工业出版社，2021.

12 框架部分承担倾覆力矩的计算方法研究

魏琏[1]，曾庆立[1,2]，王森[1]
(1 深圳市力鹏工程结构技术有限公司，深圳 518034；
2 深圳大学土木与交通工程学院，深圳 518060)

【摘要】 针对框架部分承担倾覆力矩的不同计算方法进行了分析研究，指出了抗规法的实质是底层框架及以上隔离体所分配到的层水平外力对底层框架的力矩之和；指出了轴力法求矩点位置的确定具有不同的算法，不同的求矩点位置给出不同的计算结果，其中 PKPM 等软件给出的轴力法求矩点实质为受拉构件合力点与受压构件合力点的中点；为解决轴力法的不足，在轴力法的基础上提出了结构底部抵抗倾覆力矩的三对力偶形式，改进了现有轴力算法。根据本文算例，抗规法计算结果均远小于轴力法、力偶法；轴力法与力偶法的差别在于不平衡力矩部分求矩点不一致；当不平衡力矩为零时，如轴对称结构，两法计算结果一致；在一般情形下，两法的计算结果存在一定的差异。

【关键词】 倾覆力矩；外力矩；抗规法；轴力法；求矩点；力偶；力偶法

1 前言

《高层建筑混凝土结构技术规程》JGJ 3—2010[1]第 8.1.3 条指出，框架-剪力墙结构的抗震设计方法应根据规定水平力作用下结构底层框架部分承受的地震倾覆力矩与结构总地震倾覆力矩的比值来确定相应的抗震设计方法；《建筑抗震设计规范》GB 50011—2010[2]（以下简称“2010 抗规”）第 6.1.3 条指出，框架-剪力墙结构框架部分的抗震等级应根据底层框架部分承担的地震倾覆力矩与结构总地震倾覆力矩的比值来确定；《高层建筑混凝土结构技术规程》DBJ 15—92—2013[3]（以下简称“广东省高规”）第 9.1.6 条指出，当地震作用下核心筒或内筒承担的底部倾覆力矩不超过总倾覆力矩的 60%时，在重力荷载代表值作用下，核心筒或内筒剪力墙的轴压比限值可适当放松。

关于框架部分承担的倾覆力矩计算方法，《建筑抗震设计规范》GB 50011—2001[4]（以下简称“2001 抗震规范”）提出了“抗规法”，给出了计算公式，在实际应用过程中，不少工程师认为采用抗规法计算所得框架部分倾覆力矩偏小，因而提出了基于结构底部竖向构件轴力及弯矩计算框架部分倾覆力矩的轴力法[5-8]。现行 YJK、PKPM、ETABS 等常用的计算软件均提供了这两种计算方法，但软件给出的两种方法计算结果往往差异较大，使设计者采用时感到困惑；在近年不少项目的超限审查中，出现超限专家对框架部分倾覆力矩计算应采用哪一种计算方法持有不同意见，难以达成一致结论。本文对两种计算方法进行了分析研究，找到了两种计算方法的实质、计算结果差别的原因及存在的问题，在此基础上进一步改进了轴力法，提出了基于力偶的算法。期盼通过本文的讨论能使问题更加清晰，早日在业界对这一问题取得共识。

2 抗规法的分析

2001 抗震规范第 6.1.3 条条文说明中给出的框架部分的地震倾覆力矩计算公式为：

$$M_{\mathrm{f}} = \sum_{i=1}^{n}\sum_{j=1}^{m} V_{ij} h_i \tag{2-1}$$

式中，n 为结构层数；m 为第 i 层框架柱的总根数；V_{ij} 为第 i 层第 j 根框架柱在基本振型地震作用下的剪力，2010 抗规将“在基本振型地震作用下”改为了“在规定的水平力作用下”；h_i 为第 i 层层高。

令 $\sum_{j=1}^{m} V_{ij} = V_{\mathrm{c}i}$，则式（1）可简化为：

$$M_{\mathrm{f}} = \sum_{i=1}^{n} V_{\mathrm{c}i} h_i \tag{2-2}$$

框架-剪力墙（简称框剪）结构受力如图 2-1 所示，在规定水平力的作用下，如图 2-2 所示，将结构在各层梁反弯点处切开，得左侧框架部分，右侧带框架梁的剪力墙部分。图中 F_i 为作用在第 i 层的规定水平力，V_i 为第 i 层梁的剪力；p_i 为第 i 层梁的轴力，可理解为通过水平构件如梁、板传递到框架部分的规定水平力；N 为柱、墙底部轴力；$V_{\mathrm{c}i}$、$V_{\mathrm{w}i}$ 分别为第 i 层柱、墙的剪力；M_{c}、M_{w} 分别为柱底、墙底弯矩，x_i、x'_i 分别为第 i 层梁反弯点距离框架柱及剪力墙的距离。

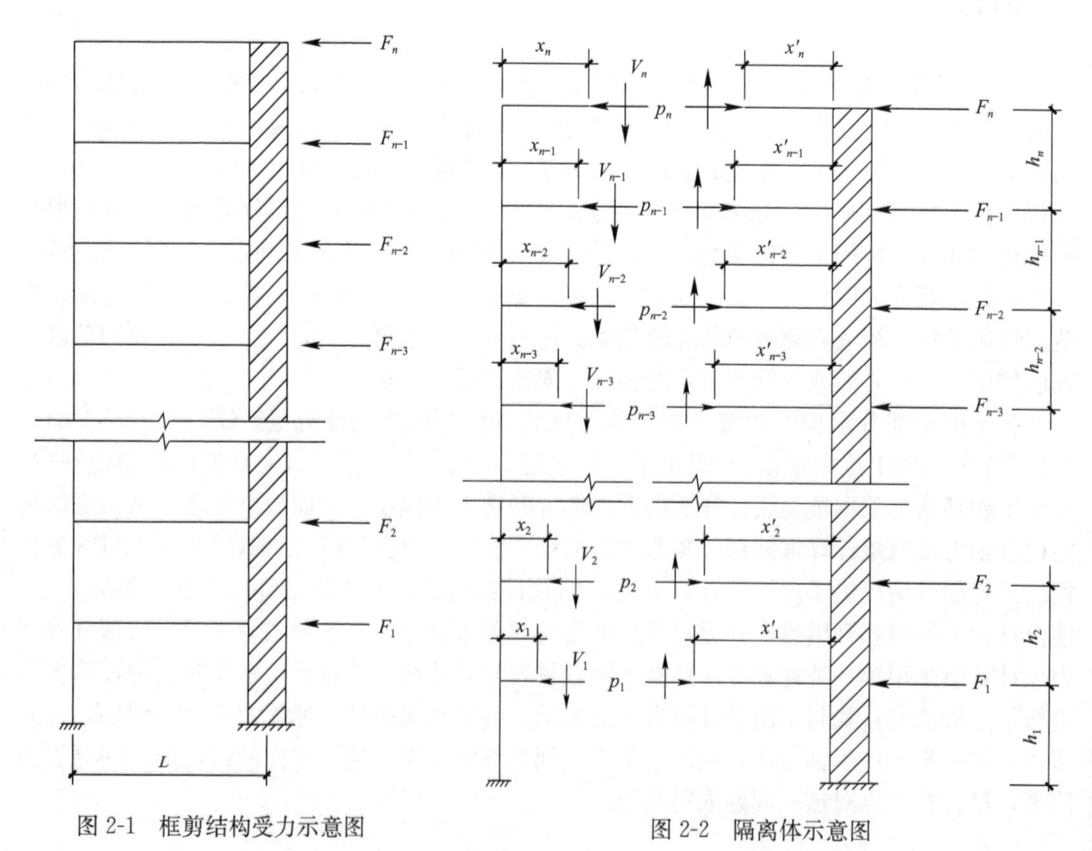

图 2-1 框剪结构受力示意图

图 2-2 隔离体示意图

根据图 2-2，在各层规定水平力 F_i 作用下，连接柱和剪力墙的梁产生轴力 p_i（水平力）和剪力 V_i，在 p_i 作为外力的作用下，左侧框架部分底部受到的外力矩作用为：

$$M_f = p_n(h_n + h_{n-1} + \cdots + h_1) + p_{n-1}(h_{n-1} + \cdots + h_1) + \cdots + p_1 h_1 \tag{2-3}$$

由于框架部分各层剪力为：

$$V_{ci} = p_i + p_{i+1} + \cdots + p_{n-1} + p_n \tag{2-4}$$

将式（2-4）代入式（2-3）并整理后，可得：

$$M_f = V_{c1}h_1 + V_{c2}h_2 + \cdots + V_{c(n-1)}h_{n-1} + V_{cn}h_n = \sum_{i=1}^{n} V_{ci}h_i \tag{2-5}$$

同理，图 2-2 右侧剪力墙部分在 p_i 作为外力的作用下，底部的外力矩作用为：

$$M_s = (F_1 - p_1)h_1 + (F_2 - p_2)(h_2 + h_1) + \cdots + (F_n - p_n)(h_n + h_{n-1} + \cdots + h_1) \tag{2-6}$$

由于剪力墙部分各层剪力为：

$$V_{wi} = (F_i - p_i) + (F_{i+1} - p_{i+1}) + \cdots + (F_{n-1} - p_{n-1}) + (F_n - p_n) \tag{2-7}$$

将式（2-7）代入式（2-6）并整理后，可得：

$$M_s = V_{w1}h_1 + V_{w2}h_2 + \cdots + V_{w(n-1)}h_{n-1} + V_{wn}h_n = \sum_{i=1}^{n} V_{wi}h_i \tag{2-8}$$

由以上推导可见，抗规法的实质是定义框架部分倾覆力矩为底层框架及以上隔离体所分配到的层水平外力 p_i 对底层框架的力矩之和。但根据图 2-2，在各层规定水平外力作用下，连接框架和剪力墙的梁反弯点处，除产生水平力 p_i 外，尚同时伴有剪力 V_i，在框架部分底部各柱底产生轴力 N，轴力 N 也参与抵抗外力矩。

3　轴力法的分析

由于对抗规法存在质疑，部分设计人员提出了基于结构底部竖向构件轴力及弯矩的轴力法，并在一些软件中得到反映。

文献［5］根据图 3-1 的三维框剪结构计算模型及其中一榀结构底部的内力，提出下式计算框架部分 X 向承担的倾覆力矩作用：

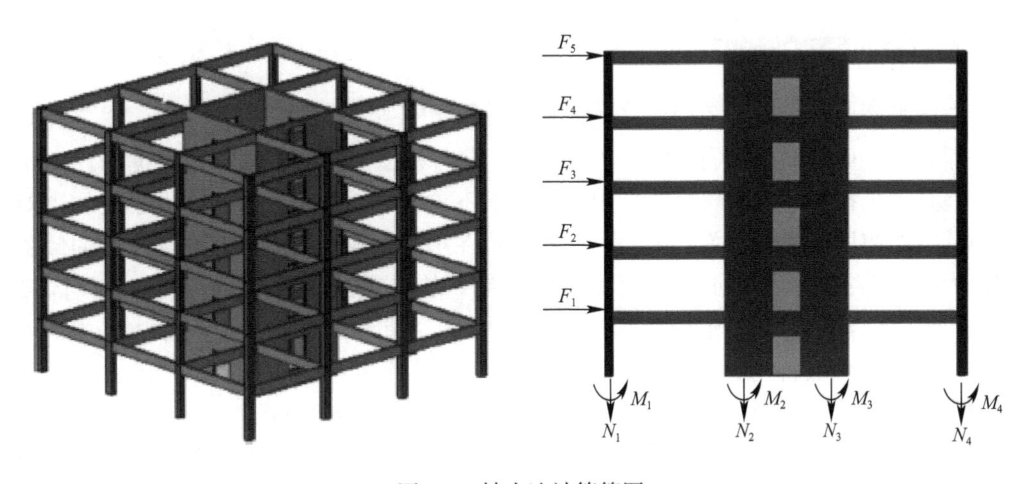

图 3-1　轴力法计算简图

$$M_f = \sum_{i=1}^{n} N_i(x_i - x_0) + \sum_{i=1}^{n} M_{ci} \tag{3-1}$$

式中，n 为底层框架柱的总数；N_i 为结构底层第 i 根框架柱在规定水平力作用下的轴力；x_i 为第 i 根框架柱的横坐标，x_0 为取矩点的横坐标；M_{ci} 为第 i 根框架柱柱底弯矩。

式（3-1）表明，轴力法与竖向构件的位置、轴力、弯矩有关，其计算结果反映的是框架部分的抵抗力矩。从式中也可以看出，轴力法的计算结果取决于求矩点位置的确定。对于轴力法求矩点 x_0 的位置，不同的软件给出不同的算法。

PKPM、YJK 等软件根据式（3-2）计算得到求矩点 x_0[5]：

$$x_0 = \frac{\sum |F_{Nj}| x_j}{\sum |F_{Nj}|} \tag{3-2}$$

式中，F_{Nj} 为底层第 j 根竖向构件的轴力；x_j 为底层第 j 根竖向构件的横坐标。该法对求矩点 x_0 未给出明确的定义。

ETABS 软件采用式（3-3）计算得到求矩点 x_0[6]：

$$x_0 = \frac{\sum E_j A_j x_j}{\sum E_j A_j} \tag{3-3}$$

式中，E_j、A_j 分别为底层第 j 根竖向构件的弹性模量和截面面积。

式（3-3）表明，ETABS 软件计算的求矩点为基底截面重心，该点位置取决于构件的材料属性、截面面积及构件位置，其计算方法简便，但计算结果与竖向构件的受力状态无关，在理论上是不够严密的。

很显然，分别把式（3-3）、式（3-2）代入式（3-1），其计算结果是不一致的，即根据不同的求矩点计算方法求得的框架部分的倾覆力矩不同，因此合理的求矩点位置是轴力法应该进一步解决的问题。

4 力偶法

为了解决轴力法的不足，本文在该法的基础上提出力偶法。

4.1 组成结构倾覆力矩的三对力偶

由力的平衡原理可知，结构在水平荷载作用下，各竖向构件产生的轴力 N_i 之和必须是零，即 $\sum N_i = 0$。该轴力可分解为大小相等、方向相反的一对拉压力；根据理论力学知识，力偶是大小相等、方向相反、作用线平行但不重合的一对力，力偶的大小仅与这对力的大小及力的作用点距离有关，由此可见，结构在水平荷载作用下，对底部产生的倾覆力矩可视为由底部各柱、墙截面的弯矩及由竖向构件的轴向拉压力形成的力偶来共同抗御。

为便于理解，以图 4-1 所示的情形对倾覆力矩的力偶形式进行阐述，图中 N 为构件底部轴力，M 为构件底部弯矩；下标 c 代表框架柱，w 代表剪力墙；上标 t 代表轴力为拉力，c 代表轴力为压力；1，2…i…n 代表楼层。

如图 4-1 所示，在水平力作用下，框架柱、剪力墙构件底部的合弯矩分别为：

$$M_c = M_{c1}^t + M_{c2}^t + M_{c1}^c + M_{c2}^c \tag{4-1a}$$

$$M_{\mathrm{w}} = M_{\mathrm{w1}}^{\mathrm{t}} + M_{\mathrm{w2}}^{\mathrm{t}} + M_{\mathrm{w1}}^{\mathrm{c}} + M_{\mathrm{w2}}^{\mathrm{c}} \tag{4-1b}$$

受拉框架柱、受压框架柱、受拉剪力墙、受压剪力墙的合拉力、合压力分别为：

$$N_{\mathrm{c}}^{\mathrm{t}} = N_{\mathrm{c1}}^{\mathrm{t}} + N_{\mathrm{c2}}^{\mathrm{t}} \tag{4-2a}$$

$$N_{\mathrm{c}}^{\mathrm{c}} = N_{\mathrm{c1}}^{\mathrm{c}} + N_{\mathrm{c2}}^{\mathrm{c}} \tag{4-2b}$$

$$N_{\mathrm{w}}^{\mathrm{t}} = N_{\mathrm{w1}}^{\mathrm{t}} + N_{\mathrm{w2}}^{\mathrm{t}} \tag{4-2c}$$

$$N_{\mathrm{w}}^{\mathrm{c}} = N_{\mathrm{w1}}^{\mathrm{c}} + N_{\mathrm{w2}}^{\mathrm{c}} \tag{4-2d}$$

假设框架柱合拉力、合压力合力点坐标分别为 $x_{\mathrm{c}}^{\mathrm{t}}$、$x_{\mathrm{c}}^{\mathrm{c}}$，剪力墙的合拉力、合压力合力点坐标分别为 $x_{\mathrm{w}}^{\mathrm{t}}$、$x_{\mathrm{w}}^{\mathrm{c}}$。由力的平衡有：

$$N_{\mathrm{c}}^{\mathrm{t}} + N_{\mathrm{c}}^{\mathrm{c}} = -(N_{\mathrm{w}}^{\mathrm{t}} + N_{\mathrm{w}}^{\mathrm{c}}) \tag{4-3}$$

假定 $|N_{\mathrm{c}}^{\mathrm{t}}| < |N_{\mathrm{c}}^{\mathrm{c}}|$，则 $|N_{\mathrm{w}}^{\mathrm{t}}| > |N_{\mathrm{w}}^{\mathrm{c}}|$。结合图 4-1，结构底部可形成三对力偶。

受拉柱合拉力与受压柱合压力形成力偶 $M_{\text{o-f}}$（假定拉力为正，压力为负）：

$$M_{\text{o-f}} = N_{\mathrm{c}}^{\mathrm{t}} \times (x_{\mathrm{c}}^{\mathrm{c}} - x_{\mathrm{c}}^{\mathrm{t}}) \tag{4-4a}$$

受拉墙合拉力与受压墙合压力形成力偶 $M_{\text{o-w}}$：

$$M_{\text{o-w}} = |N_{\mathrm{w}}^{\mathrm{c}}| \times (x_{\mathrm{w}}^{\mathrm{c}} - x_{\mathrm{w}}^{\mathrm{t}}) \tag{4-4b}$$

框架柱不平衡轴力 $N_{\mathrm{c}}^{\mathrm{u}} = N_{\mathrm{c}}^{\mathrm{t}} + N_{\mathrm{c}}^{\mathrm{c}}$ 与剪力墙不平衡轴力 $N_{\mathrm{w}}^{\mathrm{u}} = N_{\mathrm{w}}^{\mathrm{t}} + N_{\mathrm{w}}^{\mathrm{c}}$ 形成不平衡力偶 $M_{\text{o-wf}}$：

$$M_{\text{o-wf}} = (N_{\mathrm{c}}^{\mathrm{t}} + N_{\mathrm{c}}^{\mathrm{c}}) \times (x_{\mathrm{c}}^{\mathrm{u}} - x_{\mathrm{w}}^{\mathrm{u}}) \tag{4-4c}$$

式中，$x_{\mathrm{c}}^{\mathrm{u}}$、$x_{\mathrm{w}}^{\mathrm{u}}$ 分别为框架柱不平衡轴力作用点、剪力墙不平衡轴力作用点位置。

此处需特别注意的是，根据上述假定，框架柱不平衡轴力作用点为 $x_{\mathrm{c}}^{\mathrm{u}} = x_{\mathrm{c}}^{\mathrm{c}}$，剪力墙不平衡轴力作用点为 $x_{\mathrm{w}}^{\mathrm{u}} = x_{\mathrm{w}}^{\mathrm{t}}$；对称结构，不平衡轴力为 0，此时 $M_{\text{o-wf}}$ 亦为 0。

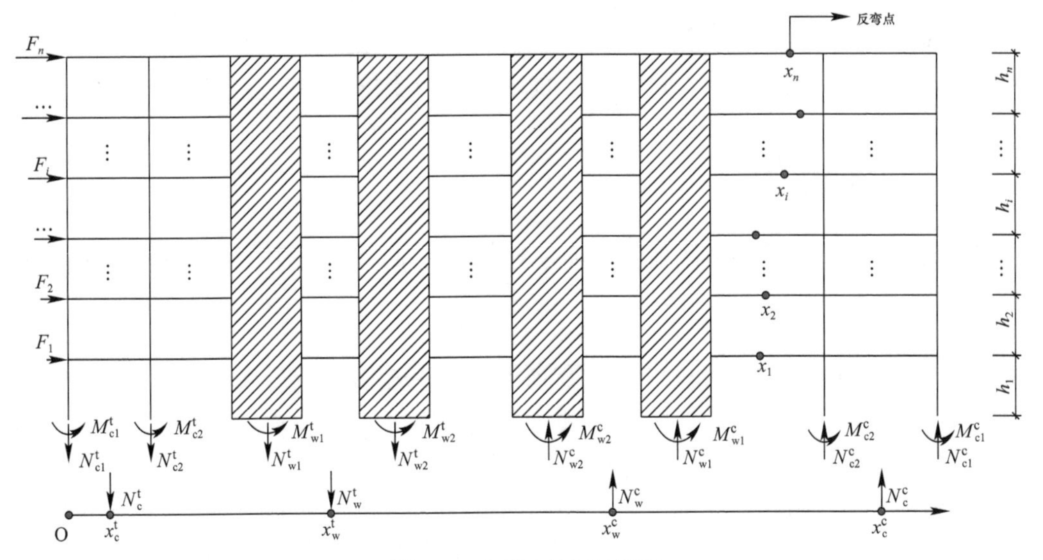

图 4-1　力偶法计算示意图

结构底层倾覆力矩可表达为：

$$M_{\mathrm{ov}} = M_{\text{o-f}} + M_{\text{o-w}} + M_{\text{o-wf}} + M_{\mathrm{c}} + M_{\mathrm{w}} \tag{4-5}$$

式（4-5）即为以力偶形式表达的结构底部总倾覆力矩，式中各力偶作用、各构件底部弯矩当其方向与外力矩方向相反时取为正值，反之取负值。

4.2 对轴力法求矩点位置的论证

在式（3-2）的基础上，假定第 k 根受拉竖向构件（剪力墙及框架柱）轴力为 F_{tk}，第 l 根受压竖向构件（剪力墙及框架柱）轴力为 F_{cl}，由平衡条件可知：

$$\sum |F_{tk}| = \sum |F_{cl}| \tag{4-6}$$

又因为

$$\sum |F_{Nj}| = \sum |F_{tk}| + \sum |F_{cl}| = 2\sum |F_{tk}| \tag{4-7}$$

受拉构件拉力合力点 x_t 为：

$$x_t = \frac{\sum |F_{tk}| x_k}{\sum |F_{tk}|} \tag{4-8}$$

受压构件压力合力点 x_c 为：

$$x_c = \frac{\sum |F_{cl}| x_l}{\sum |F_{cl}|} \tag{4-9}$$

则受拉合力点与受压合力点间的中点坐标为：

$$x_m = \frac{x_t + x_c}{2} = \frac{\dfrac{\sum |F_{tk}| x_k}{\sum |F_{tk}|} + \dfrac{\sum |F_{cl}| x_l}{\sum |F_{cl}|}}{2} \tag{4-10}$$

即

$$x_m = \frac{\sum |F_{tk}| x_k + \sum |F_{cl}| x_l}{2\sum |F_{tk}|} = \frac{\sum |F_{tk}| x_k + \sum |F_{cl}| x_l}{\sum |F_{Nj}|} \tag{4-11}$$

因此，$x_m = x_0$。由此可见，式（3-2）的求矩点为受拉构件合力点与受压构件合力点之间的中点。

4.3 力偶法的计算公式

力偶法的目标主要是分别计算框架部分和剪力墙部分承担的倾覆力矩。为此，需将式（4-5）改写成式（4-12）的表达形式：

$$M_{ov} = M_f + M_s \tag{4-12}$$

式中，M_f、M_s 分别为底层框架部分、底层剪力墙部分承担的倾覆力矩。

显然，式（4-5）中的 $M_{o\text{-}f}$、M_c 是由框架部分承担的，$M_{o\text{-}w}$、M_w 是由剪力墙部分承担的；对于非对称结构，存在由框架部分的不平衡轴力 N_c^u 及剪力墙部分的不平衡轴力 N_w^u 共同形成的不平衡力偶 $M_{o\text{-}wf}$。如图 4-1 所示，将位于框架不平衡轴力 N_c^u 一侧且与剪力墙相连的各层框架梁的反弯点作为分界点，该不平衡力偶可分解成分别由框架部分及剪力墙部分承担的两部分力偶，其中分解出的框架部分如图 4-2 所示。

图 4-2 中的 V_i^u 为第 i 层梁上不平衡剪力，可按下式计算：

$$V_i^u = (N_{c(i)}^c - N_{c(i+1)}^c) - (N_{c(i)}^t - N_{c(i+1)}^t) \tag{4-13}$$

式中，$N_{c(i)}^c$ 为第 i 层受压框架柱合压力；$N_{c(i)}^t$ 为第 i 层受拉框架柱合拉力。

各层梁上不平衡剪力之和即底层框架不平衡轴力为：

$$N_c^u = \sum_{i=1}^{n} V_i^u \tag{4-14}$$

由此可见，各层梁上不平衡剪力与底层不平衡轴力可分解成 n 组不平衡力偶，n 为楼层总数。第 i 层梁上不平衡剪力与底部框架柱不平衡轴力形成的力偶 $M_{c(i)}^u$ 为：

$$M_{c(i)}^u = V_i^u (x_c^u - x_i) \tag{4-15}$$

式中，x_i 为位于框架不平衡轴力 N_c^u 一侧且与剪力墙相连的第 i 层框架梁的反弯点位置。

不平衡力偶 $M_{o\text{-}wf}$ 分解到框架的部分 M_c^u 为：

$$M_c^u = \sum_{i=1}^{n} V_i^u (x_c^u - x_i) \tag{4-16}$$

因此，由力偶形式表达的底层框架部分承担的倾覆力矩可表达为：

$$M_f = M_{o\text{-}f} + M_c^u + M_c \tag{4-17}$$

同理，由力偶形式表达的底层剪力墙部分承担的倾覆力矩可表达为：

$$M_s = M_{o\text{-}w} + M_w^u + M_w \tag{4-18a}$$

$$M_w^u = \sum_{i=1}^{n} V_i^u (x_i - x_w^u) \tag{4-18b}$$

式中，M_w^u 为不平衡力偶 $M_{o\text{-}wf}$ 分解到剪力墙的部分。

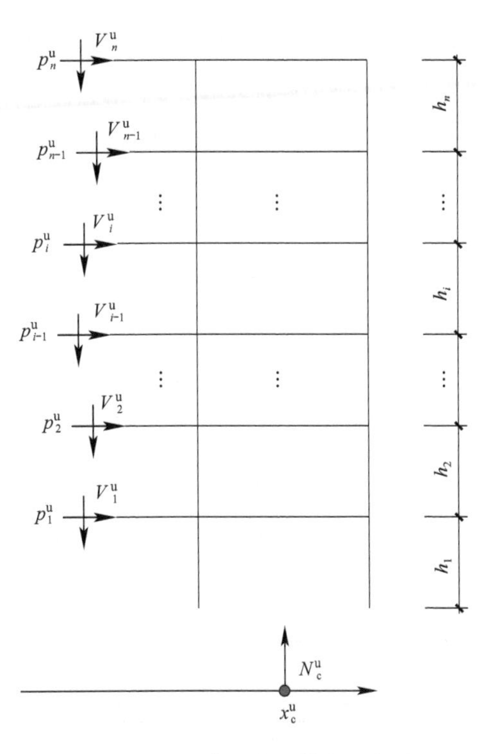

图 4-2 不平衡力偶及轴力示意图

5 抗规法、轴力法及力偶法的相互关系

根据抗规法的定义，当框架梁两端为铰接，即梁无剪力时，框架柱底合轴力与剪力墙底合轴力均为零，此时抗规法、轴力法、力偶法取得一致结果。

轴力法计算的框架部分承担的倾覆力矩式（3-1）可改写为：

$$M_f = M_{o\text{-}f} + M_c + N_c^u x_0 \tag{5-1}$$

将式（5-1）与式（4-17）对比，力偶法与轴力法的差别在于不平衡力矩部分求矩点不一致，轴力法求矩点定在竖向构件合拉力与合压力的中点，力偶法则严格根据梁受力反弯点位置进行计算，理论严密合理。当为对称结构时，力偶法与轴力法计算结果一致；在一般情形下，两法的计算结果存在一定的差异。

6 算例

6.1 非对称结构算例

图 6-1 所示非对称的平面框剪结构，柱截面尺寸为 600mm×600mm，梁截面尺寸为 600mm×300mm，剪力墙厚 200mm，混凝土强度等级均为 C30。在图 6-1 所示的水平力作用下，分别采用抗规法、轴力法、力偶法计算框架部分承担的倾覆力矩，计算结果详见

表 6-1，非对称结构框架部分倾覆力矩占比为框架部分倾覆力矩占整个结构的比值。

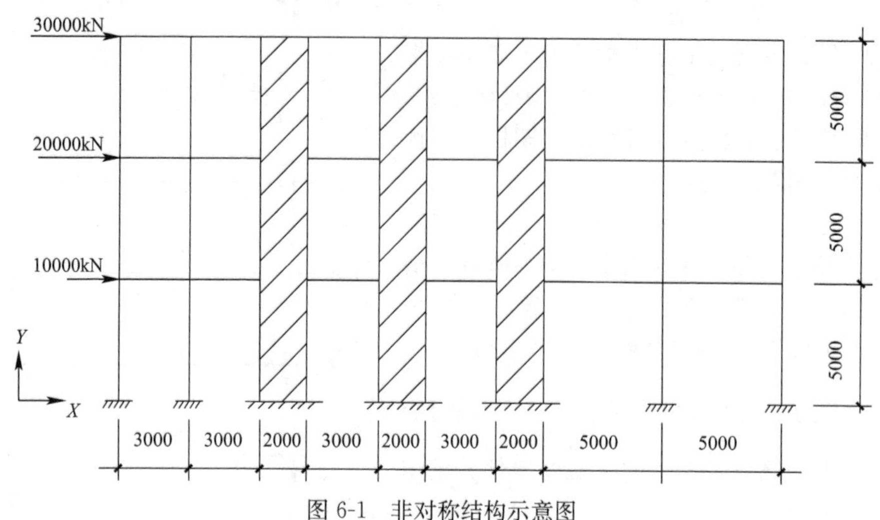

图 6-1　非对称结构示意图

非对称结构框架部分倾覆力矩占比　　表 6-1

方法	抗规法	轴力法	力偶法
倾覆力矩占比	16.7%	45.1%	32.0%

本算例为多跨的非对称结构，由表 6-1 结果可见，抗规法与其他方法计算结果相差较大；轴力法与力偶法因求矩点不同，其计算结果有一定的差异。

6.2　对称结构算例

图 6-2 所示对称的框架-剪力墙结构，构件尺寸、材料等级等同 6.1 节算例。在图 6-2 所示的水平力作用下，分别采用抗规法、轴力法、力偶法计算框架部分承担的倾覆力矩，计算结果见表 6-2。由表 6-2 可见，对于多跨的对称结构，抗规法与其他方法计算结果依旧相差较大；轴力法、力偶法计算结果一致。

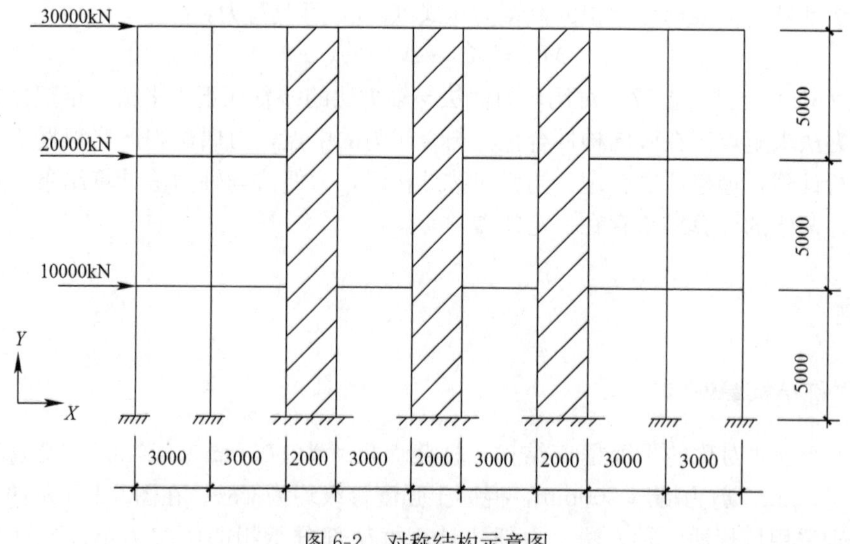

图 6-2　对称结构示意图

对称结构框架部分倾覆力矩占比　　表 6-2

方法	抗规法	轴力法	力偶法
倾覆力矩占比	17.7%	55.5%	55.5%

7 判别结构体系的层剪力比

文献［9］的研究表明，结构的倾覆力矩比受组成剪力墙的位置是否靠近质心位置关系较大，同样截面尺寸的剪力墙靠近平面的两端时，其倾覆力矩远大于其位置靠近质心时，这对于剪力墙数量不是很多的剪力墙结构体系判别有较大影响。同时，剪力墙结构的倾覆力矩比在结构不同高度楼层是有变化的，仅由结构底层的倾覆力矩比来判断剪力墙结构或框剪结构的结构体系有时不够全面。文献［9］提出采用结构的层剪力比来对结构体系进行判别，其剪力比的计算方法可参见文献［10］。

8 结论

（1）抗规法的定义是底层框架及以上隔离体所分配到的层水平外力对底层框架的力矩之和；轴力法则是在计算框架部分倾覆力矩时，考虑了结构底部竖向构件轴力形成的倾覆力矩的作用。两者定义不同，其计算结果必然不同。

（2）采用轴力法计算结构底部竖向构件轴力形成抵抗外倾覆力矩时，PKPM 采用的求矩点位置在受拉构件合轴力与受压构件合轴力作用点间距的中点，与结构实际受力状况不符。本文在轴力法的基础上分析了柱、墙底部轴力形成的三对力偶作用，并根据力偶与求矩点位置无关这一特性提出了力偶法，其与轴力法的区别在于框架柱底合轴力与剪力墙底合轴力组成力偶的分配，轴力法求矩点定在竖向构件合拉力与合压力的中点，力偶法则严格根据梁受力反弯点位置进行计算，理论严密合理。当为对称结构时，力偶法与轴力法计算结果一致。

（3）当连梁框架柱与剪力墙梁两端铰接，梁无剪力时，轴力法与力偶法由柱底与剪力墙底合轴力组成的力偶为零，此时抗规法、轴力法、力偶法计算结果相同。

（4）以上论述表明，抗规法与轴力法、力偶法的差别源于其对框架部分承担倾覆力矩的定义不同，不宜简单地下结论孰是孰非。但从力学分析的角度看，力偶法更符合力矩计算的要求。经由轴力法改进完善后的力偶法可供工程界参考使用。

（5）由结构底层的倾覆力矩比来判断剪力墙结构或框剪结构的结构体系不够全面，建议补充剪力比作为判别条件之一。

参考文献

［1］ 住房和城乡建设部．高层建筑混凝土结构技术规程：JGJ 3—2010［S］．北京：中国建筑工业出版社，2011.

［2］ 住房和城乡建设部．建筑抗震设计规范：GB 50011—2010［S］．北京：中国建筑工业出版社，2010.

[3] 广东省住房和城乡建设厅．高层建筑混凝土结构技术规程：DBJ 15—92—2013 [S]．北京：中国建筑工业出版社，2013.
[4] 建设部．建筑抗震设计规范：GB 50011—2001 [S]．北京：中国建筑工业出版社，2001.
[5] 陈晓明．结构分析中倾覆力矩的计算与嵌固层的设置 [J]．建筑结构，2011，41 (11)：176-180.
[6] 李楚舒，李立，刘春明，等. 底层框架部分承担地震倾覆力矩计算方法 [J]. 建筑结构，2014，44 (5)：74-77.
[7] 刘付均，黄忠海，吴铭，等. 框架-剪力墙结构中框架承担倾覆力矩的计算方法及应用 [J]. 建筑结构，2017，47 (9)：9-12.
[8] 齐五辉，杨育臣. 关于框架-抗震墙结构中框架部分地震倾覆力矩计算问题的讨论 [J]. 建筑结构，2019，49 (18)：1-4.
[9] 魏琏，王森，曾庆立，等. 一向少墙的高层钢筋混凝土结构的结构体系研究 [J]. 建筑结构，2017，47 (1)：23-27.
[10] 魏琏，孙仁范，王森，等. 高层框筒结构框架部分剪力比研究 [J]. 建筑结构，2017，47 (3)：28-33，55.

13 部分框支-剪力墙结构框支框架承担倾覆力矩的计算方法研究

曾庆立[1,2]，魏琏[2]，王森[2]，杜宏彪[1]
（1 深圳大学土木与交通工程学院，深圳 518060；
2 深圳市力鹏工程结构技术有限公司，深圳 518034）

【摘要】 分析了现行计算部分框支-剪力墙结构框支框架承担倾覆力矩比不同算法所存在的问题及不足。通过引入倾覆力矩比计算系数量化了 PKPM、ETABS 软件应用抗规法的计算结果，计算结果表明，框支层的倾覆力矩比计算系数随结构总层数的增加逐渐减小，随框支层所在位置的增加逐渐增大，PKPM、ETABS 软件计算得到的框支框架承担的倾覆力矩比偏小；通过 YJK 软件提供的计算结果反推了其算法的实质，指出其将框支层上部楼层的规定水平力均作用于框支层，将框支层以下楼层视为框剪结构计算框支框架的倾覆力矩比；在此基础上，结合其他学者的研究成果，提出了抗规法框支框架部分承担的倾覆力矩应为框支层框支框架及以上隔离体所分配到的层水平外力对框支层框支框架的力矩之和；除此以外，还给出了力偶法在部分框支-剪力墙结构的合理应用。

【关键词】 框支-剪力墙；倾覆力矩；框支框架；抗规法；力偶法

1 前言

《建筑抗震设计规范》GBJ 11—89[1]（以下简称“89 抗规”）第 6.1.13 条规定，“落地抗震墙数量不宜小于上部抗震墙数量的 50%”。对此，文献［2］的说明为框支层是结构的薄弱层，在地震作用下容易产生塑性变形集中导致框支层首先破坏甚至倒塌，因此应限制过多削弱框支层刚度和承载力。《建筑抗震设计规范》GB 50011—2001[3]（以下简称“01 抗规”）取消了落地墙数量不小于上部抗震墙数量的 50%的规定。《建筑抗震设计规范》GB 50011—2010[4]（以下简称“10 抗规”）和《高层建筑混凝土结构技术规程》JGJ 3—2010)[5]（以下简称“10 高规”）进一步对框支框架承担的地震倾覆力矩作出了规定。10 抗规第 6.1.9 条规定，“底层框架部分承担的地震倾覆力矩，不应大于结构总地震倾覆力矩的 50%”；10 高规第 10.2.16 条规定，“框支框架承担的地震倾覆力矩应小于结构总地震倾覆力矩的 50%”。文献［6］对此的说明是，若把框支层视为普通的框架剪力墙结构，当框支框架承担的地震倾覆力矩大于 50%时，该框支层为少墙框架结构，对抗震不利。

现行软件主要是沿用 10 抗规关于框剪结构的算法计算框支框架部分承担的倾覆力矩，如式（1-1）所示：

$$M_f = \sum_{i=1}^{n}\sum_{j=1}^{m} V_{ij} h_i \tag{1-1}$$

式中，n 为结构层数；m 为第 i 层框架柱的总根数；V_{ij} 为第 i 层第 j 根框架柱在规定水平力作用下的剪力；h_i 为第 i 层层高。

然而，现行软件在应用式（1-1）即抗规法时均存在一些问题和不足[7,8]，导致计算结果不能应用或存在疑惑，本文拟通过对现有软件框支框架承担倾覆力矩比算法的分析研究，指出其不足之处，并提出了抗规法及力偶法在部分框支-剪力墙结构的合理应用。

2 PKPM、ETABS 软件算法

部分框支-剪力墙结构如图 2-1 所示。p_i 为作用在图 2-1（b）示左侧隔离体的第 i 层水平外力；h_i 为第 i 层层高。当将式（1-1）应用于部分框支-剪力墙结构时，假设框支层在第 k 层，PKPM、ETABS 等软件按照式（2-1）计算第 s 层（$1\leqslant s\leqslant k$）框支框架部分承担的倾覆力矩比 η_{fs}：

$$\eta_{fs}=\frac{\sum_{i=s}^{k}\sum_{j=1}^{m}V_{ij}h_i}{M_{ov}} \tag{2-1}$$

式中，m 为第 i 层框架柱的总根数；V_{ij} 为第 i 层第 j 根框架柱在规定的水平力作用下的剪力；M_{ov} 为结构第 s 层倾覆力矩，可按式（2-2）、式（2-3）计算，其中 V_i 为规定水平力作用下第 i 层的楼层总剪力，F_i 为第 i 层的规定水平力。

$$M_{ov}=\sum_{i=s}^{n}V_ih_i \tag{2-2}$$

$$V_i=F_i+F_{i+1}+\cdots+F_n \tag{2-3}$$

式中，n 为结构层数。

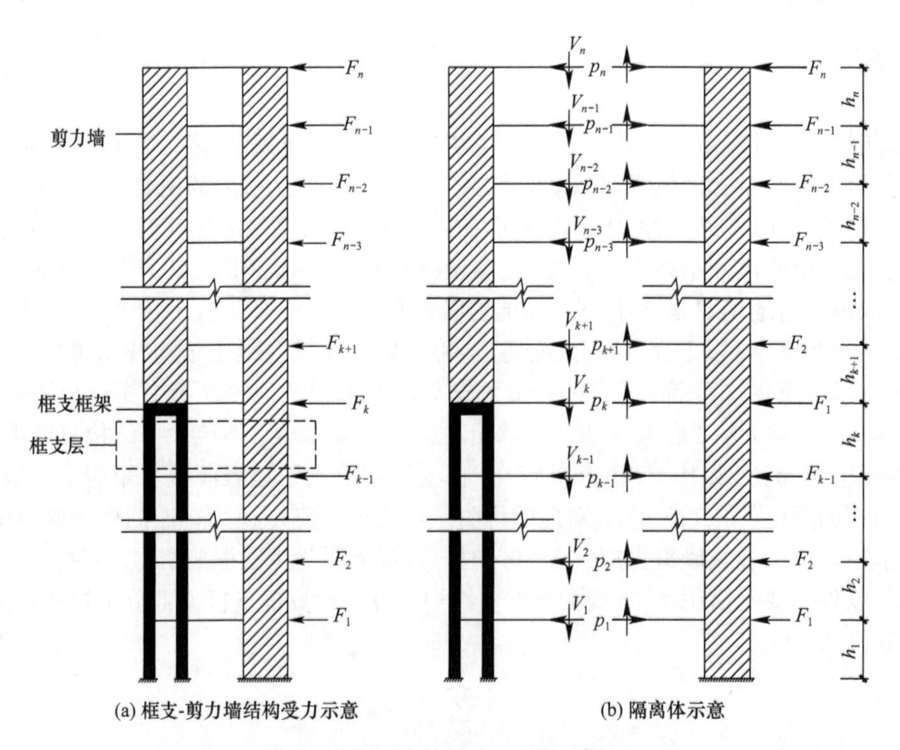

图 2-1 部分框支-剪力墙结构示意图

将式（2-2）代入式（2-1）得：

$$\eta_{fs}=\frac{\sum_{i=s}^{k}\sum_{j=1}^{m}V_{ij}h_i}{\sum_{i=s}^{n}V_ih_i} \tag{2-4}$$

PKPM、ETABS等软件将式（2-4）应用于部分框支-剪力墙结构时，该式分子的部分仅包含了框支框架的剪力，由于框支层以上楼层不存在框支柱，其计算结果必然偏小。

在此假设第 s 层框支框架所占的楼层剪力比 λ_{fs} 为：

$$\lambda_{fs}=\frac{V_{cs}}{V_s}\leqslant 1 \tag{2-5}$$

式中，V_{cs} 为第 s 层框支框架分担的总剪力；V_s 为第 s 层楼层总剪力。对于剪力墙均不落地的框支-剪力墙结构，λ_{fs} 等于1；对于剪力墙落地的部分框支-剪力墙结构，λ_{fs} 总小于1。

将式（2-4）应用于剪力墙均不落地的算例，对于第 s 层，由于 λ_{fs} 总等于1，其计算结果为：

$$\eta_{fs}=\frac{V_sh_s+V_{s+1}h_{s+1}+\cdots+V_kh_k}{V_sh_s+V_{s+1}h_{s+1}+\cdots+V_kh_k+\cdots+V_nh_n}<1 \tag{2-6}$$

即当采用式（2-4）计算剪力墙均不落地的框支-剪力墙结构，框支层及其下任意一层框支框架部分承担的倾覆力矩比总是小于1，由此可以判断式（2-4）的算法是不正确的。可进一步证明，对于部分框支-剪力墙结构，式（2-4）计算得到的倾覆力矩比是偏小的。

总存在一个折算系数 λ_s 使得式（2-7）成立：

$$\lambda_{fs}V_sh_s+\lambda_{f(s+1)}V_{s+1}h_{s+1}+\cdots+\lambda_{fk}V_kh_k=\lambda_sV_sh_s+\lambda_sV_{s+1}h_{s+1}+\cdots+\lambda_sV_kh_k \tag{2-7}$$

此时，式（2-4）可进一步表达为：

$$\eta_{fs}=\lambda_s\frac{1}{1+\dfrac{V_{k+1}h_{k+1}+\cdots+V_nh_n}{V_sh_s+V_{s+1}h_{s+1}+\cdots+V_kh_k}} \tag{2-8}$$

不妨假设第 i 层的规定水平力 F_i 可近似采用式（2-9）求得[4]：

$$F_i=\frac{G_iH_i}{\sum_{j=1}^{n}G_jH_j}F_E \tag{2-9}$$

式中，G_i、G_j 分别为第 i 层、第 j 层的重力荷载代表值；H_i、H_j 分别为第 i 层、第 j 层的计算高度；F_E 为总规定水平力。

又假定质量沿楼层均匀分布，层高均相同，则式（2-9）可简化为：

$$F_i=\frac{2i}{n(n+1)}F_E \tag{2-10}$$

将式（2-10）代入式（2-3）得：

$$V_i=\frac{2i}{n(n+1)}F_E+\frac{2(i+1)}{n(n+1)}F_E+\cdots+\frac{2n}{n(n+1)}F_E \tag{2-11}$$

将式（2-11）代入式（2-8）并整理简化可得：

$$\eta_{fs}=\lambda_s\beta_s \tag{2-12}$$

$$\beta_s=\frac{1}{1+\xi} \tag{2-13}$$

$$\xi=\frac{3n(n+1)(n-k)-n(n-1)(n+1)+k(k-1)(k+1)}{3n(n+1)(k-s+1)-k(k-1)(k+1)+s(s-1)(s-2)} \tag{2-14}$$

此处不妨称 β_s 为倾覆力矩比计算系数。式（2-14）表明，倾覆力矩比计算系数 β_s 与结构总层数及框支层所在的楼层位置有关，表 2-1、表 2-2 分别给出了不同楼层总数及框支层在不同位置时，底层以及框支层的倾覆力矩比计算系数的大小。

底层倾覆力矩比计算系数 β_1 **表 2-1**

框支层（k）	总楼层总数（n）				
	50	40	30	20	10
5	0.148	0.184	0.244	0.359	0.662
4	0.119	0.148	0.196	0.290	0.545
3	0.089	0.111	0.147	0.218	0.418
2	0.059	0.074	0.098	0.146	0.283
1	0.030	0.037	0.049	0.073	0.143

框支层倾覆力矩比计算系数 β_k **表 2-2**

框支层（k）	总楼层总数（n）				
	50	40	30	20	10
5	0.034	0.043	0.060	0.098	0.257
4	0.032	0.041	0.057	0.091	0.219
3	0.032	0.040	0.054	0.084	0.188
2	0.031	0.038	0.052	0.079	0.164
1	0.030	0.037	0.049	0.073	0.143

表 2-1、表 2-2 结果表明，底层与框支层的倾覆力矩比计算系数随结构总层数的增加逐渐减小，随框支层所在位置的增加逐渐增大。进一步得到了不同楼层总数的框支-剪力墙结构，当框支层位置分别在底层、2 层、3 层、4 层以及 5 层时，底层以及框支层的倾覆力矩比计算系数如图 2-2、图 2-3 所示。由图 2-2、图 2-3 可知，当结构楼层总数相同时，框支层所在位置越靠近底部，其倾覆力矩比计算系数越小，由此计算得到的倾覆力矩比越小。同时，当框支层位置保持不变时，随着楼层总数的增加，倾覆力矩比计算系数越小。现有的新建筑其楼层总数往往较高，20 层以上的住宅较为普遍；从图 2-2、图 2-3 可看出，当结构楼层总数不少于 20 层时，底层倾覆力矩比计算系数最大值小于 0.4，框支层倾覆力矩比计算系数最大值小于 0.1，数值较小。

10 高规第 10.2.17 条的条文说明指出，“对于部分框支-剪力墙结构，在转换层以下，一般落地剪力墙的刚度远远大于框支柱的刚度，落地剪力墙几乎承受全部地震剪力，框支柱的剪力非常小。”由此可见，式（2-12）中的 λ_s 往往远小于 1。

综上分析，由式（2-12）计算得到的框支框架倾覆力矩比偏小。在此以结构总楼层为 30 层，框支层位置分别在底层、2 层、3 层、4 层以及 5 层为例说明。由表 2-1、表 2-2 可知，当结构楼层总数为 30 层时，底层倾覆力矩比计算系数 β_1 随框支层位置的变化其范围约为 0.049～0.244；框支层倾覆力矩比计算系数 β_k 随框支层位置的变化，其范围约为 0.049～0.060。在此不妨假设 λ_s 无限接近于 1，可以想象对应的情形是几乎所有剪力墙均未落地，根据表 2-1、表 2-2 的计算结果，此时底层框支框架的倾覆力矩比最大的仅约

0.244，框支层框支框架的倾覆力矩比最大的仅约 0.060。根据工程经验，对于大多数工程，λ_s 基本达不到 0.5，则本例中底层及框支层框支框架的倾覆力矩比分别 0.122、0.03，恰恰说明了 PKPM、ETABS 等软件应用抗规法计算得到的倾覆力矩比偏小，使得设计人员仅根据此计算结果及相关规范条文规定可能会作出落地墙数量已足够的不合理判断。

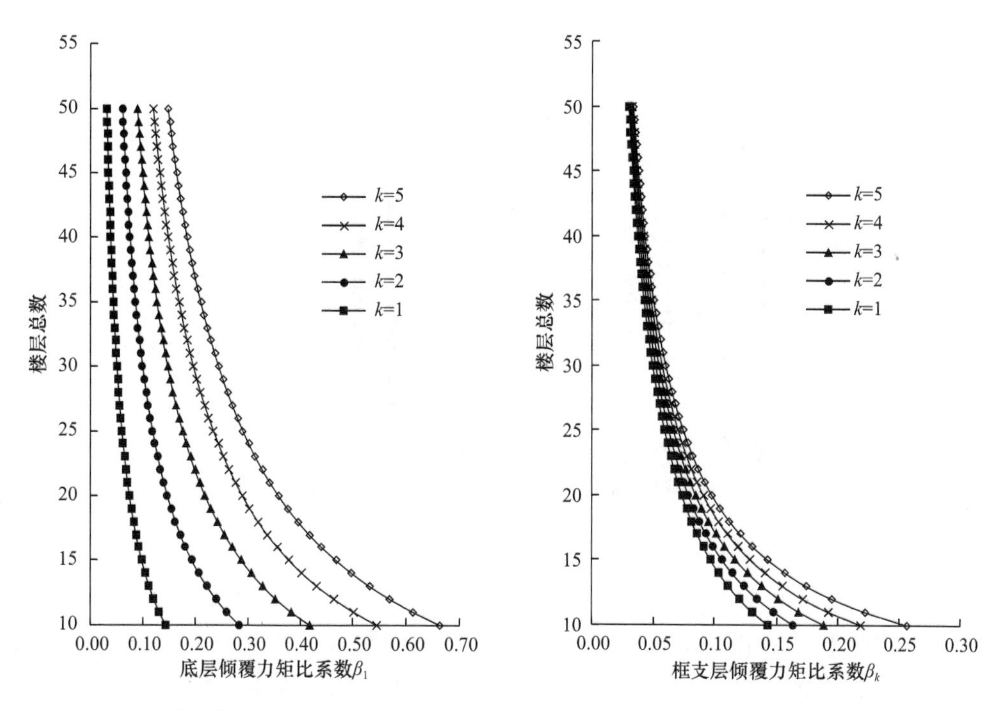

图 2-2　底层倾覆力矩比计算系数　　　　图 2-3　框支层倾覆力矩比计算系数

3　YJK 软件算法

将式（1-1）应用于部分框支-剪力墙结构时，YJK 软件提出了与上述软件不同的算法。

依然假设框支层在第 k 层，计算第 s 层的框支框架的倾覆力矩比 η_{fs} 时，YJK 软件按式（3-1）计算。

$$\eta_{fs}=\frac{\sum_{i=s}^{k}\sum_{j=1}^{m}V_{ij}h_i}{M_{ov}-M_{ov-p}} \tag{3-1}$$

式中，M_{ov-p} 为规定水平力作用下框支层相邻上一层的总倾覆力矩。

根据式（2-2），则式（3-1）的分母可表达为

$$M_{ov}-M_{ov-p}=\sum_{i=s}^{n}V_ih_i-\sum_{i=k+1}^{n}V_ih_i \tag{3-2}$$

将式（2-3）代入式（3-2）并整理得：

$$\begin{aligned}M_{ov}-M_{ov-p}=&(F_s+F_2+\cdots+F_n)h_s+(F_{s+1}+F_2+\cdots+F_n)h_{s+1}+\cdots\\&+(F_k+F_{k+1}+\cdots+F_n)h_k\end{aligned} \tag{3-3}$$

由此可见，YJK 算法实质是将图 3-1（a）的计算模型转化成图 3-1（b）的计算模型，即模型中将框支层上部楼层的规定水平力均作用于框支层，将框支层以下楼层视为框剪结构，其框支框架部分承担的倾覆力矩计算方法与 10 抗规关于框剪结构的算法相同。

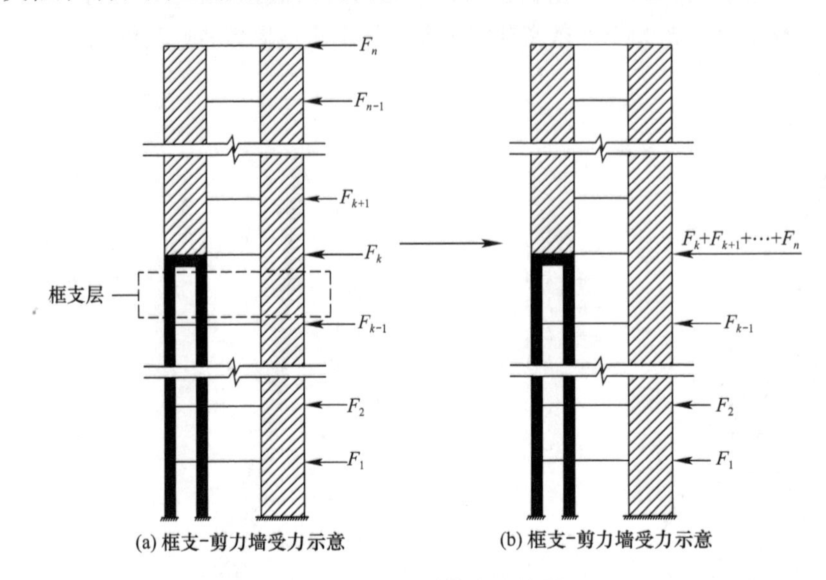

图 3-1　YJK 计算方法简图

由此可见，对比其他软件的算法，YJK 软件的算法相当于将式（2-4）的分母部分扣除了框支层相邻上一层的倾覆力矩，使得 YJK 软件的算法计算结果较其他软件算法大，但该法仅仅考虑了框支框架的剪力，并未解决其他软件应用抗规法时存在的问题，其值实际上仍然偏小。

4　抗规法于框支-剪力墙结构的合理应用

根据文献［9］的研究，抗规法计算结果的实质是底层框架及以上隔离体所分配到的层水平外力对底层框架的力矩之和，由此可见，当抗规法应用于部分框支-剪力墙结构时，框支框架部分承担的倾覆力矩应为底层（框支层）框支框架及以上隔离体所分配到的层水平外力对底层（框支层）框支框架的力矩之和，如图 2-1（b）所示左侧的带框支层隔离体，底层框支框架承担的倾覆力矩应为：

$$M_{\mathrm{f}} = p_n(h_n + h_{n-1} + \cdots + h_1) + p_{n-1}(h_{n-1} + \cdots + h_1) + \cdots + p_1 h_1 \tag{4-1}$$

对该式进一步简化后，得到本文建议的抗规算法：

$$M_{\mathrm{f}} = \sum_{i=s}^{k} \sum_{j=1}^{m} V'_{ij} h_i \tag{4-2}$$

式中，V'_{ij} 为图 2-1（b）所示左侧隔离体第 i 层第 j 根竖向构件（不落地墙或框支柱）在规定水平力作用下的剪力。

对比现有软件，本文在应用抗规算法时，不仅包含框支层及以下各层框支柱的剪力，式（4-2）中还计算了框支柱及各非落地墙的剪力，其本质计算的是各层水平外力对底部框支框架的外力矩之和，该计算方法与抗规法在框架-剪力墙结构中的应用是一致的。

需特别指出，如图 4-1 所示的部分框支-剪力墙结构，承托非落地剪力墙的转换梁一侧支撑在框支柱，另一侧支撑在落地剪力墙，应用式（4-2）计算框支框架部分承担的倾覆力矩时，该公式是否能包括此转换梁所承托的非落地墙尚需要进一步的研究。

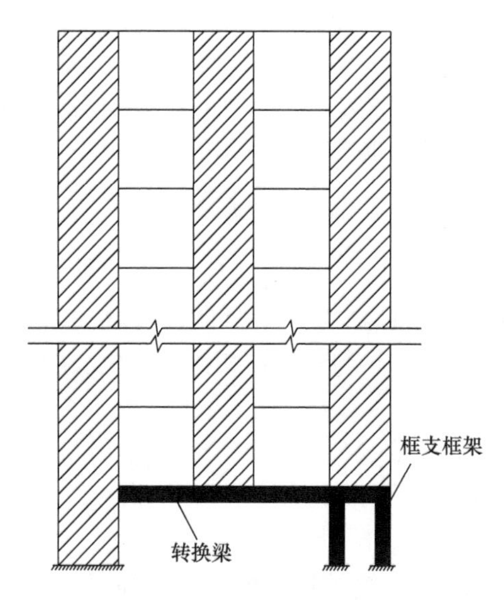

图 4-1　转换结构示意图

5　轴力法

由于抗规法存在的种种问题，有学者[10]提出了基于结构底部竖向构件轴力及弯矩的轴力法，使用式（5-1）计算框架部分 X 向承担的倾覆力矩作用。

$$M_{\mathrm{f}}=\sum_{i=1}^{n}N_{i}(x_{i}-x_{0})+\sum_{i=1}^{n}M_{\mathrm{c}i} \tag{5-1}$$

式中，n 为底层框架柱的总数；N_i 为结构底层第 i 根框架柱在规定水平力作用下的轴力；x_i 为第 i 根框架柱的横坐标，x_0 为取矩点的横坐标；M_{ci} 为第 i 根框架柱柱底弯矩。

因此，框支框架部分分担的倾覆力矩比例为：

$$\eta_{\mathrm{f}}=\frac{\sum_{i=1}^{n}N_{i}(x_{i}-x_{0})+\sum_{i=1}^{n}M_{\mathrm{c}i}}{M_{\mathrm{ov}}} \tag{5-2}$$

文献［7］指出轴力法存在不同求矩点计算结果不一致的问题。

6　力偶法于框支-剪力墙结构的应用

根据文献［9］的研究成果，对于框架剪力墙结构而言，框架部分承担的倾覆力矩为：

$$M_{\mathrm{f}}=M_{\mathrm{o\text{-}f}}+M_{\mathrm{c}}^{\mathrm{u}}+\sum_{i=1}^{n}M_{\mathrm{c}i} \tag{6-1}$$

式中，$M_{\mathrm{o\text{-}f}}$为受拉群柱轴力合力与受压群柱轴力合力形成的力偶；$M_{\mathrm{c}}^{\mathrm{u}}$ 为框架柱不平衡轴力与剪力墙不平衡轴力形成不平衡力偶分解到框架承担的部分，可按下式计算：

$$M_{\mathrm{c}}^{\mathrm{u}}=\sum_{i=1}^{n}V_{i}^{\mathrm{u}}(x_{\mathrm{c}}^{\mathrm{u}}-x_{i}) \tag{6-2}$$

式中，$x_{\mathrm{c}}^{\mathrm{u}}$、$V_{i}^{\mathrm{u}}$ 分别为框架柱不平衡轴力作用点、第 i 层梁上不平衡剪力。V_{i}^{u} 可按下式计算：

$$V_{i}^{\mathrm{u}}=(N_{\mathrm{c}(i)}^{\mathrm{c}}-N_{\mathrm{c}(i+1)}^{\mathrm{c}})-(N_{\mathrm{c}(i)}^{\mathrm{t}}-N_{\mathrm{c}(i+1)}^{\mathrm{t}}) \tag{6-3}$$

式中，$N_{\mathrm{c}(i)}^{\mathrm{c}}$ 为第 i 层受压框架柱合压力；$N_{\mathrm{c}(i)}^{\mathrm{t}}$ 为第 i 层受拉框架柱合拉力。

由此可得由力偶法计算得到的框支框架承担的倾覆力矩比为：

$$\eta_{\mathrm{f}}=\frac{M_{\text{o-f}}+M_{\mathrm{c}}^{\mathrm{u}}+\sum_{i=1}^{n}M_{\mathrm{c}i}}{M_{\mathrm{ov}}} \tag{6-4}$$

与式（2-1）抗规法相比，力偶法考虑了竖向构件轴力及位置对抵抗外力矩的影响，更符合各竖向构件的实际受力状态；与轴力法相比，力偶法严格根据梁受力反弯点位置进行计算，理论严密合理。

7 算例

图 7-1 所示非对称的框支-剪力墙结构，框支柱截面尺寸为 1000mm×1000mm，转换梁截面 $b\times h$ 为 500mm×1000mm，连梁截面 $b\times h$ 为 200mm×800mm，剪力墙厚 200mm，混凝土强度等级均为 C30。在图 7-1 所示水平力作用下，分别采用 PKPM 软件的抗规法、轴力法以及本文的抗规法、力偶法得到的框支层框支框架承担的倾覆力矩比，计算结果见表 7-1。

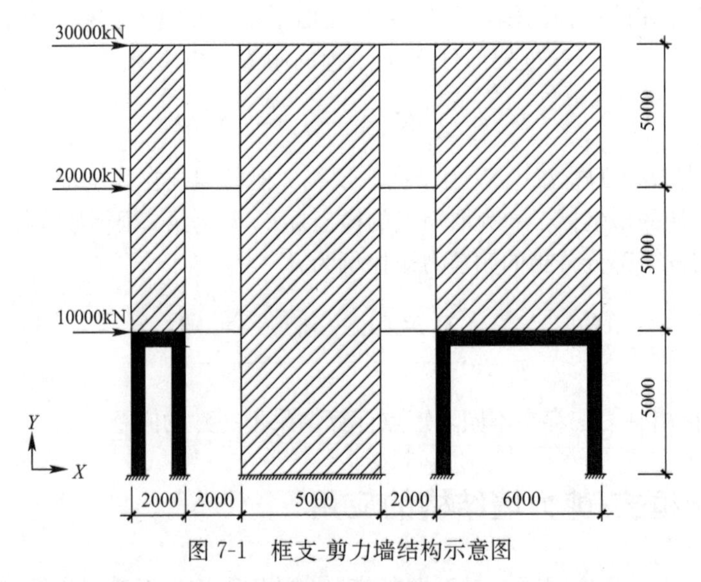

图 7-1　框支-剪力墙结构示意图

X 向框支框架承担倾覆力矩比　　**表 7-1**

PKPM		本文算法	
抗规法	轴力法	抗规法	力偶法
13.86%	65.9%	50.8%	65.7%

表 7-1 计算结果表明，PKPM 采用的抗规法计算结果为 13.86%，此计算结果明显偏小，会造成不合理的判断；轴力法及力偶法的计算结果约为 65.9%，而本文提出的抗规法计算结果为 50.8%，比其他软件采用的抗规法大得多。由于不平衡轴力较小，由文献［9］可知，此案例的轴力法与力偶法计算结果接近。

8 结论

（1）PKPM、ETABS 软件应用抗规法计算的框支框架倾覆力矩占比偏小。

（2）YJK 软件的算法将框支层以上的地震作用集中在框支层后沿用抗规法计算倾覆力矩比，虽然计算结果较 PKPM、ETABS 软件的计算结果大，但仅仅考虑了框支框架的剪力，其计算结果仍然是偏小的。

（3）轴力法考虑了框支柱底部轴力对抵抗外力矩的贡献是合理的，但计算结果会因求矩点的不同有所差异。

（4）抗规法应用于部分框支-剪力墙结构时，框支框架部分承担的倾覆力矩应为框支层框支框架及以上隔离体所分配到的层水平外力对框支层框支框架的力矩之和。

（5）轴力法求矩点定在底层的一个点，而力偶法则严格根据梁受力反弯点位置进行计算，理论严密合理，可供工程界参考使用。

参考文献

［1］ 建设部．建筑抗震设计规范：GBJ 11—89［S］．北京：中国建筑工业出版社，1989.

［2］ 建设部抗震办公室．建筑抗震设计规范 GBJ 11—89 统一培训教材［M］．北京：地震出版社，1990.

［3］ 建设部．建筑抗震设计规范：GB 50011—2001［S］．北京：中国建筑工业出版社，2001.

［4］ 住房和城乡建设部．建筑抗震设计规范：GB 50011—2010［S］．北京：中国建筑工业出版社，2010.

［5］ 住房和城乡建设部．高层建筑混凝土结构技术规程：JGJ 3—2010［S］．北京：中国建筑工业出版社，2011.

［6］ 钱稼茹，柯长华．国家标准《建筑抗震设计规范》(GB 50011—2010) 疑问解答（四）［J］．建筑结构，2011，41（3）：123-126.

［7］ 林超伟，王兴法．底层框支框架部分承担的地震倾覆力矩计算方法分析［J］．建筑结构，2012，42（11）：84-86.

［8］ 刘付钧，黄忠海，吴铭．部分框支剪力墙结构中框支框架承担倾覆力矩的计算方法及应用［J］．建筑结构，2017，49（9）：13-16.

［9］ 魏琏，曾庆立，王森．框架部分承担倾覆力矩的计算方法研究［J］．建筑结构，2021，51（10）：1-6.

［10］ 陈晓明．结构分析中倾覆力矩的计算与嵌固层的设置［J］．建筑结构，2011，41（11）：176-180.

14 高层建筑结构在竖向荷载作用下楼板面内应力分析和工程实例

杨仁孟，陈兆荣，王森，魏琏
（深圳市力鹏建筑结构设计事务所，深圳 518034）

【摘要】 对于带斜柱、斜撑、转换桁架等高层建筑结构，在竖向荷载作用下由于倾斜构件在水平向的分力导致楼板产生较大的平面内拉力，而高层建筑结构楼板设计时，并没有考虑竖向荷载引起的楼板面内拉力的影响。结合深圳某带斜撑巨柱框架-钢筋混凝土核心筒高层结构，分析了在自重作用下楼板产生拉应力较大的原因，给出了“放”和“抗”相结合的应对措施和设计建议。

【关键词】 平面内拉力；竖向荷载；“放”和“抗”结合措施

1 前言

对于高层建筑结构，需由水平和竖向构件组成的结构体系抵抗和传递竖向力。楼板作为主要水平构件，在竖向荷载作用下，通常仅产生平面外弯矩，根据平截面假定，此时楼板中面的拉压力为零。当有斜柱、斜撑、转换桁架等构件时，在竖向荷载作用下，由于需抵抗倾斜构件外推，楼板将产生平面内的拉力，协调各抗侧力构件之间的变形。

随着高层建筑结构的迅速发展，带倾斜构件的结构纷纷涌现，此类结构楼板在竖向荷载作用下将产生较大的楼板平面内拉力、剪力以及面外附加弯矩，在结构设计中必须加以考虑。基于现行计算程序和规范未涵盖结构在竖向荷载作用下水平分力对楼板的作用，本文就此展开讨论，提出相应的设计建议，并结合实际工程说明了方法的应用。

2 竖向荷载作用下楼板应力的主要形式与意义

2.1 楼板面内受力的应力形式

竖向荷载作用下，由于带倾斜构件在水平向分力的作用，楼板可能全截面承受拉力或压力。令楼板轴向正应力为 σ_N，其应力分布如图 2-1 所示。

对于带倾斜构件结构，楼板的主拉应力受地震作用和风荷载、竖向力作用下的水平分力共同作用产生的轴向正应力与剪应力的大小和方向控制。其主要作用在于定性判断楼板裂缝开展情况，并根据主拉应力云图判断需要采取加强措施的薄弱位置。由于主拉应力方向的不一致，一般不宜根据主拉应力迹线的走势进行楼板配筋设计，宜按照轴向应力方向进行。

2.2 楼板面外受力的应力形式

带倾斜构件在水平向分力的作用下，楼板除了承受全截面拉压，楼板面外还会产生一定的弯矩，此时楼板受力特征与受弯梁相似。楼板上表面的弯曲正应力 σ_{M}^{T} 与下表面的弯曲正应力 σ_{M}^{B} 形成抵抗力矩，在满足平截面假定的情形下，其应力分布呈现以截面中性轴为界，楼板上、下表面一侧受拉一侧受压，楼板中性轴所在面应力为零的情形，如图 2-2 所示。

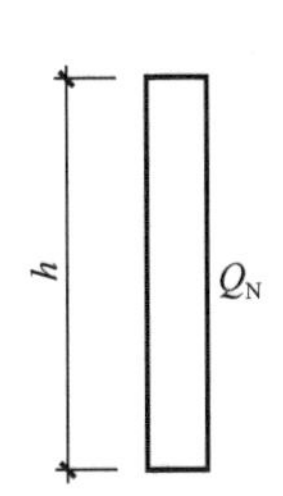

图 2-1　平面内轴向受力应力分布

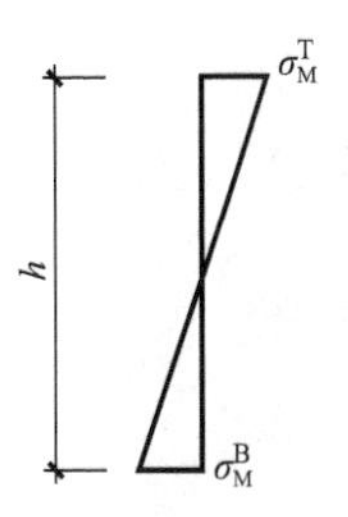

图 2-2　组成平面外弯矩的弯曲应力分布

竖向荷载作用下，楼板竖向荷载产生的弯曲应力和其斜构件水平分力产生的弯曲应力共同形成楼板面外弯矩，此时楼板的受弯配筋设计受其控制。

3　常用程序关于楼板应力分析与设计的应用

现行程序主要输出的是楼板上、下表面的应力结果，而楼板面内应力分析时需要的是楼板中面的应力。如程序不能直接提供中面的应力，在使用计算结果时，需加以处理。目前楼板应力分析的程序主要有 ETABS 和 MIDAS/Gen，两个程序提取中面应力的方法分别如下。

ETABS 程序可以通过以下两种方式来实现：一是通过楼板顶面和底面的正应力结果取平均值来获得，然而由于复杂高层建筑结构需要分析的楼板数量较多，采用此方法效率较低；二是通过设置一个较小的楼板弯曲厚度，即忽略楼板平面外的刚度，此时 ETABS 输出的楼板顶面和底面的正应力结果与实际的楼板轴向正应力接近，此方法的优点在于可以直接从程序输出的结果中获得楼板的轴向应力，直观且方便快捷。

MIDAS/Gen 程序是在原有的楼板中间部位添加一层面内、面外厚度较小的薄膜，虽然此时薄膜的面内厚度较小，但由于共节点的原因，此薄膜在平面内的位移与原楼板一致，故此时薄膜的顶面和底面的正应力结果与实际的楼板中面正应力接近。

为确保楼板应力分析结果的可靠性和准确性，建议采用反应谱分析法根据两个不同的程序分析校核楼板应力。也可采用同一程序，应用弹性时程分析法和反应谱分析法进行楼板应力校核。

4　工程实例

4.1　工程概况

深圳华侨城项目位于华侨城片区内，总建筑面积约 202983m²。建筑地面以上 60 层，塔楼屋顶高度 277.4m，屋顶以上构架最高处高约 300m。项目设有五层地下室，地下五层深约 21.05m。地面以上设有 3 层商业裙房。如图 4-1 所示。

结构平面近似菱形，定义东西向为 X 向，南北向为 Y 向。Y 向宽 52m，X 向宽度不等，底部宽 75m，中部最大宽度 87m，顶部宽 71m。由于 X 向宽度不等，造成东西侧柱倾斜并且转折。其北立面及典型层平面分别如图 4-2 和图 4-3 所示。

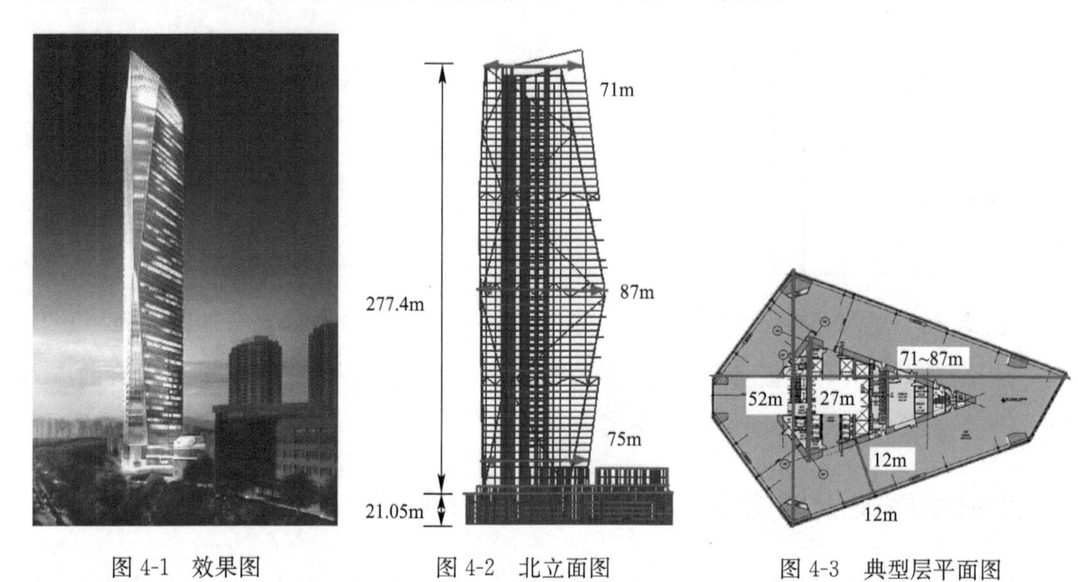

图 4-1　效果图　　图 4-2　北立面图　　图 4-3　典型层平面图

4.2　结构体系

工程结构体系为带斜撑巨柱框架-钢筋混凝土核心筒混合结构，简称“带斜撑巨柱框架核心筒结构”。塔楼竖向构件包括混凝土核心筒、型钢混凝土巨柱、周边柱及斜撑，水平构件包括腰桁架、核心筒内的钢筋混凝土梁板楼盖、核心筒外的钢梁＋钢筋桁架楼板形成的组合楼盖。

核心筒：呈不规则六边形，X 向最长约 33.8m，Y 向最长约 27m，在筒体右侧角隅区设置型钢柱。核心筒厚度从下至上为 1.5～0.8m。

巨柱：标准层平面共布置 6 根钢骨混凝土巨柱，位于平面四个角部，南北侧 2 根巨柱从下至上垂直布置，而东侧 2 根和西侧 2 根巨柱从下至上有倾斜转折。南北侧巨柱为不规则五边形，边长为底部 4.5m，顶部 2.1m。东侧 2 根巨柱在 29 层合并为 1 根，并在 31 层再次分离成 2 根，立面呈 X 形。西侧巨柱与之类似，在 29 层由 2 根合并为 1 根，在 46 层又分成为 2 根柱。

斜撑：在东南、西南、东北、西北四个立面布置，斜撑分别在三道腰桁架的下弦层及 42 层处转折，转折点均在四周的巨柱上。斜撑截面为矩形方钢管，腹板高度为 1～1.6m，厚度为 0.1m；翼缘宽 0.35m，厚度为 0.02m。

腰桁架：结构在沿高设有三道腰桁架，第一道腰桁架位于 1 区 16～17 层；第二道腰桁架位于 2 区 29～31 层；第三道腰桁架位于 3 区 43～44 层。其中第一道腰桁架和第三道腰桁架 1 层高，第二道腰桁架 2 层高。腰桁架为矩形方钢管，上、下斜杆的腹板高度为 0.9m，厚度为 0.04m；斜腹杆的腹板高度为 0.7m，厚度为 0.03m。翼缘尺寸均为宽 0.35m，厚 0.02m。

周边柱：在外框平面内布置，标准柱跨为 12m。有的周边柱是全楼上下连续的，有的从中间某一楼层开始，有的到中间某一楼层结束。周边柱与三道腰桁架、外框梁及斜撑刚接。周边柱为矩形方钢管，尺寸为 0.5m×0.5m，翼缘厚度为 0.03～0.1m，腹板厚度为 0.02m。

塔楼核心筒、巨柱对抗竖向荷载和抗侧向荷载均起着非常重要的作用；斜撑在抵抗竖向荷载时起到分担一部分周边柱荷载的作用，且其对结构抗侧向荷载起着十分重要的作用；腰桁架及其相关楼盖结构在协调斜撑抵抗竖向荷载和侧向荷载时起着重要的作用；周边柱主要传递一定范围内楼层的竖向荷载，其传递的荷载有的落在腰桁架上，有的落在斜撑上，在底部落在基础上。

4.3 竖向荷载楼板面内应力分析

核心筒与周边柱之间全部楼板采用钢筋桁架组合楼板，普通楼层楼板厚度为 110mm，核心筒内为普通混凝土楼板，板厚 150mm。设备层 16～17 层、29～31 层和 43～44 层板厚 200mm，核心筒内为普通钢筋混凝土楼板，板厚 200mm。楼板混凝土强度等级为 C35，抗剪栓钉直径 19mm，长 100mm。由于结构最外凸的楼层在第二道腰桁架的下弦 29 层，巨柱与斜撑均在此层转折，故在自重作用下楼板的拉应力最大，现选取 29 层进行楼板应力分析。

本工程使用 MIDAS/Gen 软件建立全楼弹性楼板模型，计算楼板在竖向荷载及水平荷载作用下的应力。楼板的性能目标如表 4-1 所示。

楼板性能目标 **表 4-1**

工况	性能指标
小震/100 年一遇风荷载	楼板弹性，混凝土不开裂
中震	受拉钢筋不屈服
大震	受拉钢筋不屈服、受剪不屈服

（1）楼板拉应力过大的原因

由图 4-2 可知，本工程立面外凸，从 1～29 层东侧斜柱逐渐往东倾斜，29～屋面层东侧斜柱反过来逐渐往西倾斜，导致自重作用下，斜柱外推使得楼板受拉，产生较大的楼板拉应力。立面斜撑交汇处外推力也会使楼板局部产生较大的楼板拉应力。东侧斜柱转折处的楼层为第 2 道腰桁架的下弦层，即 29 层受斜柱外推力最大，29 层在自重作用下的楼板最大主应力如图 4-4 所示。

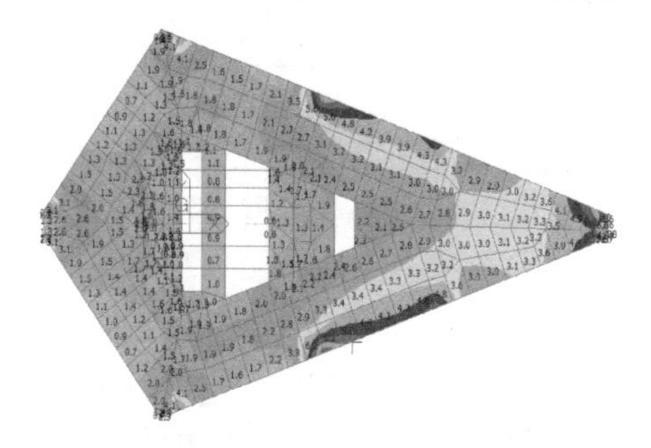

图 4-4 腰桁架下弦（29 层）D+L 作用下最大主应力（MPa）

由图 4-4 可见，在自重（D+L）作用下，29 层最大主应力大的位置集中在四个角部，受东侧斜柱外推的影响，东侧大范围楼板应力在 3.3MPa 左右，大于 C35 混凝土轴心抗拉强度标准值 2.2MPa，即在自重作用下东侧楼板就会开裂。而其余部位楼板应力不大，核心筒内楼板应力也不大。四个角部巨柱范围内局部应力集中，这些局部楼板位于巨柱之内，并非真实楼板，在设计中可以忽略。

(2) 楼板应力分布情况

在自重（D+L）作用下，楼板拉应力比较大的楼层集中在第1、第2道腰桁架的楼层及相邻下一层，即15～17层、28层、29层、31层。其中拉应力主要集中在四个角部，南北角部、西侧角部一般都是小范围内应力集中，而15层、16层、29层东侧角部大面积受拉。

第3道腰桁架楼层、其他普通楼层除了斜撑与楼板交汇处应力集中外，其余部分楼板应力都小于1MPa。

楼板应力分析表明，有局部应力集中的现象，特别是斜撑与楼板交汇处，现对局部应力集中处进行分析。取19层南侧支撑与楼板交汇处的单元进行分析，该单元的应力最大，为8.3MPa（图4-5）。由于现网格尺寸为3m，对网格进行细分，局部划成1m的网格，其南侧支撑与楼板交汇处应力如图4-6所示，局部最大应力为10.9MPa，取此单元积分出的拉力为239kN，手算其应力为2MPa。所以楼板应力分析并不关注局部应力集中处的应力，而是关注应力大、分布广的楼板区域。楼板主应力分布情况见表4-2。

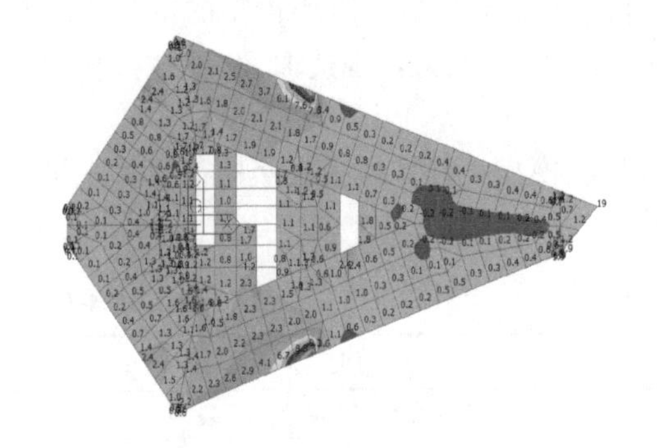

图4-5　19层最大主应力（MPa）

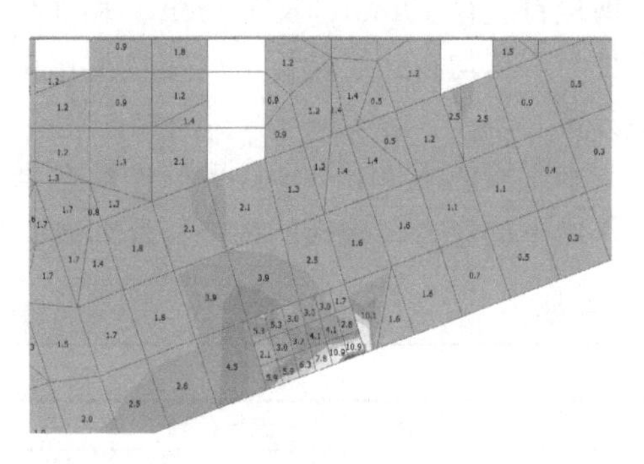

图4-6　19层网格细分后最大主应力（MPa）

楼板主应力分布（D+L）（MPa）　　**表4-2**

层数	西侧角部	东侧角部	南北侧角部
15	0.3	2.8（大范围）	3.0
16	2.3	3.5（大范围）	4.4
17	0.2	4.4	2.5
28	1.8	2.9	1.3
29	2.6	3.5（大范围）	2.0
31	0.6	3.0	3.6

由表4-2可知，在自重作用下，有些楼层楼板局部应力大于C35混凝土抗拉强度标准值2.2MPa，当楼板应力超出较多，且范围大时，在正常使用条件下楼板就会出现裂缝。

不同楼层楼板应力不相同，对于全楼来说，在自重作用下拉应力大的楼层集中在第1、第2道腰桁架之间的楼层及相邻几层，即16～17层、29～31层及相邻几层。其他普通楼层除与斜撑交汇处，局部楼板应力集中外，在自重作用下楼板应力都不大。

在一个楼层里面拉应力分布也不是均匀的，拉应力大的位置主要集中在四个角部，与支撑的位置有关。拉应力比较大的范围是局部的。

4.4 采用“放”“抗”结合措施

由于本工程在自重作用下楼板应力较大的原因是斜柱外推水平力、立面斜撑交汇处的水平力引起的，如果仅靠加强楼面内梁的刚度，或加平面支撑等“抗”的办法，经分析，其对减小楼板拉应力的效果是不明显的。

经过多方案比较分析，结合楼板应力分布的特点，即不同的楼层拉应力不同，同一楼层拉应力分布不均匀，且拉应力大的部位是局部的，采用“放”“抗”结合的措施较为有利。“放”的措施：对腰桁架及相邻几层楼板应力大的部位，进行局部后浇，以释放其楼板拉应力；整体分析采用弹性楼板，经分析，部分释放楼板应力对整体影响甚微，可以忽略。“抗”的措施：对其他与斜撑交汇处的楼板进行局部配筋，以抵抗局部比较大的拉应力。

4.4.1 楼板自重作用下局部楼板后浇层应力分析

楼板上承受的恒荷载分为楼板自重 D1 和附加恒荷载 D2 两部分，局部后浇的方法只能释放楼板自重 D1 所产生的楼板应力。经多方案比较，确定了后浇楼层及后浇部位，后浇楼层为 14～18 层、28 层、29 层、31 层，共 8 层。各层楼板后浇的位置如图 4-7～图 4-9 所示，灰色阴影区域为楼板后浇位置。

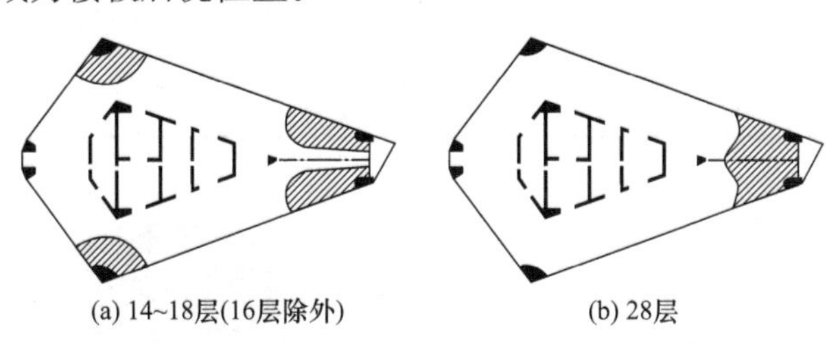

(a) 14~18层(16层除外)　　(b) 28层

图 4-7　14～18 层（16 层除外）、8 层楼板后浇位置

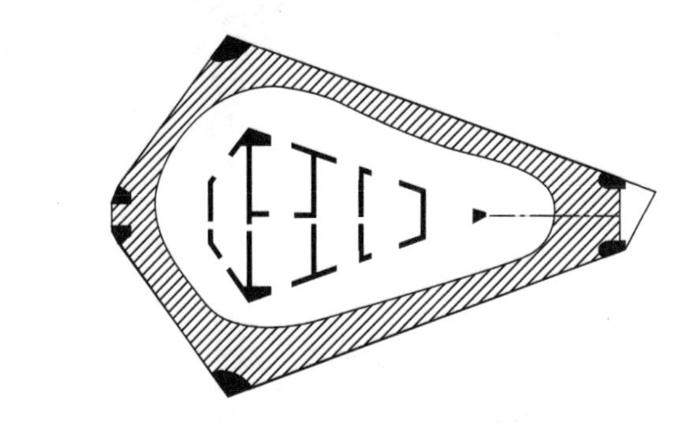

图 4-8　16 层楼板后浇位置

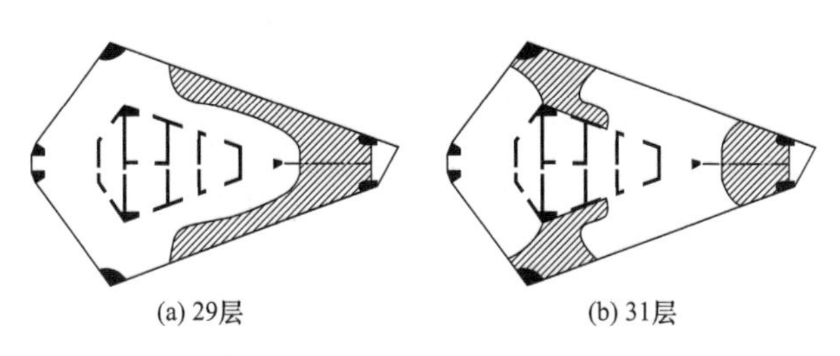

(a) 29层　　(b) 31层

图 4-9　29 层、31 层楼板后浇位置

限于篇幅，下面只给出斜柱转折处第二道腰桁架下弦（29 层）最大主应力图，见图 4-10。

由图 4-10 可知，楼板局部后浇后，在楼板自重 D1 作用下，除小范围应力集中外，绝大部分最大主应力小于 1MPa，说明对本工程而言适当后浇的方法是合理可行的，而且较为有效。

浇筑混凝土楼板时，在特定的部位先不浇，待整体结构封顶后，后浇空缺的楼板。计算分析时，按如下方法考虑：对去除部分楼板的模型，仅提取楼板自重 D1 作用下的楼板应力；对整体模型，读取附加恒荷载 D2、活荷载、风荷载及地震作用组合的楼板应力，然后两者相加，即为考虑楼板后浇后楼板的应力。

4.4.2 小震/100 年一遇风荷载作用下楼板应力分析

该结构在小震/100 年一遇风荷载作用下楼板组合工况见表 4-3。在其余荷载组合包络作用下，腰桁架下弦 29 层楼板的最大主应力分布见图 4-11。将恒荷载产生的应力与其余荷载组合的包络应力相加，部分楼层应力结果汇总于表 4-4。

组合工况 **表 4-3**

组合工况	恒荷载 D1+D2	活荷载 L	风荷载	地震作用
恒荷载+活荷载+风荷载	1.0	0.5	1.0	—
恒荷载+活荷载+地震作用	1.0	0.5	—	1.0
恒荷载+活荷载+风荷载+地震作用	1.0	0.5	0.2	1.0

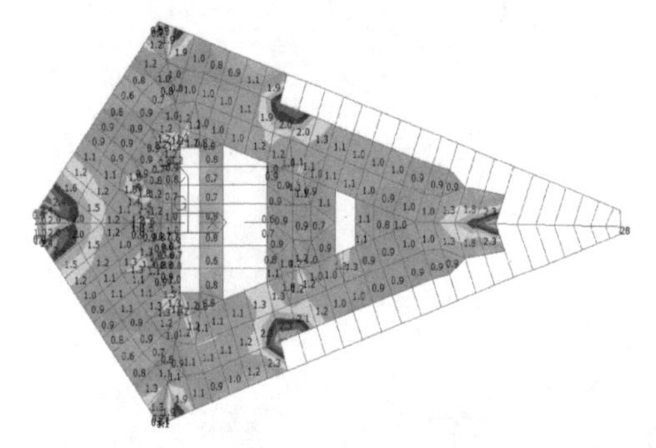

图 4-10 腰桁架下弦（29 层）D1 作用下最大主应力（MPa）

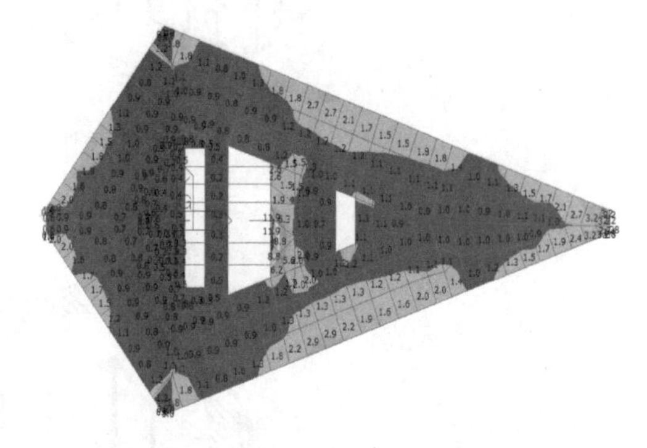

图 4-11 腰桁架下弦（29 层）其余荷载包络作用下最大主应力（MPa）

楼板最大主应力分布（MPa） **表 4-4**

层数	西侧角部	东侧角部	南北侧角部
14	0.8	0.9	1.9
15	1.3	1.2	1.7
16	2.3	1.5	1.9
17	1.2	2.1	1.9
18	0.5	1.4	1.5
28	1.7	1.5	1.5
29	1.9	2.1	1.9
31	1.4	2.3	2.8

由表 4-4 可知，楼板绝大部分区域的最大主应力值小于 C35 混凝土轴心抗拉强度标准值 2.2MPa，部分楼板应力超出 2.2MPa 时，采取加强配筋方案处理。

4.5 混凝土收缩徐变对楼板应力的影响

巨柱与核心筒墙混凝土的徐变，将导致周边柱与斜撑等构件内产生应力，因而于楼板内也将产生相应的水平应力。考虑收缩徐变，按施工顺序逐层生成模型。施工完成 6 年后，由巨柱、核心筒等构件的收缩徐变引起的楼板应力在东西侧角部楼板应力相对较大，但其值小于 0.3MPa。即收缩徐变使东西侧角部楼板应力增大，增大量小于 0.3MPa，可知收缩徐变对楼板应力影响不大。

4.6 楼板配筋设计

结合上述分析和《高层建筑混凝土结构技术规程》JGJ 3—2010[1]、《建筑抗震设计规范》GB 50011—2010[2] 以及参考文献[3]，楼板配筋设计如下（限于篇幅，仅给出 29 层东侧楼板配筋计算结果，见图 4-12 中阴影部分）。

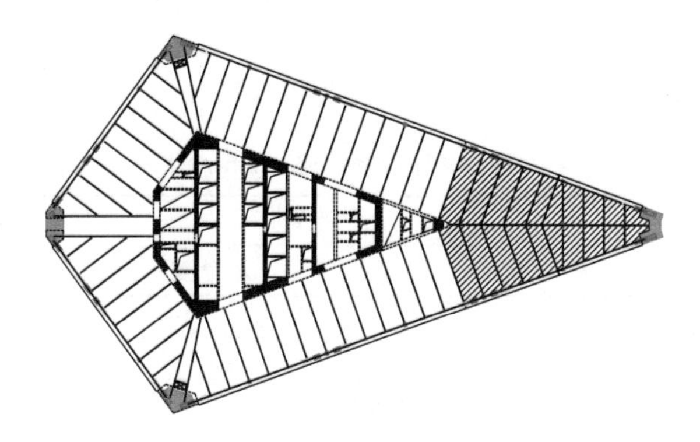

图 4-12 楼板区域划分

(1) 小震/风荷载作用下受拉钢筋弹性。配筋计算结果见表 4-5。

小震/风荷载作用下楼板配筋 (mm^2/m) **表 4-5**

垂直外框梁方向			
项目	自重	小震/风荷载	合计
轴力	84	13	97
弯矩	0	0	0
总配筋			97
平行外框梁方向			
项目	自重	小震/风荷载	合计
轴力	1035	150	1185
弯矩	69	7	76
总配筋			1261

垂直于外框梁方向轴力引起的计算配筋为 $97mm^2/m$，由于楼板与外框梁铰接，不考虑弯矩引起的配筋。平行于外框梁方向轴力引起的计算配筋为 $1185mm^2/m$，弯矩引起的配筋为 $76mm^2/m$，故总配筋为 $1261mm^2/m$。该区域楼板双层双向实配为Φ 14@100 (A_s =

1539mm²/m)，满足要求。

(2) 中震受拉钢筋不屈服。配筋计算结果见表4-6。

中震作用下楼板配筋 (mm²/m) **表 4-6**

垂直外框梁方向			
项目	自重	中震	合计
轴力	74	34	108
总配筋			108
平行外框梁方向			
项目	自重	中震	合计
轴力	914	285	1199
弯矩	61	8	69
总配筋			1268

垂直于外框梁方向轴力引起的计算配筋为108mm²/m。平行于外框梁方向轴力引起的计算配筋为1199mm²/m，弯矩引起的配筋为69mm²/m，故总配筋为1268mm²/m，满足要求。

(3) 大震受拉钢筋不屈服。配筋计算结果见表4-7。

大震作用下楼板配筋 (mm²/m) **表 4-7**

垂直外框梁方向			
项目	自重	大震	合计
轴力	74	71	145
总配筋			145
平行外框梁方向			
项目	自重	大震	合计
轴力	914	546	1460
弯矩	61	16	77
总配筋			1537

垂直于外框梁方向轴力引起的计算配筋为145mm²/m。平行于外框梁方向轴力引起的计算配筋为1460mm²/m，弯矩引起的配筋为77mm²/m，故总配筋为1537mm²/m，满足要求。

4.7 楼板连接设计

核心筒周边楼板大震受剪不屈服。核心筒周边楼板实配钢筋为Φ14@100 (A_s=1539mm²/m)，附加Φ10@100 (A_s=785mm²/m)，双层双向布置。限于篇幅，仅验算东南侧核心筒附近楼板。受剪截面验算：剪力为770kN/m，承载力为936kN/m，满足截面要求。配筋验算：剪力为770kN/m，钢筋受剪承载力为830kN/m，抗剪钢筋满足要求。

楼板与外框梁抗剪栓钉大震受剪不屈服。布置栓钉Φ19@150，限于篇幅，仅验算东南侧楼板与外框梁栓钉抗剪。栓钉抗剪验算：剪力为376kN/m，栓钉受剪承载力为794kN/m，抗剪栓钉满足要求。

5 结论

（1）目前楼板设计时只考虑楼板本身的竖向荷载引起的面外弯矩，而对于带倾斜构件高层建筑结构，在自重作用下楼板需要承担倾斜构件在水平向的分力。由配筋结果可知，由自重引起的配筋量所占的比重还比较大，配筋设计必须考虑。

（2）结合带斜撑巨柱框架-钢筋混凝土核心筒混合结构的华侨城项目，分析了自重作用下斜撑在水平向的拉力引起的楼板应力。给出了“放”“抗”结合的应对措施。对受外推力最大的29层东侧局部楼板进行了配筋计算，并验算了东南侧核心筒周边楼板，以及楼板与外框梁之间大震受剪承载力。

参考文献

［1］住房和城乡建设部．高层建筑混凝土结构技术规程：JGJ 3－2010［S］．北京：中国建筑工业出版社，2010.

［2］住房和城乡建设部．建筑抗震设计规范：GB 50011－2010［S］．北京：中国建筑工业出版社，2010.

［3］魏琏，王森，陈兆荣，等．高层建筑结构在水平荷载作用下的楼板应力分析与设计［J］．建筑结构，2017，47（1）：17-22.

15 平面凹凸不规则高层结构单肢结构受力与变形研究

魏琏，罗嘉骏，王森

（深圳市力鹏工程结构技术有限公司，深圳 518034）

【摘要】 平面凹凸不规则是一种通风及采光良好的建筑平面布置形式。然而，对于平面布置凹凸不规则的高层结构，现行规范的相关规定较为模糊，导致此类布置的结构设计时遇到较多困难。同时，有现实案例表明，此类结构在遭遇台风时，单肢外端反应较大。本文选用实际工程案例，讨论该形式结构的单肢部分变形特性及设计要点，给出设计建议，供结构设计人员参考。

【关键词】 平面凹凸不规则；高层建筑；变形特点；设计建议

1 前言

平面凹凸不规则是当今常见的一种通风及采光良好的建筑平面布置形式。然而，现行规范对其缺少相关规定，导致此类布置的结构设计时遇到较多困难。同时，有现实案例表明，此类结构在遭遇台风时，单肢外端反应较大。本文将选用现实中的工程为例，讨论该形式结构的单肢部分受力变形特性及设计要点。

2 结构的整体分析

本工程案例上部为剪力墙结构，下部 5 层设有转换层，计算模型选取正负零为嵌固端，地面以上 45 层，结构高度 149.1m，首层层高 5.1m，标准层平面简图见图 2-1。

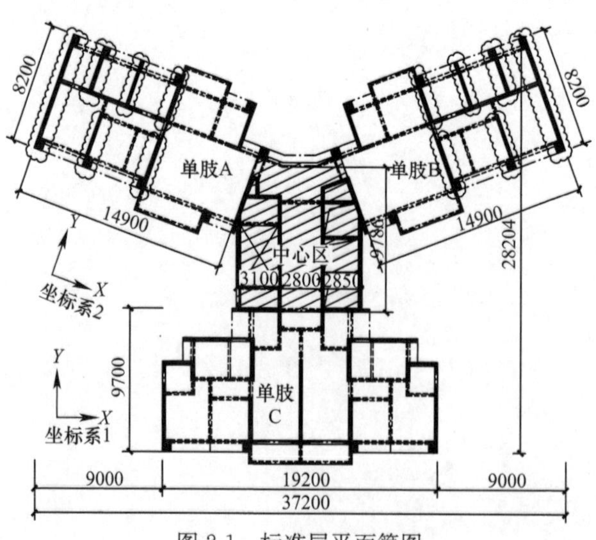

图 2-1 标准层平面简图

本工程所在位置 50 年一遇的基本风压为 0.7kN/m²，地面粗糙度类别为 C 类。风荷载体型系数为 1.4。抗震设防烈度为 7 度，设计基本地震加速度为 0.1g，设计地震分组为第 1 组，场地类别为Ⅱ类。

结构由 A、B、C 三个单肢以及中心区（图 2-1 阴影部分）组成。单肢 A、B 与 X 轴夹角分别为 160°和 20°并沿中心线对称。结构高宽比为 149.1/28=5.3。单肢 A、B 平面尺寸为 8.2m×14.9m，单肢 A、B 高宽比为 149.1/8.2=18.2，长宽比为 14.9/8.2=1.8，连接部位宽度为 6.2m，板厚 0.15m。转换层层高 5.2m，平面简图见图 2-2。

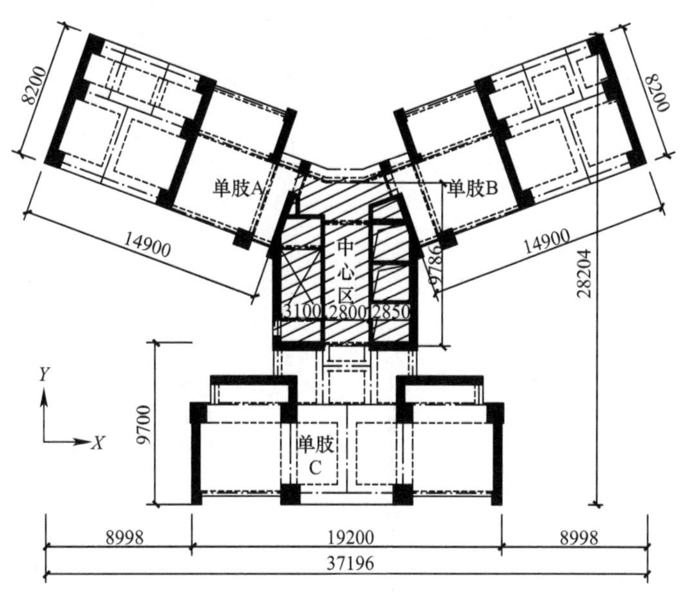

图 2-2　转换层平面简图

主要构件的尺寸及混凝土强度等级见表 2-1。

主要构件尺寸与混凝土强度等级　　**表 2-1**

层号	主要剪力墙		单肢与中心区连接楼板	
	墙厚（mm）	混凝土强度等级	板厚（mm）	混凝土强度等级
1～4	500	C60	150	C30
5（转换层）	500	C60	180	C35
6	300	C60	150	C30
7～15	250	C60	150	C30
16（避难层）	250	C60	150	C30
17～31	200	C50	150	C30
32（避难层）	200	C50	150	C30
33～45	200	C50	150	C30

3　单肢 A 内端 1-1 截面受力特性

3.1　风荷载作用下 1-1 截面受力特性

为了模拟最不利情况，本节中的外力加载方向及内力方向参考图 2-1 中的坐标系 2。

单肢 A（图 3-1 阴影部分）在 $+Y$ 风工况下 1-1 截面的 $+Y$ 向剪力沿层高分布如图 3-2 所示。

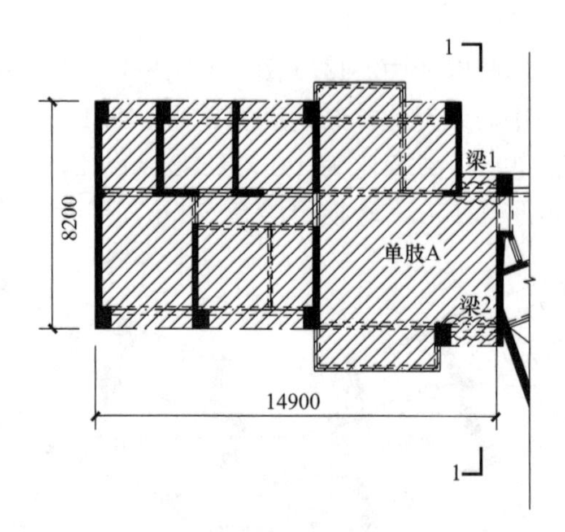

图 3-1 单肢 A（阴影部分）标准层布置图

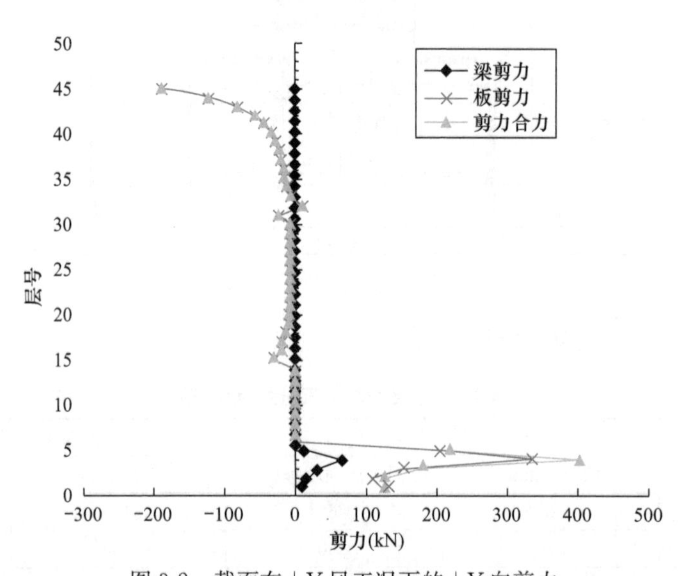

图 3-2 截面在 $+Y$ 风工况下的 $+Y$ 向剪力

由图 3-2 可看出，在 $+Y$ 风工况下，除转换层及以下层外，1-1 截面的梁沿高 $+Y$ 向剪力接近于零，大部分剪力由楼板承担。剪力在顶层（45 层）出现大值，向下迅速衰减，中部楼层的 1-1 截面剪力仅为顶层的 10%～20%。在转换层附近则出现较大的剪力且与外荷载同向。单肢 A 结构顶层的 1-1 截面在此工况下的剪力仅为 200kN 左右，说明单肢 A 独立时刚度较低，1-1 截面无需提供很大的约束剪力，即可将其变形推回并协调中心区结构变形。

3.2 风荷载作用下单肢 A 的 1-1 截面梁受剪情况

图 3-1 中的梁 1、梁 2 的跨高比相对较小，在 $+X$ 风工况下可能会出现较大的沿垂直 Z 轴的剪力，梁 1、梁 2 在 $+X$ 风工况下的 $+Z$ 向剪力沿层高分布如图 3-3 所示。

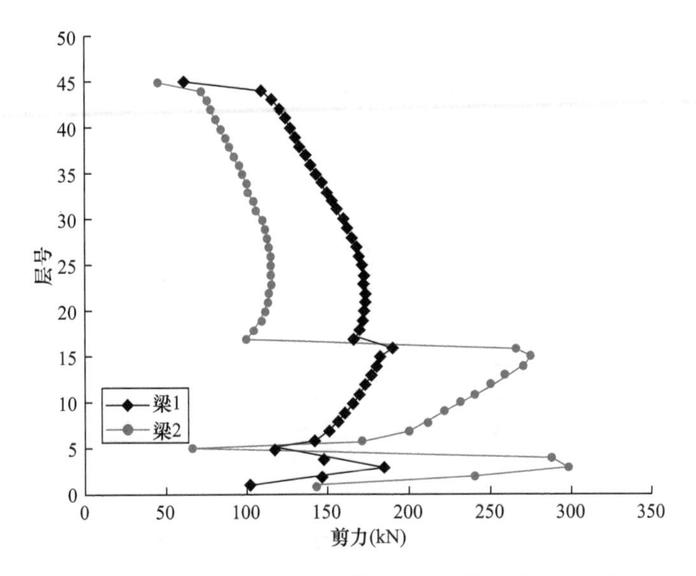

图 3-3 在+X风工况下 1-1 截面梁 1、梁 2 的+Z向剪力

标准层出现的最大剪力值见表 3-1。

在+X风工况下 1-1 截面梁 1、梁 2 的+Z向剪力（kN） **表 3-1**

项次	层号	+X风工况下的剪力	$0.15f_cbh_0$	剪力/$0.15f_cbh_0$
梁 1	16	191.12	405.41	47.14%
梁 2	15	275.23	405.41	67.89%

由表 3-1 可知，梁 1、梁 2 的+Z向剪力最大值分别出现在 15 层及 16 层（避难层）处；+X风单工况下的+Z向剪力已分别达到 $0.15f_cbh_0$ 的 47.14%和 67.89%。说明该处梁是连接单肢与中心区结构共同工作的重要构件，设计时应给予充分关注。

4 单肢伸出长度的不利影响

4.1 加长单肢 A

本节将对单肢 A 进行加长，分析单肢长度对整体结构的影响。加长模型 A、B 的单肢 A 长度分别增大为 22.95m、31.00m。加长部分定位及加长方向如图 4-1 所示。

加长模型与原模型平面布置对比见表 4-1。

加长模型与原模型的自振周期及质量对比见表 4-2。

由表 4-2 可知，加长单肢 A 后，结构周期明显增长。

4.2 加长单肢 A 模型 1-1 截面的受力情况

为了模拟最不利情况，本节中的外荷载及内力方向参照图 2-1 的坐标系 2。加长单肢 A 模型与原模型 1-1 截面的剪力合力对比如图 4-2 所示。

由图 4-2 可知，原模型和两个加长单肢 A 模型的 1-1 截面剪力合力沿层高变化规律相近。剪力合力在45层（顶层）出现大值，向下迅速衰减，中部楼层的1-1截面剪力仅为顶层的10%～20%。在转换层附近出现较大值且与外荷载同向。顶层和第4层的剪力合力数值见表4-3。

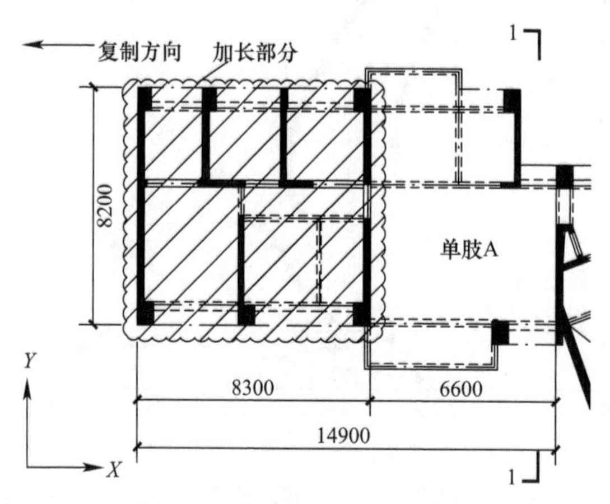

图4-1　单肢A加长部分定位

加长单肢模型与原模型对比　　表4-1

项次	单肢A尺寸		长宽比（与原模型比值）
	长（m）	宽（m）	
原模型	14.90	8.20	1.82
加长模型A	22.95	8.20	2.80（153.85%）
加长模型B	31.00	8.20	3.78（207.69%）

加长模型与原模型的自振周期及质量对比　　表4-2

原模型			
周期（s）	T_1	T_2	T_3
	3.73	3.05	2.91
总质量代表值（t）	38630		
加长模型A			
周期（s）	T_1	T_2	T_3
	3.94	3.27	2.94
自振周期与原模型比值	105.76%	107.30%	101.18%
总质量代表值（t）	43776		
总质量代表值与原模型比值	113%		
加长模型B			
周期（s）	T_1	T_2	T_3
	4.30	3.24	2.94
自振周期与原模型比值	115.23%	106.38%	100.91%
总质量代表值（t）	49028		
总质量代表值与原模型比值	127%		

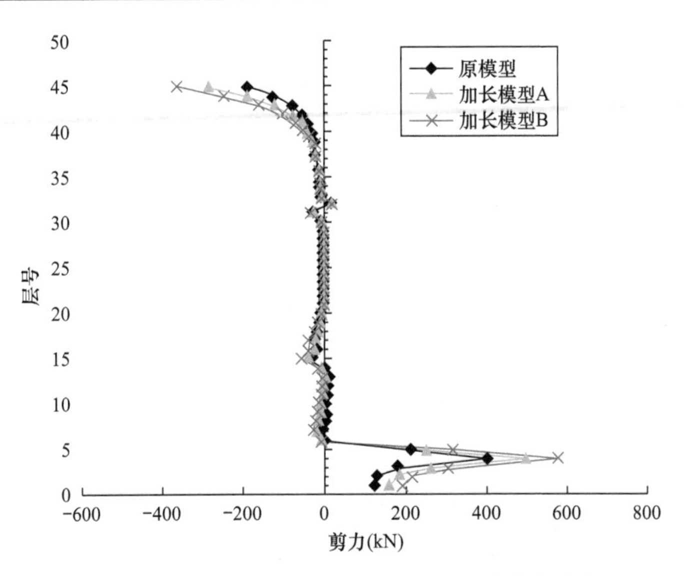

图 4-2 1-1 截面在+Y 风工况下的+Y 向剪力合力

加长单肢 A 模型与原模型的 1-1 截面剪力合力对比 表 4-3

+Y 风工况下顶层 1-1 截面剪力合力（kN）			
项次	原模型	加长模型 A	加长模型 B
+Y 向剪力	−191.16	−285.50	−359.19
与原模型比值	—	149.35%	187.90%
+Y 风工况下第 4 层 1-1 截面剪力合力（kN）			
项次	原模型	加长模型 A	加长模型 B
+Y 向剪力	402.81	500.73	581.21
与原模型比值	—	124.31%	144.29%

对于顶层 1-1 截面的剪力合力，在对原模型的单肢 A 加长一跨后（加长模型 A），增长至原模型的 149.35%，加长两跨后（加长模型 B）则为原模型的 187.90%。对于第 4 层 1-1 截面的剪力合力，在对原模型的单肢 A 加长一跨后（加长模型 A），增长至原模型的 124.31%，加长两跨后（加长模型 B）则为原模型的 144.29%。由此可知，1-1 截面受到的剪力会随着单肢 A 的加长而明显增大。

4.3 加长单肢 A 模型的位移情况

为了模拟最不利情况，本节中的外荷载及内力方向参照图 2-1 的坐标系 2。加长单肢 A 模型与原模型的最大层位移对比如图 4-3 所示。

加长单肢 A 模型与原模型顶层位移对比见表 4-4。

对于加长模型 A，Y 向顶层最大层位移增加 153.25%，其自身的最大层位移与质心位移的比值增大了约 23%，扭转变形也更为明显。对于加长模型 B，弱方向 Y 向顶层最大层位移增加 208.51%，其自身的最大层位移与质心位移的比值增大了约 37%。由此可知，弱方向 Y 向的顶层最大层位移及最大层位移与质心位移的比值随着单肢 A 的加长而急剧增大，这对于结构顶层单肢外端的舒适度显然是不利的。

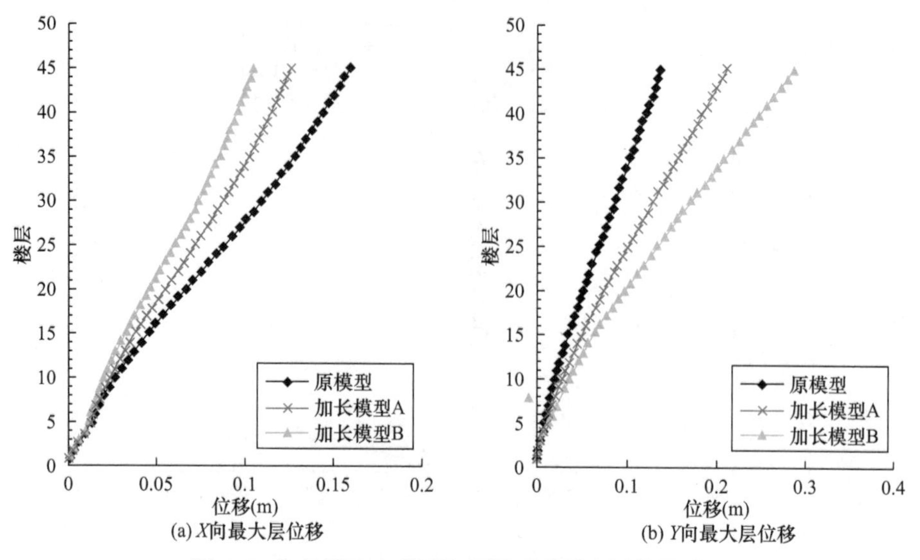

图 4-3　加长单肢 A 模型与原模型的最大层位移对比

加长单肢 A 模型与原模型顶层位移对比　　**表 4-4**

X 向风工况			
顶层 X 向位移	最大层位移（m）	质心位移（m）	最大层位移/质心位移
原模型	0.159	0.145	110.05%
加长模型 A（与原模型比值）	0.125（78.64%）	0.116（80.30%）	107.77%
加长模型 B（与原模型比值）	0.105（65.99%）	0.092（63.63%）	104.38%
Y 向风工况			
顶层 Y 向位移	最大层位移（m）	质心位移（m）	最大层位移/质心位移
原模型	0.137	0.115	119.72%
加长模型 A（与原模型比值）	0.210（153.25%）	0.148（128.69%）	142.56%
加长模型 B（与原模型比值）	0.286（208.51%）	0.184（160.37%）	156.28%

5　不同的外荷载形式对单肢的影响

5.1　局部风荷载模型概述

仅局部有风荷载时，由于单肢 A 要协调中心区的变形，连接处的受力和顶点位移或会出现更不利的影响。局部风荷载模型如图 5-1 所示。

局部风荷载模型与原模型风荷载加载方式对比见表 5-1。

5.2　局部风荷载模型单肢 A 的 1-1 截面受力情况

为模拟最不利情况，本节中的外荷载及内力方向参照图 5-1 的坐标系。局部风荷载模型与原模型的 1-1 截面剪力合力对比如图 5-2 所示。

由图 5-2 可知，原模型和局部风荷载模型 A 的 1-1 截面剪力合力沿层高分布特征相近。剪力在 45 层（顶层）出现大值，向下迅速衰减。在转换层附近出现较大值且与外荷载同向。风荷载模型 B 的 1-1 截面剪力在顶层则未出现明显大值。

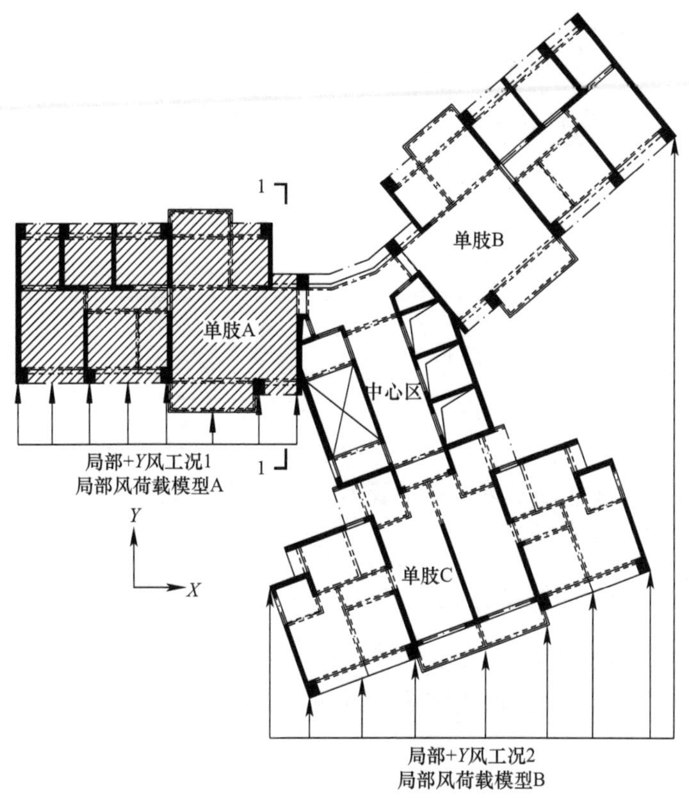

图 5-1　局部风荷载模型示意

局部风荷载模型与原模型对比　　　　表 5-1

项次	工况名称	描述
原模型	＋Y 风工况	正常加载风荷载
局部风荷载模型 A	局部＋Y 风工况 1	单肢 A 有风荷载
局部风荷载模型 B	局部＋Y 风工况 2	单肢 B、C 及中心区有风荷载

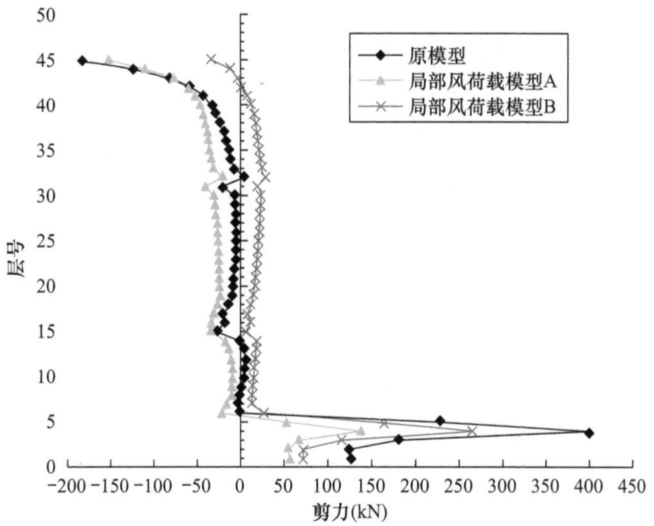

图 5-2　局部风荷载模型与原模型 1-1 截面在＋Y 风工况下的＋Y 向剪力合力对比

比起原模型，局部风荷载模型A、B在中间楼层的1-1截面剪力合力有所增大，但顶层及第4层的剪力合力小于原模型。顶层和第4层的剪力合力对比见表5-2。

局部风荷载模型与原模型的1-1截面剪力合力对比 **表5-2**

+Y风工况下顶层1-1截面剪力合力（kN）			
项次	原模型	局部风荷载模型A	局部风荷载模型B
+Y向剪力	−191.16	−152.97	−33.99
与原模型比值	—	80.02%	17.78%
+Y风工况下第4层1-1截面剪力合力（kN）			
项次	原模型	局部风荷载模型A	局部风荷载模型B
+Y向剪力	402.81	136.23	265.95
与原模型比值	—	33.82%	66.02%

由表5-2可知，对于顶层及第4层单肢A的1-1截面的剪力合力，两个局部风荷载模型皆未出现比原模型更大的值。

5.3 局部风荷载模型与原模型的位移比较

局部风荷载模型与原模型在+Y风工况下的+Y向最大层位移对比如图5-3所示。

局部风荷载模型与原模型的顶层位移对比见表5-3。

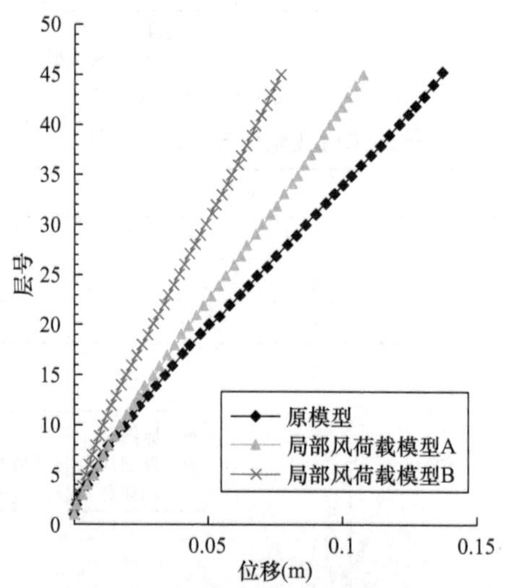

图5-3 局部风荷载模型与原模型的+Y向最大层位移对比

局部风荷载模型与原模型的顶层位移对比 **表5-3**

Y向风工况			
顶层Y向位移	最大层位移（m）	质心位移（m）	最大层位移/质心位移
原模型	0.137	0.115	119.72%
局部风荷载模型A（与原模型比值）	0.077（56.20%）	0.029（25.22%）	265.52%
局部风荷载模型B（与原模型比值）	0.108（78.83%）	0.085（73.91%）	127.06%

由表 5-3 可知，对比原模型，两个局部风荷载模型的顶层最大层位移皆有大幅减小；顶层最大层位移/质心位移比值皆有所增大。特别是局部风荷载模型 A，其最大层位移/质心位移比值达到了 265.52%。

6 单肢剪力墙厚度对结构的影响

6.1 加厚单肢剪力墙模型概述

本节将针对单肢 A、B 的特定位置剪力墙的墙厚来比较单肢墙厚对结构位移及扭转的影响。加厚剪力墙位置如图 6-1 所示。

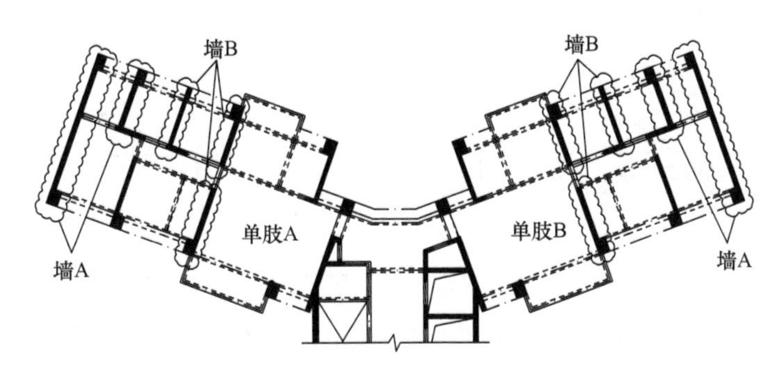

图 6-1 加厚剪力墙 A、B 定位示意

加厚剪力墙模型与原模型平面布置对比见表 6-1。

加厚剪力墙模型与原模型对比 **表 6-1**

项次	墙 A 厚度（mm）	
层号	原模型	加厚剪力墙模型 A（仅加厚墙 A）
1～4	500	500
5	500	500
6	300	500
7～15	250	500
16	250	500
17～45	200	500
项次	墙 B 厚度（mm）	
层号	原模型	加厚剪力墙模型 B（仅加厚墙 B）
1～4	500	500
5	500	500
6	300	500
7～15	250	500
16	250	500
17～45	200	500

加厚剪力墙模型增加了 6～45 层的墙厚，原模型与加厚剪力墙模型的自振周期及质量对比见表 6-2。

原模型与加厚剪力墙模型的自振周期及质量对比 **表 6-2**

原模型			
周期（s）	T_1	T_2	T_3
	3.73	3.05	2.91
总质量代表值（t）	38630		
加厚剪力墙模型 A			
周期（s）	T_1	T_2	T_3
	3.81	3.11	2.97
自振周期与原模型比值	102.02%	101.95%	102.03%
总质量代表值（t）	40818		
总质量代表值与原模型比值	105.66%		
加厚剪力墙模型 B			
周期（s）	T_1	T_2	T_3
	3.66	3.07	2.93
自振周期与原模型比值	98.12%	100.67%	100.52%
总质量代表值（t）	40584		
总质量代表值与原模型比值	105.06%		

由表 6-2 可知，在加厚单肢 A、B 的剪力墙后，加厚剪力墙模型 A 与加厚剪力墙模型 B 质量皆比原模型大约 5%。加厚剪力墙模型 A 的自振周期与原模型相比略有增大，而加厚剪力墙模型 B 的自振周期与原模型相比则变化幅度很小，总体看来，对结构周期影响不大。

6.2 加厚剪力墙模型单肢 A 的 1-1 截面受力情况

加厚剪力墙模型与原模型的 1-1 截面剪力合力对比如图 6-2 所示。

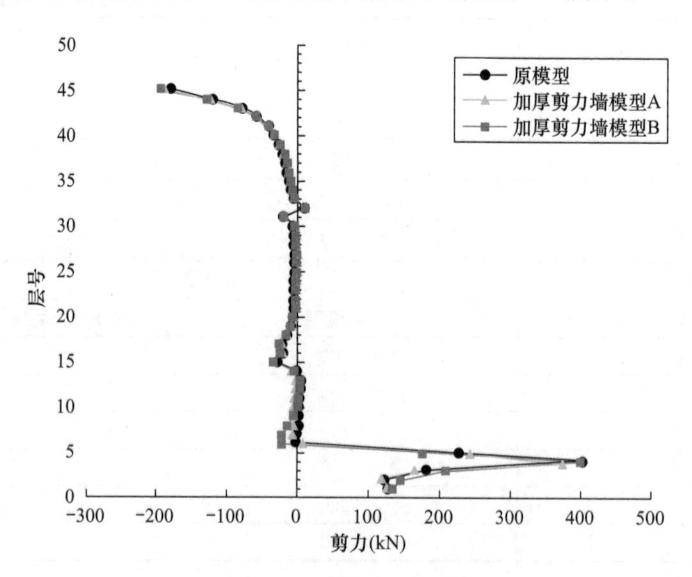

图 6-2 加厚剪力墙模型与原模型 1-1 截面在 +Y 风工况下的 +Y 向剪力合力对比

由图 6-2 可知，原模型和两个加厚剪力墙模型的 1-1 截面剪力合力沿层高分布特征相近。剪力在 45 层（顶层）出现大值，向下迅速衰减。在转换层附近出现较大值且与外荷载同向。顶层和第 4 层的剪力合力对比见表 6-3。

加厚剪力墙模型与原模型 1-1 截面剪力合力对比　　表 6-3

+Y 风工况下顶层 1-1 截面剪力合力（kN）			
项次	原模型	加厚剪力墙模型 A	加厚剪力墙模型 B
+Y 向剪力	−191.16	−192.79	−196.43
与原模型比值	—	100.85%	102.76%
+Y 风工况下第 4 层 1-1 截面剪力合力（kN）			
项次	原模型	加厚剪力墙模型 A	加厚剪力墙模型 B
+Y 向剪力	402.81	373.93	401.35
与原模型比值	—	92.83%	99.64%

对于顶层 1-1 截面的剪力合力，加厚剪力墙模型 A、B 皆出现小幅增长。对于第 4 层 1-1 截面的剪力合力，加厚剪力墙模型 A、B 皆略小于原模型。综上，本节中的加厚剪力墙模型 1-1 截面的剪力与原模型相比没有明显差别。

6.3 加厚剪力墙模型的位移与原模型的比较

为了模拟最不利情况，本节中的外荷载及内力方向参照图 2-1 的坐标系 2。加厚剪力墙模型与原模型的最大层位移对比如图 6-3 所示。

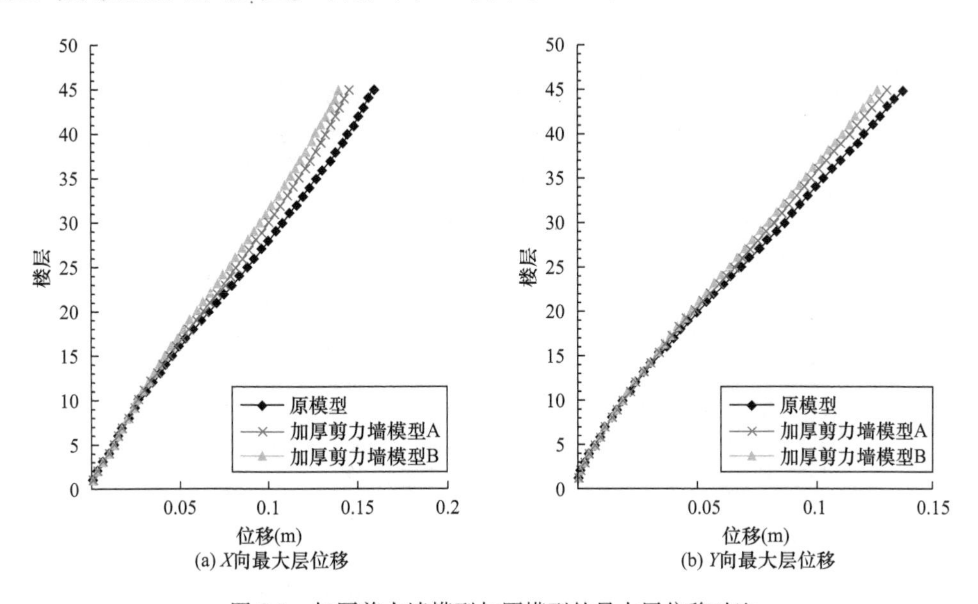

图 6-3　加厚剪力墙模型与原模型的最大层位移对比

加厚剪力墙模型与原模型顶层位移对比见表 6-4。

由表 6-4 可知，对比原模型，两个加厚剪力墙模型的顶点位移、顶层最大层位移/质心位移比值皆略有减小。加厚剪力墙模型 B 的减小幅度略大于模型 A。

加厚剪力墙模型与原模型顶层位移对比　　表 6-4

+X 向风工况			
顶层 X 向位移	最大层位移（m）	质心位移（m）	最大层位移/质心位移
原模型	0.159	0.145	110.05%
加厚剪力墙模型 A （与原模型比值）	0.146 (91.72%)	0.134 (92.37%)	108.88%
加厚剪力墙模型 B （与原模型比值）	0.140 (87.95%)	0.129 (89.18%)	107.14%
+Y 向风工况			
顶层 Y 向位移	最大层位移（m）	质心位移（m）	最大层位移/质心位移
原模型	0.137	0.115	119.72%
加厚剪力墙模型 A （与原模型比值）	0.130 (95.03%)	0.111 (96.55%)	117.25%
加厚剪力墙模型 B （与原模型比值）	0.127 (92.09%)	0.109 (94.25%)	116.40%

7　单肢内端楼板的应力分布

对于单肢 A，由以上不同的对比模型可知，楼板的最大面内剪应力都出现在顶层。为了模拟最不利情况，本节中的外荷载及内力方向参照图 2-1 的坐标系 2。单肢 A 顶层楼板在+Y 风工况作用下的 XY 平面剪应力云图如图 7-1 所示。

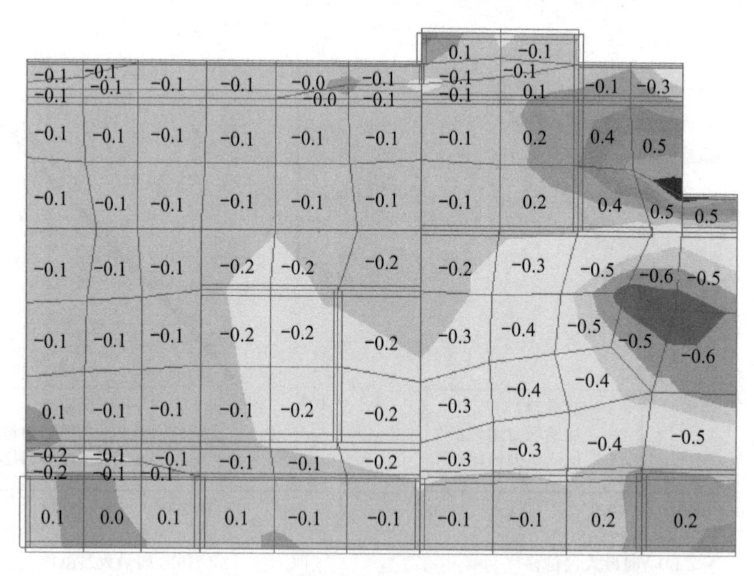

图 7-1　+Y 风工况作用下单肢 A 顶层楼板 XY 平面内的板单元节点平均剪应力云图（MPa）

由图 7-1 及结合图 2-2 可看出，在+Y 风工况作用下单肢 A 楼板的面内剪应力在单肢 A 内端（1-1 截面）附近出现最大值，且向外端逐渐减小。对于单肢内端，剪应力集中出现在柱、剪力墙开洞边缘处，设计时应重点验算。

8 结语

（1）单肢内端截面（1-1 截面）的面内剪力沿高分布特点为：顶层出现最大值，向下迅速衰减，中部楼层很小，转换层附近再次出现较大值，设计时应沿楼层分段验算其受剪承载力。

（2）单肢内端与中心区连接处 1-1 截面梁的 $+Z$ 向剪力较大，设计时应对其刚度、承载力及延性要求给予关注。

（3）单肢 A 的长宽比的增大会对结构位移产生明显不利影响。顶层位移、最大层位移与质心位移的比值、单肢内端截面的剪力随着单肢 A 的长宽比增大呈近似线性。对结构单肢外端顶层的舒适度颇为不利。

（4）模型仅单肢 A 区域加载风荷载时，顶层及第 4 层并未出现大于原模型的控制剪力，但是在中间楼层出现了比原模型大的面内剪力，设计时需考虑中间楼层的包络值。同时，最大层位移/质心位移比值皆有所增大，说明结构扭转更为明显。

（5）加厚单肢 A 的剪力墙后，位移、最大层位移/质心位移比值略有减小。

（6）对于单肢 A，由不同的对比模型可知，楼板的最大面内剪应力都出现在顶层，剪应力集中出现在单肢内端与中心区连接处的柱、剪力墙开洞边缘处。

（7）转换层及附近楼层的楼板、剪力墙受力明显大于其他楼层，设计时应对其承载能力进行验算。

16 空心楼板楼盖超限高层建筑结构设计

王森，魏琏，孙仁范，许璇
（深圳市力鹏工程结构技术有限公司，深圳 518034）

【摘要】 空心楼板具有良好的隔声、隔热性能，可有效增加建筑净高，过往常在多层建筑及地下室中采用。由于建筑使用功能需要，应用于高层建筑时需要考虑其在风荷载及地震作用下的受力性能，采取较为精确的有限元计算模型，并采取可靠的配筋构造措施。文中对采用空心楼盖结构的两个超高层办公建筑案例进行了详细的介绍，可供设计者参考。
【关键词】 超高层建筑；框架-核心筒结构；空心楼盖；有限元分析

1 前言

近年来由于建筑使用功能需要，人们对楼盖结构的要求越来越高，如楼盖振动小、隔声性能好等，此外，人们希望在满足使用舒适度条件下，尽可能增加室内净高。以往多在厂房、建筑地下室、多层建筑或底部裙房中使用的空心楼盖结构被业主和建筑师提到，希望能在高层、超高层建筑中应用。显而易见，在高层建筑中采用空心楼盖结构，除了要考虑其竖向荷载作用下的受力情况外，还应特别关注其在水平荷载作用下的受力特点，确保整体结构及楼盖结构在地震作用下的抗震安全性，并根据其受力特点采取相应的构造措施。本文就这一问题展开论述，并给出相应的工程设计案例。

2 空心楼盖的应用

空心楼盖在厂房、建筑地下室、多层建筑及裙房建筑中使用较多，这种楼盖结构可以较好地解决大跨度、大空间对建筑净高的需求与梁板楼盖结构高度的矛盾，具有较好的经济效益和社会效益。空心楼板结构适应建筑发展的需要，是继普通梁板、密肋楼板、无粘结预应力平板、普通无梁楼板后的一种楼盖结构体系。与普通梁板体系相比，空心楼板能提供更为开阔、美观的空间，有效增加楼层净高，且具有良好的隔声、隔热性能。

3 在高层建筑中应用需要考虑的问题

在高层建筑中使用空心楼盖时，楼盖结构作为连系竖向墙柱的水平构件，不仅起到传递竖向荷载至竖向构件的作用，同时还传递水平作用至周边竖向构件，协调墙柱变形。

空心楼盖刚度对整体结构的侧向刚度有一定影响。楼盖刚度分为面内刚度和面外刚度，面内刚度对传递墙柱间水平变形，如水平轴向变形和水平剪切变形有影响，面外刚度对楼板在竖向荷载作用下的挠度、楼板的受弯、受剪承载力有影响。

在高层建筑中，将无梁大板中楼板截面中部的部分混凝土用空心管代替，减轻楼盖结构自重，对减小高层建筑地震作用，降低竖向墙柱及基础的负荷有重要作用，楼板截面中部空心对其受弯承载能力影响微小，但对其抗剪、抗冲切能力有一定影响，因此在楼盖支座处，如墙边、柱周边、框架梁边的楼板应根据受力需要减小空心面积，甚至取消空心，采用实心楼板，如受力需要，还可以考虑在这些位置适当加厚楼板。

4 空心楼板的模拟方法

对于仅需考虑竖向荷载的地下室、多层及裙房建筑楼盖，设计时可根据《现浇混凝土空心楼盖技术规程》[1] JGJ/T 268—2012（以下简称《空心楼盖规程》）提供的拟板法、拟梁法、经验系数法或等代框架法计算楼盖的内力。《空心楼盖规程》第 5.1.6 条规定，“承受地震及风荷载作用的柱支承、柔性支承及混合支承现浇混凝土空心楼盖，宜采用等代框架法计算。”对于高层建筑，其抗侧力构件主要是剪力墙或核心筒，其中的空心楼盖显然不属于该条中提及的柱支承、柔性支承及混合支承楼盖。因此，现行规范中并没有高层建筑使用空心楼盖的相关技术规定。

空心楼盖作为无梁楼盖的一种，应按空心楼板考虑楼板结构自重和楼板的刚度。现有的空心楼板结构体系一般在柱上板带设置刚度较大的暗梁，与普通无梁楼板体系相比，其在水平荷载和竖向荷载作用下的结构受力性能及变形特点有较大的不同。目前，空心楼板结构体系在工程设计中主要通过板带划分将其简化为主次梁结构，即柱上板带按等刚度折算成框架梁，跨中板带简化为若干根次梁，然后根据该结构体系在水平荷载及竖向荷载作用下的计算结果对原结构进行设计。该设计方法在计算概念及参数选取上与实际情况存在一定差别，且计算结果往往明显偏大，在工程实践中难以推广。

为了更准确地模拟高层建筑中的空心楼盖，准确计算其在竖向荷载和水平荷载作用下的刚度、变形及内力，并根据相应结果进行截面验算和配筋，可考虑采用实体元模型，但在实际工程应用中，由于实体元建模单元数量巨大且极其复杂，计算分析耗时较长，计算结果较难落实到构件内力设计上。考虑到空心楼板沿布管方向和垂直布管方向的刚度不同，建议采用由不同方向布置的板单元组合成的三维模型来模拟空心板。

5 空心楼盖结构的构造加强措施

空心楼盖除满足竖向荷载作用下的变形、裂缝及舒适度要求外，还应根据楼盖结构受力特点及结构的超限情况，合理确定空心楼盖在小、中、大震作用下的抗震性能目标。

根据合理模型求得的楼盖结构内力进行截面验算和配筋计算，一般要在框架柱边、剪力墙边及框架梁边设置一定宽度的实心区，有时尚需根据计算结果在实心区和标准空心区设置过渡区，或在框架柱边或剪力墙边根据计算需要设置一定宽度和厚度的加腋区。

空心楼板通常在楼板顶、底配置间距不大于 200mm 的双向钢筋，在楼板支座边的顶部或跨中底部根据计算需要附加配筋。

考虑到高层建筑空心楼盖承担水平地震作用，楼板支座钢筋锚入支承柱、墙或框架梁的构造应满足相应结构框架抗震等级的构造要求。

深圳市工程建设标准《高层建筑混凝土结构技术规程》[2] SJG 98—2021（以下简称

《深圳高规》）第7.7.8条对采用无梁空心楼盖的框架-核心筒结构有如下规定：“当核心筒与外框架间采用无梁空心楼盖结构时，楼盖除考虑竖向荷载作用外，尚应考虑水平风荷载及地震作用对楼盖进行设计验算和配筋构造，满足性能目标要求。楼板钢筋在支座处的锚固长度应按相应框架抗震等级的钢筋抗震锚固长度要求确定。”

6 工程案例一

6.1 基本情况

深圳市政协联谊大厦位于深圳市深南大道以南，香蜜湖路以东，地下4层，地面以上分为主楼和附楼，其中主楼为高161.8m的41层办公大楼，附楼为高约100m的31层建筑。根据建筑功能要求并结合结构受力的需要，利用电梯井、楼梯间设置核心筒剪力墙，外围设置框架柱，形成钢筋混凝土框架-核心筒结构。在设计中为了减小柱截面尺寸，同时保证底部楼层框架柱（含斜柱楼层）的抗震延性，在8层及以下楼层框架柱采用型钢混凝土柱。外框柱由型钢混凝土柱过渡到普通钢筋混凝土柱后，通过设置钢筋芯柱及密箍等措施，以最大限度地减小柱断面，增加建筑有效使用面积。

工程于2002年完成施工图设计，主楼施工至15层时由于建设单位对于15层以上建筑净高有要求，希望将原有梁板楼盖的结构高度降低，以增加建筑使用净高，对主楼15层以上楼盖采用空心板楼盖结构。

6.2 整体结构分析及梁柱墙构件的复核

原有结构从下部至结构顶部各层楼盖均采用内外框梁。调整设计后，15层以上楼盖内框梁取消，改为一定厚度的空心楼盖，以减小结构高度，同时保证结构构件承载力满足要求。

为了分析15层以上采用空心楼盖对结构抗侧能力的影响，分别就原有结构以及15层以上采用空心楼盖后结构的周期、水平风荷载、地震作用下的位移采用SATWE和ETABS软件进行整体分析。计算结果表明，结构的刚度有一定减小，楼层的最大层间位移角有一定增加，但X向风荷载作用下最大层间位移角为1/850，较规范限值1/750有一定富余。

设计时对15层以上采用空心楼盖的结构方案进行了竖向构件和框架梁的配筋验算，限于当时的软件计算水平，空心楼板用弹性壳元模拟，采用等效方法模拟材料和刚度特性。除了对整体结构进行风荷载、小震作用下的承载力分析外，还对结构进行中震作用下的屈服判别分析，采用Perform-3D软件对结构进行了大震作用下的弹塑性时程分析，确保主体结构的抗震安全性。

6.3 空心楼盖结构的布置

标准层结构空心板布置如图6-1所示，其中板厚取350mm，空心管直径取250mm。沿空心管布置方向上，空心管之间净距取50mm；垂直于空心管布置方向上：空心管之间接头净距取200mm，如图6-2所示；空心管长度随位置的不同而略有变化。由于在筒体四角位置存在一定的应力集中，在该范围可设置实心板。经计算，按上述方法布置空心管，空心板的空心率约为 35%（包括空心管之间的肋、筒体四角实心区）。

研究表明，空心板在两个方向的刚度差别一般在 10%以内，空心板可近似按各向同性板计算。在进行空心板的有限元分析时，空心板采用壳元模拟，板厚取实际板厚 350mm。由于壳元均为实心的，可通过调整壳元材料的密度 ρ、弹性模量 E、剪切模量 G，使之与所模拟的空心板等效。

6.4 竖向荷载作用下空心楼盖结构的内力

采用 ADAPT-FLOOR 及 ETABS 软件计算所得竖向设计荷载作用下（1.2 恒荷载＋1.4 活荷载），空心板的两个方向弯矩分布、剪力分布、变形分别如图 6-3～图 6-7 所示。结果显示两个程序计算所得空心板的弯矩、剪力分布规律及量值基本一致。

从图 6-3、图 6-4 可以看出，空心板在筒体支座处的负弯矩较大，且筒体角部区域存在明显的弯矩集中；在边梁支座处的负弯矩较小，表明边梁可近似看作空心板的简支支座；空心板在跨中位置的正弯矩最大。从整体上看，空心板在以筒体为支座的区域呈现单向受力的特点，在结构四角区域呈现双向受力的特点。空心板在筒体支座处最大负弯矩约为 230kN・m/m；在筒体角部区域最大弯矩约为 350kN・m/m。空心板沿筒体支座全截面的弯矩平均值约为 105kN・m/m。空心板跨中最大正弯矩约为 90kN・m/m。根据空心板弯矩分布规律，并考虑到空心管的布置，空心板纵筋配筋方案可采用板面、板底通长钢筋，间距相同，局部弯矩较大处可采用局部加强配筋。

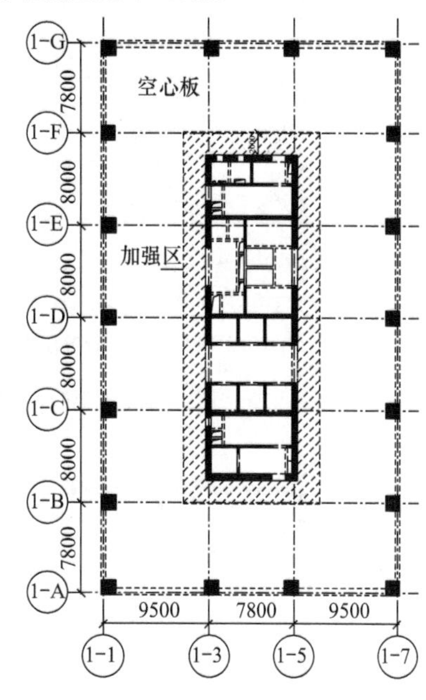

图 6-1　空心楼盖结构布置示意

从图 6-5、图 6-6 可以看出，空心板的剪力分布规律与弯矩分布规律基本一致，即在筒体支座处的剪力较大，且筒体角部区域存在明显的剪力集中；在边梁支座处剪力较小。空心板在筒体支座处最大剪力约为 130kN/m；在筒体角部区域最大剪力约为 260kN/m。空心板沿筒体支座全截面的剪力平均值约为 65kN/m。可见，竖向设计荷载作用下，空心板在筒体支座处的剪力较大，在筒体四角存在剪力集中，其余位置剪力较小。因此，在筒体附近，宜缩小空心管管径，增加空心管之间肋的宽度，并适当加强肋的抗剪钢筋的配置。在筒体四角处可设置一定宽度的实心区域。

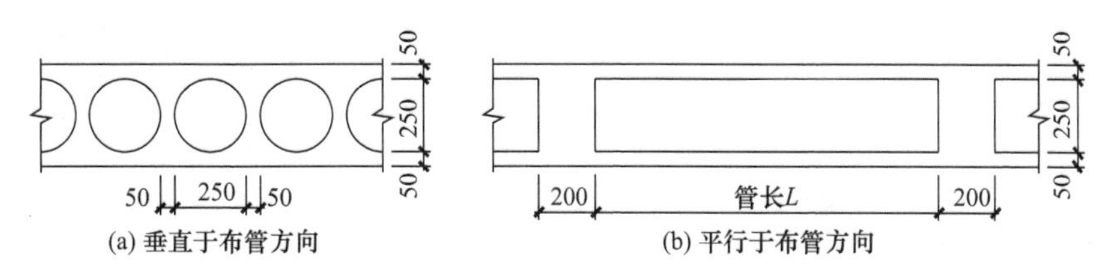

图 6-2　空心管截面示意

从图 6-7 可以看出，竖向设计荷载作用下，空心板的最大挠度在结构四角的跨中区域，最大挠度约为 13mm，满足规范要求。

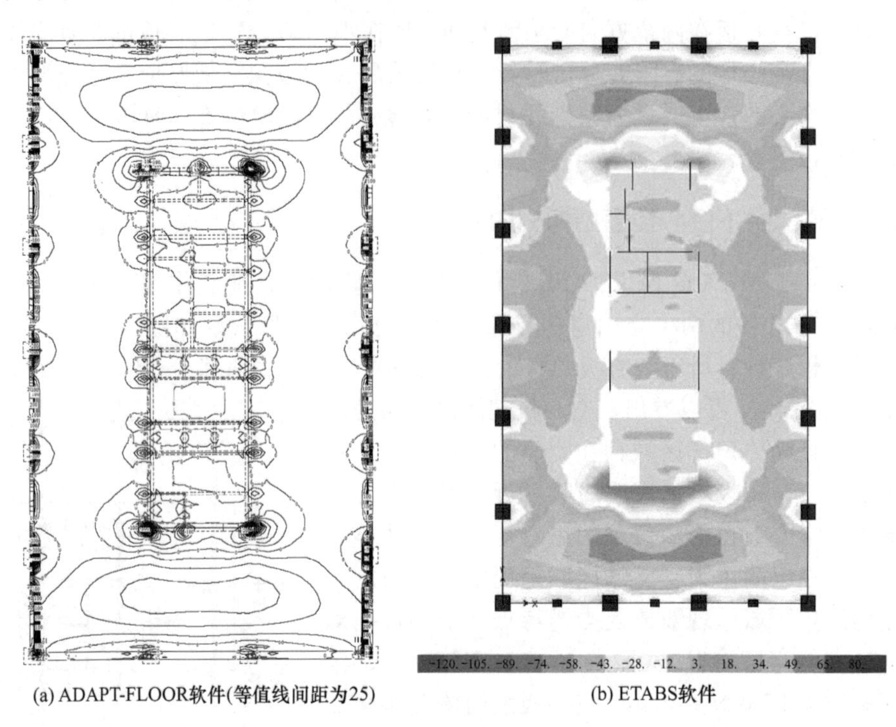

(a) ADAPT-FLOOR软件(等值线间距为25)　　(b) ETABS软件

图 6-3　竖向设计荷载作用下空心板 M_x 分布（kN·m/m）

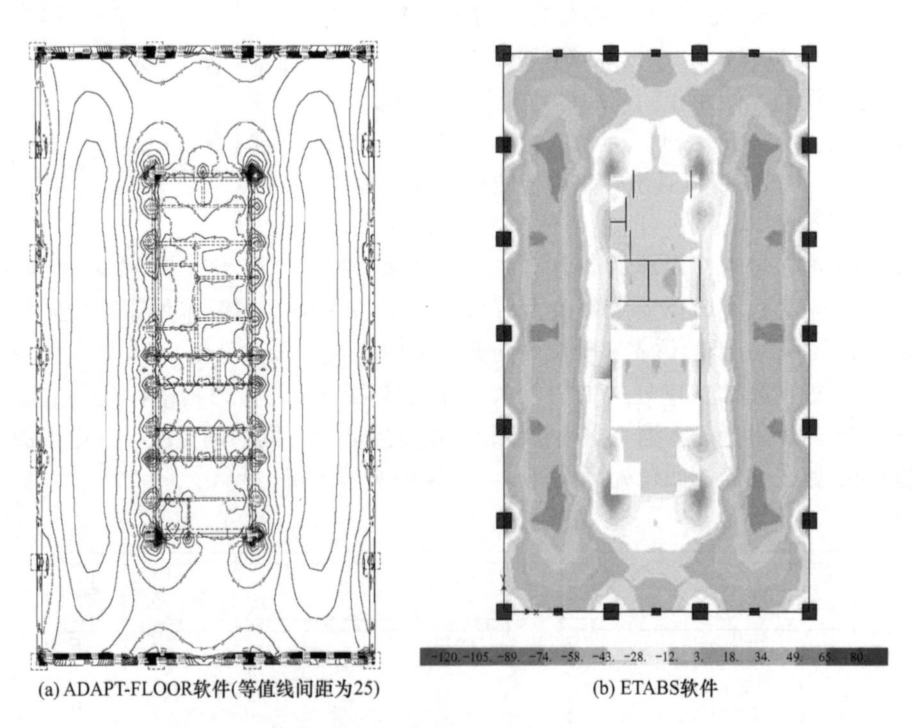

(a) ADAPT-FLOOR软件(等值线间距为25)　　(b) ETABS软件

图 6-4　竖向设计荷载作用下空心板 M_y 分布（kN·m/m）

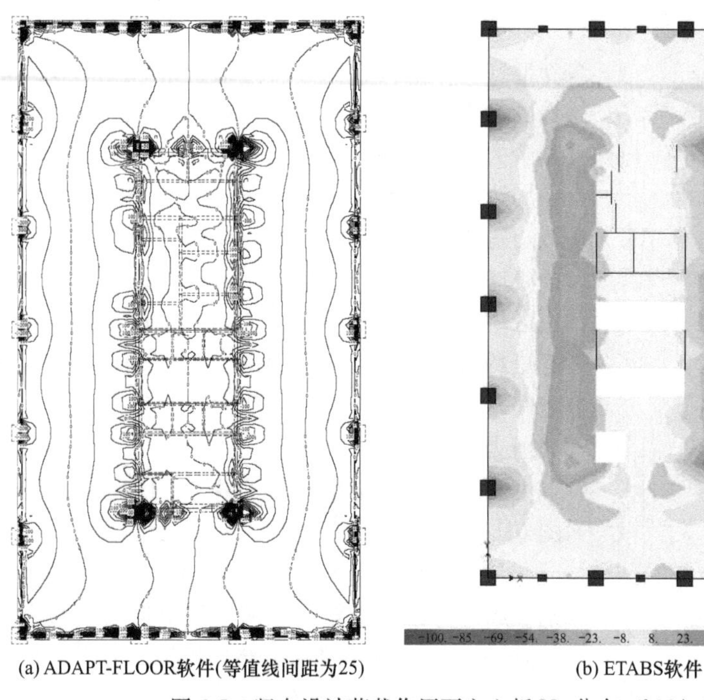

(a) ADAPT-FLOOR软件(等值线间距为25)　　(b) ETABS软件

图 6-5　竖向设计荷载作用下空心板 V_x 分布（kN/m）

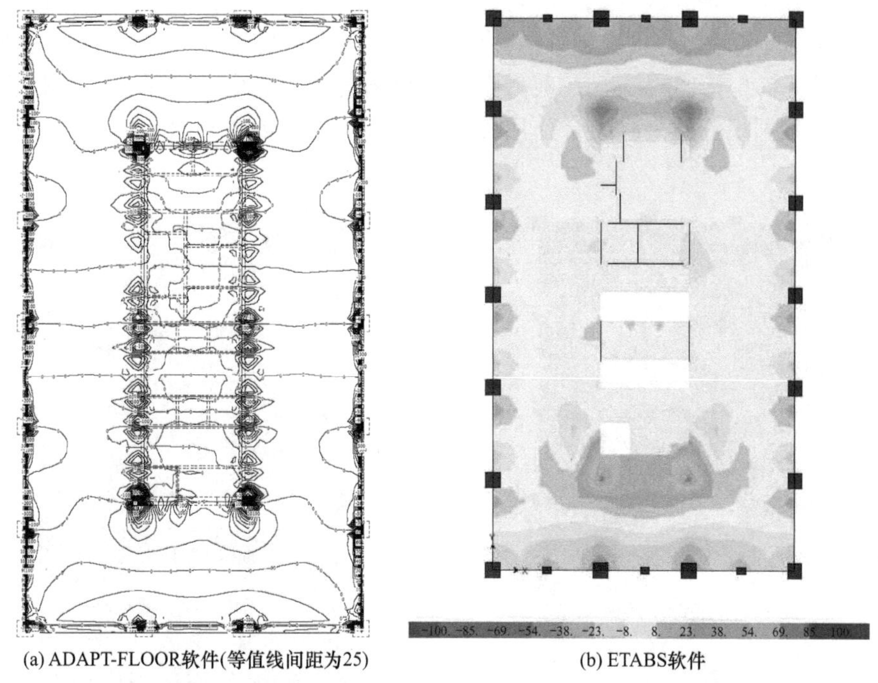

(a) ADAPT-FLOOR软件(等值线间距为25)　　(b) ETABS软件

图 6-6　竖向设计荷载作用下空心板 V_y 分布（kN/m）

6.5　水平荷载作用下空心楼盖结构的内力

采用 ETABS 软件建立整体分析模型，对楼板在水平风荷载及地震作用下的内力进行分析。风荷载作用下标准层空心楼盖的内力结果如图 6-8、图 6-9 所示。

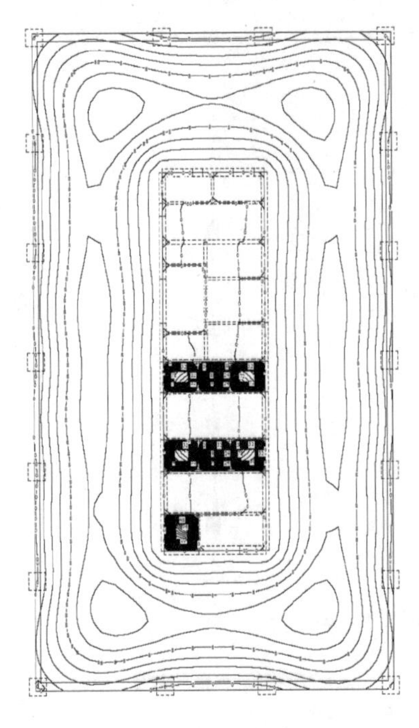

图 6-7　竖向设计荷载作用下空心板 D_z 分布（mm）（等值线间距为 2）

从图 6-8、图 6-9 可以看出，X 向风荷载作用下，外框柱周边板带和核心筒周围板带的弯矩较大，每单位长度最大负弯矩约 90kN・m，最大正弯矩约 70kN・m，其余大部分区域弯矩值在－50～50kN・m 之间；外框柱周边板带和核心筒端部附近板带也是剪力较大的区域，每单位长度最大剪力约 40kN。Y 向风荷载作用下，核心筒端部板带为弯矩较大的区域，并扩展到外框柱周边区域，每单位长度最大负弯矩约 30kN・m，最大正弯矩约 20kN・m，其余部位弯矩值在－15～20kN・m 之间；核心筒的局部区域剪力较为集中，每单位长度最大剪力约 20kN。

小震作用下标准层空心楼盖的内力结果如图 6-10、图 6-11 所示。

从图 6-10、图 6-11 可以看出，X 向地震作用下，外框柱周边为正弯矩较大区域，每单位长度最大正弯矩约 65kN・m，除核心筒周边部分板带，其余部位弯矩大多小于 30kN・m；剪力在外框柱附近较为集中，每单位长度最大剪力约 30kN。Y 向地震作用下，核心筒端部板带为正弯矩较大区域，并扩展到外框柱周边区域，每单位长度最大正弯矩约 35kN・m，其余部位弯矩大多小于 10kN・m；剪力在核心筒周边局部集中，每单位长度最大剪力约 30kN。设计时根据规范的荷载组合作用再进行楼板的设计内力组合，作为楼板截面设计的依据。

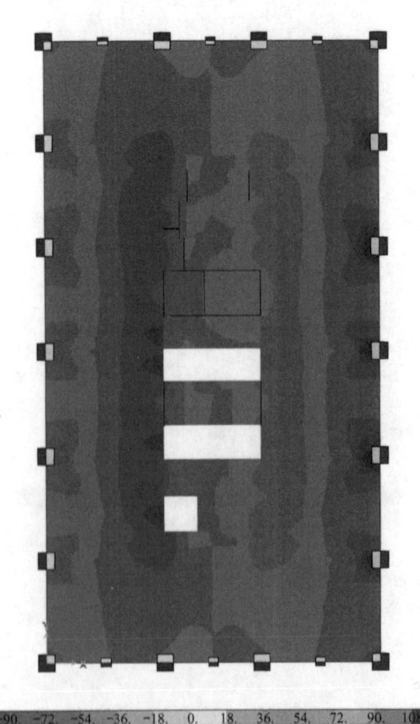

(a) M_x分布(kN·m/m)

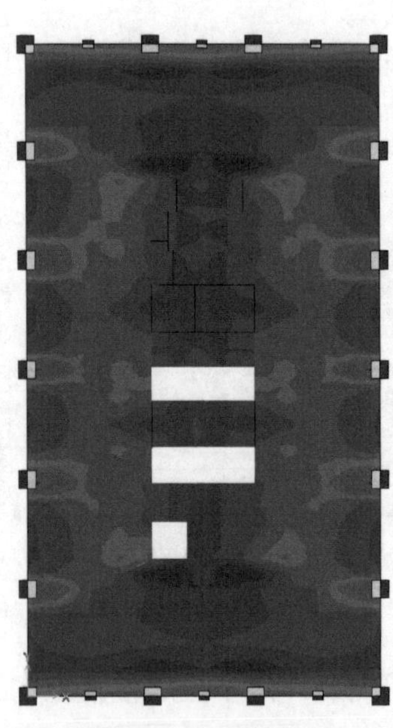

(b) V_x分布(kN/m)

图 6-8　X 向风荷载作用下空心板内力分布

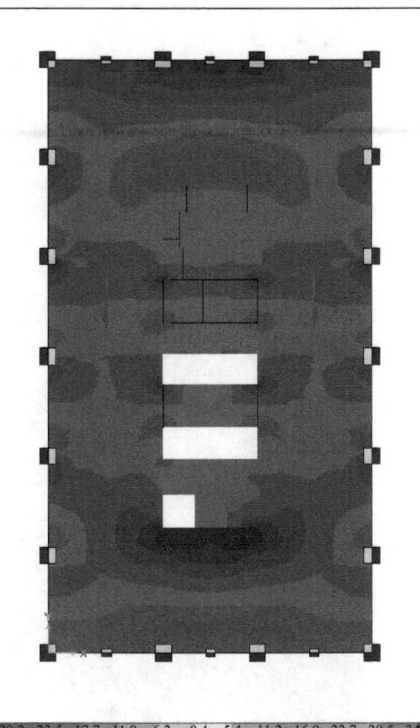

(a) M_x分布(kN·m/m)

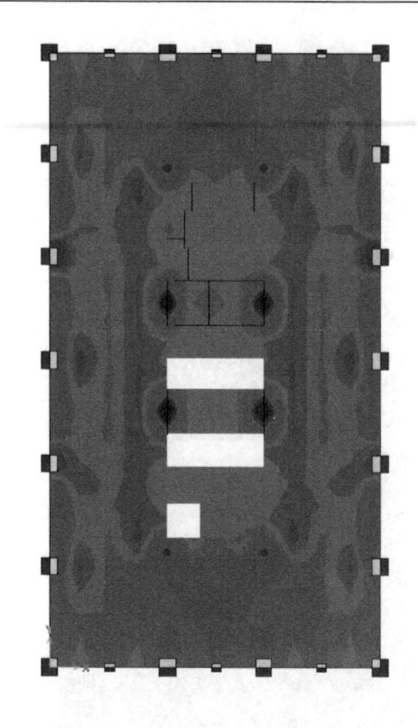

(b) V_x分布(kN/m)

图 6-9　Y 向风荷载作用下空心板内力分布

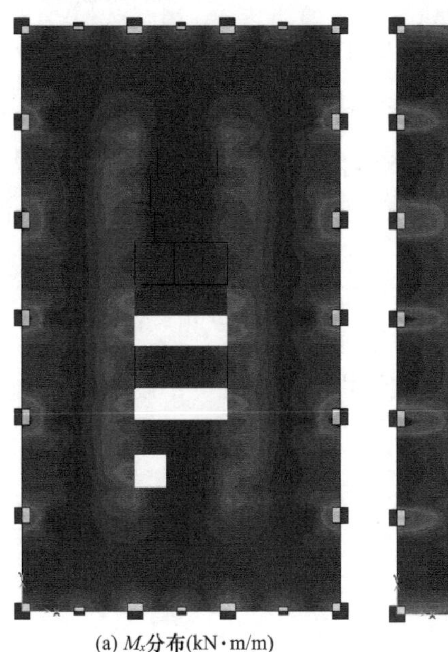

(a) M_x分布(kN·m/m)

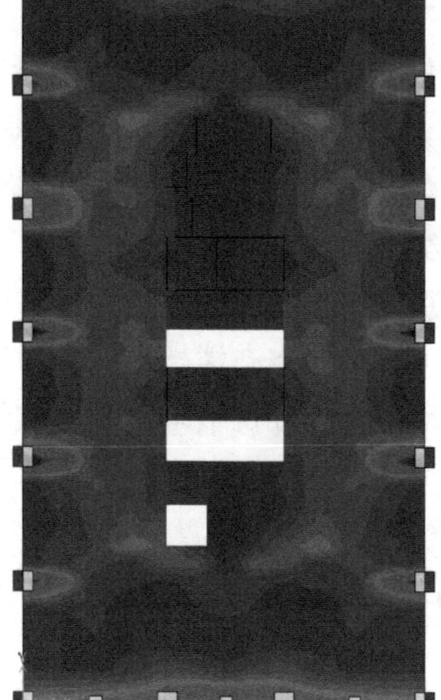

(b) V_x分布(kN/m)

图 6-10　X 向小震作用下空心板内力分布

以上计算结果表明，竖向荷载作用下，空心板在筒体支座处的负弯矩较大，且筒体角部区域存在明显的弯矩集中；跨中弯矩较小。根据板的弯矩分布规律，布置板纵筋时采用板面、板底通长配筋，局部弯矩较大处采用局部加强配筋的方式。竖向荷载作用下，板在筒体支座处的剪力较大，在筒体四角存在剪力集中，其余位置剪力较小。因此，在筒体附近，宜缩小空心管管径，增加空心管之间肋的宽度，并适当加强肋的抗剪钢筋的配置。在筒体四角处可设置一定宽度的实心区域。

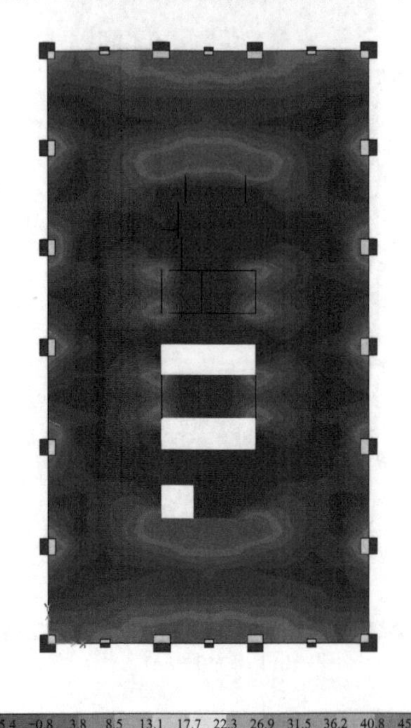

(a) M_x分布(kN·m/m)

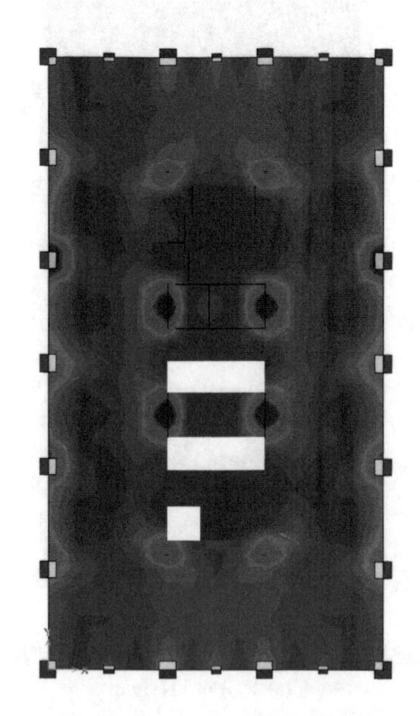

(b) V_x分布(kN/m)

图 6-11　Y 向小震作用下空心板内力分布

水平风荷载及小震作用下，筒体负弯矩、剪力有一定集中，其幅度约为竖向荷载作用下相应值的20%左右。设计时按照规范荷载组合的要求进行截面及配筋设计。在进行空心板配筋设计时，应做到板支座截面实际承载力的“强剪弱弯”，同时确保板柱节点核心区的承载力，保证结构的抗震安全性。

中震屈服判别结果表明，按照结构在竖向荷载、风荷载及小震作用下的截面及配筋构造设计的结构，可以做到空心楼板结构中震不屈服。

大震弹塑性动力时程分析结果表明，该结构能够实现“小震不坏，大震不倒”的抗震性能要求。

7　工程案例二

7.1　基本情况

某工程超高层办公塔楼地面以上 54 层，屋面高度 249.03m，屋面以上幕墙高度 11.7m，项目立面效果图见图 7-1。标准层平面沿建筑四周每边布置 2 根巨柱，共 8 根巨柱。型钢混凝土巨柱沿竖向呈内“八”字形倾斜，柱轴线距离由底层 26.6m 减小至顶层约 22.6m，巨柱间不设小柱，边框梁跨度大，如图 7-2 所示。标准层层高为 4.50m；首层层高为 19.50m；8 层、19 层、30 层、41 层为建筑避难层，层高均为 5.10m。结构设计使用年限为 50 年，建筑安全等级为二级，地基基础设计等级为甲级。抗震设防烈度为 7 度，基本地震加速度为 0.10g，场地类别为Ⅱ类，设计地震分组为第一组，T_g=0.35s，抗震设防分类标准为丙类。基本风压 $w_0=0.75\text{kN/m}^2$（50 年一遇）及 0.45kN/m^2（10 年一遇），地面粗糙度类别为 A 类[3]。

本工程方案设计阶段，根据建筑方案对塔楼的结构选型进行了详细的对比分析。最终选择混凝土无梁楼板的巨柱框架-核心筒结构方案[4]。

图 7-1 立面效果图

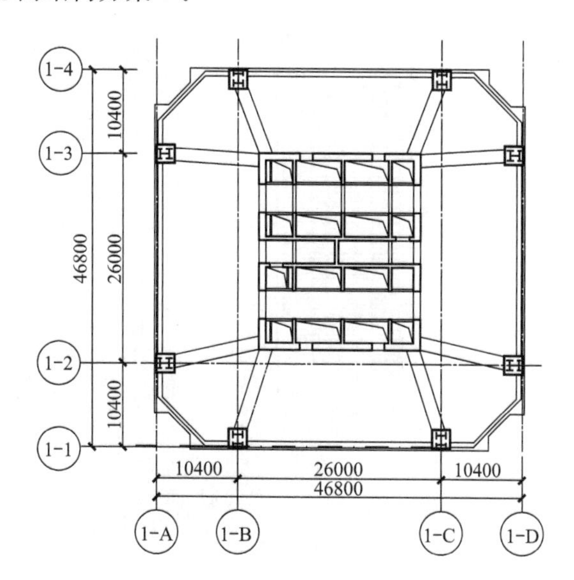

图 7-2 标准层布置示意

7.2 空心板楼盖

项目建设过程中，楼盖拆模后的情况如图 7-3 所示。典型楼层的空心板芯模布置如图 7-4所示。

7.3 空心板的模拟及分析

计算分析时如采用与实际空心板断面构造完全一致的实体元模型，其计算精度高，但建模复杂，计算量巨大，如整个塔楼的空心楼盖均采用实体元建模，现有计算软件无法实现。为了寻找合适可行的计算分析方法，在方案设计阶段采用真实空心板和近似等效实心板两种模型，分析其受力特点和不同模型间的异同，以找到简化计算且满足设计精度的等效方法供实际设计使用。为此采用分析软件 MIDAS/Gen 和 FEA，分别建立空心板模型及等效实心板模型。

图 7-3 楼盖拆模后

在 FEA 空心板的模型中，核心筒内楼板、核心筒墙体及连梁、边缘悬挑板采用板单元模拟，核心筒内梁构件采用杆单元模拟。楼层空心板模型如图 7-5 所示。

对比分析结果表明：

（1）两个模型周期结果误差在 10%以内。水平荷载作用下两模型的变形结果接近；水平荷载及竖向荷载作用下两个模型的墙柱内力结果接近。

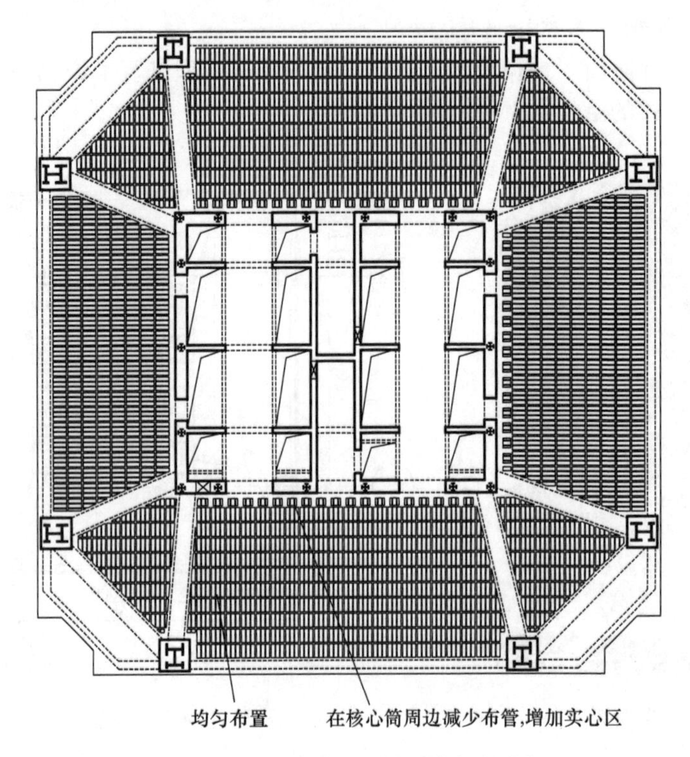

图 7-4　典型楼层空心板芯模布置示意

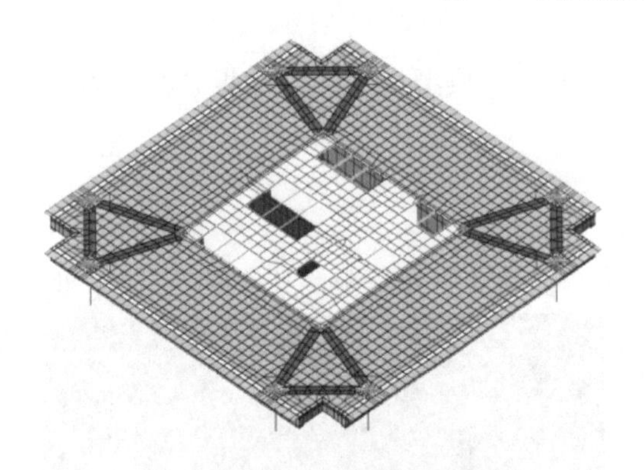

图 7-5　典型楼层空心板模型示意

（2）竖向荷载作用下，两个模型的板弯矩及剪力结果接近；水平荷载作用下，空心板模型的板弯矩值较大，最大可达竖向荷载作用下弯矩值的 25%。因此不能忽略水平作用下这两种模型的计算结果差别。

（3）整体分析及除空心楼盖以外的其余构件进行设计时，采用等效实心板模型能够满足工程设计的精度要求；进行空心楼板设计时需要采用空心双层板模型。详细的空心板模拟分析详见文献［5］。

7.4　空心板的内力及变形情况

通过分析空心板不同位置的板截面在竖向荷载及风荷载、小震单工况下的内力结果，可以得出如下结论：

（1）在楼板的跨中位置，该截面 X、Y 两个方向在竖向荷载作用下的板弯矩均较大，特别是沿边跨与剪力墙跨度方向的弯矩更大，而水平荷载作用下该位置的截面弯矩很小，说明跨中位置的板弯矩主要由竖向荷载控制。

（2）在剪力墙端的支座位置，竖向荷载作用下的内力最大，同时水平荷载对此处截面也有较大影响。恒荷载产生的弯矩是风荷载作用下弯矩值的约 2.5 倍，是小震作用下相应弯矩值的约 4 倍。该位置是控制楼板配筋和构造设置的控制断面。

(3) 在边跨梁的支座位置，竖向荷载和水平荷载作用下的截面弯矩均较小，其不控制楼板的配筋设计。

(4) 在柱端支座及相对应的墙端支座位置，恒荷载产生的弯矩是风荷载作用下弯矩值的 1.5 倍，是小震作用下相应弯矩值的 2.5 倍。水平荷载对此处截面的影响最大，设计时不能忽略水平荷载的作用。

(5) 在柱端和墙端支座相连的楼板跨中位置，水平荷载对此处截面的影响较小。

进一步分析发现，核心筒周边截面在竖向荷载作用下的支座弯矩由三部分组成：楼面荷载引起的弯矩、核心筒和边框梁的竖向变形差引起的弯矩以及边框梁扭转变形引起的弯矩，其中楼面荷载引起的弯矩最大。因此，设计时应注意适当增大边框梁的抗弯、抗扭刚度以减小间接荷载对楼板墙端支座处截面内力的影响。

标准层楼板在竖向荷载的标准组合（D+L）作用下的竖向变形如图 7-6 所示。可以看出，楼板的最大变形值为 16.3mm，楼板的跨度约为 12.5m，挠度与跨度的比值为 1/767，满足受弯构件的挠度限值要求。

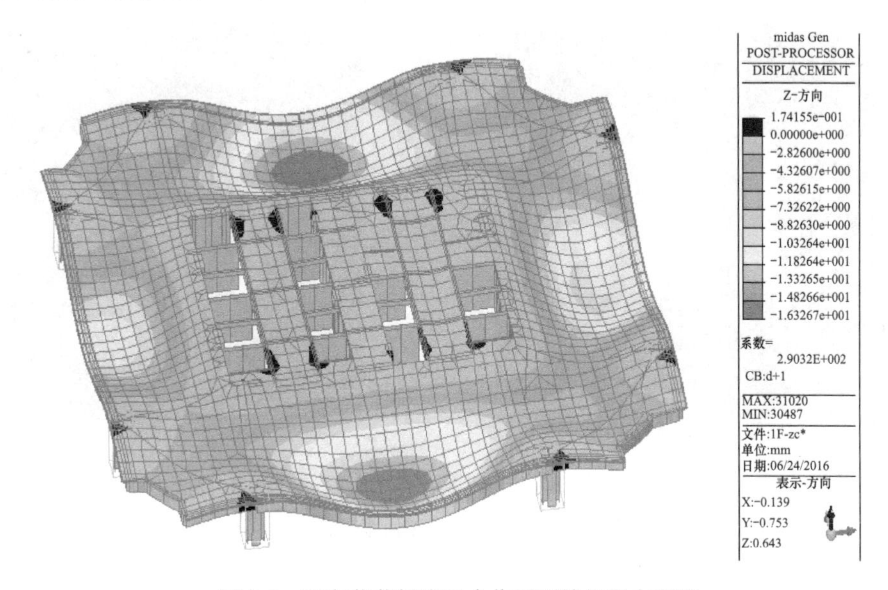

图 7-6　竖向荷载标准组合作用下楼板竖向变形

7.5 施工模拟对空心板内力的影响

由于构件截面内力与支座的变形存在一定的关系，所以设计楼板截面配筋构造时，除考虑楼面直接荷载引起的楼板内力外，尚需考虑支座变形等间接荷载对楼板内力的影响。分析结果表明：

(1) 由于本工程为超高层建筑，核心筒和外框柱间的变形差会引起连接外框与核心筒间的楼板产生附加弯矩和剪力，设计楼板时该部分附加内力不能忽视。因此，楼板设计时应采用考虑施工模拟的整体分析模型计算，不宜采用简化的单层模型计算楼板内力。

(2) 本工程边框梁跨度大，边框梁的变形对楼板的内力有一定影响，特别是梁跨中位置竖向变形最大，相应楼板在剪力墙支座处的弯矩增大较多。采用有限元算法进行楼板内力分析时，可以考虑这一弹性变形的影响。但是在长期荷载作用下，梁刚度的退化会导致梁跨中变形有所增加。根据对边跨梁长期刚度的影响分析可知，长期刚度减小约 7.6%，可推算考虑梁长期刚度退化会使梁跨中挠度增加约 2mm。

（3）受混凝土收缩、徐变的影响，边框梁与巨柱之间增加的竖向变形差在 10mm 左右，而巨柱和核心筒之间增加的竖向变形差在 20 层附近最大，约 5mm。则由收缩、徐变产生的边框梁跨中位置所对应楼板的墙支座处变形差约 10～15mm。

（4）根据计算结果，支承楼板的梁支座一端增加 1mm 的变形差，可在剪力墙墙端支座产生附加弯矩约 3.5kM·m/m。楼板设计时应考虑支座变形差的影响。

7.6 大震作用下的楼板损伤分析

罕遇地震作用下，第 4 层空心楼板（等效弹性板）的受压损伤和受拉塑性应变如图 7-7 所示。从图中可知，空心楼板局部最大受压损伤因子为 0.056，平均损伤因子接近 0，表明空心楼板受压无明显损伤。空心楼板在大跨度板块区域钢筋受拉最大塑性应变仅为 0.0005，钢筋未屈服。

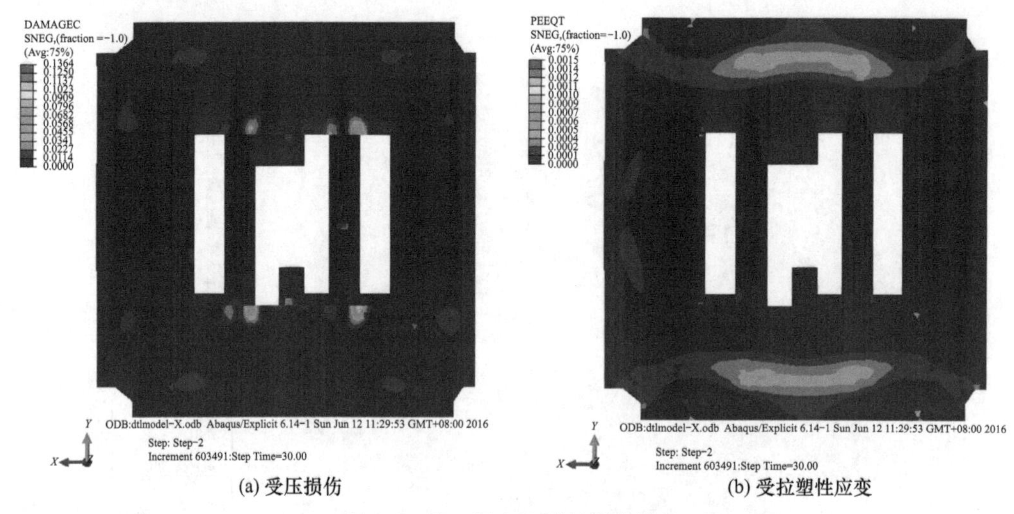

(a) 受压损伤　　(b) 受拉塑性应变

图 7-7　第 4 层空心楼板损伤情况

7.7 构造措施

在施工图设计时宜采取以下构造措施：

（1）墙柱边一定范围内空心板肋宽度由普通区的 120mm 宽加大至 450mm 或以上。将该区域芯模的上、下板厚由普通区的 70mm 高加大至 100mm。

（2）加强上述区域楼板的板面纵筋及肋板的箍筋构造。

（3）楼板钢筋的锚固长度按抗震等级为一级时受拉钢筋的锚固长度进行控制。

（4）考虑到墙边板的顶面钢筋配筋较大，也可考虑将该区域楼板进行加腋处理。

8 结语

（1）高层建筑中根据建筑使用功能需要采用空心楼盖是可行的。

（2）空心楼盖应用在高层建筑中时，需要考虑其在水平风荷载及地震作用下的受力性能，并根据抗震性能要求对楼盖进行设计，确保楼盖及整体结构在地震作用下的安全性。

（3）应采取精度合理并可实施的有限单元对楼盖进行分析模拟，必要时应验证分析结果的可靠性。

（4）对空心楼盖应设置必要的实心区，根据抗弯配筋结果对楼盖采取通长钢筋并设置附加钢筋的配筋方法；楼板钢筋在支承楼盖的周边墙、柱、梁上的锚固应满足框架梁钢筋抗震锚固的要求。

参考文献

[1] 住房和城乡建设部．现浇混凝土空心楼盖技术规程：JGJ/T 268—2012 [S]．北京：中国建筑工业出版社，2012.

[2] 深圳市住房和建设局．高层混凝土结构技术规程：SGJ 98—2021 [S]．北京：中国建筑工业出版社，2021.

[3] 住房和城乡建设部．建筑结构荷载规范：GB 50009—2012 [S]．北京：中国建筑工业出版社，2012.

[4] 王森，魏琏，李彦峰．深圳前海国际金融中心无梁空心大板超高层建筑结构设计 [J]．建筑结构，2020，50 (21)：6-13.

[5] 孙仁范，许璇，魏琏．高层框筒结构空心板楼盖的有限元模拟及楼板受力分析 [J]．建筑结构，2019，49 (09)：7-12.

17 人致结构振动控制及结合建筑完美设计关键技术研究与应用

张建军，刘琼祥，郑庆星，刘伟，王益山，徐凯，刘聪明
（深圳市建筑设计研究总院有限公司，深圳　518031）

【摘要】 针对楼盖、连廊和人行天桥等结构在人致振动下舒适度难以满足规范要求的常见问题，以结构动力学方程和动力响应放大系数为出发点，从理论的角度进行梳理和分析，推导了楼盖加速度与外力、频率比和质量等的显式表达式，提出了控制振动响应的主要参数。在此基础上，研究了优化控制参数和结合建筑完美设计的关键技术，最后通过案例进行验证与讨论。研究结果表明：对人致结构振动影响较大的因素是结构自振频率、阻尼比和外荷载；调整结构自振频率是楼盖控制的最有效的方式，应尽量提高自振频率，拉开与荷载频率的距离，避免共振，竖向频率在3Hz以上为宜，横向频率在2Hz以上为佳；结合建筑设计，在挠度最大点处巧妙施加约束构件，可有效提高结构振动频率，降低振动响应。提出的关键技术与措施，可为人致振动结构的设计与分析提供参考。

【关键词】 人致振动；舒适度；振动控制；楼盖；人行天桥

1　前言

随着我国工程建设领域的快速发展，大量大跨度楼盖、连廊、悬挑看台和人行天桥等结构形式层出不穷。这些结构形式往往具有跨度大、刚度弱、阻尼小等特点，并且对人行荷载为主的竖向和横向激励极为敏感，容易给行人或居住者产生较为不良的舒适感，甚至导致结构破坏和影响生命安全。在工程实践中楼盖舒适度超标情况也司空见惯，偶尔会出现人行天桥横向晃动超标现象。因此，人致结构振动引起的舒适度问题日益突出，如何有效控制和正确分析结构的舒适度成为工程设计过程中的难点。

另一方面，这类结构往往属于公共建筑，满足演出、观看比赛、大批人员流动和群体性跳动等功能需求，同时对造型美观和功能性方面要求极高，给结构专业留出的设计想象空间较小，带来了更高的挑战。如何将舒适度控制设计方案与建筑设计完美结合，是结构设计的又一难点。

针对上述背景，本文从理论角度剖析，论证影响人致结构振动的关键因素，并基于工程实践积累和现行规范要求，探讨楼盖舒适度控制的关键技术和分析方法，最后通过典型工程案例进行验证与讨论。通过上述研究工作，在保证结构满足国家现行有关标准的承载力和正常使用状态要求的前提下，总结舒适度控制的关键技术，并追求与建筑设计的完美结合，供工程实践参考。

2 理论分析

2.1 动力响应分析

结构在静力荷载作用下，产生静位移或等效静位移 u_{st}：

$$u_{st} = \frac{P_0}{k} \tag{2-1}$$

式中，P_0 为静荷载，k 为单自由度结构刚度。

楼盖在人行激励下会产生动力响应，动力响应与静力响应之间存在一个动力放大关系，两者的比值称为动力放大系数 R_d：

$$R_d = \frac{u_0}{u_{st}} \tag{2-2}$$

式中，u_0 为动力稳态反应的振幅。

人行激励是一种简谐荷载，以单自由度为例，在简谐荷载作用下的运动方程可以写为：

$$m\ddot{u} + c\dot{u} + ku = P_0 \sin\theta t \tag{2-3}$$

式中，m、c、k 分别为结构质量、阻尼系数和刚度；u、$\dot{u}$、$\ddot{u}$ 分别为结构在简谐荷载作用下的位移、速度及加速度；$\sin\theta t$ 为正弦简谐波，其中 θ 为荷载圆频率，t 为时间。

通过对方程（2-3）的转换及运动微分方程的求解，可以获得有阻尼体系中的运动方程全解：

$$u(t) = e^{-\xi\omega t}(A\cos\omega_D t + B\sin\omega_D t) + C\sin\theta t + A\cos\theta t \tag{2-4}$$

式中，$\omega=\sqrt{\frac{k}{m}}$，为结构自振圆频率；$\omega_D=\omega\sqrt{1-\xi^2}$，为有阻尼体系自振圆频率；$\xi$ 为结构阻尼比；A、B 为微分方程通解系数；，C、D 为微分方程特解系数，计算式为：

$$C = u_{st}\frac{1-(\theta/\omega)^2}{[1-(\theta/\omega)^2]^2+[2\xi(\theta/\omega)]^2}$$

$$D = u_{st}\frac{-2\xi\theta/\omega}{[1-(\theta/\omega)^2]^2+[2\xi(\theta/\omega)]^2} \tag{2-5}$$

式（2-4）中，右端第一项为振动的瞬态项。在有阻尼体系中，简谐荷载作用下瞬态项会因阻尼作用而很快衰减，经过一段时间后，体系振动将仅有稳态项，稳态项写为如下形式：

$$u(t) = C\sin\theta t + A\cos\theta t = u_0\sin(\theta t - \phi) \tag{2-6}$$

式中，ϕ 为相角，反映体系振动位移与简谐荷载的相位关系。

利用三角公式得：

$$u_0 = \sqrt{C^2+D^2}$$

$$\phi = \arctan\left(-\frac{D}{C}\right) \tag{2-7}$$

将式（2-5）、式（2-7）代入式（2-2）可得简谐荷载作用下有阻尼单自由度体系的动力放大系数表达式：

$$R_d = \frac{u_0}{u_{st}} = \frac{1}{\sqrt{[1-(\theta/\omega)^2]^2+[2\xi(\theta/\omega)]^2}} \tag{2-8}$$

对于大跨度楼盖结构，阻尼比较小，在小阻尼比情况下，式（2-8）可以简化为无阻尼体系的表达式：

$$R_d=\frac{u_0}{u_{st}}=\left|\frac{1}{1-(\theta/\omega)^2}\right| \tag{2-9}$$

由式（2-9）可得结构动力放大系数与频率比$\left(\frac{\theta}{\omega}\right)$关系，如表 2-1 所示。

结构动力放大系数与频率比关系 **表 2-1**

$\frac{\theta}{\omega}$	0	$\frac{1}{2}$	$\frac{1}{1.5}$	$\frac{1}{1.2}$	1	$\frac{1}{0.8}$	$\frac{1}{0.71}$	$\frac{1}{0.67}$	$\frac{1}{0.5}$
R_d	1	1.33	1.80	3.21	∞	1.78	1	0.81	0.33

图 2-1 给出了小阻尼比情况下（阻尼比为 0.01），结构动力放大系数 R_d 随频率比$\left(\frac{\theta}{\omega}\right)$变化曲线。由图可得简谐荷载作用下结构动力反应的特点和规律，这对了解结构动力的特性很重要。

分析图 2-1 和式（2-9）可以发现：

（1）在抗振中，动力放大系数始终大于 1，系统是动力放大器，随结构自振频率远离荷载频率，动力系数变小，结构自振频率为荷载频率的 1.5～2 倍时，动力放大系数由 1.8 降到 1.33。

（2）在减振中，结构自振频率为荷载频率的 0.67～0.5 倍，即结构自振周期为荷载周期 1.5～2 倍，动力放大系数由 0.81 降到 0.33，随结构自振周期远离荷载周期，动力系数逐渐变小，且远小于 1。

可见，简谐荷载作用下结构动力反应的大小取决于结构自振频率与荷载频率的比值关系和结构阻尼比的大小。控制人致结构振动、降低加速度响应，应从提高结构自振频率和阻尼着手。

2.2 阻尼影响分析

根据式（2-8）进一步计算不同阻尼比取值对应的结构动力放大系数，如图 2-2 所示。

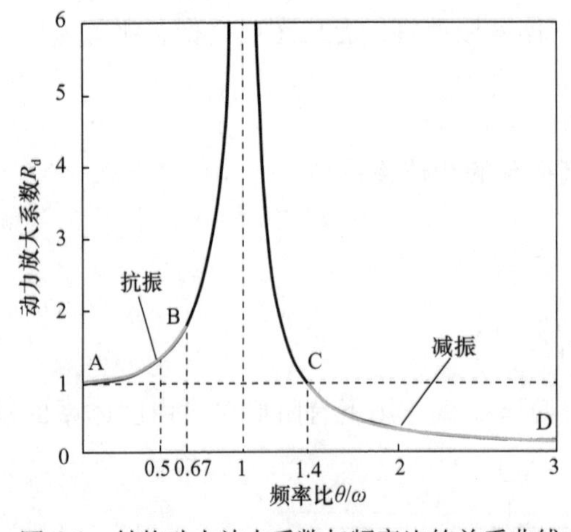

图 2-1 结构动力放大系数与频率比的关系曲线

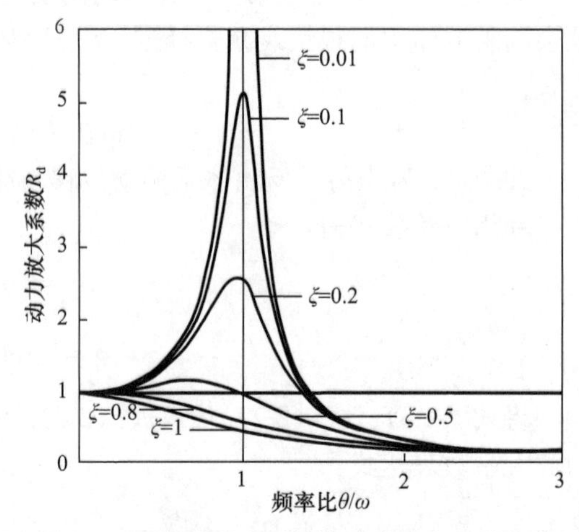

图 2-2 不同阻尼比下结构动力放大系数曲线

分析图 2-2 可以发现：

（1）当阻尼比 $\xi \geqslant 1/\sqrt{2}$ 时，$R_d \leqslant 1$，结构不发生放大反应。

（2）当阻尼比 $\xi < 1/\sqrt{2}$ 时，$R_d > 1$，并当 $\theta/\omega = \sqrt{1-2\xi^2}$ 时，动力放大系数达到峰值 $(R_d)_{max} = 1/(2\xi\sqrt{1-\xi^2})$。

（3）阻尼比的变化对动力放大系数产生直接的影响，尤其在阻尼比小于 0.2 以后，阻尼比的影响更为明显。对于阻尼比较小的结构，在发生共振时，仅从数值上看，阻尼比的大小将对动力放大系数产生至关重要的影响。

（4）当 $\theta/\omega = 1$ 时，$R_d = 1/2\xi$，说明共振时，动力放大系数由阻尼比确定，阻尼比越小，反应越趋于无穷。

然而，结合工程实践，大跨度楼盖、连廊、悬挑看台和人行天桥等结构均为低阻尼结构。根据《建筑楼盖结构振动舒适度技术标准》JGJ/T 441—2019，楼盖结构的阻尼比在 0.005～0.05 之间。实际设计中，阻尼比可调节和放大的空间比较有限，即使阻尼比取 0.1，共振时动力放大系数 R_d 也达到 5，这对楼盖控制舒适度仍然是极为不利的。因此，如果结构发生共振，需大幅度提高阻尼比，将导致较高的经济代价，也是不现实的。

还有研究表明，对于处于共振状态的结构体系，无论多小的频率改变都会导致系统响应的减小。因此，控制楼盖振动响应的第一要务是改变结构频率，拉开与荷载频率之间的距离，避免共振；其次提高结构阻尼，进一步降低振动响应。

2.3 荷载频率与自振频率

《建筑楼盖结构振动舒适度技术标准》JGJ/T 441—2019 参考国内外的研究成果，总结了不同荷载模式的竖向基阶频率，如表 2-2 所示。

荷载频率统计 **表 2-2**

荷载模式	行走激励	有节奏运动		连廊和室内天桥的人群荷载	
		舞厅、看台	健身房、室内体育活动	第一阶	第二阶
荷载频率（Hz）	1.6～2.2	1.5～3.0	2.0～2.75	1.25～2.5	2.5～5

德国《人行桥设计指南—钢结构在人行荷载下的振动》EN 03—2007 中提出，人行桥在人行荷载激励下结构第一阶竖向振动频率临界控制范围为 1.23～2.3Hz，第一阶横向振动频率临界控制范围为 0.5～1.2Hz，结构频率在此范围内容易引起共振。

对式（2-6）求二阶导数可得加速度计算公式：

$$a = R_d u_{st}\theta^2 = \frac{R_d u_{st}\theta^2 m}{m} = \frac{R_d u_{st}\theta^2 \dfrac{k}{\omega^2}}{m} = \frac{R_d\left(\dfrac{\theta}{\omega}\right)^2 P_0}{m} = \frac{F}{m} \tag{2-10}$$

由式（2-10）可知：

（1）结构振动加速度与静荷载有关，即由行走、奔跑、跳跃及人员作用范围确定；与自振频率与荷载频率的相差大小有关，并决定了动力放大效果；与结构质量有关，质量越大，加速度越低。

（2）在抗振中，提高结构频率，远离荷载频率是降低加速度的根本。

同时，在《建筑楼盖结构振动舒适度技术标准》JGJ/T 441—2019 附录 A 中提出，均布荷载作用下，梁式楼盖的第一阶竖向自振频率可按下式计算：

$$f_1 = \frac{C_f}{\sqrt{\Delta}} \tag{2-11}$$

式中，f_1 为第一阶竖向自振频率；Δ 为楼盖最大竖向变形；C_f 为楼盖频率系数，可取 18～20。

可见结构自振频率与挠度具有直接的相互关系，对振幅较大的挠度控制也是调整结构频率的手段之一。

根据以上分析，楼盖结构自振频率的调整有了目标和依据。理论上，一般人行激励为主的楼盖第一阶竖向自振频率在 3Hz 以上、第一阶横向自振频率在 2Hz 以上为佳，以跑、跳为主的楼盖第一阶竖向自振频率在 5Hz 以上、第一阶横向自振频率在 2.5Hz 以上为佳。

总结以上理论分析结果，降低楼盖动力响应首先要提高结构自振频率，避免引起共振；其次是增大结构阻尼，进一步降低加速度响应；此外，根据动力方程，合理确定人行荷载模式，优化外荷载，对控制舒适度也具有一定效果。根据模态分析原理和有关振动控制理论，提高自振频率方式主要有增大楼盖刚度、减小质量、控制振幅较大区域的挠度、加强楼盖边界约束等。这是建筑结构舒适度控制的抗振努力方向。

3 关键技术研究

本文在隔振技术和设置调频阻尼器等技术手段之外，从结构设计角度出发，针对前述影响楼盖振动的关键因素，进行舒适度控制关键技术的探索与实践。

3.1 楼盖自振频率控制技术

楼盖刚度对自振频率起决定性作用，对于梁式楼盖，主梁刚度由 EI 组成，以矩形截面梁为例，$I=\frac{bh^3}{12}$，增加梁高 h 最为有效，有空间条件时，以增大梁高为首选技术措施，尤其是增大最大挠度点附近的梁高效果显著。没有条件时，可以考虑通过双翼缘、改变梁截面形式（如采用箱形梁）、采用反梁以及次梁加密等措施，提高整体或局部楼盖刚度。

当楼盖横向自振频率较低时，可增大竖向构件的横向尺寸或增加附属结构以提高整体结构的侧向刚度，例如空中栈道按一定间隔增设观景平台等措施。

控制楼盖最大变形位置的挠度也是控制频率和振动响应的有效措施，采用的技术手段可从以下两个方面进行。

（1）在较大挠度点施加竖杆等非结构构件。这里可考虑与建筑设计的完美结合，比如沿幕墙线条布置竖杆，尤其对于上下层楼盖没有竖向连接的连廊，不仅可以通过增加的竖杆改善振动模态，减小挠度，还可给连廊提供整体的几何刚度。布置的竖杆截面无需较大就可产生显著的效果，可隐藏于幕墙等装饰线条中，实现结构安全舒适与建筑美观的有效统一。此外，如悬挑的旋转楼梯等，也可通过与建筑周边结构柱等构件的有效拉结，在最大挠度点提供有效支撑。

（2）加强楼盖的边界条件。从不同约束下梁的最大挠曲公式可以看出边界条件的作用，如表 3-1 和表 3-2 所示。

不同约束下梁的最大挠度统计 表 3-1

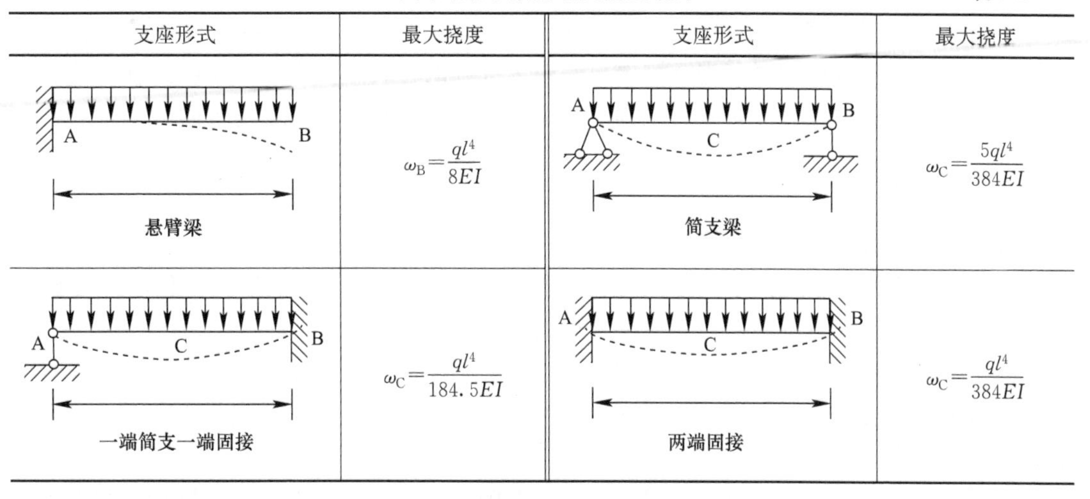

支座形式	最大挠度	支座形式	最大挠度
悬臂梁	$\omega_B=\frac{ql^4}{8EI}$	简支梁	$\omega_C=\frac{5ql^4}{384EI}$
一端简支一端固接	$\omega_C=\frac{ql^4}{184.5EI}$	两端固接	$\omega_C=\frac{ql^4}{384EI}$

不同约束下挠度与频率的相对关系统计 表 3-2

支座形式	挠度比（两端简支）	频率比（两端简支）
两端简支	1	1
一端简支一端固定	0.5	1.4
两端固定	0.2	2.23
悬臂梁	9.6	0.3

由表 3-1 和表 3-2 可知：

(1) 边界约束条件对频率影响较大，由两端简支改为一端简支和一端固定或两端固定，频率分别提高 40%和 123%。

(2) 增加支座是提高频率的有效措施，由悬臂梁改为两端简支，频率提高了 233%。

边界约束还可从连接构造上进行加强，例如对于大跨度楼盖结构，主梁在跨度两端应采用刚接，垂直向次梁可考虑铰接。同时，主梁在端部应延伸至支承端一定范围，如一跨柱距的距离，以平衡跨内楼面梁荷载对边界梁的扭矩。

3.2 阻尼比的选定及测试

《建筑楼盖结构振动舒适度技术标准》JGJ/T 441—2019 中对楼盖阻尼比的取值提出建议，如表 3-3 所示。

楼盖阻尼比 表 3-3

楼盖使用类别	阻尼比		
	钢楼盖	钢-混凝土组合楼盖	混凝土楼盖
手术室	—	0.02～0.04	0.05
办公室、住宅等	—	0.02～0.05	0.05
教室、影院、商场等	—	0.02	0.05
连廊和室内天桥	0.005	0.01	0.02

从表 3-3 可知，楼盖结构阻尼比的大致取值范围是可参考的，但对于钢-混凝土楼盖阻尼比的选取并不明确，从 0.02 到 0.05 差距达 2.5 倍，而且钢-混凝土楼盖使用率非常高，

对其真实阻尼比的研究并未形成成熟的结论，这对楼盖舒适度的准确计算是不利的。

针对这个情况，首先要对楼盖进行不同阻尼比下的试算，尤其考虑最低阻尼比的工况；其次，要对建成后的楼盖进行测试，以较为准确的方式获得楼盖真实阻尼比并进行再次计算验证；最后，在设计阶段预留调频质量阻尼器的安装空间，以备所需。

3.3 计算措施

首先，需要合理选择分析楼盖的建模范围。计算经验表明，仅仅取出楼盖进行分析是不够准确的，也不利于发挥空间作用等技术措施。建议取楼盖支承端向外延伸 1～2 跨柱距，并考虑楼盖上、下层结构，是较为合理的。

其次，对于钢-混凝土组合楼盖，混凝土板对梁的刚度是有帮助的，因此在计算时应考虑板对梁的刚度贡献，如果在浇捣混凝土时，对钢梁采取临时支撑或预压变形，可明显提高组合梁刚度。

最后，楼盖舒适度计算时，加载模式存在不确定性，人行的路线、人数和跑跳动作等设定较为主观。基于工程实践，较为可行的加载措施包括：①在挠度最大区域施加荷载；②人群面荷载可在楼盖整个表面施加，荷载分布更为合理，但结果偏于安全，难以反应不利工况，在人行激励为主的楼盖较为合理；③有节奏运动激励比步行激励大，可作为不利工况，进行对比分析。

4 工程案例分析

4.1 中国电子深圳湾总部基地

4.1.1 工程概况

工程位于广东省深圳市南山区，总建设面积约 19.8 万 m^2，由四座塔楼构成，其中 T1 位于西北角，建筑高度 158.7m，主要功能为办公、商业及文化等；T2 位于东北角，建筑高度 105m，主要功能为办公、商业、文化等；T3 位于东南角，建筑高度 64.2m，主要功能为办公及商业；T4 位于西南角，建筑高度 64.2m，主要功能为酒店、办公及商业。各塔楼在 13 层（标高 55.350m）和 14 层（标高 59.820m）两两相连形成连体结构，如图 4-1 和图 4-2 所示。

T1-T2 连体最大跨度为 32.4m，宽度为 6.06m，主梁为 500mm×1000mm 和 500mm×1200mm 的箱形钢梁，次梁为 300mm×700mm 的工字钢梁；T2-T3 和 T4-T1 连体最大跨度为 39.00m，宽度约为 9.56m，主梁为 700mm×1000mm 的箱形钢梁，次梁为 200mm×500mm 的工字钢梁，无竖杆；T3-T4 连体最大跨度为 35.70m，宽度约为 31.56m，主梁为 800mm×1000mm 的箱形钢梁，次梁为 200mm×450mm 的工字钢梁。由于连体四周景观较好，特别是 T3-T4 连体层，面向大海，为满足建筑景观要求，里面禁止设置斜杆，要求连体层通透、轻盈。因此，T3-T4 连体跨度较大，自振频率较低，竖向振动加速度较大，是重点控制部位，连体模型如图 4-3 所示，一阶竖向振动模态如图 4-4 所示。

4.1.2 舒适度分析

为了满足 T3-T4 连体楼盖的舒适度要求，通过以下几个方案进行控制和对比分析。

(1) 提高自振频率

通过加强边界条件、增大梁高等技术措施提高结构自振频率，并在外侧边梁节点处设置竖杆，形成空腹桁架，进一步增大结构整体刚度和降低薄弱点挠度，具体技术方案如表 4-1所示。其中，方案 2 部分主梁采用刚接，仅仅是为了调节结构频率，使之接近荷载频率，以评估共振状态下的结构振动加速度。

图 4-1　项目效果图

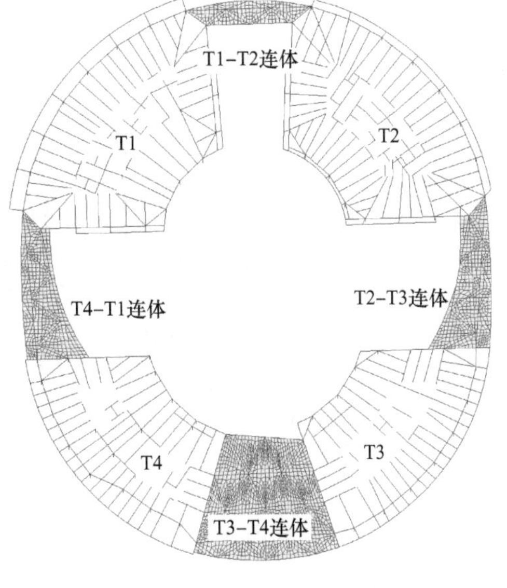

图 4-2　连体平面图

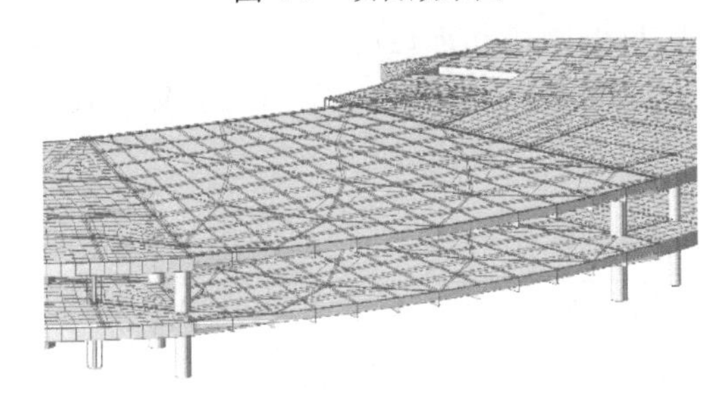

图 4-3　T3-T4 连体模型

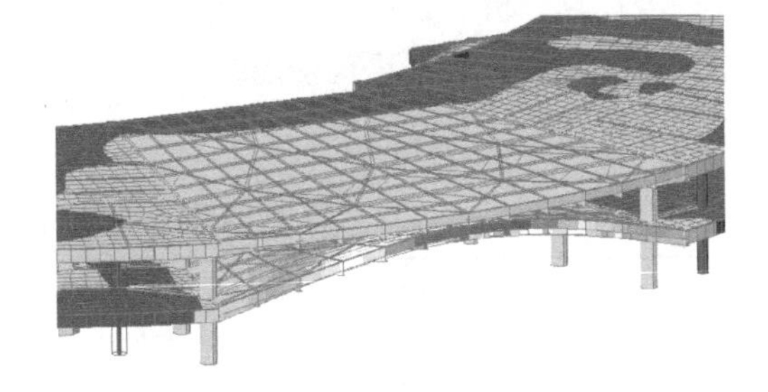

图 4-4　T3-T4 连体一阶竖向振动模态 (1.59Hz)

T3-T4 连体楼盖舒适度控制方案列表　　表 4-1

编号	振动控制技术
方案 1	初始设计，工字梁高 1m，两端铰接
方案 2	方案 1+改铰接为部分刚接
方案 3	方案 2+全刚接
方案 4	方案 3+外侧薄弱部位上、下层主梁高改为 1.2m，且增加钢梁翼缘厚度等
方案 5	方案 4+外侧加竖杆
方案 6	方案 5+外侧薄弱部位下层主梁加高至 1.8m

表 4-1 所列各技术方案中，在挠度最大位置施加人行荷载，加载模式如图 4-5 所示，

每层 3 人在挠度最大节点原地同频连续踏步行走，持续时间为 15s，荷载频率为 2.0Hz，荷载时程曲线如图 4-6 所示。

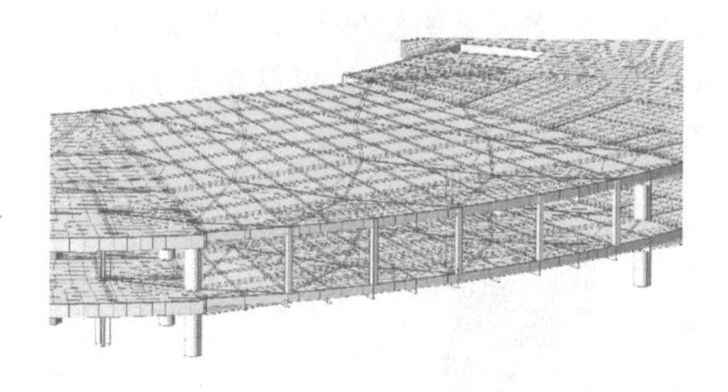

图 4-5　T3-T4 连体竖向人行荷载施加模式（每层 3 人原地连续行走）

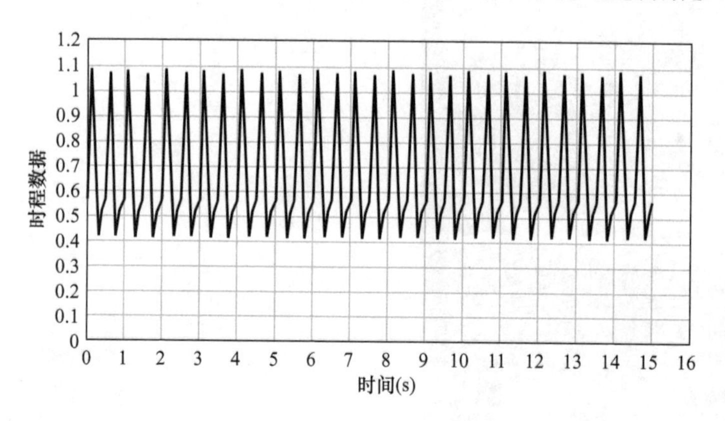

图 4-6　T3-T4 连体竖向人行荷载时程

经计算分析，各技术方案对应的结构一阶竖向自振频率和加速度值统计见表 4-2，其中加速度限值参照《建筑楼盖结构振动舒适度技术标准》JGJ/T 441—2019 按封闭连廊和室内天桥选取。

T3-T4 连体楼盖在各控制方案下的频率与加速度　　　　表 4-2

编号	一阶竖向频率（Hz）	技术效果（方案 $i+1$/方案 i）	荷载频率 2.0Hz 时的加速度（m/s^2）	加速度限值（m/s^2）
方案 1	1.59	—	0.0334	0.15
方案 2	1.97	—	0.2016	0.15
方案 3	2.41	1.52	0.0419	0.15
方案 4	2.62	1.09	0.0372	0.15
方案 5	2.80	1.07	0.0115	0.15
方案 6	3.00	1.07	0.0087	0.15

结合表 4-1 和表 4-2 分析可得，通过各技术的层层叠加，结构的自振频率从初始的低于荷载频率（2.0Hz）的状态，逐渐增大到 3Hz，具有明显的效果。其中，通过采用刚接、加强主梁边界条件的措施具有最优的效果。在方案 2 中，结构频率 1.97Hz 接近于荷载频率，楼盖处于接近共振状态，加速度峰值达到了 0.2016m/s^2，超过了规范中 0.15m/s^2 的限值，振动反应过程如图 4-7 所示，符合有阻尼体系的共振反应过程。之后的各方案，随

着结构频率的增加，逐渐远离荷载频率，楼盖竖向加速度也逐渐减小，这与前面的理论分析结论是相符的。

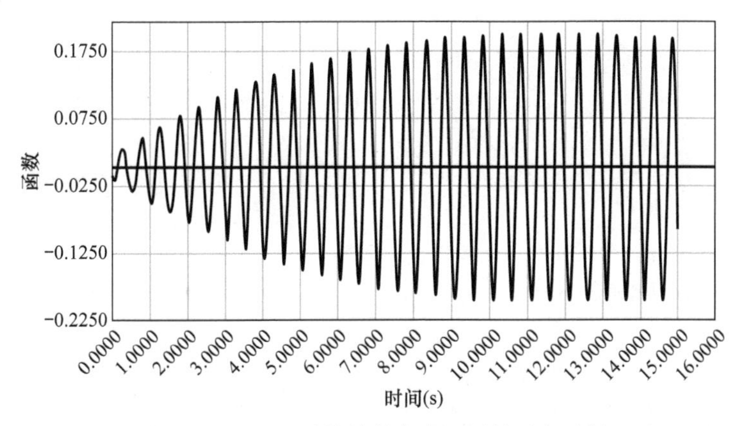

图 4-7　T3-T4 连体楼盖方案 2 下的反应过程

方案 5 巧妙地利用幕墙线条，使结构构件与建筑设计完美融合。竖杆采用的是 300mm（长）×500mm（宽）、壁厚 60mm 的方钢管，增加竖杆后，形成空腹桁架，增加了结构竖向刚度，上下两层的楼盖具有同一基阶振动模态，如图 4-8 所示。

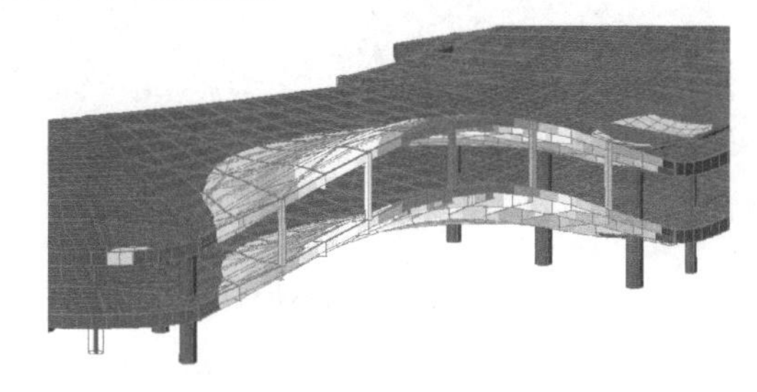

图 4-8　T3-T4 连体加竖杆后竖向一阶振动模态

在方案 5 增设竖杆的基础上，方案 6 利用底层楼盖对梁高没有限制的有利条件，进一步将薄弱处边主梁的梁高从 1.2m 提高到 1.8m，也能有效地提高结构自振频率。底层边主梁高增大到 1.8m 后，不但增强了下层楼盖刚度，通过竖杆明显拉住了上层边梁的振动，降低了结构振动响应。

（2）阻尼作用分析

在不同阻尼比下，对方案 2 和方案 6 进行计算加速度的计算分析，表 4-3 给出了 T3-T4 连体楼盖在不同阻尼比下的加速度响应。从表 4-2 可知，阻尼比取值对楼盖加速度的大小具有明显的作用，尤其在方案 2 接近共振状态时，比前面的理论分析中体现的作用更为显著，其原因是，现实结构中，并不一定完全达到结构频率与荷载频率完全一致的情况，在附近区域也会引起楼盖振动反应的放大，从而产生接近共振的反应过程，这时阻尼力会起到重要的作用。因此，合理选取计算阻尼比和测试实际阻尼比是非常重要的。

T3-T4 连体楼盖在不同阻尼比下的加速度响应　　**表 4-3**

荷载模式	加速度响应（m/s²）			加速度限值（m/s²）
	ζ=0.01	ζ=0.02	ζ=0.05	
方案 2	0.2016	0.1326	0.0631	0.15
方案 6	0.0087	0.0083	0.0074	0.15

（3）荷载模式对比分析

考虑到楼盖舒适度计算时加载模式的不确定性和主观性，在方案 6 的基础上，分别增加了多人次的原地连续行走、多人同频同线路行走，以及考虑人群、健身房和看台等面荷载形式的作用工况，加载模式如图 4-9 所示，加速度计算结果见表 4-4。

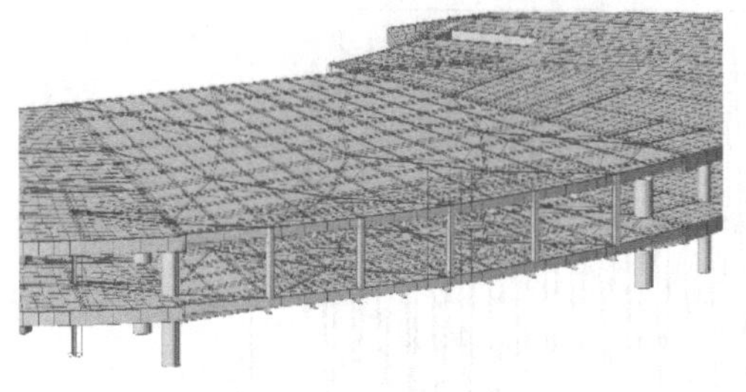

(a) 每层6人原地连续行走

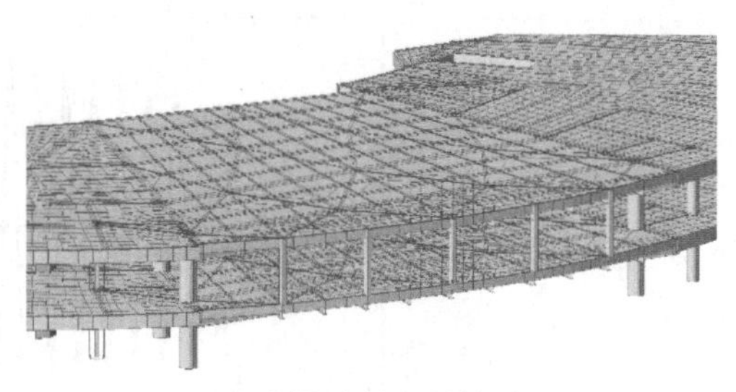

(b) 每层9人原地连续行走

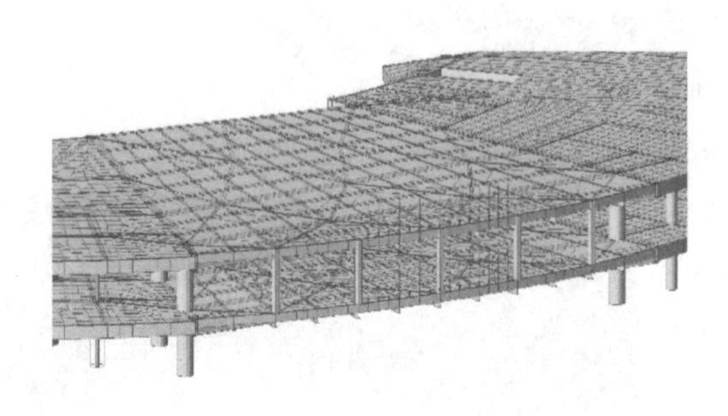

(c) 每层15人原地连续行走

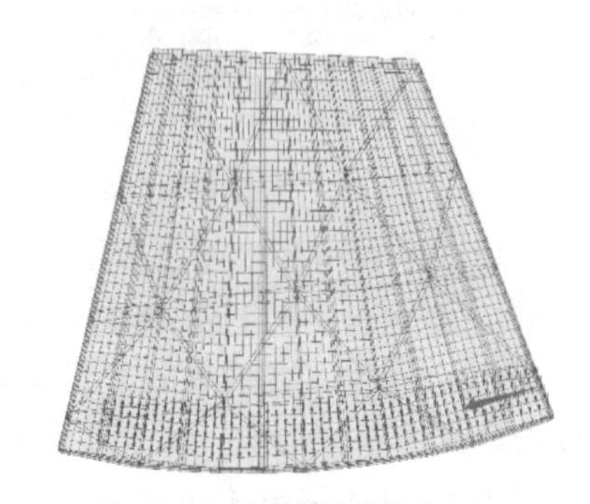

(d) 5人并排同步行走

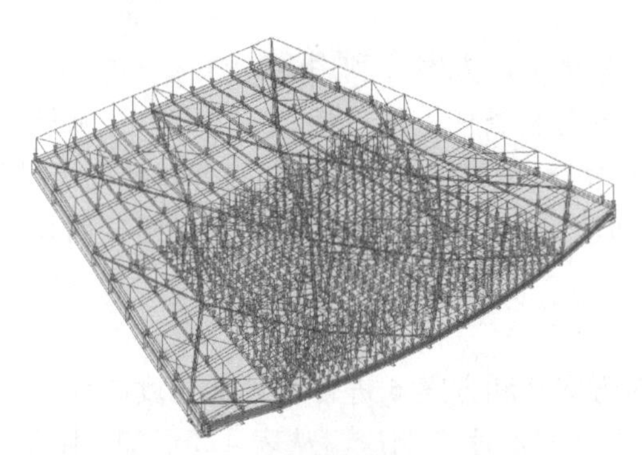

(e) 人群面荷载

图 4-9 人行荷载加载模式

T3-T4 连体楼盖在不同荷载模式下的加速度响应 **表 4-4**

荷载模式	荷载频率（Hz）	结构一阶竖向频率（Hz）	加速度响应（m/s^2）	加速度限值（m/s^2）
每层 3 人原地连续行走	2.00	3.0030	0.0087	0.15
每层 6 人原地连续行走	2.00	3.0030	0.0506	0.15
每层 9 人原地连续行走	2.00	3.0030	0.0754	0.15
每层 15 人原地连续行走	2.00	3.0030	0.1210	0.15
5 人并排同步行走	1.67	3.0030	0.0337	0.15
人群面荷载	2.47	3.0030	0.0120	0.15
健身房荷载	2.73	3.0030	0.2689	0.20
看台荷载	2.93	3.0030	1.6200	0.50

从表 4-3 可知，外荷载的频率与大小对结构振动加速也有直接影响，这与理论分析结论是相符的；人群面荷载以均布的方式加载，体现整体性，但不能从最不利的角度反映局部薄弱点的响应，计算结果偏小；健身房与看台等有节奏运动的荷载频率较高，接近于自振频率，加速度响应较大，然而有节奏运动荷载的施加面域范围也是人为可调的，并不一定反映实际使用情况，本项目中以室内连廊为评估标准，将有节奏运动作为极端情况进行对比分析。

从本项目舒适度控制与计算分析中可以看出，调整结构自振频率、选取合理的计算阻尼比和人行荷载加载模式是舒适度分析的重要环节，其中，增强边界条件、提高主梁高度和在最大挠度点施加约束构件是有效的振动控制措施，可在类似工程中应用。

4.2 深圳湾创新科技中心

4.2.1 工程概况

本项目位于深圳市南山区高新产业基地，总用地面积 39869.01m²，总建筑面积 462688.34m²。该项目主要由三层地下室、三栋宿舍楼、两栋工业研发用楼及相联系的三层配套商业裙房组成。其中，研发用楼由两栋超高层（A座和B座）组成，A座地上 69 层，总高度 299.1m，为框架-核心筒结构；B座地上 54 层，总高度 235.2m，为框架-核心筒结构。A、B座塔楼在低区 6～9 层、高区 34～37 层由两个跨 3 层高的连接体连为一体，属于连体结构（图 4-10）。

高区连体水平跨度为 20.12～65.52m，低区连体水平跨度为 20.12～57.63m，属于大跨度连廊，且阻尼小、刚度弱，难以满足舒适度要求。连体建筑设计方案允许设置竖向和斜向构件，基于此，结构设计提出在连体外围挠度较大位置增设竖杆和斜撑（图 4-11），使连体部分形成桁架，从而有效降低连体自振频率。

图 4-10 项目效果图

4.2.2 模态分析

对高区和低区连体，分别在不设支撑和增设支撑的设计方案下进行连体楼盖的竖向振动模态分析，如表 4-5 和表 4-6 所示。

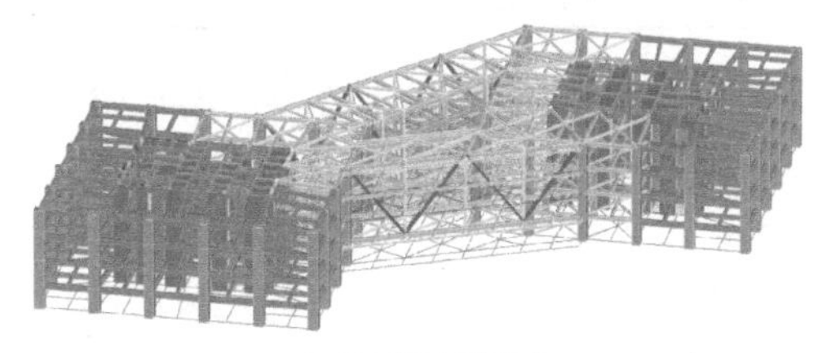

(a) 低区不设斜撑连体　　(b) 低区设斜撑连体

图 4-11 低区连体示意

连体楼盖竖向振动模态统计　　**表 4-5**

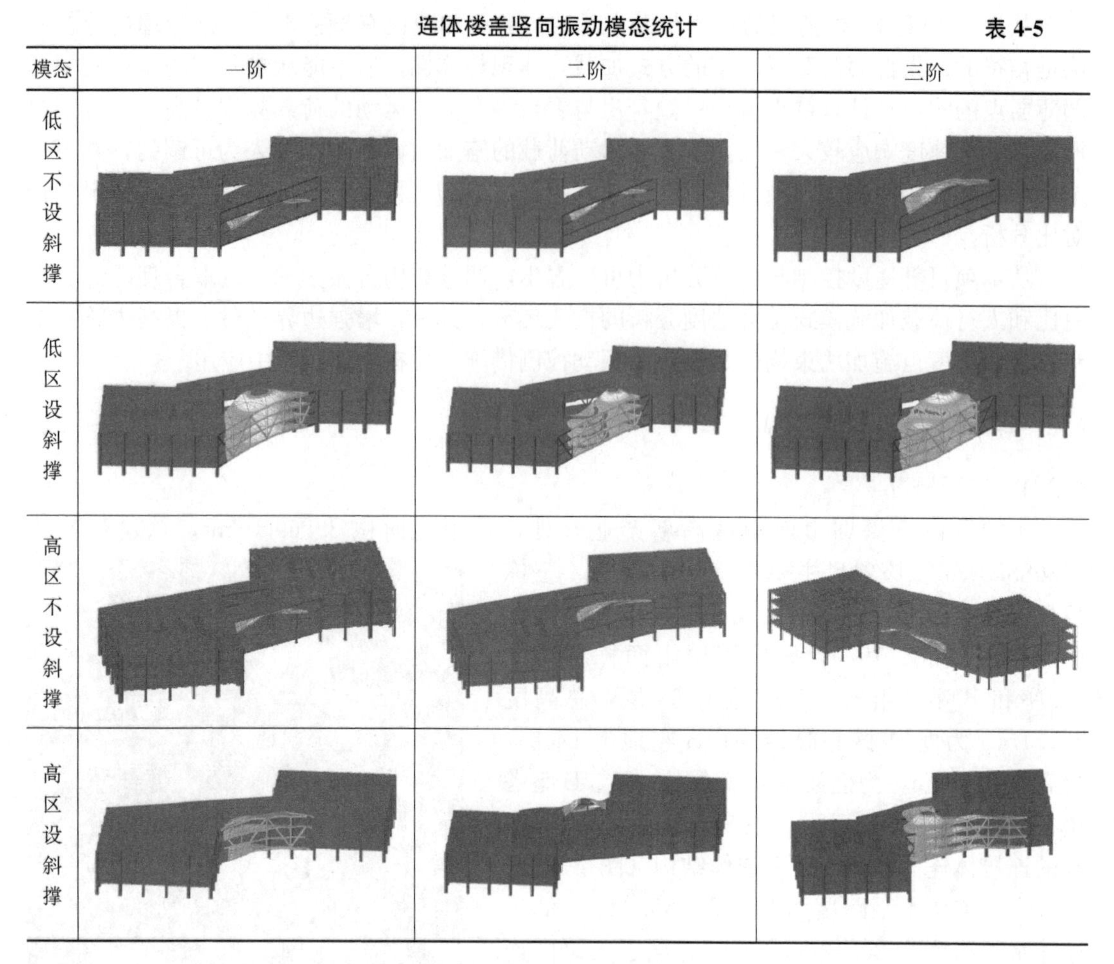

模态	一阶	二阶	三阶
低区不设斜撑			
低区设斜撑			
高区不设斜撑			
高区设斜撑			

连体楼盖竖向振动频率统计　　**表 4-6**

设计方案	低区连体			高区连体		
	不设斜撑（Hz）	设斜撑（Hz）	提高比例（%）	不设斜撑（Hz）	设斜撑（Hz）	提高比例（%）
竖向一阶	0.4625	2.9888	546.23	1.4853	5.0958	243.08
竖向二阶	0.4686	4.4000	838.97	1.7362	5.5049	217.07
竖向三阶	0.7292	4.5519	524.23	1.9999	5.5654	178.28
竖向四阶	1.0036	4.6592	364.25	2.0459	6.0196	194.23
竖向五阶	1.1346	4.8645	328.74	2.2238	6.1547	176.76
竖向六阶	1.1441	4.9396	331.75	2.5864	6.1755	138.77
竖向七阶	1.2580	5.1809	311.84	2.6249	6.2566	138.36

表 4-5 给出了高、低区连体的前三阶竖向振动模态，从中可知，不设斜撑的连体，每层楼盖作为单体进行振动，共有七层楼盖，按刚度薄弱程度排序，依次占据前七阶竖向振动模态；增设斜撑之后，连体结构上、下层楼盖互相拉结，一般作为整体进行竖向振动；部分楼盖在连体内侧、未设竖向约束的部位，局部出现较大的竖向振动，并成为主导竖向振型，如高区第二阶模态。

表 4-6 给出了高、低区连体的竖向频率，从中可知，连体不设斜撑时，振动频率较低，多处于 2Hz 以内，与人行荷载频率接近，容易产生共振；通过在连体外侧挠度较大位

置增设斜撑和竖杆，自振频率提高 138.36%～838.97%，极为有效，可基本达到竖向自振频率 3Hz 以上的目标。

4.2.3 加速度分析

在连体楼盖最大挠度点及附近施加人行荷载，进行加速度计算与评估。人行荷载模式为连续原地行走，持续时间为 15s，加载点位是 5 点同频加载，以高区不设斜撑为例，如图 4-12 所示，其他设计方案采用相同加载模式。加速度计算结果见表 4-7。

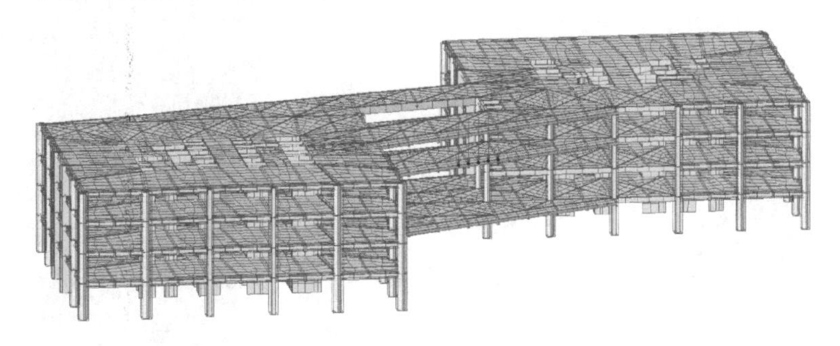

图 4-12 高区不设斜撑连体人行荷载加载模式示意

连体楼盖加速度计算结果统计 **表 4-7**

设计方案	低区连体			高区连体		
	不设斜撑	设斜撑	相差百分比（%）	不设斜撑	设斜撑	相差百分比（%）
竖向一阶	0.4625Hz	2.9888Hz	546.23	1.4853Hz	5.0958Hz	243.08
荷载频率	2.0Hz	2.0Hz	—	2.0Hz	2.0Hz	—
最大加速度	0.0877m/s^2	0.0591m/s^2	32.61	0.2170m/s^2	0.0825m/s^2	61.98
加速度限值	0.15m/s^2	0.15m/s^2	—	0.15m/s^2	0.15m/s^2	—

表 4-7 给出了连体各设计方案在 5 点原地连续行走激励下的竖向振动加速度，从表中数据可知，在相同人行荷载加载模式下，高区不设斜撑时，加速度达到 0.2170m/s^2，超过了 0.15m/s^2 的限值，而增设斜撑后，高区和低区连体楼板竖向加速度均满足限值要求；增设斜撑可以使低区和高区加速度分别降低 32.61%和 61.98%，说明增设斜撑可有效降低振动加速度，进一步说明在最大挠度点施加约束对控制人致振动具有显著的效果，是具有推广应用价值的技术措施。

4.3 某空中栈道项目

4.3.1 工程概况

某空中栈道项目位于深圳市区，总长约 914m，桥梁全宽 3m，梁高 300mm（大跨梁高 400mm），顶板厚 12mm、腹板厚 12mm，底板厚 16mm。主梁内设置横隔板，厚 12mm。梁底采用黄色铝合金格栅装饰。原设计采用独柱结构，柱顶分为 4 肢与桥梁相连，如图 4-13 所示。经计算分析，其中最薄弱联模型如图 4-14 所示，全长约 55.9m，层高约 6m。结构第一阶模态为横向振动（1.11Hz），如图 4-15 所示。

4.3.2 频率控制及加速度分析

本项目第一阶模态为横向振动，且自振频率较低，为 1.1115Hz，处于《建筑楼盖结构振动舒适度技术标准》JGJ/T 441—2019 中人群横向激励的荷载频率范围（0.5～

1.2Hz)，容易引起共振。因此本项目的重点是控制横向振动，采取的主要措施是利用空余地面，通过增设侧向观景平台和平台扁柱的方式提高侧向刚度。此外，在桥体底面，装饰层内焊接底板，使桥体呈箱形，提高桥体整体刚度。上述措施同时可在不影响建筑美观的情况下，控制桥体舒适度。具体技术方案如表 4-8 所示，各方案计算模型如图 4-16 所示。

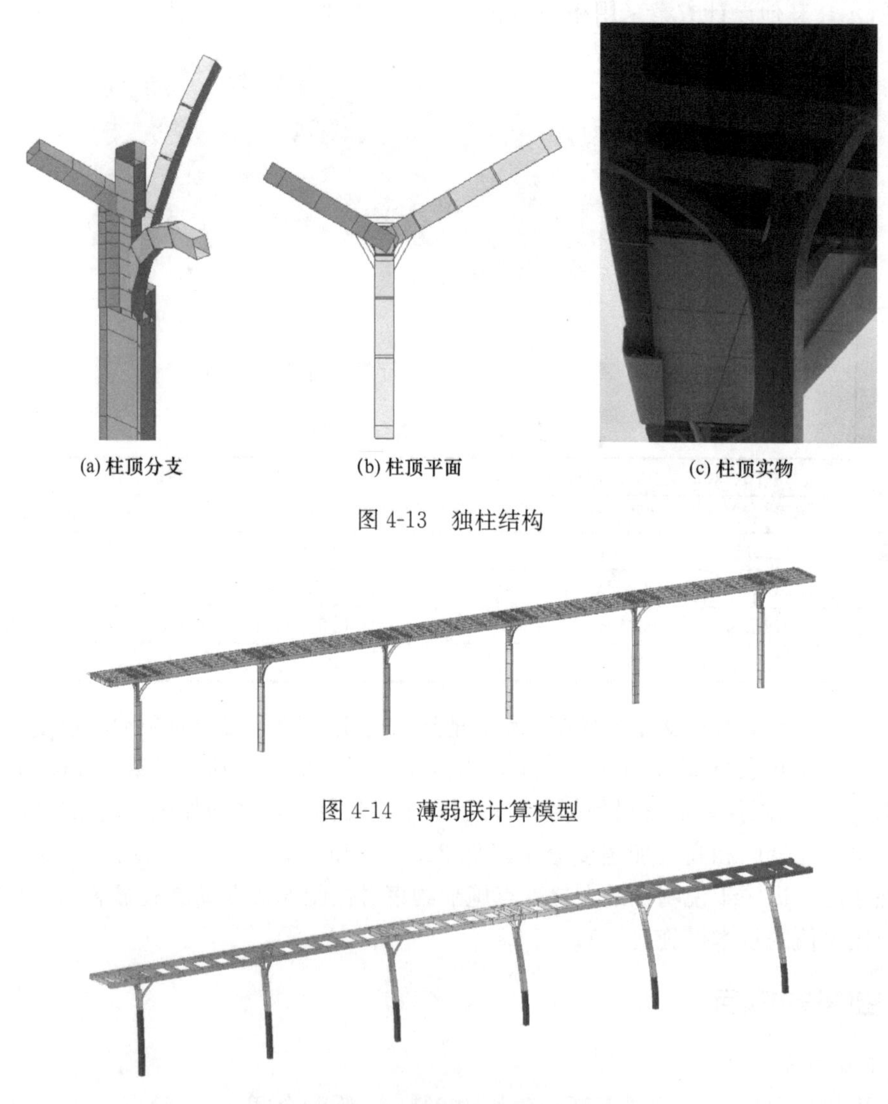

(a) 柱顶分支　(b) 柱顶平面　(c) 柱顶实物

图 4-13　独柱结构

图 4-14　薄弱联计算模型

图 4-15　薄弱联第一阶振动模态

空中栈道舒适度控制方案　**表 4-8**

编号	振动控制技术
方案 1	初始设计，单柱支撑
方案 2	方案 1＋增加侧向观景平台及平台柱
方案 3	方案 2＋改变观景平台及平台柱的分布
方案 4	方案 3＋焊封桥体底面，使之成为箱形桥体

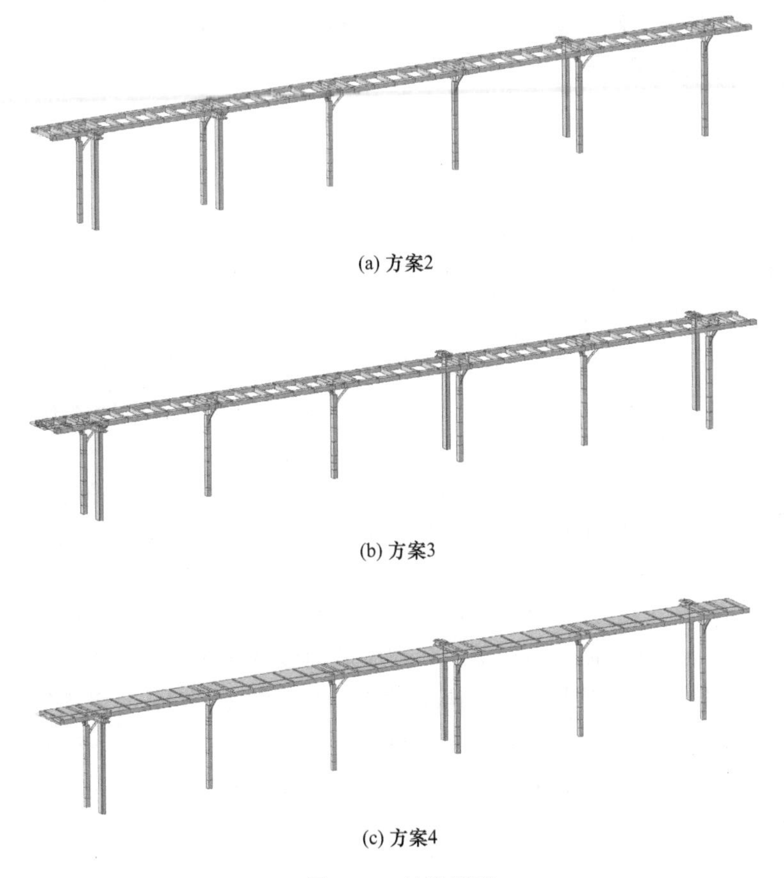

(a) 方案2

(b) 方案3

(c) 方案4

图 4-16 计算模型

对各个方案模型进行模态分析，并根据《建筑楼盖结构振动舒适度技术标准》JGJ/T 441—2019 关于连廊和室内天桥的人群荷载激励的计算公式，构建人群横向荷载激励，在此激励下各方案计算结果如表 4-9 所示。

各技术方案对应的加速度响应 表 4-9

技术方案	结构一阶横向频率（Hz）	荷载频率（Hz）	加速度响应（m/s²）	加速度限值（m/s²）
方案 1	1.1115	1.1115	0.1486	0.1
方案 2	1.8666	0.9333	0.0088	0.1
方案 3	1.9554	0.9777	0.0067	0.1
方案 4	2.3360	1.1680	0.0013	0.1

表 4-9 给出了各技术方案对应的最大加速度响应，从中可知，初始设计方案侧向刚度较弱，横向一阶自振频率较低，根据《建筑楼盖结构振动舒适度技术标准》JGJ/T 441—2019 中人群横向荷载频率计算公式，荷载频率即等于结构横向振动频率，此时结构处于共振反应过程，横向加速度响应较大，超过规范对应限值。方案 2 增加横向观景平台及平台柱后，桥体侧向刚度得到明显改善，横向自振频率得到显著提高，对应峰值加速度也大大降低。方案 3 在方案 2 基础上，调整了增设的观景平台的布局，在两端薄弱位置均增设平台，比方案 2 更为有效，这与前面理论分析中，在挠度最大点设置约束的结论是相符

的。方案4进一步考虑了桥体的整体性，结构自振频率得到更大幅度的提高，加速度响应相应降低，是可行的技术措施。

5 结论

（1）通过理论分析和工程实例研究表明，与建筑楼盖竖向和横向振动直接相关且影响较大的因素是结构自振频率、阻尼比和外荷载。

（2）调整结构自振频率是楼盖控制的最有效的方式，应尽量提高自振频率，拉开与荷载频率的距离，避免共振。人行激励为主的楼盖第一阶竖向自振频率在3Hz以上为宜，横向自振频率在2Hz以上为佳；以跑、跳为主的楼盖第一阶竖向自振频率在5Hz以上、横向自振频率在2.5Hz以上为佳。

（3）调节自振频率较为有效的技术措施主要为增大楼盖梁高、加强楼盖梁边界条件，以及在挠度最大点处施加约束构件，如本文案例中的竖杆和观景平台，以实现结构安全舒适与建筑美观的完美结合。

（4）阻尼比的大小会对加速度响应产生重要影响，应合理选取，必要时通过测试获取楼盖真实阻尼比，并为调频质量阻尼器的后期应用预留设计空间。

（5）以人行激励为主的外荷载包含连续行走、人群荷载、有节奏运动等多种模式，考虑到加载模式和范围的主观性，在舒适度控制中，外荷载并不是特别明确和易于控制，因此应立足于控制自振频率、避免共振基础上，进行多种不利荷载工况的对比验算。

18 某细腰平面超高层住宅地震作用下受力分析

谭伟[1]，王文涛[1]，汝振[1]，施永芒[1]，吴俊权[2]
(1 悉地国际设计顾问（深圳）有限公司，深圳　518057；
2 华润置地（深圳）有限公司，深圳　518001)

【摘要】 结合某细腰平面超高层住宅工程案例，对该类结构地震作用计算过程中楼盖假定的适用性、CQC反应谱法及弹性时程直接积分法计算结果的差异、结构阻尼比对细腰构件内力的影响以及细腰程度限值影响因素等进行了对比分析，探讨了常规分析方法的对细腰部位构件受力分析的不足之处，得到了各因素对计算结果的误差范围。最后通过静力和动力弹塑性非线性分析方法校核了工程案例细腰部位在大震作用下的表现。
【关键词】 细腰平面；楼盖假定；地震作用计算方法；阻尼比

1　引言

在设防烈度不高（6度、7度）的南方地区，为解决住宅采光通风的问题，现实存在着大量细腰形平面的建筑，然而当结构高度不超限时，即使细腰问题较严重，往往也未得到广泛的重视。细腰连接着整个结构的两个部分，在两个子结构间传递内力并协调变形。为保证连接不至于太弱，规范和指南[1~3]对细腰的尺寸给出了不同的限值，如文献［1］第3.4.3条：平面凹进的尺寸大于相应投影方向总尺寸的30%，属于凹凸不规则［图1-1(a)］；文献［2］第3.4.3条第2款：细腰平面尺寸 b/B 不宜小于0.4［图1-1(b)］；文献［3］第3.3条：细腰形平面中部两侧收进超过平面宽度50%，属于平面特别不规则［图1-1(c)］。

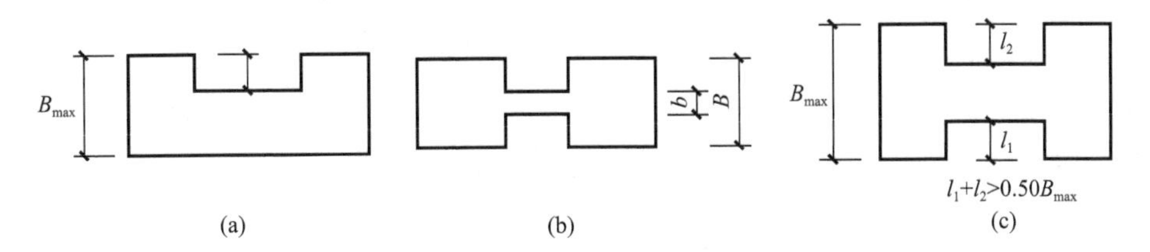

图1-1　各类细腰平面示意

细腰宽度与典型平面宽度的比值是控制细腰形建筑规则性的重要参数，但规范仅仅是从概念上对该比值进行了总体的控制，未考虑细腰两侧子结构振动特性的影响，没有按烈度进行细分，也未规定细腰到什么程度结构判定为严重不规则结构。对于细腰平面的超高层剪力墙结构，常规的设计方法可能存在以下问题：

（1）楼盖假定的误差；

（2）常规反应谱计算方法的适用性；

（3）阻尼比的影响。

原则上，本文不推荐该类抗震概念上不合理的结构，然而既然这类工程大量存在，以合理的计算和设计方法来保障结构的安全是十分必要的，故本文结合一栋细腰情况较严重且高度超限的实际工程案例对上述问题进行了研究，探讨了细腰形结构有效的分析方法及细腰程度对结构性能的影响，研究方法和成果仅供同类工程参考。

2 工程概况

本文参考工程是深圳银湖华润蓝山项目一栋超限高层剪力墙结构住宅，共 44 层，主屋面高 142m，标准层高 3.15m，首层层高 9.45m，结构高宽比 4.6，标准层平面、剖面及典型构件编号如图 2-1 所示。

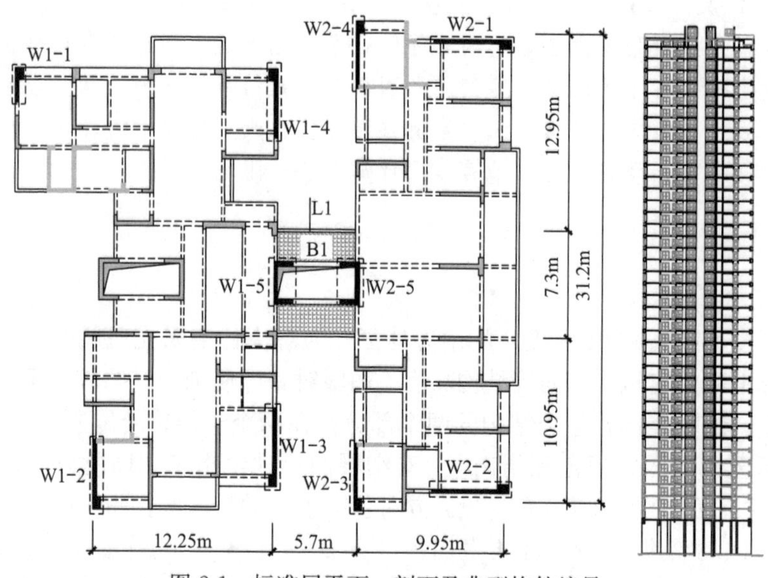

图 2-1 标准层平面、剖面及典型构件编号

细腰宽度与典型平面宽度比值为 23%，小于规范[1]限值。结构抗震设防烈度 7 度（0.1g），场地特征周期 0.35s，50 年遇基本风压 0.75kPa。

剪力墙厚 200～500mm，楼面梁尺寸 200mm×（400～600）mm，楼板厚 100～150mm。剪力墙混凝土等级 C30～C60，梁板混凝土等级 C30。

3 不同楼盖假定的 CQC 反应谱法对比

3.1 整体指标对比

楼板数值模型的正确与否，关系到结构整体计算以及各构件内力计算结果的准确性，因此首先对不同楼盖假定下的计算结果进行对比分析。采用 ETABS 软件，分别基于全楼强制刚性楼盖假定、分块刚性楼盖假定（细腰及相邻区域定义为弹性板，其余为刚性）、全楼弹性楼盖假定共三个计算模型，取前 24 个振型。计算结果见表 3-1。

由表 3-1 可知，三个模型前三阶周期、基底剪力及层间位移角差别都非常小，这表明细腰对该结构的低阶振动特性影响很小。分块刚性楼盖假定能捕捉到细腰左、右子结构的异步变形模态，如图 3-1 所示。其中，M-2 异步变形模态出现在第 12 阶，M-3 相应的模态出现在第 19 阶。

不同楼盖假定的模型周期及模态对比　　表 3-1

软件	模型编号	楼盖假定	周期（s）			基底剪力（kN）		层间位移角	
			T_1	T_2	T_3	X	Y	X	Y
Etabs	M-1	强制刚性	3.461	3.051	2.556	5811	5659	1/1528	1/1478
	M-2	分块刚性	3.464	3.070	2.568	5788	5633	1/1514	1/1465
	M-3	全楼弹性	3.487	3.086	2.594	5783	5583	1/1503	1/1453

注：T_1 为 X 向，T_2 为 Y 向，T_3 为扭转。

上面的模态分析结果证明，分块刚性楼板假定能够反应细腰的影响，但这种影响一般出现在高阶模态。因此，只要有足够的振型数，分块刚性模型能比较准确地考虑左、右子结构的不同步变形，即采用分块刚性假定能反应细腰对整体结构的影响。

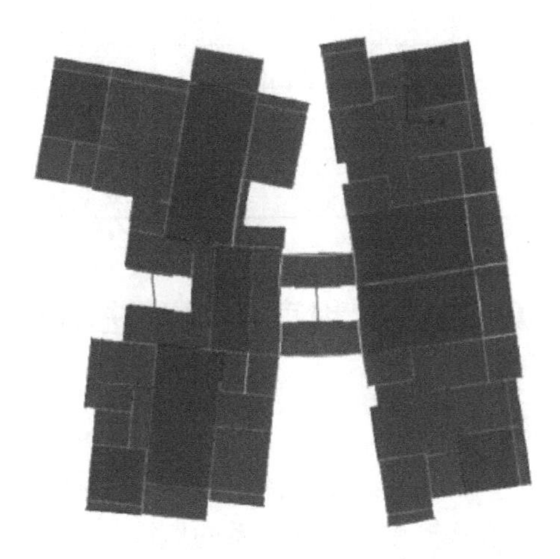

图 3-1　左、右子结构异步变形模态

3.2　子结构内力分配对比

楼板的刚度会影响到竖向构件地震作用的分配情况。刚性楼盖下，结构按竖向构件侧向刚度分配水平地震作用，而柔性楼盖则更倾向于按竖向构件各自分担的楼面荷载分配。细腰平面的细腰处楼板刚度较弱，地震剪力在左、右两个子结构中会存在重分配的情况。对比 ETABS 强制刚性楼盖和分块刚性楼盖模型左、右子结构的基底剪力如表 3-2 所示。

不同楼盖假定子结构基底剪力　　表 3-2

地震作用	X 向地震		Y 向地震	
	子结构 a（左）	子结构 b（右）	子结构 a（左）	子结构 b（右）
强制刚性	2834	2977	3778	1881
分块刚性	2760	3028	3716	1917

表 3-2 显示，与强制刚性楼盖相比，分块刚性楼盖模型子结构 a 分担的底部剪力仅减小约 2%，子结构 b 增大约 2%。这种基底剪力的变化实际上反映了细腰对结构整体性的影响。可以预见，在足够多振型前提下，如果细腰对结构削弱过大，那么强制刚性模型和分块刚性模型两个子结构的基底剪力变化会比较大，反之则差别较小。因此子结构在不同楼盖假定下基底剪力的变化实际上可以用来衡量细腰程度。

3.3　CQC 反应谱法振型数量的影响

前面提到分块刚性楼盖模型可以通过足够多的振型来反映细腰的影响。考虑将模型 M1-2 的计算振型数增加到 72 个，并与 24 个振型的模型典型墙体内力进行对比。计算振型数取 24 个时，结构的振型质量参与系数为 95.7%，72 个振型时提高到 99.8%。

由表 3-3 可知，增加了 48 个振型后，振型质量参与系数增加了 4.1%，基本接近于

1.0，但典型构件内力增加不足1%。因此，直接增加计算振型数以更加全面地考虑细腰两侧子结构异动影响的方法不可行。这说明两侧子结构相向对称运动的振型有互相抵消作用，因此其质量参与系数较小，对典型构件内力改变也较小。

72 振型相比 24 振型下墙体剪力增加百分比（%）　　表 3-3

楼层	方向	W1-1	W1-2	W1-3	W1-4	W1-5	W2-1	W2-2	W2-3	W2-4	W2-5
10	*X*	0.1	0.2	0.1	0.1	0.1	0.2	0.3	0.2	0.2	0.1
	Y	0.11	0.2	0.1	0.1	0.1	0.2	0.3	0.2	0.2	0.2
20	*X*	0.3	0.7	0.2	0.1	0.1	0.1	0.3	0.3	0.4	0.1
	Y	0.3	0.8	0.2	0.1	0.1	0.1	0.3	0.3	0.4	0.0
30	*X*	0.5	0.9	0.0	0.0	0.0	0.3	0.6	0.1	0.1	0.1
	Y	0.6	0.8	0.0	0.0	0.1	0.3	0.6	0.0	0.0	0.1
40	*X*	0.7	0.4	0.1	0.1	0.0	0.2	0.1	0.1	0.1	0.0
	Y	0.7	0.4	0.1	0.1	0.0	0.2	0.2	0.1	0.1	0.0

4 弹性时程直接积分法与 CQC 反应谱法计算对比

4.1 概述

CQC 反应谱法根据单自由度加速度反应谱求解各个振型的等效地震作用，然后振型组合得到多自由度体系的地震作用效应。反应谱法必须先进行模态分析求解结构振型。时程直接积分法不经过模态分析，直接将动力作用以时间函数的形式引入微分方程，并通过积分得到每一时刻的结构响应。

由前文可知，反映细腰平面影响的典型模态出现在高阶振型，但 CQC 反应谱法高阶振型的振型参与质量系数较低，造成高阶振型的模拟可能存在较大的误差，故考虑采用弹性时程直接积分法与 CQC 反应谱算法进行对比。

采用 SAP2000 软件建立结构三维计算模型，全楼弹性楼盖假定。本节重在探讨两种计算方法的差别，故仅选取一条具有代表性的 Elcentro 波，并将该时程函数转换成对应的加速度反应谱，如图 4-1 所示，进行时程分析法和自身反应谱的对比分析。

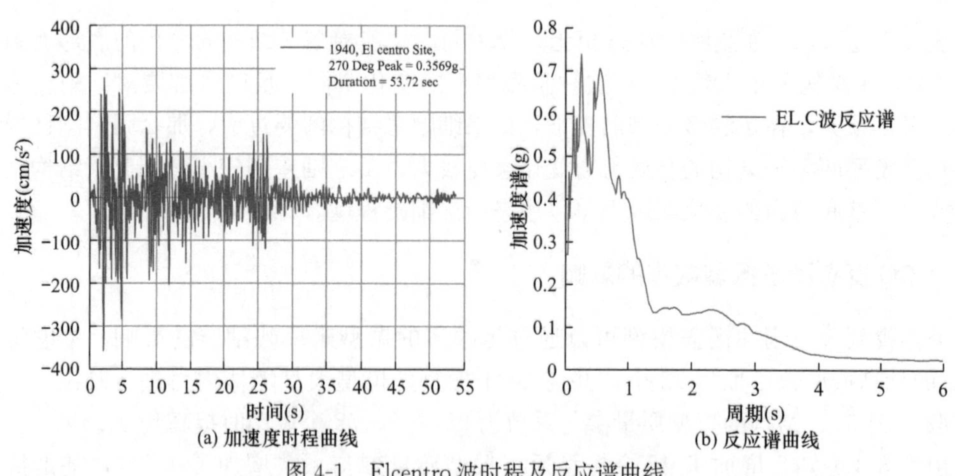

图 4-1　Elcentro 波时程及反应谱曲线

表 4-1 显示，直接积分时程分析方法得到的基底剪力与反应谱法基本接近。

时程直接积分法和反应谱法基底剪力（kN）　表 4-1

工况	CQC 反应谱		直接积分时程	
方向	X	Y	X	Y
Elcentro 波	61045	59350	64938	63015

4.2　典型墙体剪力对比

提取图 2-1 中典型墙体的 Elcentro 波时程分析各时刻绝对值最大的剪力与反应谱法剪力的比值，如图 4-2 所示。

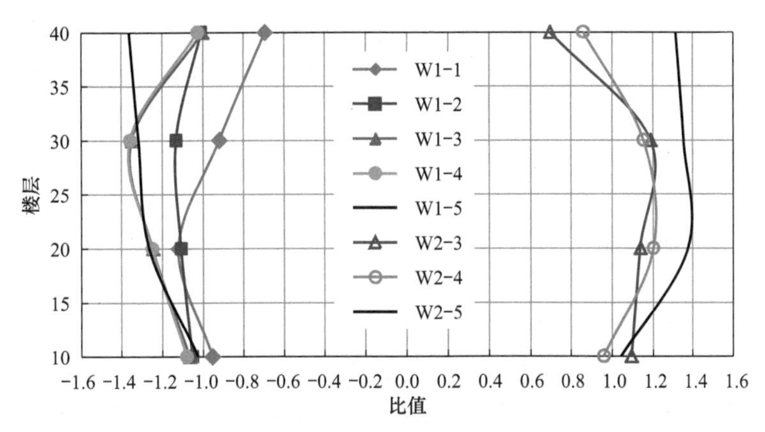

图 4-2　Y 向地震工况典型墙剪力比值（时程/反应谱）

注：为便于观察，人为将 W1-2～W1-5 的比值异号，置于图表左侧。

可以看到，Y 向地震作用下，时程分析结果基本大于反应谱结果，特别是细腰位置的墙体 W5，中高区墙体剪力比值最大达到 1.4。

4.3　细腰处楼板内力对比

以整个细腰宽度的楼板作为考察对象，提取细腰 X 向地震作用下的轴力以及 Y 向地震作用下的剪力对比，如图 4-3 所示。

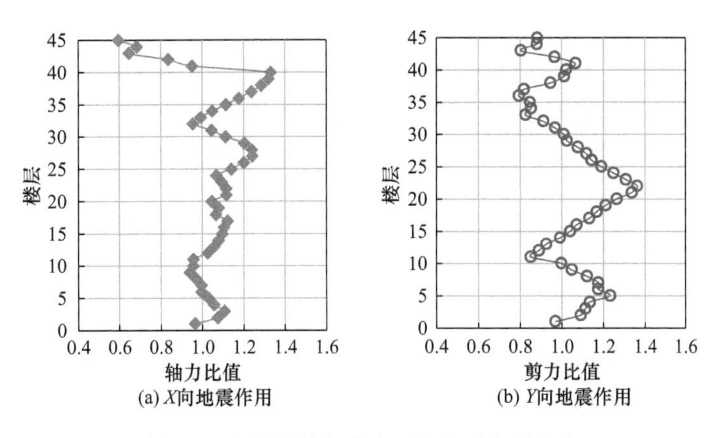

图 4-3　细腰处楼板内力时程与反应谱比值

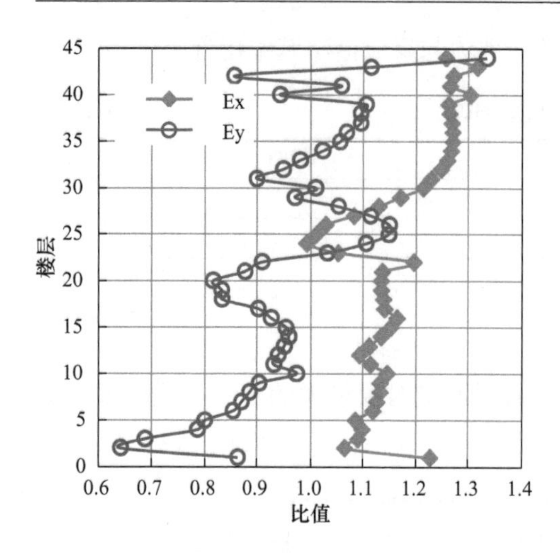

图 4-4 细腰处梁轴力时程与反应谱比值

图 4-3 表明，时程分析法中，大多数楼层内力计算结果比反应谱法大。X 向时程楼板轴力较反应谱法平均大 10%左右，中高区楼层较大处达到 35%。Y 向时程楼板剪力较反应谱法平均大 10%左右，中区楼层较大处达到 40%。

4.4 细腰处梁轴力对比

提取图 2-1 中细腰位置典型边梁 L1 的各层时程法与反应谱法轴力，比值如图 4-4 所示。

可以看到，X 向地震作用下，时程分析法细腰边梁轴力基本大于反应谱法结果，平均大 15%左右，高区楼层最大达到 30%。Y 向地震作用下，时程分析法细腰边梁轴力基本小于反应谱法结果，高区楼层大 10%左右。

5 阻尼比的影响

瑞利（Rayleigh）阻尼模型假设阻尼矩阵与质量矩阵和刚度矩阵线性相关[4]。采用瑞利阻尼，结构高阶振型阻尼比相对于常阻尼模型一般会迅速增大。本案例第 12 阶模态为子结构相向运动模态，对细腰受力影响最大，该模态瑞利阻尼比约为 0.134。

通过减小高阶振型阻尼比，偏安全地考虑高阶振型的不利影响，对比常阻尼模型及瑞利阻尼模型细腰楼板内力结果如表 5-1 所示。

不同阻尼模型细腰楼板内力对比 表 5-1

楼层	剪力		弯矩	
	瑞利阻尼	常阻尼（0.05）	瑞利阻尼	常阻尼（0.05）
1	152.1	153.7	326.7	381.6
10	27.7	43.7	786.8	991.4
20	67.6	79.4	985.4	1207.3
30	58.4	79.2	750.0	798.7
40	44.8	65.1	450.3	745.2

由表 5-1 可知，常阻尼模型细腰楼板剪力较瑞利阻尼模型平均增加约 31.4%，弯矩平均增加约 27.5%。因此采用常阻尼模型计算得到的细腰内力会偏安全，可以用于工程设计。

6 细腰程度影响

考虑到限定结构的规则性，多种规范、规程和细则均给定了细腰宽度限值，不尽相同。为量化细腰程度的影响以及考察细腰结构判定条件的完善性，在 SAP2000 计算模型的基础上，通过变化细腰处楼板宽度建立多个模型进行对比分析。

6.1 结构特性

如表 6-1 所示，左、右子结构第一阶模态均为 X 向平动，周期相差 22.7%；第二阶模态为 Y 向平动，周期相差 13.2%；第三阶均为扭转模态。子结构 b 与子结构 a 相比刚度较小，但总体来看，左、右子结构动力特性基本接近。

不同细腰模型结构基本指标　　表 6-1

周期	M5-0-a	M5-0-b	M5-1	M5-2	M5-3	M5-4
T_1(s)	3.9092	4.7973	3.5805	3.5699	3.5471	3.5257
T_2(s)	2.9406	3.3293	3.2108	3.2098	3.2046	3.1959
T_3(s)	2.3882	2.4570	2.7660	2.7661	2.7651	2.7608
异步运动所在模态			10 阶	12 阶	16 阶	20 阶
X 向基底剪力（kN）			58545	58944	59468	59771
Y 向基底剪力（kN）			59028	58783	59249	59662

注：模态方向同表 3-1。M5-0-a 和 M5-0-b 分别为 M5-2 左、右子结构独立模型，M5-1～M5-4 细腰程度依次为：15.7%、23%（原始模型）、30.3%和 37.6%。

细腰在 X 向通过轴向拉压提供刚度，而其轴向刚度基本上与细腰宽度及细腰处楼板厚度成正比。因此，虽然 M5-1 模型细腰程度达到 15.7%，但细腰处楼板轴向刚度约为正常楼板刚度的 47.1%，结构 X 向整体性得到改善，完整结构 X 向平动周期较左、右子结构小。细腰在 Y 向主要通过抗弯和抗剪来发挥协调作用，但其跨度较大，因此其抗弯刚度相对较小，完整结构 Y 向周期介于左、右子结构之间。

对比 M5-1～M5-4 计算结果，随着细腰程度的减小，结构周期略有增加，基底剪力略有减小，变化幅度均不超过 2%。但是，细腰程度越严重，细腰两侧子结构扇形相向运动的振型将会越早出现，意味着细腰协调两侧子结构 Y 向变形的能力越弱。当腰细至 15.7%的程度，第 24 阶模态出现上下异向错动模态，可能更不利。

6.2 细腰程度对构件内力的影响

以图 2-1 中细腰处边梁（L1）、板（B1）以及典型墙 W1-1～W2-5 为考察对象，取不同细腰程度模型的构件大震弹性内力进行对比分析。

6.2.1 细腰边梁

细腰边梁轴力反映了细腰的抗弯刚度及协调子结构 Y 向变形的能力。随着细腰宽度减小，细腰边梁的轴力也逐渐减小，不同细腰梁轴力对比如图 6-1 所示。细腰处楼板越宽，其抗弯刚度越大，限制左、右子结构异动的能力越强，梁轴力越大。当细腰程度为 15.7%、30.3%和 37.6%时，梁轴力分别为原始模型的 0.65 倍、1.13 倍和 1.75 倍。

6.2.2 细腰楼板

取图 2-1 中细腰处板 B1 为考察对象，楼板应力如表 6-2 所示。可以看到，细腰程度为 23%时，大震工况下楼板最大拉应力约 2.1MPa，剪应力 0.65MPa，达到混凝土强度标准值。

由图 6-2 可知，细腰宽度越小，楼板剪应力和拉应力越大。细腰程度为 15.7%时，楼板最大拉应力达 3.1MPa，剪应力达 1.2MPa，超过混凝土强度标准值，不满足相应的性能目标，且细腰处楼板有效宽度小于 5m。

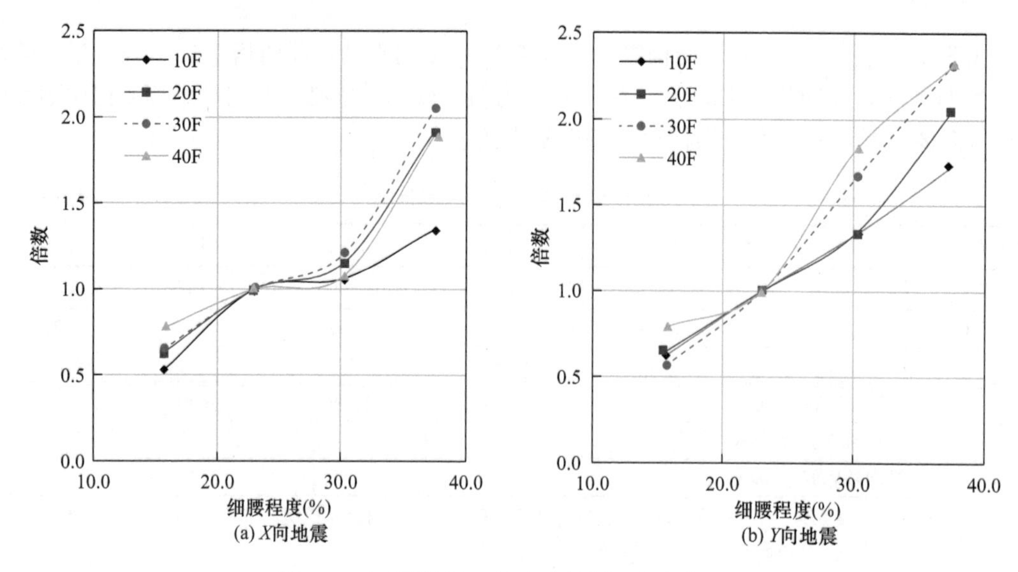

图 6-1　典型楼层 L1 轴力随细腰程度变化曲线

23%细腰典型楼层 B1 应力　　**表 6-2**

楼层	10	20	30	40
σ(N/mm²)	2.05	2.08	1.99	1.52
τ(N/mm²)	0.62	0.65	0.39	0.50

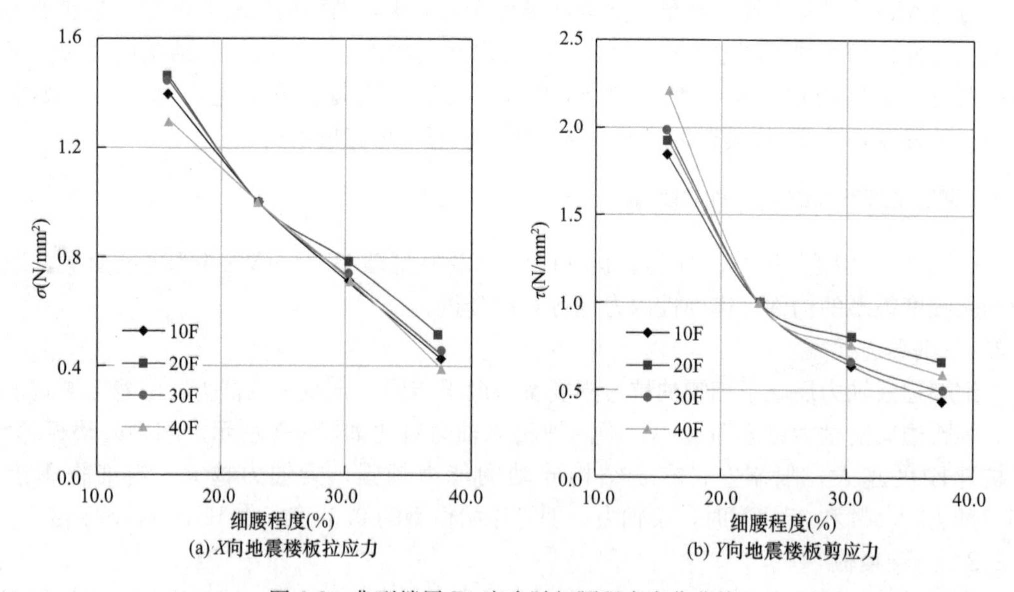

图 6-2　典型楼层 B1 应力随细腰程度变化曲线

6.2.3　剪力墙

选取图 2-1 中 W1-1～W2-5 共 10 片剪力墙进行统计，变化细腰宽度，墙体剪力与原始模型的比值规律性不明显，考虑以散点图方式示出，如图 6-3 所示。

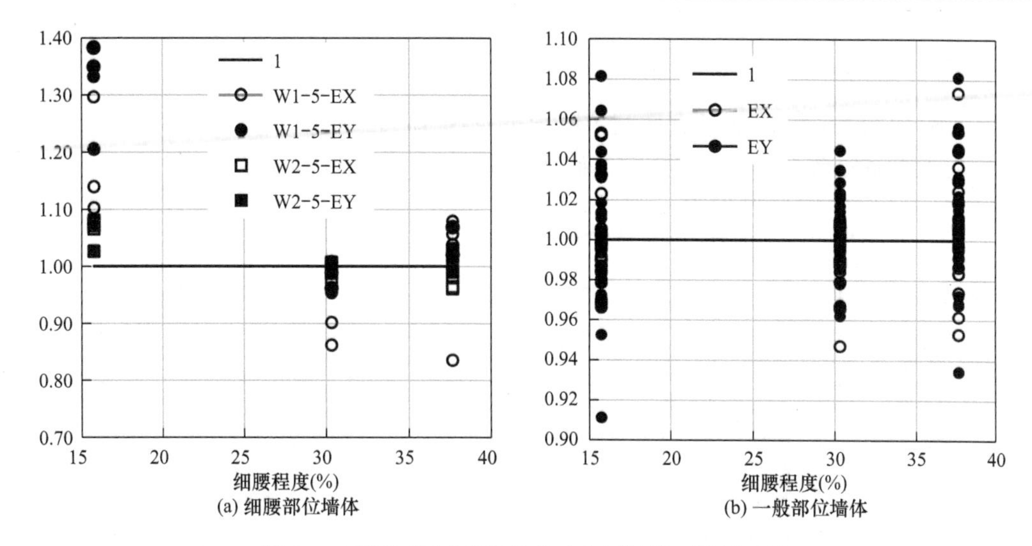

图 6-3 不同细腰程度墙体剪力与原始模型结果比值

由于两侧子结构的周期和基本振型较接近，说明地震作用下基本同步变形，剪力墙受力倾向于由各自子结构范围内的质量和刚度支配。由图 6-3 可知，一般部位墙肢对细腰的变化较不敏感，波动幅度平均在 4%以内。但细腰处墙肢 W1-5 剪力波动幅度稍大，平均为 13.2%，个别达到 30%以上。

7 大震动力弹塑性分析

7.1 概述

采用大型通用软件 ABAQUS 进行动力弹塑性时程分析，重点关注细腰部位构件的塑性损伤。

钢筋选用理想弹塑性等向强化二折线模型。混凝土采用塑性损伤本构模型，以损伤系数作为构件进入塑性及破坏程度的判别参数。

7.2 模型校核及地震作用输入

共选取一组人工波和两组天然波，并按《建筑抗震设计规范》要求将主方向峰值调整到 220gal。地震时程曲线及拟合的反应谱曲线如图 7-1 所示。

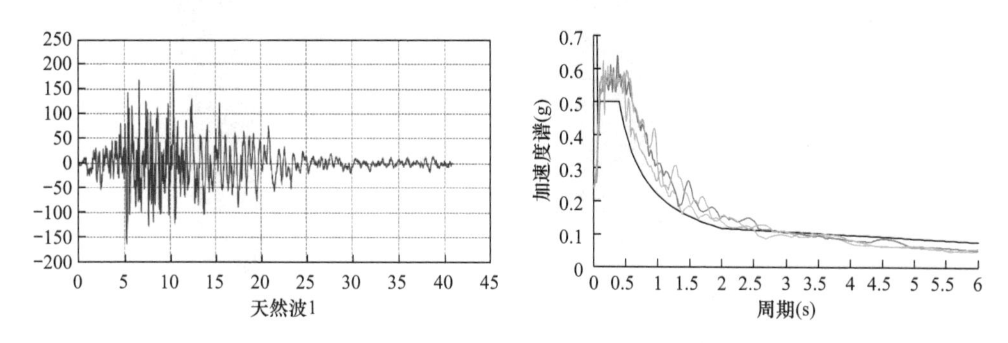

图 7-1 天然波 1 加速度时程及反应谱曲线

7.3 结构位移响应

X 向和 Y 向大震作用下最大层间位移角分别为 1/308 和 1/341（图 7-2、图 7-3）。X 向和 Y 向大震基底剪力与小震反应谱基底剪力比值分别为 5.0 和 4.8。

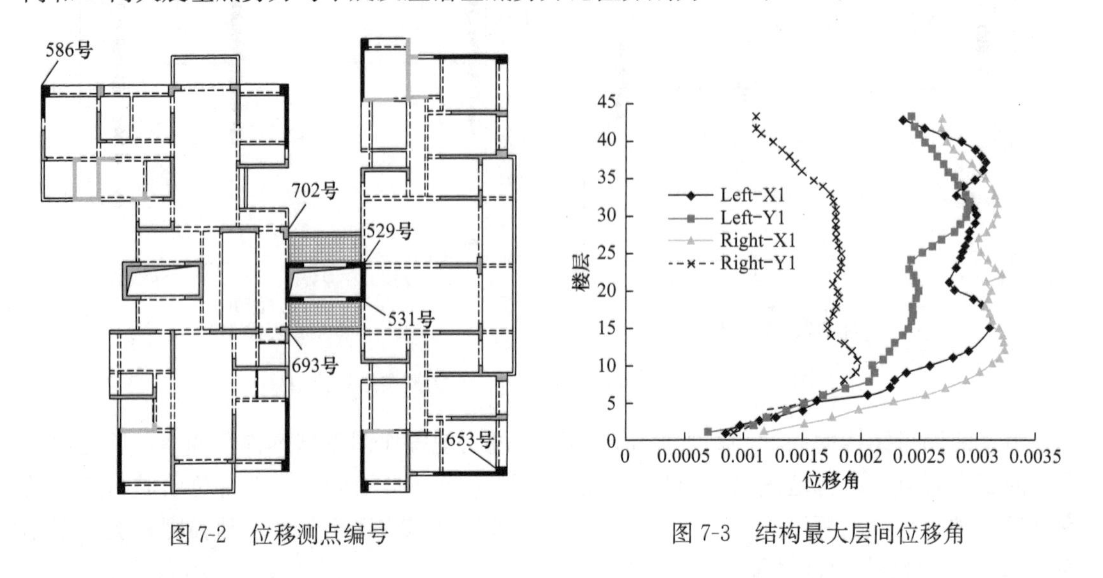

图 7-2 位移测点编号

图 7-3 结构最大层间位移角

7.4 细腰位置楼板损伤

图 7-4 所示为细腰位置楼板最终损伤云图。可以看到，细腰位置楼板受压损伤均小于 0.1，大震作用下细腰位置楼板能够保证其整体性，不会发生压坏而丧失传递水平力的能力。

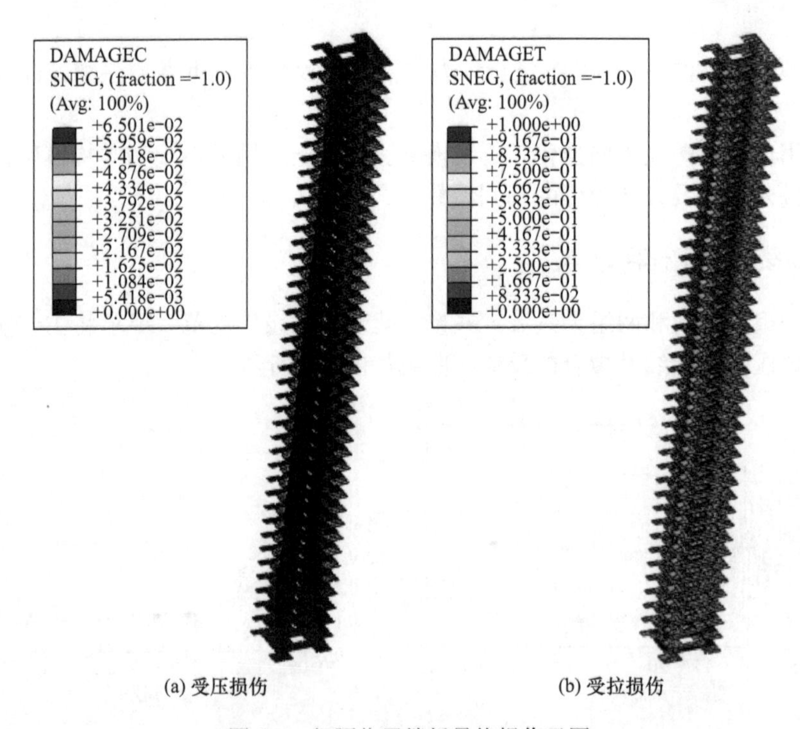

(a) 受压损伤　　(b) 受拉损伤

图 7-4 细腰位置楼板最终损伤云图

楼板的受拉损伤相对比较严重，大多数楼板损伤系数达到 0.67，最大的单元损伤达到 0.83。因此，细腰部位楼板可能会发生受拉开裂。

如图 7-5 所示，大部分楼板钢筋拉应力在 200MPa 以下，钢筋还留有较大的富余量，楼板能够保证其完整性并传递水平力。图 7-5（b）中典型楼层框示区域楼板钢筋应变超过 0.002，即楼板钢筋发生屈服，应增大该区域板厚以及配筋。

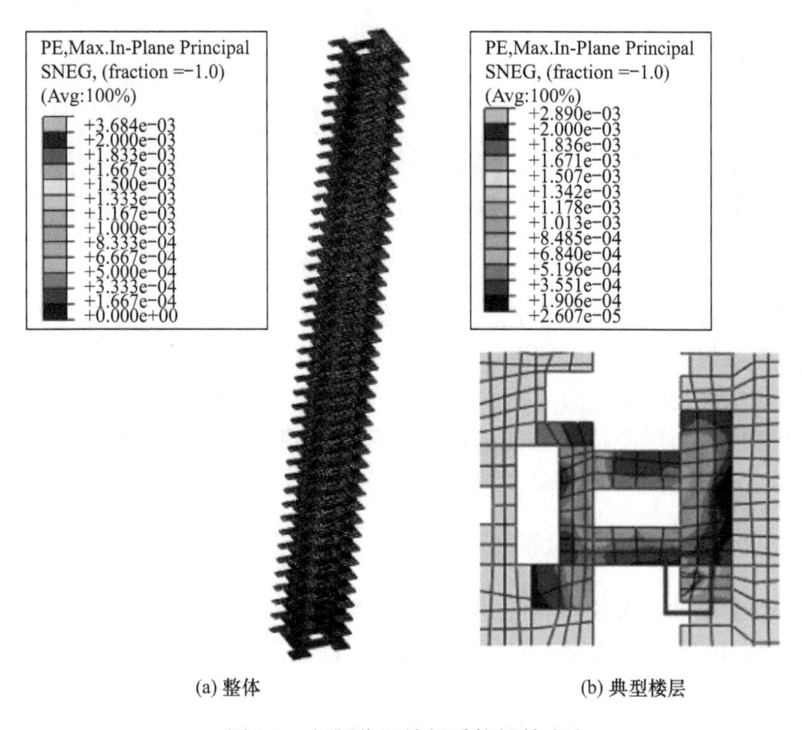

(a) 整体　　(b) 典型楼层

图 7-5　细腰位置楼板受拉钢筋应变

图 7-6、图 7-7 所示为典型楼层（25 层）楼板受拉损伤云图以及楼板拉应变分布。

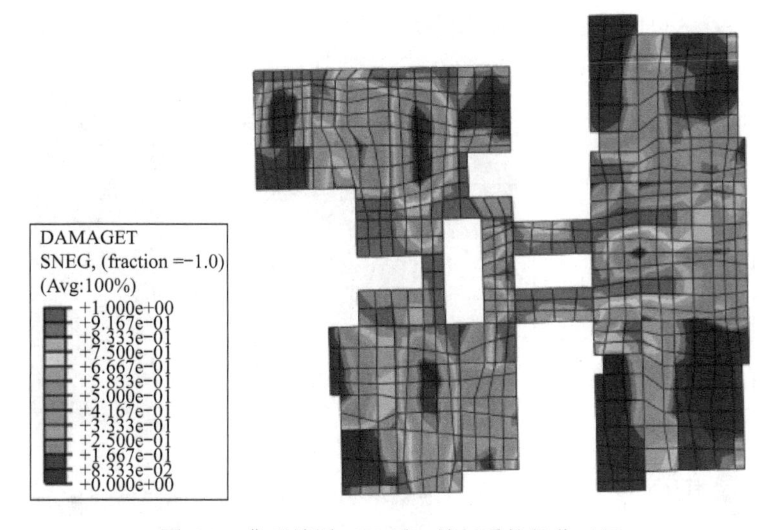

图 7-6　典型楼层（25 层）楼板受拉损伤云图

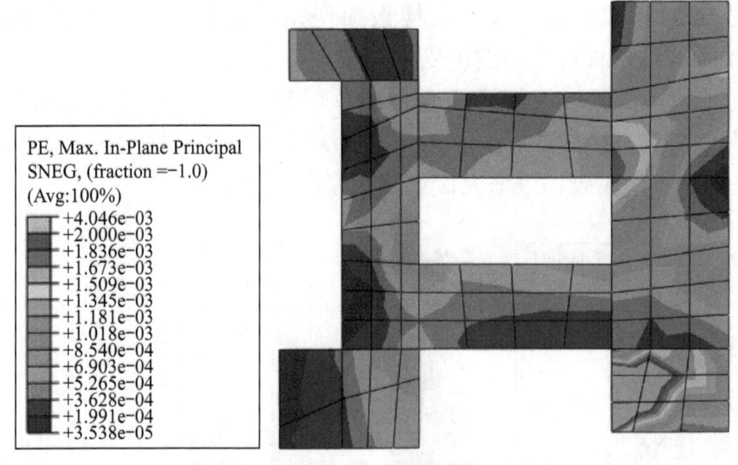

图 7-7 25 层细腰位置楼板塑性应变

可以看到，细腰位置受拉损伤基本达到 0.83 左右。一些大跨度的板（比如客厅和卧室）支座位置也存在受拉损伤较大的情况，可能是由于自重作用与地震作用的叠加，导致板开裂，但这些区域板面均配置了附加钢筋。细腰位置楼板最大塑性应变不超过 0.00167，表明钢筋未发生屈服。与细腰位置相连的板部分区域（图 7-7 灰色区域）超过 0.002，应考虑适当增大该位置板厚到 120mm，并增大配筋率。

7.5 增设连接板后楼板损伤情况

基于结构概念设计，对细腰位置考虑隔层设置连接板进行加强处理，连接板宽 2m，厚 250mm，设置 400mm 高边梁。对设置连接板后的模型进行计算分析，并与未设置连接板的模型进行对比。

设置连接板后，X 向和 Y 向在相同的罕遇地震作用下，最大基底剪力与小震反应谱基底剪力比值分别为 5.2 和 4.9，即设置连接板的最大基底剪力稍有增大，表明结构总体塑性损伤有所减轻。

由图 7-8、图 7-9 可以看到，细腰位置受拉损伤基本达到 0.8 左右。但塑性应变图显示，

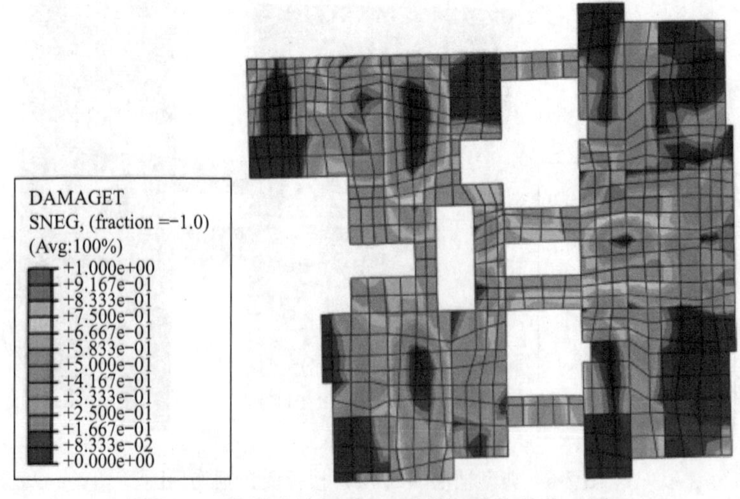

图 7-8 增设连接板后 25 层楼板受拉损伤云图

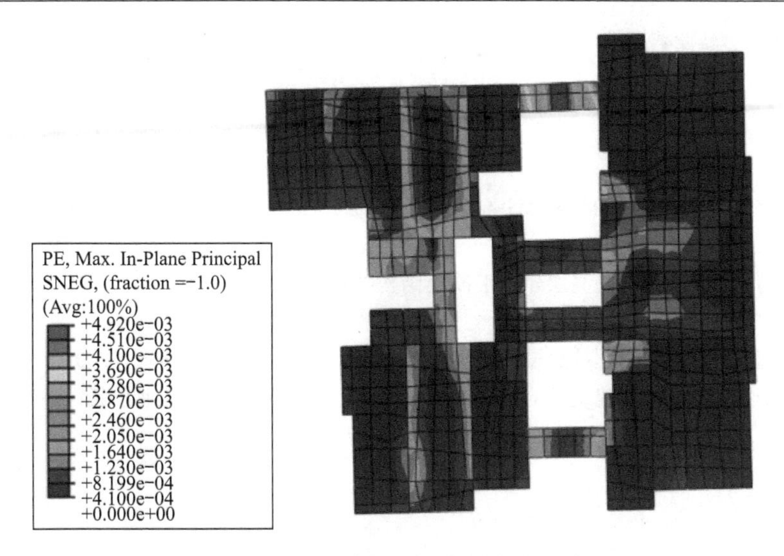

图 7-9 增设连接板后 25 层楼板塑性应变

结构在细腰位置的塑性应变显著减小，最大塑性应变仅为 0.0009，小于未设连接板时细腰楼板的塑性应变 0.00118，表明连接板的设置能明显减小细腰位置楼板钢筋应力。

外侧新增的连接板存在应力集中的现象，最大塑性拉应变超过 0.002，达到 0.005 左右，大部分区域塑性拉应变在 0.0017～0.0023 之间，板中钢筋受拉屈服，需要调整板配筋。连接板更靠近外侧，其受力相对于细腰位置楼板更大也更直接，因此应提高连接板的配筋率。根据塑性应变结果推算，当单层配筋率达到 0.27%时，能保证连接板大震不屈服。

8 结论

结合某实际工程，分别采用多种计算程序对平面细腰形结构的整体特性、构件弹性内力及大震作用下的结构塑性损伤情况进行了分析，总结如下：

（1）对于平面细腰形结构，分块刚性楼盖假定的 CQC 反应谱法在一定程度上能够考虑细腰对结构的影响，非细腰部位的构件可采用该方法进行分析与设计。

（2）弹性时程分析方法可以较好地评估细腰构件的受力，就文中工程案例所选 Elcentro 波而言：细腰处中区和高区楼层将 CQC 反应谱法的构件内力放大 30%基本可以包络时程分析结果。

（3）阻尼比是影响结构动力分析的重要因素，可采用常阻尼模型，偏安全地考虑高阶不利振型对细腰的影响。

（4）本文案例大震动力弹塑性分析显示，23%细腰程度时，细腰损伤较严重，但未达到危及整体结构安全的程度，结构仍具备较强的耗能和塑性变形能力。增加连接板后，细腰处损伤明显减轻，薄弱部位转移至外围连接板。

（5）细腰平面对结构抗震不利，因此对细腰程度应加以控制，控制标准建议综合考虑设防烈度、细腰两侧子结构的振动特性来确定。

致谢：在本文工程案例的分析、设计以及本文写作过程中得到了深圳市力鹏建筑结构设计事务所魏琏教授的大力支持，特此感谢。

参考文献

[1] 住房和城乡建设部．建筑抗震设计规范：GB 50011－2010 [S]．北京：中国建筑工业出版社，2010.

[2] 广东省住房和城乡建设厅．高层建筑混凝土结构技术规程：DBJ 15－92－2013 [S]．北京：中国建筑工业出版社，2013.

[3] 吕西林．超限高层建筑工程抗震设计指南 [M]．上海：同济大学出版社，2009.

[4] 李国强，李杰，苏小卒．建筑结构抗震设计 [M]．北京：中国建筑工业出版社，2004.

19 高层建筑结构在水平荷载作用下的楼板应力分析与设计

魏琏[1,2]，王森[1,2]，陈兆荣[1,2]，曾庆立[1,2]，杨仁孟[1,2]
（1 深圳市力鹏工程结构技术有限公司，深圳 518034；
2 深圳市力鹏建筑结构设计事务所，深圳 518034）

【摘要】 楼板作为主要水平构件，不仅需要承受和传递荷载，而且需要协调各抗侧力构件之间的变形。高层建筑结构楼板设计时，目前只考虑竖向荷载引起的面外弯矩，忽视了水平荷载作用下产生的楼板面外弯矩和面内内力的影响，本文对高层建筑楼板面内应力分析与设计进行了探讨，介绍了常用计算程序中分析应力的方法，给出了楼板承载力验算方法。通过工程案例说明了方法的应用。

【关键词】 面外弯矩；面内应力；水平荷载；计算程序；楼板承载力

1 前言

对于高层建筑结构，需由水平和竖向构件组成的抗侧力体系抵抗和传递水平力。楼板作为主要水平构件，不仅承受和传递竖向荷载，而且需要把地震及风荷载等引起的水平力传递和分配到各竖向抗侧力构件，协调各抗侧力构件之间的变形。

随着高层建筑结构的迅速发展，平面不规则、楼板不连续、竖向不规则、框架边筒（筒偏置）、一向少墙的剪力墙结构等纷纷涌现，此类结构的楼板，在水平荷载作用下将产生较大的楼板平面内轴力、剪力，以及面外附加弯矩，在结构设计中必须加以考虑。

现行计算程序对楼板设计主要考虑了竖向荷载的作用，并未涵盖水平荷载对楼板平面内和平面外作用的内容。为了考虑水平荷载对楼板的作用，工程界现已逐渐推广采用楼板应力分析的有限元方法进行补充验算，但是如何应用程序进行楼板的应力分析和设计尚存在一些困惑，规范对此没有相应的规定。因此，在楼板承载力验算时，如何考虑水平荷载作用下楼板受力是工程界亟待解决的问题。以下对此进行研讨并提出相应的建议。

2 楼板应力的主要形式与意义

2.1 楼板面内受力的应力形式

对于楼板不连续、大开洞、平面不规则等结构，在水平荷载作用下，面内可能会产生较大的轴向力和剪力。在轴向力作用下，楼板可能全截面受拉也可能全截面受压。假设楼板的轴向正应力为 σ_N，其应力分布如图 2-1 所示。

在楼板面内的剪应力与轴向正应力共同作用下，楼板的主拉应力较轴向正应力大，此时楼板的抗裂性由主拉应力控制。对于平面不规则结构，常常存在楼板的弱连接位置，此处楼板的面内剪力需由楼板受剪承载力来抵抗。

2.2 楼板面外受力的应力形式

在水平荷载作用下，楼板除产生一定的面内轴向力和剪力外，楼板面外会产生一定的弯矩，如一向少墙的剪力墙结构，此时楼板受力特征与受弯梁相似。楼板上表面的弯曲正应力 σ_M^T 与下表面的弯曲正应力 σ_M^B 形成抵抗力矩，在满足平截面假定的情形下，其应力分布呈现以截面中性轴为界，楼板上、下表面一侧受拉一侧受压，楼板中性轴所在面应力为 0 的情形，如图 2-2 所示。

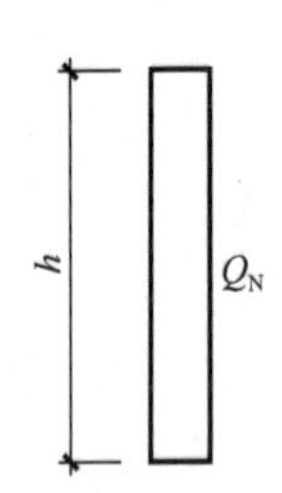

图 2-1 平面内轴向受力应力分布

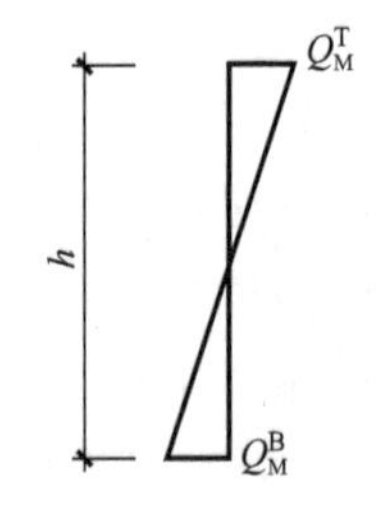

图 2-2 组成平面外弯矩的弯曲应力分布

2.3 楼板应力的意义

虽然在水平荷载作用下，楼板应力存在面内的轴向正应力、剪应力、主拉应力以及面外弯曲正应力等几种形式，但在进行楼板应力分析时，对不同的结构，每一种应力的重要性以及意义不同。

楼板轴向正应力的主要意义在于判断楼板可能发生受拉破坏的部位及严重程度，并根据计算结果，对薄弱部位采用面内轴向合力进行楼板配筋计算。由于弯曲正应力与轴向正应力同时存在，此时楼板配筋应取弯曲正应力配筋结果与轴向正应力配筋结果之和。

对于弱连接楼板，如平面布置为角部重叠的狭窄部位、平面布置为细腰形的中部细腰等弱连接部位，在水平荷载作用下，可能产生较大的面内应力，导致弱连接部位的楼板先于抗侧力构件发生受拉或者受剪破坏。因此对于弱连接楼板，应首先根据轴向正应力以及剪应力判断其薄弱位置及范围，然后选定薄弱位置分别进行全截面受拉以及全截面受剪承载力验算。

主拉应力的主要作用在于定性判断楼板裂缝开展情况，并根据主拉应力云图判断需要采取加强措施的薄弱位置。由于主拉应力方向的不一致，一般不宜根据主拉应力迹线的走势进行楼板配筋设计，宜按照轴向应力方向进行。

弯曲正应力形成楼板面外弯矩，此时楼板的受弯配筋设计应由竖向荷载产生的面外弯矩配筋和水平荷载产生的面外弯矩配筋叠加组成。同时，如平面大开洞、弱连接楼板等结构，在水平荷载作用下，楼板的面内受力较大，需根据面内计算结果另行进行配筋计算。

3 常用程序关于楼板应力分析与设计的应用

现行程序主要输出的是楼板上、下表面的应力结果，然而对于不同的结构而言，需要提取的应力结果不同，在使用程序计算结果时，需加以区分和处理。目前楼板应力分析的程序主要有ETABS和MIDAS/Gen，以下探讨如何应用ETABS和MIDAS/Gen获得所需要的楼板应力。

3.1　楼板建模建议

为了得到较精确的应力结果，在ETABS和MIDAS/Gen建模时，宜尽量采用四边形单元，少用三角形单元进行楼板精细化网格剖分。同时，为了提高计算分析的效率，对于较规则的楼板，可采用较大的网格尺寸，如尺寸较大的楼板，可采用1.5m到2m的网格，关键部位应采用0.5m到1m左右的小网格尺寸。

3.2　ETABS的应用

ETABS通过壳单元，并设置不同的膜厚度（提供面内刚度）以及弯曲厚度（提供面外抗弯刚度）来模拟楼板的平面内拉压、剪切、弯曲以及平面外的弯曲与剪切等[1]。对于分析结果，可以提取板顶和板底的正应力、剪应力和主拉应力。ETABS输出的板顶正应力σ_S^T、板底正应力σ_S^B是图2-1以及图2-2叠加的结果，如图3-1所示。此处假定由轴向力引起的正应力大于弯曲正应力。结合2.3节分析可知，对于需要考虑楼板面内力的影响时，程序给出的楼板上、下表面的应力结果不能直接用于楼板面内的设计。因此为了正确应用楼板应力分析结果，需要从程序输出的应力结果中分离出弯曲应力及轴向正应力。

为了从ETABS程序的输出结果中分离出面内轴向力对应的面内轴向正应力，可以通过以下两种方式来实现：①通过楼板顶面和底面的正应力结果取平均值来获得，然而由于复杂高层建筑结构需要分析的楼板数量较多，采用此方法效率较低；②通过设置一个较小的楼板弯曲厚度，即忽略楼板平面外的刚度，此时ETABS输出的楼板顶面和底面的正应力结果与实际的楼板轴向正应力接近，此方法的优点在于可以直接从程序输出的结果中获得楼板的轴向应力，直观且方便快捷。

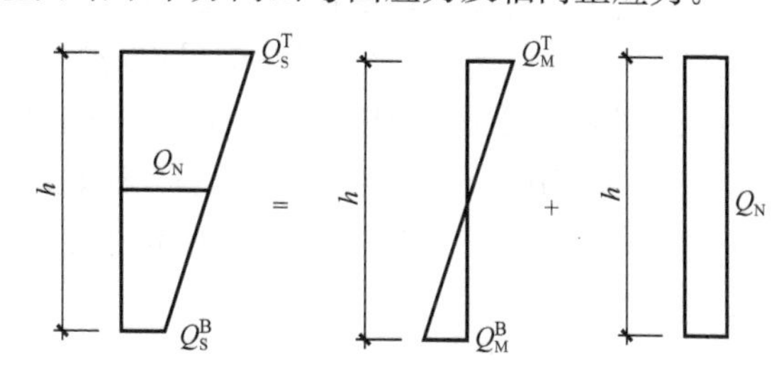

图3-1　ETABS输出的楼板应力结果

将弯曲正应力与轴向正应力分离后，可根据轴向正应力的计算结果，判断楼板薄弱部位，并对相应位置截面切割求取合力进行楼板面内承载力验算。

3.3　MIDAS/Gen的应用

MIDAS/Gen通过板单元，并设置不同的平面内厚度（提供面内刚度）及平面外厚度（提供面外抗弯刚度）来模拟楼板的平面内拉压、剪切、弯曲以及平面外的弯曲与剪切等[2]。对于分析结果，可以提取板顶和板底的正应力、剪应力和主拉应力；MIDAS/Gen输出的板顶正应力σ_S^T、板底正应力σ_S^B与ETABS一样是图2-1以及图2-2叠加的结果。对于不同的结构，需要提取的应力结果不同，为了实现弯曲正应力与轴向正应力的分离，可以在MIDAS/Gen原有的楼板中间部位添加一层面内、面外厚度较小，如1mm厚的薄膜，虽然此时薄膜的面内厚度较小，但由于共节点的原因，此薄膜在平面内的位移与原楼板一致，故此时薄膜的顶面和底面的正应力结果与实际的楼板轴向正应力接近。

需要指出的是，MIDAS/Gen 输出的应力云图可显示具体的单元应力数值，但此单元应力数值为单元各节点应力数值中的最大值，不能反映在一定尺寸范围内的楼板受力状况，不宜直接采用此最大值进行楼板承载力设计，建议采用网格划分尺寸内的应力平均值进行设计。选择显示单元应力数值的实际意义在于有助于直观、快速地初步判断楼板的应力集中部位。

3.4 楼板应力分析校核

为确保楼板应力分析结果的可靠性和准确性，建议采用反应谱分析法，根据两个不同的程序分析校核楼板应力。也可采用同一程序，应用弹性时程分析法和反应谱分析法进行楼板应力校核。

3.5 楼面梁轴向承载力验算

目前工程界主要是把楼板作为水平构件，验算楼板在竖向和水平荷载作用下的承载力。实际上，楼板与楼面梁整体浇筑，水平荷载作用下楼面梁同样会产生轴向变形和弯曲变形。

一般而言，采用 ETABS、MIDAS/Gen 等有限元软件建模时，梁、柱、斜撑等构件采用梁（线）单元，剪力墙、楼板等构件采用壳（板）单元。梁（线）单元与壳单元通过相交的节点进行连接，ETABS 中可以通过指定线约束来协调梁与板的变形，MIDAS/Gen 需细分网格，通过网格与梁单元相交的节点协调变形。壳单元的实质是一层薄膜，ETABS 与 MIDAS/Gen 默认的处理方法是把楼板中面作为薄膜，即梁与楼板的相交节点均在楼板中面上。图 3-2、图 3-3 所示分别为 ETABS 与 MIDAS/Gen 中默认的楼板与梁的计算模型。

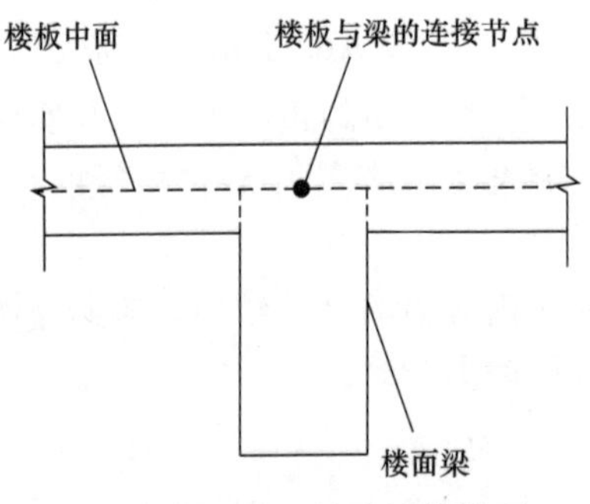

图 3-2　ETABS 默认计算模型

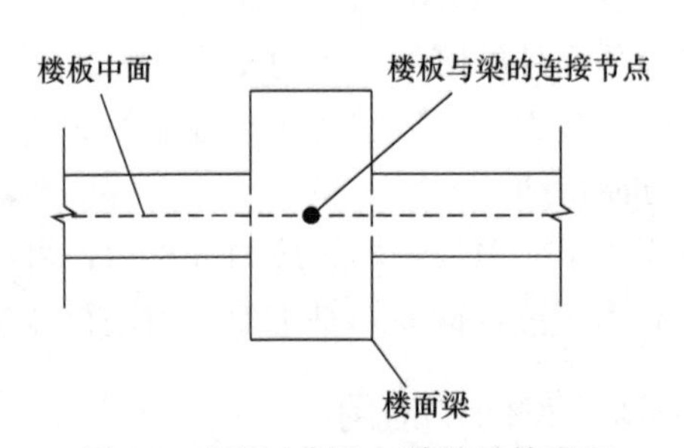

图 3-3　MIDAS/Gen 默认计算模型

从图 3-2 可以看出，ETABS 程序默认是梁顶面中心点与楼板的中面连接，此模拟方法较符合实际，但程序在计算梁的内力时，只对线单元的截面进行积分，而忽略了楼板翼缘，此时计算得到的梁内力不符合实际。从图 3-3 可以看出，MIDAS/Gen 程序默认是梁的截面中心（几何中心）与楼板的中面连接，此模拟方法计算得到的梁轴力较接近实际，但计算得到的梁弯矩失真，此时可以考虑通过人工输入梁刚度放大系数来解决。综上，建议采用 MIDAS/Gen 默认建模方法，同时人工输入梁的刚度放大系数以考虑楼板翼缘的贡献。

采用简化计算方法，梁弯矩由钢筋承受；考虑梁顶部、底部及腰筋等纵向贯通筋及可能内置钢板共同承受轴向拉力，轴向承载力按下式验算：

$$A_{s1}\times f_{yk1}+A_{s2}\times f_{yk2}\geqslant N \tag{3-1}$$

式中，A_{s1}、A_{s2}分别为纵向钢筋以及型钢的面积；f_{yk1}、f_{yk2}分别为纵向钢筋以及型钢的材料强度标准值。

4　楼板设计承载力验算方法

进行楼板截面配筋和承载力设计时，应同时计入竖向荷载和水平荷载作用的影响。一般较规则的高层建筑在竖向荷载作用下楼板仅产生弯曲应力，楼板面内应力可忽略不计。但对于有斜撑、斜柱、加强层、腰桁架等的高层建筑，竖向荷载作用下楼板会产生较大的面内应力和一定的面外弯曲应力，在进行配筋设计时，应将其与水平荷载作用下的相应计算结果相加。结合上述分析和《高层建筑混凝土结构技术规程》JGJ 3—2010[3]，对楼板承载力验算方法提出如下建议。

4.1　小震/风荷载作用下楼板面内主拉应力验算

荷载组合为：

$$S_{k}=S_{GE}+S_{Ehk}^{*}+0.4S_{Evk}^{*}+\Psi_{w}S_{wk} \tag{4-1}$$

式中，S_k 为荷载标准组合的效应设计值；S_{GE}为重力荷载代表值的效应，当竖向荷载作用下，楼板不出现面内应力或数值很小时，取为零；S_{Ehk}^{*}、S_{Evk}^{*}分别为水平和竖向地震作用标准值的构件内力；S_{wk}为风荷载效应标准值；Ψ_w 为风荷载的组合值系数，取 0.2，无地震参与组合时取 1.0。

按楼板小震/风荷载作用下混凝土不开裂要求验算，σ_{max}应满足下式：

$$\sigma_{max}\leqslant f_{tk} \tag{4-2}$$

式中，σ_{max}为楼板面内最大主拉应力；f_{tk}为混凝土轴心抗压强度标准值。

需指出此处的面内主拉应力是通过本文第 3.2 节与 3.3 节所述忽略楼板面外刚度后提取的主拉应力，不是楼板上、下表面处的应力。对于局部有应力集中的单元，建议取 1.0m 左右范围内平均应力，设计时可在应力集中处采取局部加强防裂配筋措施。

4.2　小震/风荷载作用下抗拉钢筋验算

控制抗拉钢筋弹性。荷载组合为：

$$S_{d}=\gamma_{G}S_{GE}+\gamma_{Eh}S_{Ehk}^{*}+\gamma_{Ev}S_{Evk}^{*}+\Psi_{w}\gamma_{w}S_{wk} \tag{4-3}$$

式中，S_d 为荷载和地震作用组合的效应设计值；γ_G 为重力荷载分项系数；γ_{Eh}为水平地震作用分项系数；γ_{Ev}为竖向地震作用分项系数；γ_w 为风荷载分项系数。

楼板小震或风荷载作用下钢筋弹性的验算方法为：

(1) 轴力引起的配筋应满足下式，双层双向配筋：

$$A_{s1}=\frac{\gamma_{RE}N}{2f_{y}} \tag{4-4}$$

(2) 弯矩引起受拉侧的配筋应满足下式，单侧配筋：

$$A_{s2}=\frac{\gamma_{RE}M}{\gamma_s f_y h_0} \tag{4-5}$$

式中，γ_s 为内力矩的力臂系数，可取 0.85～0.9；γ_{RE} 为承载力抗震调整系数，可取 0.85。

单侧楼板实际配筋应满足 $A_s \geqslant A_{s1}+A_{s2}$。

4.3 中震抗拉钢筋不屈服

荷载组合为：

$$S_{GE}+S_{Ehk}^{*}+0.4S_{Evk}^{*}\leqslant R_k \tag{4-6}$$

式中，R_k 为截面承载力标准值，按材料强度标准值计算。

楼板中震不屈服的验算方法为：

(1) 轴力引起的配筋应满足下式，双层双向配筋：

$$A_{s1}=\frac{N}{2f_{yk}} \tag{4-7}$$

(2) 弯矩引起的配筋应满足下式，单侧配筋：

$$A_{s2}=\frac{M}{\gamma_s f_{yk} h_0} \tag{4-8}$$

单侧楼板实际配筋应满足 $A_s \geqslant A_{s1}+A_{s2}$。

4.4 中震抗拉钢筋弹性

荷载组合为：

$$\gamma_G \cdot S_{GE}+\gamma_{Eh}\cdot S_{Ehk}^{*}+\gamma_{Ev}\cdot S_{Evk}^{*}\leqslant R_d \tag{4-9}$$

式中，R_d 为楼板承载力设计值。

楼板抗拉钢筋弹性的验算方法为：

(1) 轴力引起的配筋应满足下式，双层双向配筋：

$$A_{s1}=\frac{N}{2f_y} \tag{4-10}$$

(2) 弯矩引起受拉侧的配筋应满足下式，单侧配筋：

$$A_{s2}=\frac{M}{\gamma_s f_y h_0} \tag{4-11}$$

单侧楼板实际配筋应满足 $A_s \geqslant A_{s1}+A_{s2}$。

中震抗拉钢筋弹性的另一种算法，荷载组合应满足式 (4-6)，楼板抗拉钢筋弹性的验算方法为：

(1) 轴力引起的配筋应满足下式，双层双向配筋：

$$A_{s1}=\frac{N}{2\xi f_{yk}} \tag{4-12}$$

(2) 弯矩引起的配筋应满足下式，单侧配筋：

$$A_{s2}=\frac{M}{\gamma_s \xi f_{yk} h_0} \tag{4-13}$$

式中，ξ 为弹性系数，取 0.85。

单侧楼板实际配筋应满足 $A_s \geqslant A_{s1}+A_{s2}$。

4.5 大震抗拉钢筋不屈服

荷载组合为：

$$S_{GE}+S_{Ehk}^{*}+0.4S_{Evk}^{*}\leqslant R_{k} \tag{4-14}$$

式中，R_k 为截面承载力标准值，按材料强度标准值计算。

楼板大震抗拉钢筋不屈服的验算方法为：

（1）轴力引起的配筋应满足下式，双层双向配筋：

$$A_{s1}=\frac{N}{2f_{yk}} \tag{4-15}$$

（2）弯矩引起受拉侧的配筋应满足下式，单侧配筋：

$$A_{s2}=\frac{M}{\gamma_{s}f_{yk}h_{o}} \tag{4-16}$$

单侧楼板实际配筋应满足 $A_s \geqslant A_{s1}+A_{s2}$。

4.6 大震抗剪不屈服

楼板剪力由截面剪应力求和得到。选定楼板薄弱连接处，控制薄弱处混凝土楼板全截面受剪承载力。荷载组合为：

$$S_{GE}+S_{Ehk}^{*}+0.4S_{Evk}^{*}\leqslant R_{k} \tag{4-17}$$

式中，R_k 为截面承载力标准值，按材料强度标准值计算。

楼板大震抗剪不屈服验算时，楼板全截面剪力标准值应满足下式：

$$V_{k}\leqslant 0.2\beta_{c}f_{ck}b_{t}t_{f} \tag{4-18}$$

式中，b_f、t_f 分别为楼板验算截面宽度和厚度；β_c 为混凝土强度影响系数，当混凝土强度不超过 C50 时，取 1.0。

楼板全截面抗剪配筋应满足以下公式：

全截面受压时

$$V_{k}\leqslant 0.4f_{tk}b_{f}t_{f}+0.1N+0.8f_{yhk}\frac{A_{sh}}{s}b_{f} \tag{4-19}$$

式中，N 为楼板截面轴向压力标准值，N 大于 $0.2f_{ck}b_{f}t_{f}$ 时，应取 $0.2f_{ck}b_{f}t_{f}$；s 为水平分布钢筋间距。

全截面受拉时

$$V_{k}\leqslant 0.4f_{tk}b_{f}t_{f}-0.1N+0.8f_{yhk}\frac{A_{sh}}{s}b_{f} \tag{4-20}$$

式中，N 大于 $4f_{tk}b_{f}t_{f}$ 时，应取 $4f_{tk}b_{f}t_{f}$。

对于框架-核心筒结构，一般是先施工核心筒后施工楼板。核心筒外周边楼板的抗剪，其荷载组合应满足式（4-17），楼板全截面剪力标准值应满足式（4-18），楼板全截面抗剪配筋应满足式（4-21）[4]或式（4-22）。

$$V_{k}\leqslant 1.85n_{d}A_{D0}\sqrt{f_{ck}f_{yk}} \tag{4-21}$$

式中，n_d、A_{D0} 分别为销栓钢筋根数和单根销栓钢筋面积。

$$V_{k}\leqslant 0.6f_{yk}A_{s}+0.8N \tag{4-22}$$

式中，A_s 为销栓钢筋总面积；N 为楼板截面轴向力标准值，压力取正值，拉力取负值。

当楼板与钢边框梁通过抗剪栓钉连接时，控制栓钉大震抗剪不屈服。其荷载组合应满足式（4-17），栓钉剪力标准值应满足下式[5]：

$$V_k \leqslant \min(0.43A_s\sqrt{E_c f_{ck}}, 0.7A_s\gamma f) \tag{4-23}$$

式中，A_s 为栓钉钉杆截面面积；γ 为栓钉材料抗拉强度最小值与屈服强度之比。

考虑到目前软件无法直接给出配筋结果，楼板配筋设计可以采用如下简化方法：对薄弱部位，可按近似算法计算竖向荷载作用下的受拉侧弯矩配筋，再按有限元方法计算水平荷载作用下的受拉侧弯矩配筋，两者相加确定楼板所需受拉侧弯矩钢筋量 A_{s2}；用有限元方法计算水平荷载、竖向荷载作用下楼板轴力，确定楼板所需单侧轴向力钢筋量 A_{s1}。将单侧弯矩配筋量与单侧轴向力配筋量相加确定楼板单侧实配钢筋量 $A_{s1}+A_{s2}$，并应满足构造配筋要求。对于非薄弱部位，水平荷载影响较小、竖向荷载引起的轴力也较小时，楼板实配钢筋量可按近似算法计算竖向荷载作用下的受拉侧弯矩配筋。

5 案例分析

某高层建筑剪力墙结构，地上 49 层，结构高度 148.0m，裙楼 2 层，地下 2 层。楼板混凝土强度等级采用 C30，钢筋采用 HRB400。楼板厚度为 100mm 和 120mm，电梯井附近弱连接部分采用 150mm。其效果图和标准层平面如图 5-1、图 5-2 所示。

图 5-1 效果图

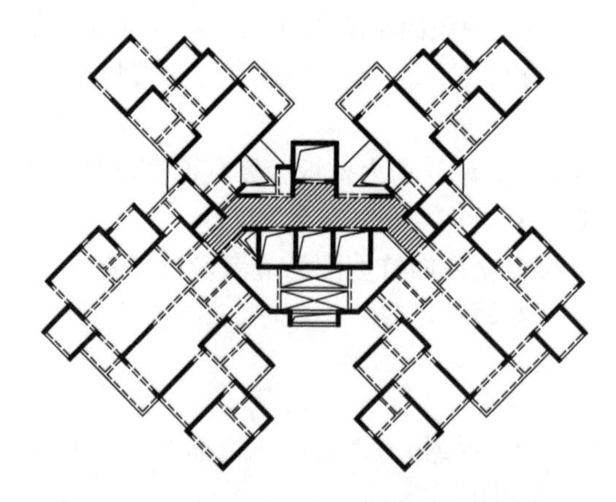

图 5-2 标准层平面图

图 5-2 阴影部位板厚为 150mm，采用 MIDAS/Gen 进行楼板分析，全楼楼板均采用弹性假定，楼板采用板单元模拟，应力集中部位的板单元网格尺寸为 0.5～1.0m。楼板性能目标如表 5-1 所示。

楼板性能目标 **表 5-1**

工况名称	荷载工况	性能目标
小震/风荷载作用	式（4-1）	混凝土不开裂
	式（4-3）	抗拉钢筋弹性
中震	式（4-9）	抗拉钢筋弹性
大震	式（4-14）	抗拉钢筋不屈服
	式（4-17）	全截面抗剪不屈服

5.1 小震/风荷载作用下楼板面内主拉应力验算

主拉应力分布最大的楼板部位如图5-3所示。从图中可知，大部分主拉应力值小于混凝土强度标准值2.01MPa。由于应力集中处已达3.5MPa，且提供的数值为最大点值，通过截取该位置的网格尺寸0.75m的平均应力为0.18MPa，满足要求。

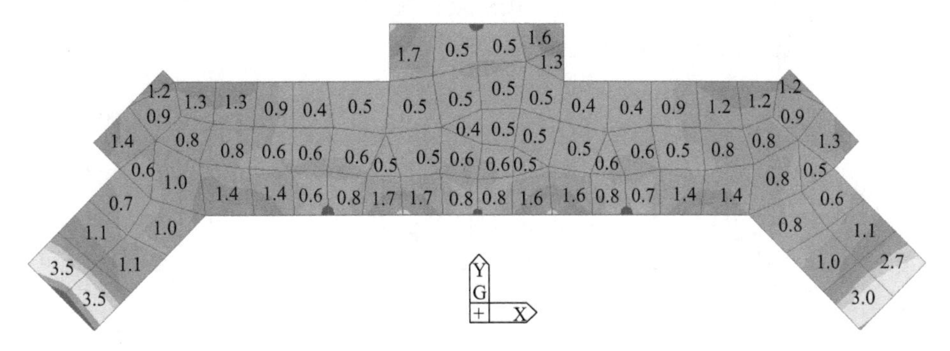

图5-3 小震/风荷载作用下楼板面内主拉应力云图

小震/风荷载作用下抗拉钢筋弹性。根据式（4-3）和式（4-4），在0.84m内的轴力为230kN，单位长度楼板轴力引起的计算配筋为325mm²，另一方向为229mm²。整块楼板考虑楼板轴力进行双层双向配筋为⌀10@200（$A_s=392\text{mm}^2$）。

$$A_{s1}=\frac{\gamma_{RE}N}{2f_y}=\frac{0.85\times23\times10^4}{2\times360\times0.84}=325\text{mm}^2$$

考虑复杂楼板弯矩引起的配筋差异较大，现划分为3块小楼板进行计算，如图5-4所示。

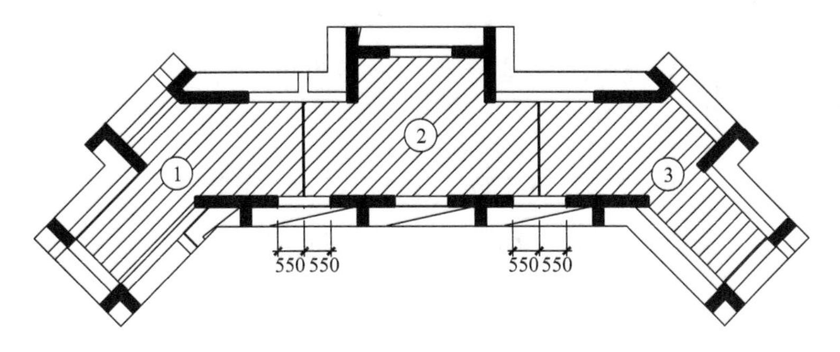

图5-4 楼板区域划分

弯矩引起受拉侧的配筋应满足式（4-5），结合支座单侧配筋（同时考虑跨中底部弯矩），对于板1（与板3相同）：在1.45m内的弯矩为42.6kN·m。

$$A_{s2}=\frac{0.85\times42.6\times10^6}{0.85\times360\times135\times1.45}=605\text{mm}^2$$

$$A_{s1}+A_{s2}=325+605=930\text{mm}^2$$

支座计算配筋为930－392＝538mm²，选用⌀12@200（$A_s=565\text{mm}^2$），面筋⌀12@200双向布置可按照规范配置至支座1/4即可。同时考虑跨中底部楼板抗弯底筋，可配为⌀12@200双向布置。

对于板 2，在支座 0.9m 内的最大弯矩为 10.0kN·m。

$$A_{s2} = \frac{0.85 \times 10.0 \times 10^6}{0.85 \times 360 \times 135 \times 0.9} = 229\text{mm}^2$$

$$A_{s1} + A_{s2} = 325 + 229 = 554\text{mm}^2$$

实配配筋为 554－392＝164mm²，选用⌀ 8@200（A_s＝251mm²）。楼板抗弯底筋⌀ 8@200 双向布置，面筋⌀ 8@200 双向布置可按照规范配置至支座 1/4 即可。

综上，楼板配筋方式如图 5-5 所示。

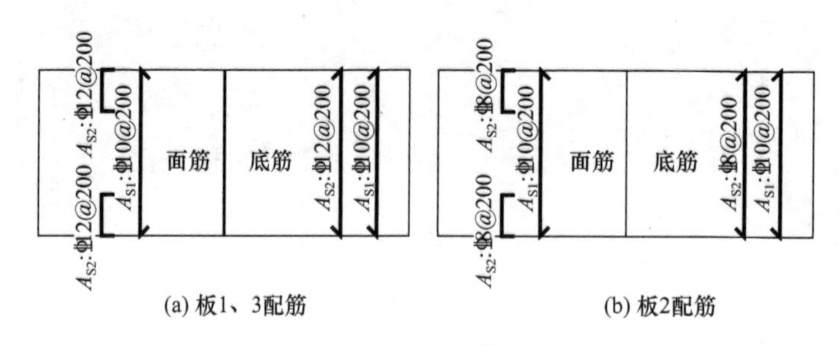

图 5-5　楼板配筋

5.2　中震抗拉钢筋弹性

根据式（4-9）和式（4-10），可知轴力引起配筋处于弹性。

$$A_{s1} = \frac{14.3 \times 10^4}{2 \times 360 \times 0.9} = 222\text{mm}^2 < 392\text{mm}^2 \quad \text{满足实配}$$

根据式（4-11）计算可知，弯矩引起的配筋不屈服。

板 1、3：
$$A_{s2} = \frac{34.7 \times 10^6}{0.85 \times 360 \times 135 \times 1.45} = 580\text{mm}^2$$

$$A_{s1} + A_{s2} = 222 + 580 = 802\text{mm}^2$$

满足实配 392＋565＝957mm²。

板 2：
$$A_{s2} = \frac{12.2 \times 10^6}{0.85 \times 360 \times 135 \times 0.9} = 328\text{mm}^2$$

$$A_{s1} + A_{s2} = 222 + 328 = 550\text{mm}^2$$

满足实配 392＋251＝643mm²。

亦可根据另一方法验算中震抗拉钢筋弹性。根据式（4-6）和式（4-12）可知，轴力引起配筋处于弹性。

$$A_{s1} = \frac{11.9 \times 10^4}{2 \times 400 \times 0.85 \times 0.9} = 194\text{mm}^2 < 392\text{mm}^2 \quad \text{满足实配}$$

根据式（4-13）计算可知，弯矩引起的配筋不屈服。

板 1、3：
$$A_{s2} = \frac{33.8 \times 10^6}{0.85 \times 0.85 \times 400 \times 135 \times 1.45} = 597\text{mm}^2$$

$$A_{s1} + A_{s2} = 194 + 597 = 791\text{mm}^2$$

满足实配 392＋565＝957mm²。

板 2：
$$A_{s2} = \frac{8.7 \times 10^6}{0.85 \times 0.85 \times 400 \times 135 \times 0.9} = 248\text{mm}^2$$

$$A_{s1}+A_{s2}=194+248=442\text{mm}^2$$

满足实配 392+251=643mm^2。

5.3 大震抗拉钢筋不屈服

根据式（4-14）和式（4-15）可知，抗拉钢筋处于不屈服。

$$A_{s1}=\frac{1.1\times10^5}{2\times400\times0.9}=154\text{mm}^2<392\text{mm}^2\quad 满足实配$$

根据式（4-16）计算可知，弯矩引起的配筋不屈服。

板 1、3：
$$A_{s2}=\frac{38.4\times10^6}{0.85\times400\times135\times1.45}=577\text{mm}^2$$
$$A_{s1}+A_{s2}=154+577=731\text{mm}^2$$

满足实配 392+565=957mm^2。

板 2：
$$A_{s2}=\frac{30.8\times10^6}{0.85\times400\times135\times0.9}=746\text{mm}^2$$
$$A_{s1}+A_{s2}=154+746=900\text{mm}^2$$

根据以上实配 392+251=643mm^2 的要求，此时板 2 计算配筋为 900−392=508mm^2，可选用⌀ 12@200（A_s=565mm^2）。楼板抗弯底筋⌀ 12@200 双向布置，面筋⌀ 12@200 双向布置可按照规范配置至支座 1/4 即可。

5.4 楼板大震抗剪不屈服

楼板选择截面验算薄弱位置如图 5-6 截面 A-A 和 B-B 所示，剪力标准值满足式（4-18），结果如表 5-2 所示。

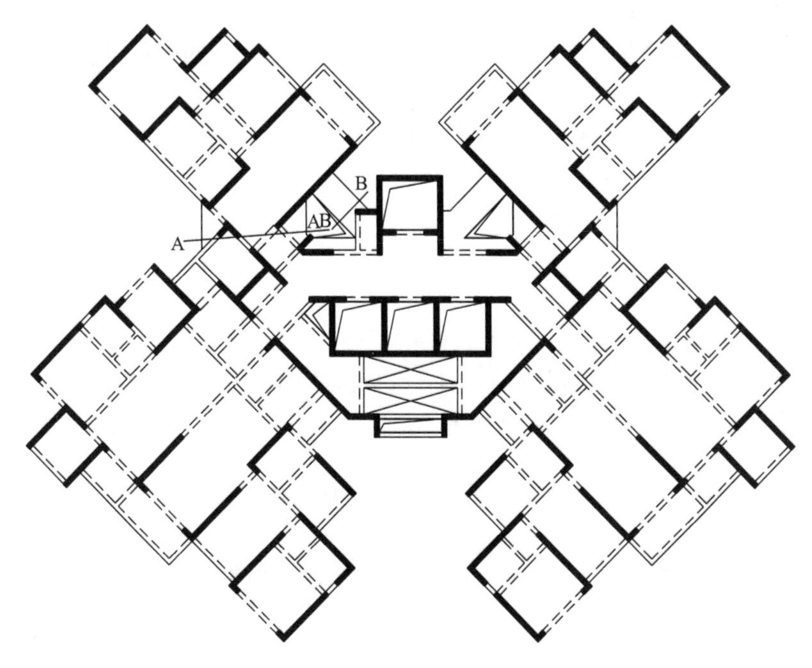

图 5-6　全截面验算位置

楼板截面抗剪验算 表 5-2

截面	长度（m）	板厚（m）	承载力（kN）	剪力 V_k（kN）	验算结果
A-A	4.72	0.15	2850	182.6	满足
B-B	1.20	0.15	724	28.1	满足

考虑楼板配筋配筋率 0.2%，在截面 A-A 处配置⌀ 10@200 双层双向钢筋，截面 B-B 处配置⌀ 10@150 双层双向钢筋现验算抗剪钢筋，剪力标准值满足式（4-19），结果如表 5-3 所示。

楼板全截面抗剪钢筋验算 表 5-3

截面	轴力（kN）	长度（m）	板厚（m）	钢筋验算（kN）	剪力 V_k（kN）	验算结果
A-A	108	4.72	0.15	1744.9	182.6	满足
B-B	41.1	1.20	0.15	442.2	28.1	满足

6 结语

（1）目前楼板设计时只考虑了竖向荷载引起的面外弯矩，仅适用于水平荷载作用下楼板面内应力可以忽略的规则结构。对于不规则结构的楼板，在水平荷载作用下产生的楼板平面内轴力、剪力，以及面外附加弯矩不容忽视，设计时必须考虑在内。

（2）在水平荷载作用下，楼板应力分析应区分面内轴向应力与面外弯矩的弯曲应力的作用。

（3）介绍了常用有限元软件 ETABS 和 MIDAS/Gen 在楼板应力分析中的正确应用，提出了获得轴向正应力的方法。

（4）介绍了梁在常用有限元软件 ETABS 和 MIDAS/Gen 的建模方法，提出了梁轴向承载力的验算方法。

（5）根据楼板不同性能目标，给出了楼板承载力验算方法。并给出工程案例，说明了方法的应用。

参考文献

[1] 北京筑信达工程咨询有限公司．CSI 分析参考手册．2014.

[2] 北京迈达斯技术有限公司．MIDAS 分析与设计原理手册．2013.

[3] 住房和城乡建设部．高层建筑混凝土结构技术规程：JGJ 3－2010［S］．北京：中国建筑工业出版社，2010.

[4] 深圳市住房和建设局．预制装配整体式钢筋混凝土结构技术规范：SJG 18－2009［S］．深圳，2009.

[5] 建设部．钢结构设计规范：GB 50017－2003［S］．北京：中国建筑工业出版社，2003.